河川汽水域

その環境特性と生態系の保全・再生

監修
楠田哲也・山本晃一

編
財団法人河川環境管理財団

技報堂出版

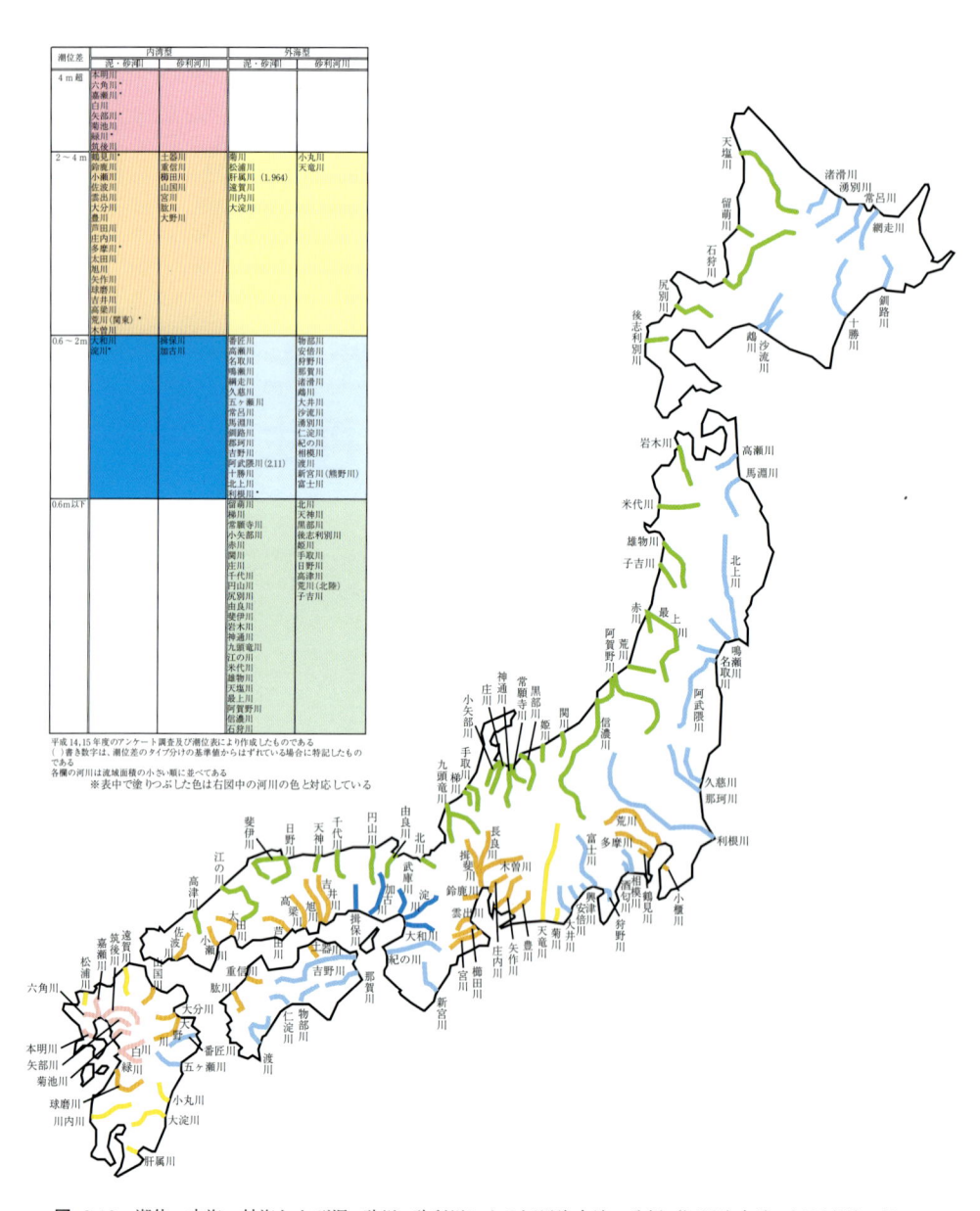

図-3.16 潮位，内海・外海および泥・砂川・砂利川による河川汽水域の分類（河川汽水域の河川環境の捉え方に関する検討会，2004に付加）．左上中の河川名に＊を添付したものは泥川

汽水域の大分類

流域・海域の特性，周辺土地利用，気候変動

地形

地形と底質など項目間の相互関係を記述する

水質

底質

水理

物理環境から汽水域を類型区分および各類型区分の特徴を記述

環境類型区分1

ハビタット区分の結果を環境類型区分に反映またはハビタットの存在・変化を環境類型区分等から説明，予測するモデル

環境類型区分2

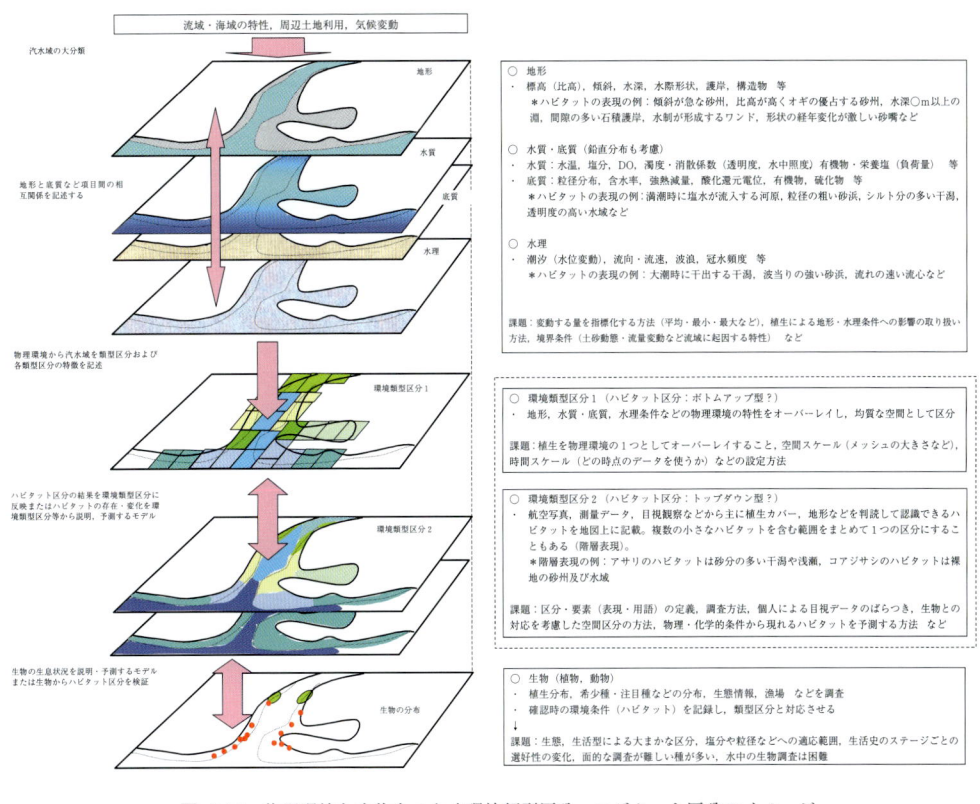

生物の生息状況を説明・予測するモデルまたは生物からハビタット区分を検証

生物の分布

- ○ 地形
- ・ 標高（比高），傾斜，水深，水際形状，護岸，構造物　等
  *ハビタットの表現の例：傾斜が急な砂浜，比高が高くオギの優占する砂州，水深〇m以上の澪，間隙の多い石積護岸，水刺が形成するワンド，形状の経年変化が激しい砂嘴など

- ○ 水質・底質（鉛直分布も考慮）
- ・ 水質：水温，塩分，DO，濁度・消散係数（透明度，水中照度）有機物・栄養塩（負荷量）　等
- ・ 底質：粒径分布，含水率，強熱減量，酸化還元電位，有機物，硫化物　等
  *ハビタットの表現の例：満潮時に塩水が流入する河原，粒径の粗い砂州，シルト分の多い干潟，透明度の高い水域など

- ○ 水理
- ・ 潮汐（水位変動），流向・流速，波浪，冠水頻度　等
  *ハビタットの表現の例：大潮時に干出する干潟，波当りの強い砂浜，流れの速い流心など

課題：変動する量を指標化する方法（平均・最小・最大など），植生による地形・水理条件への影響の取り扱い方法，境界条件（土砂動態・流量変動など流域に起因する特性）　など

- ○ 環境類型区分1（ハビタット区分：ボトムアップ型？）
- ・ 地形，水質・底質，水理条件などの物理環境の特性をオーバーレイし，均質な空間として区分

課題：植生を物理環境の1つとしてオーバーレイすること，空間スケール（メッシュの大きさなど），時間スケール（どの時点のデータを使うか）などの設定方法

- ○ 環境類型区分2（ハビタット区分：トップダウン型？）
- ・ 航空写真，測量データ，目視観察などから主に植生カバー，地形などを判読して認識できるハビタットを地図上に記載。複数の小さなハビタットを含む範囲をまとめて1つの区分にすることもある（階層表現）。
  *階層表現の例：アサリのハビタットは砂分の多い干潟や浅瀬，コアジサシのハビタットは裸地の砂州及び水域

課題：区分・要素（表現・用語）の定義，調査方法，個人による目視データのばらつき，生物との対応を考慮した空間区分の方法，物理・化学的条件から現れるハビタットを予測する方法　など

- ○ 生物（植物，動物）
- ・ 植生分布，希少種・注目種などの分布，生態情報，漁場　などを調査
- ・ 確認時の環境条件（ハビタット）を記録し，類型区分と対応させる

課題：生態，生活型による大まかな区分，塩分や粒径などへの適応範囲，生活史のステージごとの選好性の変化，面的な調査が難しい種が多い，水中の生物調査は困難

図-6.15　物理環境と生物をつなぐ環境類型区分・ハビタット区分のイメージ

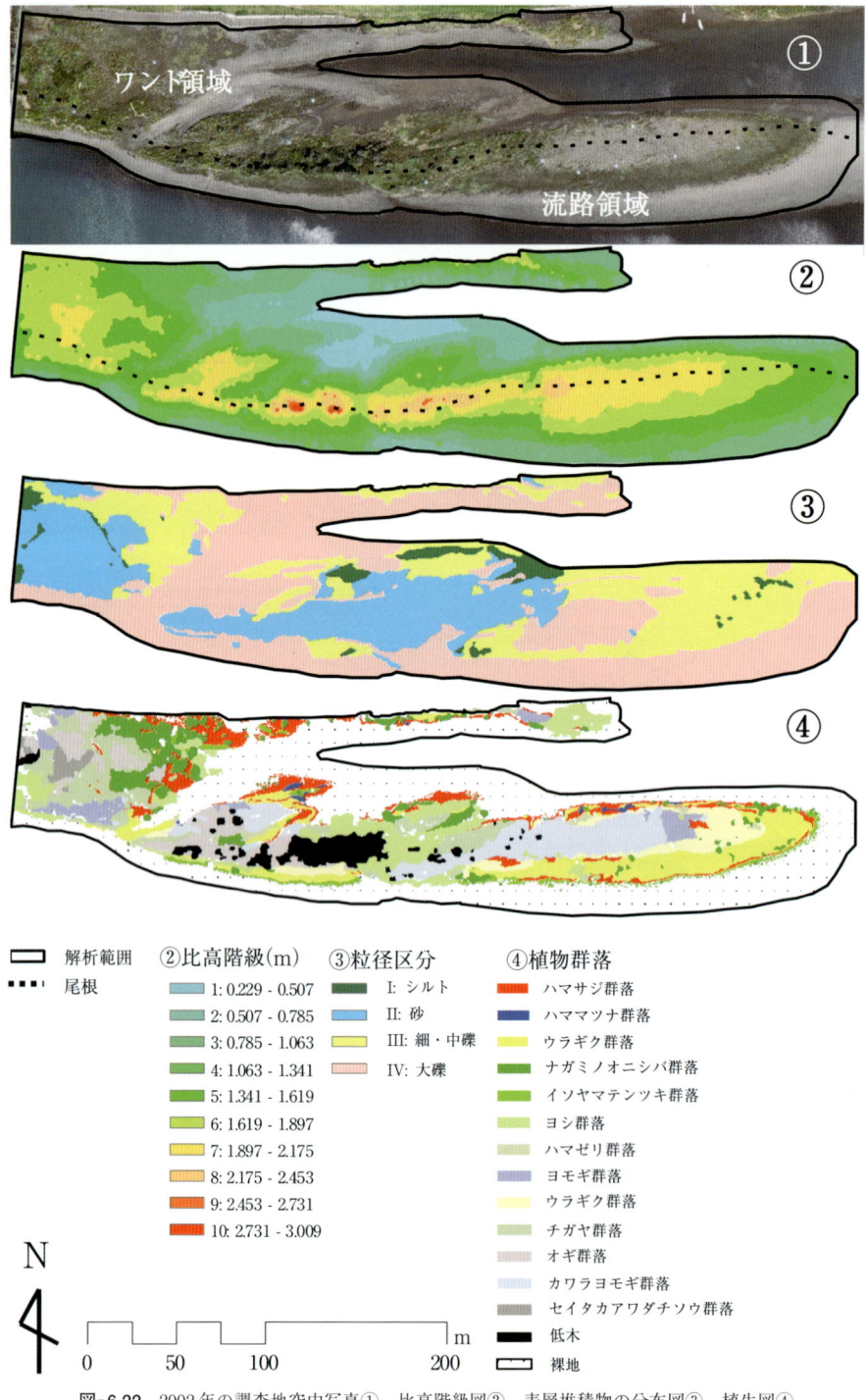

図-6.22 2002年の調査地空中写真①，比高階級図②，表層堆積物の分布図③，植生図④

はじめに

　良好な環境は後世への最大の遺物の一つである．『河川法』や『海岸法』に環境の条項が追加され，「環境」が河川・海岸管理において内部目的化されるとともに，『自然再生法』も施行され，後世に向けて制度は一歩前進した．しかしながら，河川と海岸の境に位置する汽水感潮域や沿岸域では，生態系の保全，環境の保持がいまだ本格的に扱われるに至っていない．その理由として，制度整備の不十分さはあるものの，自然科学面から見ても，物理的には，流れが一様でなく反転すること，海水の浸入により密度流が生じて鉛直方向の循環の様相が河川固有流量と潮位差の関係から大きく変わること，流れが停止することがあり懸濁物質が沈積しやすいこと，河川横断方向に流速や物質の分布が大きく変化すること，出水時に大量の物質を陸域から受けるとともに河口域の堆積物を海域に輸送し水辺や受水域の環境を一変させること，化学的には，塩分の濃度勾配やイオン強度の勾配が大きく，同質の水域とは異なる化学反応が生じるホットスポットになっていること，さらに生物的には，これら物理・化学的な影響を受けて，微生物から大型生物に至る，それぞれの生息空間が，潮汐により周期的に，出水等により突発的に変動することなどが問題を複雑にし，現象理解を遅れさせている．社会科学面からは，人間の欲求としての物理的な安定と，変動そのものが生物の多様性を保持しているため，安定が必ずしも望ましいわけではないという自然保全からの変動への要求との乖離がさらに問題を複雑にし，システムとしての取扱いを遅れさせている．

　わが国の沿岸域における生物生産の激減を踏まえると，汽水域における生物生産空間の再生は将来の生物多様性の確保だけでなく，食糧安全保障にとっても必須である．

　このような汽水域における生物生息環境をいくらかでも改善するために，河川環境管理財団に河川汽水域研究会を設置し，平成16年より検討を続けてきた．その成果は平成18年11月に河川整備基金事業報告書として報告された．

はじめに

　本書は，これにさらに検討を加え，構成・内容を改めたものである．

　本書は，9章から構成され，第1章では本書の目的と河川汽水域の定義を示して取り扱う範囲を明らかにした．次いで，第2章では，多摩川等を例にしながら，わが国の河川汽水域に生じた環境の変化を社会的な背景とともに述べた．また，現在の河川汽水域の生物生息環境の危機的状況についても述べた．第3章では，河川汽水域で生じている現象と環境特性を物理・化学・生物の面から概説し，各論の導入部とした．第4章から第6章では，河川汽水域の物理・化学・生物環境を，そこで生じている現象の事例を示しながら詳述した．第7章では，自然的攪乱・人為的インパクトに対する河川汽水域の応答特性を，第8章では，河川汽水域生態系変化の分析と予測法について，第9章では，河川汽水域の保全・再生のための手法，管理のあり方，今後の方向を述べた．

　本書が河川生態学，水環境学，応用生態学，河川工学等を学び，また河川の現場で実際に調査研究されている方々，河川汽水域の管理に当たる技術行政官に参考となることを期待したい．

　本書は，河川整備基金および財団法人河川環境管理財団からの援助なしではありえませんでした．深甚なる謝意を表します．

平成20年4月25日

執筆者代表　楠田哲也

名　簿 (2007年9月現在、五十音順、太字は執筆箇所)

監修者
　楠田 哲也　九州大学名誉教授，北九州市立大学大学院国際環境工学研究科 教授
　山本 晃一　財団法人河川環境管理財団河川環境総合研究所 所長

執筆者
　鎌田 磨人　徳島大学大学院ソシオテクノサイエンス研究部 准教授
　　6.1.1，6.2.1，6.2.2，6.3
　楠田 哲也　前出
　　3.1.3，6.1.3，6.1.4，6.4.1，8.5(4)
　小林　哲　佐賀大学農学部応用生物科学科 特定研究員
　　6.4.2
　坂巻 隆史　British Columbia 大学森林学部森林科学科 Postdoctoral Fellow
　　5.1，5.2，5.3.1～5.3.3，5.4
　佐藤 慎司　東京大学大学院工学系研究科社会基盤学専攻 教授
　　4.3，8.3.2
　島谷 幸宏　九州大学大学院工学研究院環境都市部門 教授
　　6.2.3 メモ
　西村　修　東北大学大学院工学研究科土木工学専攻 教授
　　5.1，5.2，5.3.1～5.3.3，5.4，6.1.4，6.5.2
　長濱 祐美　東北大学大学院工学研究科土木工学専攻 博士課程
　　6.5.2
　松政 正俊　岩手医科大学共通教育センター生物学科 准教授
　　6.1.2，6.2.2 メモ，6.4.3，6.5.1(1)，6.6
　森　敬介　九州大学大学院理学府附属臨海実験所 助教
　　6.1.4，6.4.2
　山田 一裕　岩手県立大学総合政策学部総合政策学科 准教授
　　5.3.4，6.1.1 メモ，6.1.2 メモ
　山本 晃一　前出
　　第1章，2.1.1，2.2，3.1.1，3.1.2，3.1.4～3.5.2，4.1，6.1.4，6.2.3，第7章，8.1，8.2，8.4，8.5(1)～(3)，第9章
　横山 勝英　首都大学東京都市環境学部都市基盤環境コース准教授
　　4.2，8.3
　和田 恵次　奈良女子大学理学部生物科学科 教授
　　2.1.2，6.1.3，6.1.5，6.5.1(2)

編　者　財団法人 河川環境管理財団
　　山本 晃一　前出
　　阿部　徹　前河川環境総合研究所第3部 部長
　　裴　義光　河川環境総合研究所第3部 次長

注) 編者および執筆者間において相互の意見交換，情報の提供を行い，文章の訂正等を行ったが，文責は執筆者にある．

目　　次

第1章　序　　論　*1*
1.1　本書の目的と適用範囲　*1*
1.2　本書で対象とする河川汽水域の範囲　*2*
参考文献　*3*

第2章　日本における河川汽水域の変遷と現状　*5*
2.1　日本における河川汽水域の変遷　*5*
2.1.1　多摩川河川汽水域に及ぼした人為作用と汽水域の変化　*7*
　　　　　メモ　セグメント　*14*
2.1.2　戦後における汽水域生物相の変化　*19*
2.2　日本で生じている河川汽水域の問題　*25*
　　　　　メモ　地球温暖化と河川汽水域　*29*
参考文献　*29*

第3章　河川汽水域の環境特性とそこで生じている現象の概説　*31*
3.1　河川汽水域の物理・化学環境の特徴　*31*
3.1.1　水位，流速の変化　*31*
3.1.2　塩分濃度の変化　*31*
3.1.3　水質の変化　*34*
3.1.4　河川汽水域地形の変化　*36*
3.1.5　河床，河岸，海浜の構成物質とその変化　*40*
　　　　　メモ　粒径集団と粒径集団区分粒径　*40*
3.1.6　底質の酸化層・還元層の形成　*43*
3.2　河川汽水域生物環境の特徴　*44*
3.2.1　生物相の縦断的特性　*45*
3.2.2　生物相の横断的特性　*45*

v

目次

　　　　　コラム　ハビタットとは　*47*

　3.3　河川汽水域の特性を支配する外的要因　*47*
　3.4　河川汽水域の空間階層構造と現象を支配する
　　　要素間の相互連関性　*50*
　3.5　河川汽水域で生じる現象から見た河川汽水域の大分類　*54*
　　3.5.1　物理・化学環境（地形）の視点からの大分類　*54*
　　　　　メモ　日本沿岸の波浪の大きさ　*58*
　　3.5.2　生物の視点から見た大分類　*58*
　　　　　メモ　一級河川と二級河川の差異　*59*

　参考文献　*59*

第4章　河川汽水域における物理環境とその変動　*61*

　4.1　河川汽水域の地形形態とその変動要因　*61*
　　4.1.1　河川汽水域の地形を規定する要因とその特性　*61*
　　4.1.2　河川汽水域における河道地形　*67*
　　　（1）　河川汽水域河道部のスケール　*67*
　　　　　メモ　河床波　*70*
　　　（2）　潮汐河川のスケールと水理量　*73*
　　　（3）　河道内の干潟　*79*
　　4.1.3　河口地形　*79*
　　　（1）　河口砂州開口部の河積・水深・流速　*80*
　　　（2）　タイダルインレットの開口部形状と流速　*88*
　　　（3）　利根川河口の特異性　*90*
　　　（4）　河口テラス　*94*
　　　（5）　河口部の旧河道跡　*94*
　　4.1.4　河口周辺沿岸域地形　*94*
　　　（1）　外海に面している河口付近の海岸地形と波浪　*95*
　　　（2）　内湾に流下する河口付近の海浜地形と潮汐・波浪　*99*
　4.2　緩流河川汽水域の流水と土砂動態　*102*
　　4.2.1　緩流河川汽水域の地形・底質の変動特性　*103*
　　　（1）　河道形状　*103*
　　　（2）　底質の形成　*105*

        (3) 洪水が地形・底質に及ぼす影響　107
        (4) 横断方向の地形　108
    4.2.2 潮位変動に伴う塩水濃度分布・高濁度水塊の変化特性　110
        (1) 高濁度水塊の移動　110
        (2) 底質浮上　111
        (3) フロック化と沈降　112
        (4) 土砂輸送　115
  4.3 河口周辺沿岸域の堆積物と地形変化　117
    4.3.1 内湾に流入する河川と河口周辺沿岸域　118
    4.3.2 外洋に面する河川と河口周辺沿岸域　121

参考文献　128

5章　河川汽水域における化学的環境とその変動　131

  5.1 河川汽水域における水質環境とその変動　131
    5.1.1 海水と河川水の混合様式と物質変換　131
    5.1.2 栄養塩の挙動　133
    5.1.3 底質-直上水間における物質輸送　134
  5.2 河川汽水域における底質環境とその変動　137
    5.2.1 マクロスケールでの有機物堆積プロセス　137
    5.2.2 ミクロスケールでの有機物堆積プロセス　139
  5.3 生物的作用による河川汽水域の化学的環境の改変　143
    5.3.1 貧酸素水塊の発生　143
    5.3.2 植物プランクトンの増殖　144
    5.3.3 底生動物による濾過摂食　145
    5.3.4 ヤマトシジミと汽水域環境　146
  5.4 汽水域における有機物・栄養塩収支　151

参考文献　153

目 次

第6章　汽水域の生物　*159*

6.1　河川汽水域内の生物の生息・生育を規定する因子と生物種　*159*

6.1.1　生物の生息・生育を規定する非生物的環境要因　*159*
　　　　メモ　生息制限因子の複合作用　*161*

6.1.2　塩分環境と底生動物の生理生態　*162*
（1）　生物体における恒常性の維持と汽水域の塩分環境　*162*
（2）　底生動物の体液浸透圧調節と塩分環境に応じた分布　*162*
　　　　メモ　汽水域生物の生活史における耐塩性の変化　*165*

6.1.3　汽水域における生物間相互作用　*166*
（1）　捕食-被食関係　*166*
（2）　種間競争　*166*
（3）　住み込みと共生　*168*

6.1.4　河川汽水域の生物種　*171*

6.1.5　河口沿岸域の生物種　*175*
　　　　メモ　泥・砂・硬い基質の生物　*177*

6.2　空間スケールの階層性に基づくハビタット類型　*177*

6.2.1　汽水域生態系を構成する生物群集の構造把握のための視点　*177*

6.2.2　異なった空間スケールにおけるハビタットの不均一性と環境要因の作用過程　*178*
（1）　流域スケールで把握可能な環境要因の作用過程　*179*
（2）　個々の干潟・砂州の地形単位で把握可能な環境要因の作用過程　*179*
（3）　干潟・砂州領域内のマイクロスケールで把握可能な環境要因の作用過程　*180*
　　　　メモ　生理生態学的に見た汽水域生態系の空間構造　*182*

6.2.3　ハビタットの分類とネーミング　*183*
　　　　メモ　見逃せない小ハビタット　*184*

6.3　異なった空間スケールを用いた生物分布の把握事例　*185*

6.3.1　吉野川汽水域の河川縦断方向での環境変化と生物分布の対応　*185*
（1）　河川縦断方向の環境の不均一性　*185*
（2）　河川縦断方向の環境の空間的不均一性とマイクロベントスの分布特性　*186*
　　　　メモ　クラスター解析とデンドログラム　*188*

6.3.2 那賀川汽水域の一砂州における環境の空間的不均一性と植物の分布特性 *188*
 (1) 地形単位（ワンド領域と流路側領域）による植物群落の分布の違い *189*
 (2) 砂州・干潟内の環境の空間的不均一性と植物の選択的分布 *190*

6.4 動物の生活史段階におけるハビタット利用 *191*
 6.4.1 カワスナガニ *191*
  (1) カワスナガニとその生活史 *191*
  (2) 成体の生息環境 *192*
  (3) 幼生の生息環境 *194*
  (4) 幼生分布調査 *194*
 6.4.2 モクズガニ *196*
  (1) 降河と産卵生態 *197*
  (2) 浮遊幼生と定着 *198*
  (3) 稚ガニのハビタット利用と淡水域への遡上 *198*
  (4) 汽水域の環境とモクズガニの生活史 *198*
  (5) モクズガニの幼生分散とメタ個体群構造 *199*
 6.4.3 その他のベントスの生活史，特に繁殖様式とハビタット利用 *199*

6.5 底生動物の分布に与える植物の影響 *204*
 6.5.1 ヨシが底生生物に与える影響 *204*
  (1) カワザンショウガイ *204*
  (2) シオマネキ *209*
 6.5.2 海草コアマモが底生動物・魚類に与える影響 *212*
  (1) 海草の危機 *212*
  (2) 海草の機能 *214*
  (3) 海草コアマモの特徴 *214*
  (4) 底生動物の分布に与えるコアマモ場の影響 *217*

6.6 安定同位体比解析による食物網構造の推定 *220*
 6.6.1 食物網解析における動的同位体効果の利用 *220*
 6.6.2 北上川河口域における解析例 *222*
 6.6.3 混合モデルによる食物源の寄与率に関する推定 *225*

参考文献 *226*

目　次

第 7 章　自然的攪乱・人為的作用による河川汽水域環境の応答　235

7.1　汽水域環境に影響を及ぼす自然的攪乱・人為的作用　235
7.2　自然的攪乱（大洪水）　237
7.3　流入水質の変化　242
7.4　地形改変　243
7.4.1　河道掘削　243
（1）河川地形の変化　243
（2）塩分上昇　246
（3）河床表層への微細物質堆積位置の変化　246
（4）底層水塊の貧酸素化の増加　246
（5）河床構成材料の細粒化　247
（6）河口近傍汀線の後退，河口テラスの縮小　247
（7）水際材料の粗粒化　248
（8）生物相の変化　248
7.4.2　河口域での海砂採取および掘削　249
7.4.3　河口付近の埋立て　250
7.4.4　河道の直線化　251
7.5　流況改変　252
7.6　供給土砂量の減少　252
7.7　河川・海岸構造物の建設　253
7.7.1　河口導流堤の建設　253
（1）航路維持のための導流堤　253
（2）導流堤の長さが汀線付近までしかない場合　254
7.7.2　護岸・水制　255
7.7.3　堰　256
7.7.4　海岸構造物　256
7.7.5　橋梁の建設　257
7.8　地盤沈下　257
7.9　船舶の航走　258
参考文献　259

第8章　河川汽水域生態系変化の分析と予測　261

- 8.1　分析・予測の必要性と手順　261
- 8.2　分析・予測とモデル化　264
  - 8.2.1　分析・予測の前に行うべき調査　264
  - 8.2.2　分析・予測のためのモデル化の方向　265
- 8.3　水理・地形の数値シュミレーションモデルとその構成　271
  - 8.3.1　河川汽水域の流水と土砂動態のモデル　271
    - (1)　現象の構造とモデルの空間次元　271
    - (2)　流水モデルの計算手法　272
    - (3)　流水・土砂動態モデルの実例　274
    - (4)　今後の発展性　275
  - 8.3.2　河口周辺沿岸域の堆積物と地形変化モデルについて　277
- 8.4　汽水域化学環境動態モデルについて　280
- 8.5　生物の環境変化に対する応答予測モデルに向けて　283
  - (1)　構造・機能評価型　283
  - (2)　生息環境空間評価型　284
  - (3)　ハビタット評価型　286
    - メモ　礫床河川における植生消長モデル　287
  - (4)　移流・分散・定着・評価型　291
  - (5)　専門家評価型　296

参考文献　296

第9章　河川汽水域生態系の保全・再生・管理　299

- 9.1　河川汽水域生態系の保全・再生の意義と課題　299
- 9.2　技術行為としての制御対象　301
- 9.3　河川汽水域生態系の再生の方向　305
  - 9.3.1　流域の土地利用と河川生態系の保全・再生　305
  - 9.3.2　河川汽水域の環境目標　306
  - 9.3.3　河川汽水域生態系の保全・再生技術　308
    - (1)　河川計画から見た河川汽水域生態系の保全と再生　309

　　　　　(2)　河口干潟および河道内干潟の減少に対する対応技術　*311*
　　　　　(3)　河岸の再自然化技術　*312*
　　　　　(4)　河口砂州の存置保全　*313*
　　　　　(5)　河川汽水域植生の保全・再生技術　*313*
　　　　　(6)　動物の産卵・生育基盤造成技術　*314*
　　　　　(7)　水質改善技術　*315*
　　　　　(8)　環境学習や情報流通の改善　*315*
　　9.4　河川汽水域環境再生事業の評価手法　*315*
　　9.5　今後の課題　*317*
　　参考文献　*320*

参考資料1　欧州連合内における水域の生態学的質に関する統一的モニタリングと分類（付録B水域類型についての運用指標の選定）　*321*

参考資料2　汽水域保全対策実施例　*328*

編集後記　*335*

索　引

　　項目索引　*337*
　　生物名および生物関連用語索引　*346*
　　河川名等索引　*350*
　　欧文索引　*352*

第1章 序　　論

1.1 本書の目的と適用範囲

　河川汽水域は，陸と海の接点に位置し，淡水と海水が混合し，かつ周期的に発生する潮汐や波浪等の作用を受け，常に変動する特殊な環境を有している．このため，海域に生息する生物や淡水域に生息する生物に加え，汽水環境に耐え得る汽水域特有の生物が生息・生育する特殊な場となっている．

　河川汽水域は，河川縦断方向にも，また横断方向にも水質，河岸・底質材料および微地形が変化する環境傾度の大きい空間であり，その環境の質の差に応じて生物が棲み分ける特異な貴重な空間である．大洪水や人為的地形の改変等を受けると，淡水と海水のバランスや土砂の動態が変化し，それに応じて生態系の変化が生じる変化速度の速い場所である．また人間との関わりが強い場所であったため，多くの河川汽水域が既に人間により改変されてしまった半自然的な空間でもある．

　日本では，人為的改変の圧力の強かった河川汽水域生態系の構造とその変動特性については十分な調査研究がなされているとはいえず，また既存の知見も学的に分科された各学問領域の言語・方法と編集方式によるため，総合的・体系的情報編集がなされているとはいえない．

　ところで汽水域の研究，特に生物および水質環境については，オランダ，ドイツ，英国，米国等で，1960年代以降研究が進展した．先進国諸国では河川，内湾，汽水域の水質汚染が深刻化し，これに対処するために研究投資がなされたのである．日本においては，取水障害や河口処理（河口導流堤）等の研究がなされたが，塩分以外の水質や土砂動態，汽水域生物についての研究は十分でなかったといえよう．

　この差異の原因は，欧米では研究の対象となった汽水域の広さが日本に比べて大きく（日本の内湾，例えば東京湾，有明海のようなもの），広域的であり社会的に研

第 1 章 序　論

究投資が受入れやすいものであったこと，空間スケールが大きく，それ故，現象の変動時間スケールが長く研究しやすいということ，理学的研究者の裾野が広いこと，翻って，日本の河川汽水域は，現象の変動速度が速く，また種々の特徴の異なる汽水域があり，河川汽水域の研究が難しいこと，また空間が小さく，研究投資する社会的需要が強くなかったことが研究の進展とその総合化を遅らした理由であろう．

ようやく自然環境の保全・再生という行為に対する社会的需要の増大となり，日本においても河川汽水域の調査研究がなされるようになったが，技術的課題に応えるには十分なものではなく，さらなる調査研究の進展とその集約化が求められている．

本書では，日本の河川の河川汽水域を対象に，現状の研究状況を踏まえ，水塊・土砂・栄養塩が生物との相互作用を通してどのように関連し合っているのかという観点から河川汽水域環境の特性を整理し，その関係性のメカニズムについて記述する．これにより，河川汽水域において掘削，埋立て，あるいは汽水域生態系の再生等による人為的改変を行った時に生じる河川汽水域の水理・水質・生態環境の応答・変化を予測し，河川汽水域環境の改善および環境の質が評価できるようにすることを目指す．さらに健全な河川汽水域生態系の保全・再生のあり方，管理のあり方，保全・再生技術について言及する．

1.2　本書で対象とする河川汽水域の範囲

McLusky(1989)によれば，汽水域は陸水と海水が共存する水域で，塩分濃度が 0.5～35 [*1] の範囲とされている．地形的には，河口域，フィヨルド，内湾等の形態をとり，通常，エスチャリーと呼ばれている．

しかし，本書では，日本の汽水環境にある河川と河口周辺域の空間に限定する．また汽水域で生じる現象や技術的課題が異なる規模の大きな汽水湖(潟湖)も対象としない．具体的には，図-1.1 に示す河川および河口周辺海岸域とする．以下これを河川汽水域ということにする．

河川汽水域の構造とその動態は，研究対象領域を囲む境界からの物質(無機物，

[*1] 塩分の単位：海水の塩分は，1 kg 中に溶解している全塩分(主にナトリウムイオン，塩素イオン)の g 単位の総量に相当する．これを PSU(practical salinity unit)，ppt(part per thousand)，‰等の単位で表現してきた．しかし，これを測定するのに手間がかかるので，現在では海水の電気伝導度を測定し，比電気伝導度によって決定された無次元の塩分を実用塩分(practical salinity scale)と呼び，これを使用している．35 は 35 PSU にほぼ等しい．

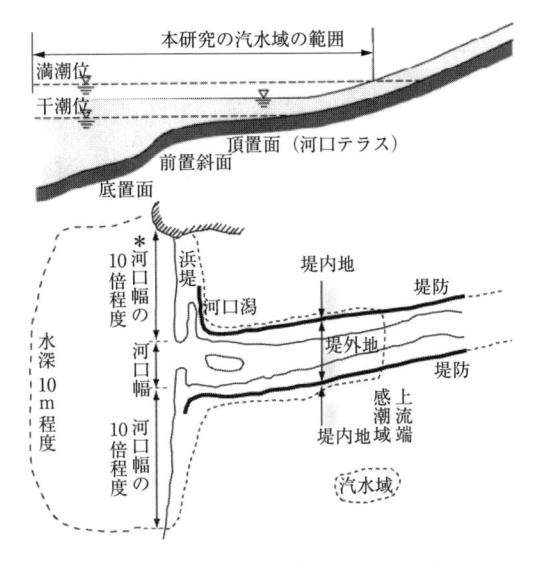

図-1.1 河川汽水域の範囲のイメージ図

有機物）の流入，流出に大きく規定されている．本書では境界を通過する物質の量と変動は河川汽水域の境界条件として捉え，既存の知見の集約にとどめ，直接の研究対象としない．

参考文献
・McLusky,D.S.：The Estuarine Ecosystem, Chapman and Hall, 2nd edition, 1989［中田喜三郎訳：エスチャリーの生態学，研究社，1999］．

第2章 日本における河川汽水域の変遷と現状

2.1 日本における河川汽水域の変遷

　遠く縄文時代にあっては，植物の採取，狩猟，漁労を生産労働の中心とした生活を営み，人口も少ないこともあり，河川との関わりは薄く，河口域に対する人為的作用の影響は微弱なものであった．

　弥生時代早期，北九州に始まった水稲耕作は，弥生時代中期までには東北青森まで行われた．水田の増大は用水を必要とする．畿内を中心に3世紀頃から小河川の渇水流量を超える用水が必要となり，「溜池」が造られるようになる．難波の堀江や茨田堤に象徴される大河川の沖積地への積極的な進出も行われる．平城京や平安京の建設では，木材の供給の要から周辺の山の森林破壊も起こる．公地公民の制に基づく条里制，治水工事は，沖積地の基盤整備事業であり，河川に対する人為的作用であった．このような稲作農業の増加，流域の改変は，渇水時の流量減少と洪水時流量増大をもたらし，河川汽水域環境に影響を与えたはずであるが，変化量が少なく，それを認知し社会問題となることはなかったと推定される．

　戦国期から江戸時代の近世初期は，大沖積地開発の時代であった．河川の瀬替え，用水路の開発，堤防の築造，舟運のための航路整備等の工事や河口港が整備され，17世紀初頭1800万人であった人口は100年後に3000万人近くに達している．また18世紀中頃からは開発の遅れていた沖積低地部での掘上げ田や排水のための水路掘削が行われ，また西日本では新田開発が臨海部の干潟に及び，干拓化により耕地が徐々に増加した．河口港・漁港と栄えた河口付近には港町が形成された．河川汽水域の環境が変わった時代といえるが，放水路の新設，河口干潟の新田開発を除けば，木，土，石を土木材料とする技術的制約もあり，河川汽水域の環境の質を大きく変えるものでなく，また変わったとしてもそれを受け入れ，何らかの対応策を

とるということはほとんどなかった．

　明治になり，近代的土木技術の導入と日本の産業構造の変化に伴い，河川に対する働きかけの規模も大きくなる．

　明治初期から中期のかけて物資輸送の高度化のため大河川では国家事業として河川舟運路の整備，近代的河口港湾の整備がなされ，河口部に防波堤を兼ねた導流堤等が設置された．1896年（明治29），『河川法』が制定され，治水事業に国家負担がなされ，大河川では堤防工事，浚渫等がなされ，河川汽水域の環境が変わり始めた．1930年代になると，巨大な電力ダムの建設が始まり，工業用地の造成のため河口干潟域の埋立ても行われる．大都市周辺では水質悪化も見られるようになるが，戦争による経済活動の停滞により河川汽水域の環境悪化は一時回復する．戦後，朝鮮戦争を機にした経済復興は，1960年代後半には高度経済成長時代に突入し，河川に対する行政投資も国民総生産量に比例して急増していく．

　河川汽水域においても土地利用の高度化のため，利用に制約のある河口港から港湾の分離（河口近くに港を造る），河口に発生する砂州発生抑制のための河口導流堤の建設，洪水水位低下のための河口位置の変更（直線化），河床掘削，河岸侵食防止のための護岸・水制の設置，水利機能の高度化や塩水進入の防止ための河口堰や塩止め堰の設置がなされた．河川汽水域沿岸部の土地利用の高度化が進み，道路，橋梁の設置が進んだ．

　河口付近の沿海部においても，工業用地確保のための埋立て，掘込み港湾の建設，漁港の建設がなされ，河口付近の漂砂や河川からの土砂の堆積・移動環境を大きく変えた．**図-2.1**は埋立面積の推移を示したものであり，平成年代以降も面積は小さくなっているものの埋立ては継続している．環境省の資料（**表-2.1**）によると，全国の干潟面積は1945年から1994年にかけて約4割減少した．

　1960年代後半になると，流域からの汚染物質の流入量

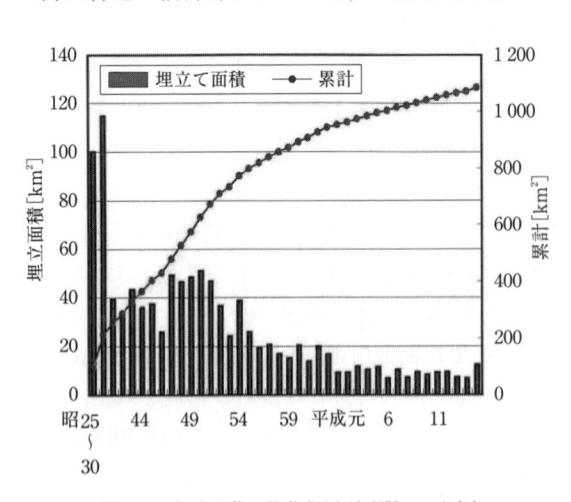

図-2.1　埋立面積の推移（国土地理院HPより）

表-2.1　干潟面積の推移（地球環境保全に関する関係閣僚会議，2002）

タイプ	第2回				第4回			
	昭20(A)[km²]	昭53(B)[km²]	(A)-(B)	減少率[%]	昭53(C)[km²]	平6(D)[km²]	(C)-(D)	減少率[%]
前浜	52 325	30 666	21 659	41.4	34 893	33 048	1 845	5.3
河口	27 107	20 312	6 795	25.1	18 075	15 777	2 298	12.7
潟湖	3 189	2 878	311	9.8	2 863	2 853	10	0.3
その他	-	-	-		272	271	1	0.4
合計	82 621	53 856	28 765	34.8	55 300	51 443	3 857	7.0

注）第4回調査の合計面積について：複数タイプが示されている干潟は，それぞれのタイプに加算されているので，各タイプのごと面積の合計と全国合計値は一致しない．

の急増により河川水質が悪化し，魚の奇形や漁獲量の減少等を通して河川生態系の劣化として世情に認知され，水質汚染対策や排水規制が叫ばれた．河川汽水域の地形改変，水質の変化により，河川汽水域の環境は大きく変化し，生物の生息・生育の場が失われたのである．1970年代になると，公害や環境の悪化への対処として排水規制，下水道の整備がなされ，水質の改善が徐々に進んだ．

1980年代には地球環境問題等や生態系の保全等が問題とされだした．現在では河川生態系の保全・再生が行政施策として行われ，過去に失われた干潟や湿地を復元する自然再生の取組みが始まっている．沿岸域では，減ってしまった魚や底生生物のため人工干潟，人工藻場の設置がなされるようになった．近年の水質環境の改善により河川汽水域生物相の回復の兆しもある．

河川汽水域の環境は，時代が下るにつれて自然的規定要因から人為的規定要因の影響が強くなってきており，この影響を評価し，河川汽水域における人為的影響の軽減と河川汽水域の生態環境をなるべく自然に戻す自然再生が課題となっている．

2.1.1　多摩川河川汽水域に及ぼした人為作用と汽水域の変化

明治以降の河川汽水域の変貌を日本の近代化を前線で受け止めた多摩川で見てみよう．

多摩川は，源を山梨県塩山市笠取山の本谷に発し，その流路延長は138 km，流域面積1240 km²である．山地面積は流域面積の68％を占め，分水嶺には雲取山，大菩薩峰等の海抜2000 m余の高峰が屹立する．人口，工場の密集する過密地帯である東京都大田区，世田谷区，神奈川県川崎市をはじめ，青梅，立川，八王子，府中等22市を数え，流域の人口425万人（1995年）の都市河川である．

明治以降，多摩川河川汽水域地形の変化に及ぼした人為作用として主なものは，

以下のようである.

a. 河川改修　　多摩川河川汽水域の河道特性の変化に与えた影響のうち最も大きなものは，多摩川改修工事(1919～33年)である．これにより高水敷の高さが設計河床高以下に掘削浚渫され，築堤材料の一部となると同時に周辺低地を埋立て土地改良に資した．航路維持のための低水路掘削が古市場(約8 km地点)までなされた．掘削浚渫総土量 7 523 737 m³ のうち，堤防材料に 2 695 089 m³，高水敷に 516 465 m³，民地に 4 279 283 m³ を処分した(内務省東京土木出張所，1935a).

護岸・水制は 5 752 m設置された．下流の舟運路として低水路掘削が 8 km 地点まで実施され，また航路維持のためと判断される導流水制(護岸)が 7.8 km より下流で設置された.

なお1933年度(昭和8)，総工費110万円をもって1942年度(昭和17)までの10ヵ年継続事業として多摩川維持工事が起工されている．目的は改修された河川の現状を維持し，所期の効果を保持するものである．維持工事は一定不変の計画に基づいて施工したものでなく，堤防補修，護岸水制，高水敷地均，芝植栽，低水路浚渫等の諸工事を遂次施工したものである．なおこの維持工事は 2 ヵ年延長され総工費 142 万 1000 円となった(多摩川誌編集委員会，1986)．この維持工事により 5.5 km 以下の高水敷はさらに掘削・浚渫され，大部分が民地に捨て土された.

b. 掘削浚渫　　多摩川砂利掘削に関する状況(内務省東京土木出張所，1935b)によれば，多摩川改修工事の始まった 1919 年(大正 8)から終了した 1933 年(昭和 8)における改修区間 22 km の河積を比較すると，19 319 000 m³ の増加となっている．改修工事による 7 651 600 m³ との差 11 667 400 m³ と過去 15 年間に改修区間上流から流下した土砂量は，砂利・砂採取業者により採取され河川区域から持ち出されたものである．流下した土砂量を 0 としても年平均 78 万 m³ が採取業者により掘削されたことになる．改修工事の掘削量も加えると，年平均 129 万 m³ が掘削された.

なお小河内ダムの比堆砂量が 1961～88 年の平均で 250～300 m³/(km²・年)(空隙を含む見かけ体積)であるので，ダム下流域の山地の高度が低いことを考慮して山地面積 1 km² 当り年 200 m³ の土砂が生産され，25％が砂，15％が砂利とする(藤田他，1998；山本，2004)と，両者合わせて年 6.7 万 m³ 程度が生産される．砂利は 22 km 上流の河道にも堆積するので 22 km 地点を通過する砂利は 1～2 万 m³ 程度，砂は 4 万 m³ 程度，シルト・粘土は 10 万 m³ 程度であったであろう.

『新多摩川誌』(新多摩川誌編集委員会，2001)によると，多摩川での砂利採取は，江戸時代は細々としたものであり，河道地形に影響を与えるものでなかった．首都

が東京に移りセメント工業の発達と近代化に当たっての建設材料として明治10年代から本格的な砂利採取業者による採取が多摩川の矢口，平間の六郷川で始まった．東京市は1900年(明治33)に多摩川での砂利採取直営事業に乗り出し，下野毛，等々力より下流で砂利採取を行い道路等の官需用に供給した．なお『堤防地盤層序図』によると，河口6km付近まで砂利が存在している．

多摩川改修事業を始めた1919年時点において多摩川下流部は砂利採取により既に河道の変化を受けていたが，砂利の需要が急増したのは1923年(大正12)の関東大震災後の帝都復興事業による需要増である．図-2.2は東京への砂利到達量の推移(多摩川以外の河川から供給を含む)を示した(多摩川誌編集委員会，1986)．多摩川改修区間においては砂利採取(盗掘)により，高水敷の表土を剥がしその下の有用骨材を採取する，堤防付近まで採掘する，改修で設置された護岸裏付近を掘り下げ護岸を破損する，砂利運搬のために堤防を切り裂く，などの不法行為が横行し，砂利採取の取締まり，規制禁止が必要とされた．関係機関との取締まりの協議が続けられ，その結果，1934年(昭和9)2月12日から取締まりを実施することとなった．なお同時に盗掘禁止に伴い生じる砂利採取事業者および労働者の失業者の援助・救済方法が告示された(内務省東京土木出張所，1935b)．

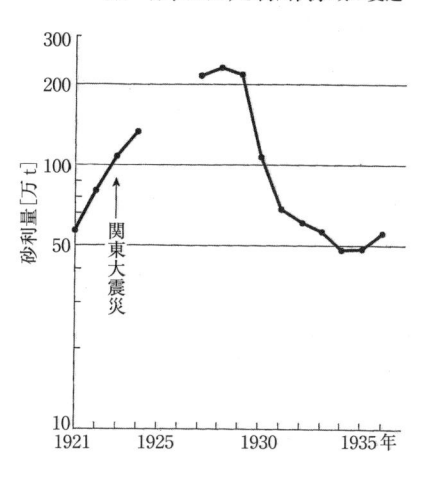

図-2.2 東京への砂利到着量の推移(1921〜36年)(「砂利に関する調査」，「6大都市鉄道貨物発着調査」より作成)(新多摩川誌編集委員会，2001)

これによりようやく多摩川下流部の盗掘が急減した．

c. 埋立て 『多摩川改修工事概要』(内務省東京土木出張所，1935a)における「機械浚渫」の項に，

> ……近年本川上流部に於ける砂利，砂の採取甚しき為，自然下流の浚渫区域に流下し来るべき土砂少量となり，為に河底は予期以上の低下を示し，浚渫の要なきに至りたるものにして，之を以って打ち切り竣工となせり．然るに断面零丁以下約二千米の水路は，返って土砂堆積し洪水の疎通の阻害するのみならず，平水に於いても水深極めて浅く，船舶の出入りは満潮を利用し，辛うじて

航行するの状態となりしが，偶々昭和七年四月羽田競馬場(現羽田飛港場)埋め立てに際し，東京湾埋立株式会社より之に必要なる土砂採取の出願あり．当初に於いては河口実測の結果，其願意を容れ，零里零丁以下九百米の間に於いて土砂の採取を許可し，当所監督の下にポンプ船を以って浚渫せしめたり．是土量十三万二千立米にして之により航路を著しく改善し得たり．……

の記述がある．戦前の多摩川河口付近の埋立てに伴う浚渫はこれのみであるようである．1947年(昭和22)の空撮写真に多摩川河口付近の浅瀬を浚渫し，羽田飛行場(米軍接収地，羽田競馬場の跡地)の埋立てを行っているのが見える．戦前において計画された京浜運河とそれに伴う工場用地用の埋立ては県営事業として戦前に実施されていたが，多摩川河口右岸側の埋立て(浮島町，千鳥町)は戦後の経済復興期に実施され(それぞれ1963，1958年完成)，左岸側は羽田飛行場の拡張により埋め立てられ河口景観を大きく変えた．多摩川河口干潟は，埋立地として，また埋立材料として使用された．

d. 横断構造物の建設　　多摩川下流部では，掘削浚渫により河床が下がり，河川感潮域が長くなった．改修開始当時(1919)における感潮区域は小向付近(河口より8 km)であったのが，1935年には宮内渡船場(河口より14 km)までに遡上した．これにより多摩川より取水していた玉川水道は取水口を上流1 800 mに仮取水口を設置した．なお玉川水道株式会社は1935年(昭和10)に市(都)営水道に統合された．取水障害に対して1936年(昭和11)に調布取水堰(河口より13.4 km)が建設され，塩水遡上の防止と取水の安定化を図った．この取水堰は多摩川に対して水位を保つ，すなわち侵食基準面となり河道変化のコントロールポイントとなった．

e. ダムの建設　　戦前着工した第二次水道事業の根幹となる小河内貯水池建設工事は，1938年(昭和13)11月工事着手したが戦争の影響で工事が中断し，1948年(昭和23)に再開し，1957年(昭和32)に竣工した．ダム上流の流域面積は262.9 km^{2}であり，全山地面積の31％を占める．

このダムの建設により洪水流量・流況および土砂供給量が変化したが，それが多摩川下流部の河道特性に与えた影響については明確でない．少なくとも土砂については30％程度の土砂供給量は減少し，平均年最大流量は1～2割低下したものと判断される(小河内ダム貯水池には治水容量の義務はないので，洪水前の貯水位によって洪水流量の低減率が変わる．渇水年は洪水を貯留するが，豊水年では洪水を貯める機能は小さい)．

f. 地下水の汲上げによる地盤沈下　　川崎市の地盤沈下は川崎の工業地帯化ととも

もに始まり，昭和の初めから終戦まで，その後の沈下の一時停止，昭和30年代の高度経済成長時代における2度目の沈下，昭和40年代の地下水汲上げの停止による地盤沈下の沈静化というパターンとなっている．

　地盤沈下は，河道内の地盤高と護岸水制構造物の天端高を低下させた．

　これらの人為的作用により平面形状と河床高がどのように変遷したか具体的に見てみよう．多摩川下流域の河道平面形については，航路維持が重要な改修目的であった9 km より下流の河道平面形状の変遷を地形図，航空写真より分析する．河床高の変化については改修区間22 km の変化を『多摩川改修工事概要』(内務省東京土木出張所，1935a)および『多摩川砂利採掘に関する状況』(内務省東京土木出張所，1935b)に提示されている図表を用いる．

　図-2.3～2.6 に多摩川下流部の平面形状の変遷を示す．**図-2.7** に多摩川の縦断面図と改修計画縦断図を示す．

図-2.3　多摩川河口地形[1881年(明治14)]

図-2.4　多摩川河口地形[1928年(昭和3)]

第2章　日本における河川汽水域の変遷と現状

図-2.5　多摩川河口地形［1945年（昭和20）］

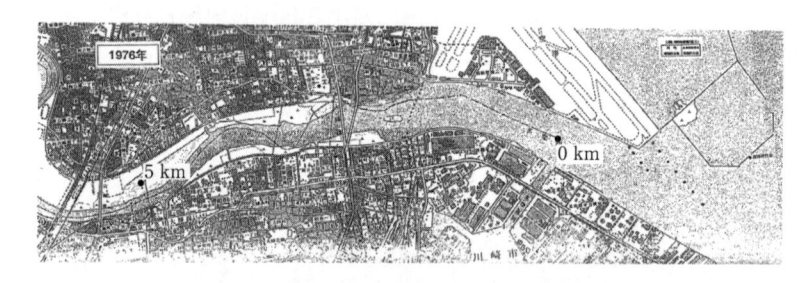

図-2.6　多摩川河口地形［1976年（昭和51）］（●は0 kmと5 km地点を示す）

まず多摩川下流部の原像（明治中期）を復元しよう．**図-2.3**に1881年（明治14）の河道平面形状を示す．1908年（明治41）の地形図によると，多摩川河口域に存在した湿地および干潟の開発が多少進んだが多摩川に大きな変化はない．河口前面には広大な前浜干潟が広がっていた．

次に河川河床高縦断形を復元しよう．**図-2.7**には改修前の1919年の河川澪部の河床高縦断図が図示されている（多摩川の基準高は荒川ペイル A.P.である）．1919年以前においても多摩川では砂利採取がなされていたので，これが明治中期の河床高であるとはいえない．多摩川砂利採取に関する状況(1935)に，1905年（明治38），1918年（大正7），1927年（昭和2），1933年（昭和8）測量の横断図より，これを各区間に区割りし，その区間の澪筋（最深河床高）の平均河床高を求めたものが**表-2.2**のように示されている．これによると1905年から1918年の間に河口―羽田で0.25 mの低下，羽田―川崎で1.16 mの低下，川崎―古川で1.59 m低下，古川―上平間で0.02 mの低下，上平間―調布で0.01 mの低下，調布―玉川で1.8 mの低下，玉川―二子で1.4 mの低下となっている．この低下量を1919年の河床高縦断図に

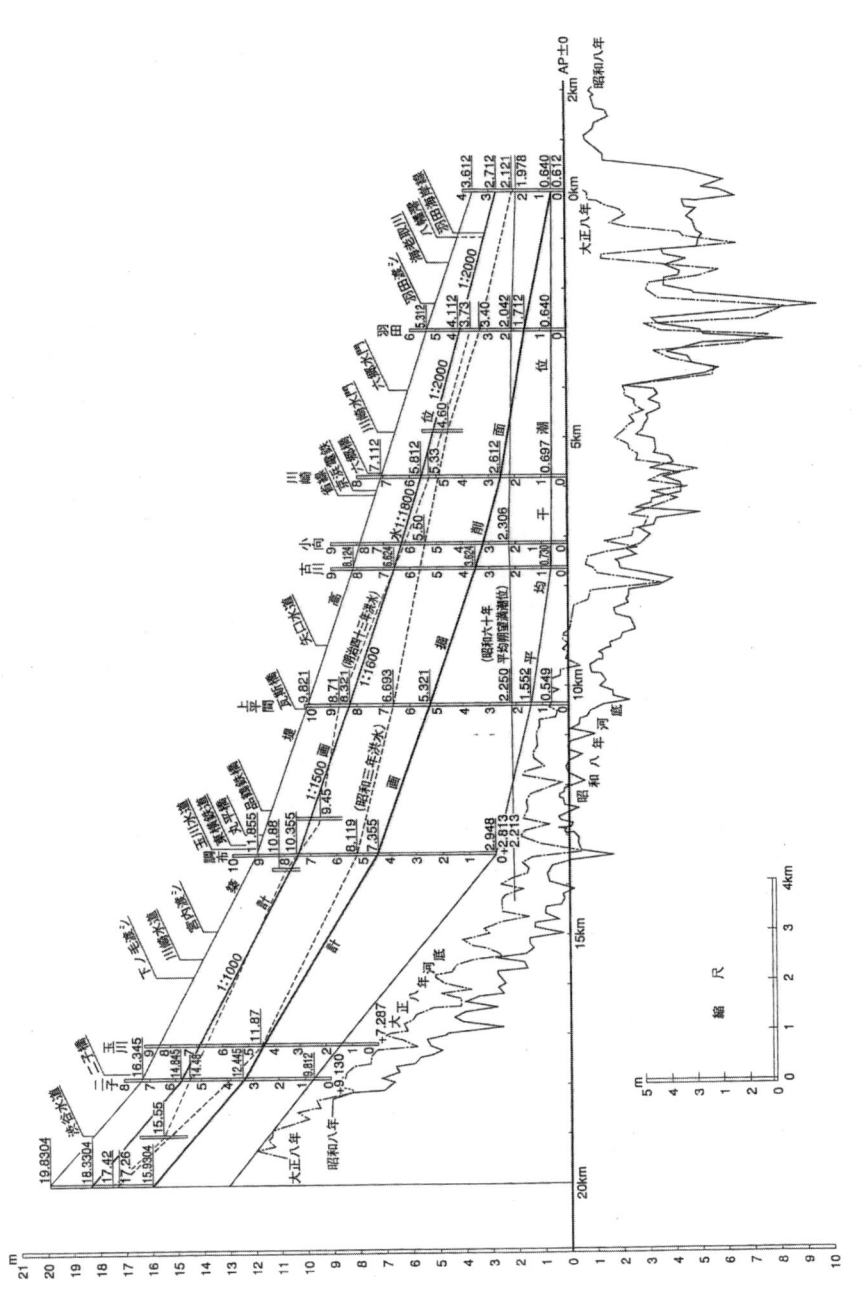

2.1 日本における河川汽水域の変遷

図-2.7 多摩川縦断面図および改修計画縦断図

第2章　日本における河川汽水域の変遷と現状

表-2.2　澪筋(最深河床高)の区間平均高の変化

測量年	河口-羽田	羽田-川崎	川崎-古川	古川-上平間	上平間-調布	調布-玉川	玉川-二子
1905年	-3.19	-1.24	-0.70	-0.16	1.25	5.64	9.11
1918年(改修着手)	-3.44	-2.40	-2.29	-0.18	1.24	3.84	7.70
1927年	-3.45	-2.52	-2.82	-1.58	0.26	3.43	7.09
1933年	-4.82	-2.89	-2.04	-1.90	0.16	2.03	5.95
低　1905年に比し	1.63	1.65	1.34	1.74	1.09	3.61	3.16
改修当時に比し	1.38	0.49	0.25	1.72	1.08	1.81	1.75

嵩上げすることにより，多摩川下流部は，玉川—調布間(6.5 km)が礫川である河床勾配1/640のセグメント2-1-①の河道，調布—川崎(7.6 km)が小礫川である河床勾配(1/2050)のセグメント2-1-②の河道，川崎—河口間が砂川であるセグメント2-2の河道，の3つの小セグメントに区分できる．

セグメント　　河川の縦断形は，一般に上流から下流に向かって徐々に緩くなるとみなされている．しかしながら，実際の河川の縦断形はそれほどスムーズなものでなく，むしろ，ある地点で急に勾配が変わると考えた方が実態に合う．

　山間部を出ると，河川は主に自身で運んだ沖積層上を流下する．図-1に示すように河川の縦断形は徐々に変化するというよりも，ある地点で急に変わると考えた方が妥当である．日本の沖積河川の縦断形を調べると，木曽川が例外というものでなく，むしろ一般的なものである(山本，1994，2004)．

　山間部を含めて河川の縦断形は，ほぼ同一勾配を持ついくつかの区間に分かれていると見ることができる．このような河床勾配がほぼ同一のである区間は，河床材料や河道の種々の特性が似ており，これをセグメントと呼んでいる．河川におけるセグメントの数は，河川に

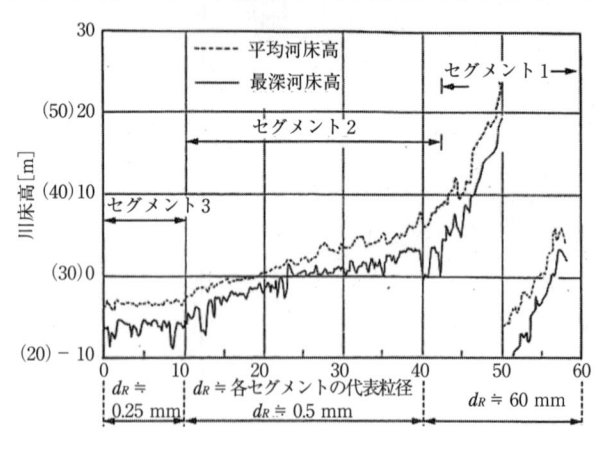

図-1　木曽川の河床横断形とセグメント区分

よって，また河川をセグメントに区分する目的によって異なる．図-1に示した木曽川の例では，扇状地を流下する区間に当たるセグメント1，その下流で粒径 0.5 mm 程度の中砂を河床材料に持つセグメント2-2，その下流で粒径 0.25 mm 程度の細砂を持つセグメント3からなる．

上流山地の起伏度が大きくなく単位面積当りの砂利成分の供給量が少ない河川では，扇状地を持たず，直接自然堤防帯に入り，砂利を河床材料に持つセグメント2-1を持つことが多い．

セグメント1，2-1，2-2，3に加え，沖積河川の上流の山間部および狭窄部をセグメントMと呼び，これらを地形特性と対応した大セグメントと呼んでいる．表-1に各セグメントの定義と特徴を示した．セグメントごとの河道の特徴が大きく異なることは，それを存在基盤とする河川生態系もセグメントごとにその特徴が大きく異なることを示す．セグメントは河道の特徴の単位であると同時に河川生態系空間区分の単位でもある．実際の沖積河川は詳細に見ると，大セグメントを2つ以上の小セグメンに区分しえることがあり，これらを小セグメントといっている．

日本の河川は内湾に流出する河川を除けばセグメント3を持たないことが多く，また外海に流出し，その前面に海盆が迫る場合には，砂より小さい土砂成分が波浪によって他の場所に運ばれてしまうため，セグメント1しか持たない河川がある．

表-1 セグメントとその特徴

セグメント	M	1	2		3
			2-1	2-2	
地形区分	← 山間地 →	← 扇状地 →			
		← 谷底平野 →			
			← 自然堤防帯 →		
				← デルタ →	
河床材料の代表粒径 d_R	様々	2 cm 以上	3～1 cm	1cm～0.3mm	0.3 mm 以下
河岸構成物質	河床河岸に岩が出ていることが多い	表層に砂・シルトが載ることがあるが薄く，河床材料と同一物質が占める	下層は河床材料と同一．細砂，シルト，粘土の混合物		シルト・粘土
勾配の目安	様々	1/60～1/400	1/400～1/500		1/500～水平
蛇行程度	様々	曲がりが少ない	蛇行が激しいが，川幅水深比が大きい所では8字蛇行または島の発生		蛇行が大きいものもあるが，小さいものもある
河岸侵食程度	非常に激しい	非常に激しい	中．河床材料が大きい方が水路はよく動く		弱．ほとんど水路の位置は動かない
低水路の平均深さ	様々	0.5～3 m	2～8 m		3～8 m

第 2 章　日本における河川汽水域の変遷と現状

　河床高は改修事業による掘削浚渫，民間による採取や盗掘により，計画された河床より低下し，その様子は図- 2.8 の平均低水位縦断図の変化および図- 2.9 に示す改修前後代表断面の横断形状変化図より読み取ることができる．なお図- 2.7，2.9 に示す計画掘削面は改修計画によりそれ以上標高の高い部分を掘削するものであるが，計画掘削面より低い所まで掘り下げられている．また高水敷の部分に凹地がある（これは盗掘穴であろう）．なお計画掘削面を見ると，河口より 4.5 km 地点で計画掘削面と昭和 6，7 年平均朔望満潮面（0 km で 1.978 m）が交差し，掘削面が満潮面より低くなり，河口 0 km で干潮面の 0.612 m とほぼ近い値となっている．この計画に従うと，4.5 km 下流は満潮時，堤防間は水面下となってしまう．昭和 8 年の改修工事の終了時点において高水敷の浚渫・掘削が 5.3 〜 4.0 km 左岸において図- 2.9 のようになされたが，その他は実施されず，その後の維持工事で掘削された．戦後も浚渫と高水敷掘削は続けられ，1945 年（昭和 20），1947 年（昭和 22），1966 年（昭和 41），1976 年（昭和 51）と低水路幅は広がっている．上流に向けては 1961 年（昭和 36）に左岸 5.6 km の新六郷橋下まで高水敷の掘削が進んだが，それ以降上流に向かっての高水敷掘削はなされなかった．掘削すべき必然性がなくなってしまったといえる．その後 5 km 付近左岸を浚渫したところには図- 2.10 に示すように土砂が堆積し，干潟そしてヨシ原に変わって陸域化されつつあり，掘削以前の

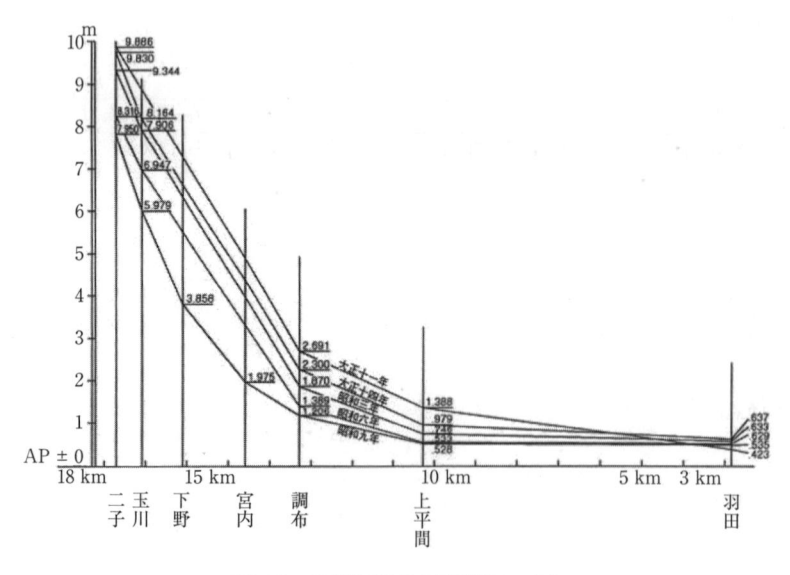

図- 2.8　多摩川平均低水位縦断図の変化

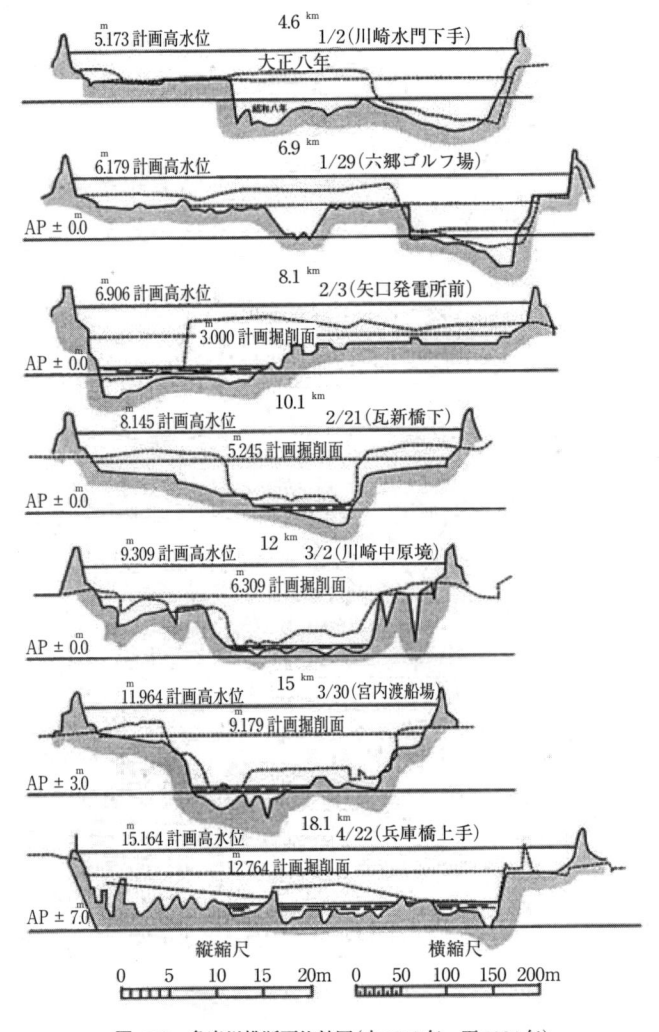

図-2.9 多摩川横断面比較図（自 1919 年，至 1934 年）

河道平面形状に戻りつつある．

改修計画およびその後の浚渫により多摩川は従来あったセグメント 2 - 1 - ②の区間がほぼなくなり，セグメント 2 - 2 の区間が上流に延伸した．また 5.5 km より下流はセグメント 3 の河道特性を持つようになった．

なお河川汽水域の生物の多様性や現存量に大きく影響を与える河川汽水域の水質

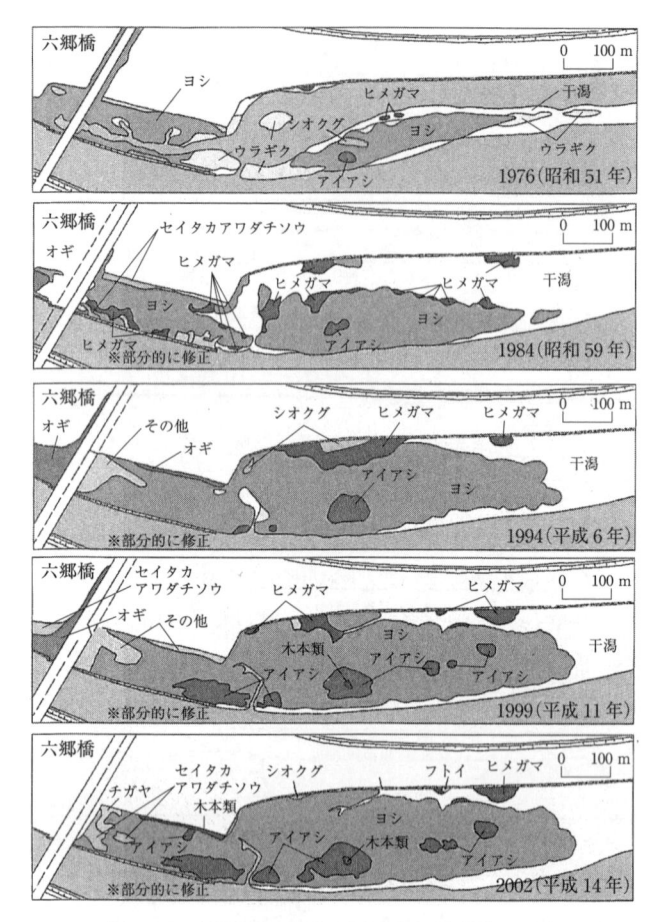

図-2.10 六郷地区の地形・植生の変遷(小林他, 2006)

の変化を図-2.11に示す．家庭排水，工場排水によって悪化した汽水域の水質は1970年代に入り排水規制により回復し，1960年代の都市化に伴う流入水質の悪化が下水道の整備に伴って改善された．近年は下水の三次処理によってさらに水質が改善され始めた．いなくなった生物(アユ等)が復活し始めている(小椋，1996；佐藤，2005)．

このように，日本の近代化・産業構造の変化の過程で都市近傍の河川汽水域は，人為的に大きく改変され，また水質汚濁に見舞われ，河川汽水域の環境・景観・生物相が変遷したのである．

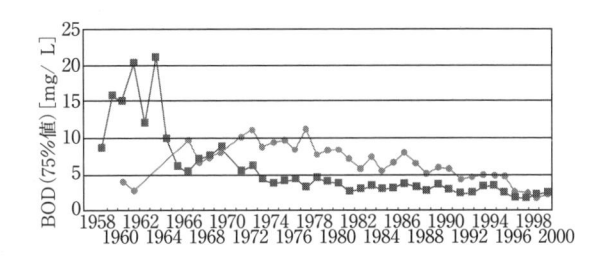

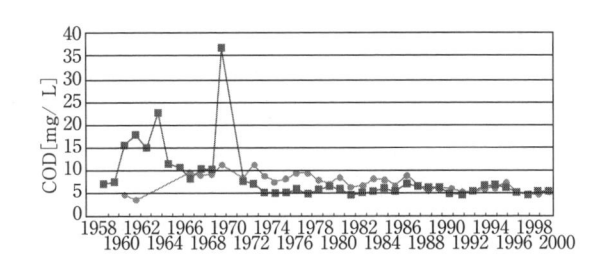

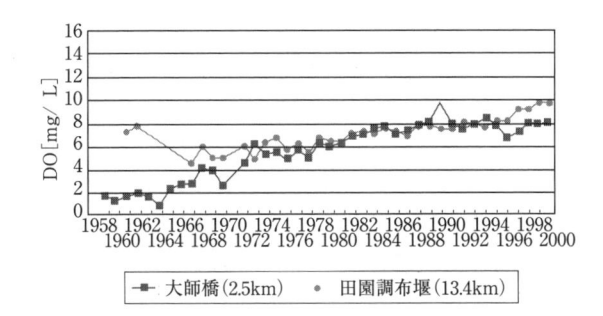

図-2.11 多摩川有機物（BOD 75%値，COD），DO の推移（佐藤，2005 改変）

2.1.2 戦後における汽水域生物相の変化

戦後の汽水域に対する様々な人為的改変による生物相の変遷を，植物プランクトン，魚類，底生動物，陸上性の鳥類，植物についてそれぞれ概観する．なおここでは，河川汽水域の環境と密接な関係を持つ内湾の汽水生物相を含めて記述する．

a. 植物プランクトン 植物プランクトンの生産量は，栄養塩に依存して変動する．河川下流域は，高度経済成長時代，農業用水，工場排水そして家庭排水といった人間活用による栄養塩供給が大きくなり，それによって内湾において植物プランクトンの異常増殖が見られるようになった．栄養塩の増大は，本来，一次生産者の

植物プランクトンから，動物プランクトンや底生動物，さらにそれらを食す魚類の生産を高めるものであるが，過剰な栄養塩流入は，植物プランクトンの異常増殖を生じさせ，酸素不足や有機物の堆積によって魚類や底生生物に悪影響を与える．

植物プランクトンの長期的変遷は，堆積物中の遺骸（化石）から見ることが可能である．有明海の諫早湾の堆積物に残る渦鞭毛藻シスト群集を調べた松岡（2004）は，推定された1850年から1960年までの期間は，渦鞭毛藻シスト量は低く，その群集組成はほぼ一定の特徴を示すが，それ以降，シスト数の増加が始まり，植物プランクトンの増大を示す群集組成になっていることを見出した．つまり，内湾の富栄養化が1970年頃から始まったことがうかがえるのである．利根川では，1988年から1996年までの期間，汽水域での植物プランクトンの異常増殖の経年変化が調べられている（小椋，1998）．それによると，1990年までは夏季のみ異常増殖が認められていたが，1991年以降は夏季以外の月にも見られるようになり，しかもその異常増殖が長期化するようになったとしている．利根川での植物プランクトンの異常増殖は，栄養塩流入に加え，1971年に竣工された河口堰による淡水流量および潮汐流量の減少および浚渫による流速の低下によるところが大きいとみられる．

b. 魚類　　魚類には，汽水域を主な生息場所としているものから，海と川の間を移動し，汽水域をその通過点として利用するものがある．汽水域生息種については，水産有用種の場合，その漁獲量が著しく減少しているものがほとんどである．有明海は汽水性の固有魚種を多産する日本最大の内湾である．エツ，ムツゴロウ，ワラスボ，アリアケヒメシラウオ，ハゼクチといった種は，いずれも有明海固有種であるが，最近その生息数は激減が著しい（田北，2000）．例えば美味を誇るエツは，筑後川や六角川の感潮域を産卵，稚幼魚生育の場としているが，1983年まで100 t前後あった年間漁獲量が，その後減少し，1994年にはその3分の1にまで落ち込んだとされる．同じく高級魚とされるハゼクチも，有明海奥部のみに特産し，稚魚，未成魚が河川感潮域を生息場所とするが，1985年以降減少の一途をたどっている．汽水性魚種の衰退を示す象徴というべきは，かつて東京湾で独特の釣りで有名だった体長40 cmを超える大型のアオギスであろう．東京湾の埋立てと汚染が本種を東京湾から絶滅に追いやった．本種の東京湾での記録は，1976年頃における稲毛浜の記録が最後とされる（東京湾河口干潟保全研究会，2004）．本種の現在知られる生息地は，唯一福岡県北九州市東岸の曽根干潟である．

水産上の有用種でなくとも，最近になって絶滅が危惧されるようになった汽水性の稀少魚種としては，干潟に生息するトビハゼやタビラクチ，それに地下水の湧水

がある所に限られるイドミミズハゼといったハゼ科の種があげられよう．

　回遊性の魚種についても，汽水域の破壊が近年個体群の減少を招来している状況を見ることができる．ただし水産有用種であるサケやアユ，あるいはウナギ等は養殖，放流により，その漁獲量は必ずしも減っているわけではない．アユは，海で成長し，川を上って産卵する生活史を持つため，稚魚は汽水域を経由して川を上る．アユの場合，多くの地域で琵琶湖産の稚アユの放流により，漁獲量の変遷データでは，減少どころか増加する傾向さえ見出せる(水口，1992)．しかし，これらの湖産アユの場合は，その仔魚が川を下った後，海水適応がないために，海中で死に絶える．その結果，漁獲量を維持するためには毎年湖産アユの放流が必要となる．結果として，同じアユという種であっても，元々そこの河川と海域とを利用した生活史を持った地域集団は，人工生産の湖産アユ個体群に置き換えられつつあるといえる．なおアユには，琉球列島に固有の亜種リュウキュウアユが沖縄本島と奄美大島で知られていたが，沖縄本島では，河川河口域の破壊等により1970年に絶滅し，現在は，奄美大島の中でも，広大なマングローブ林が維持された健全な河口域を擁する住用湾に流入する河川のみで個体群が維持されているにすぎない．養殖，放流による資源維持がなされていない水産有用種では，その漁獲量のデータが限られているが，例えばサケと同じ遡河性回遊魚のシロウオ(ハゼ科)の場合，図-2.13に示すように近年日本各地で減少傾向にあるとされ，具体的な地域での漁獲量の減少が認められている(松井，1996)．

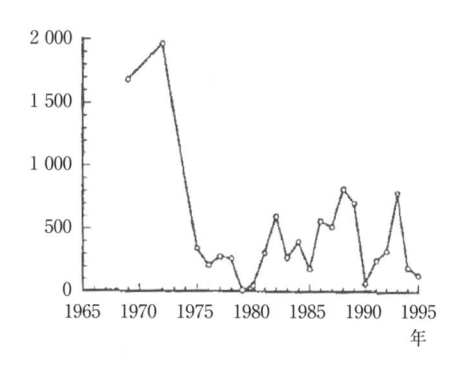

図-2.13　福岡県室見川におけるシロウオ漁獲量の変遷(松井，1996)

c. 底生生物　　汽水域を生息場所とする底生生物においても，水産有用種の漁獲量から，それぞれの種の近年の長期的な変遷を見ることができる．日本人の食用として重要なノリ，アサクサノリは，内湾，河口域に生育する代表的な紅藻の海藻である．その生産量は，人工種苗や浮き流し養殖という養殖に依存したものである．その養殖技術が確立された昭和40年代中頃から，瀬戸内海や三河湾，有明海を中心にノリ養殖は，飛躍的に拡大したが，昭和50年代後半より，内湾の富栄養化に

伴う植物プランクトンの異常発生，赤潮により，品質の低下の被害が各地で知られるようになった．その原因は，植物プランクトンによる栄養塩吸収により，栄養不足にさらされたためとみられる(佐々木，2005)．アオノリと称される緑藻スジアオノリは，アサクサノリよりもさらに低塩分濃度の汽水域に適応した種であり，各地の河口域で，1970年代以降，養殖が盛んに行われるようになった．一方，天然のまま生産を続けるのは，高知県の四万十川河口域のものであるが，その生産量は，1960年代には，年間30～50tあったが，現在は，10t以下になっている(平岡他，2004)．生産量の減少は，流量の減少や水質の濁りによるものと推察される．

底生動物では，水産有用種の場合，種苗放流もありながら，その漁獲量が著しく減少しているものが多い．図-2.14に示す東京湾のハマグリ，アサリの漁獲量は，昭和30年代をピークにそれ以降減り続け，ハマグリは，昭和40年代の後半以降は漁獲はほとんどない(東京湾河口干潟保全検討会，2004)．アサリの全国最大の生産地であった熊本県では，その年間漁獲量は，1970年代後半に年間5～6万t台に及んだが，1980年代に激減し，1990年代以降は，わずかに1 000～3 000tにとどまる状態になっている(堤，2005)．この減少の主たる原因は，河川改修，砂利採取，

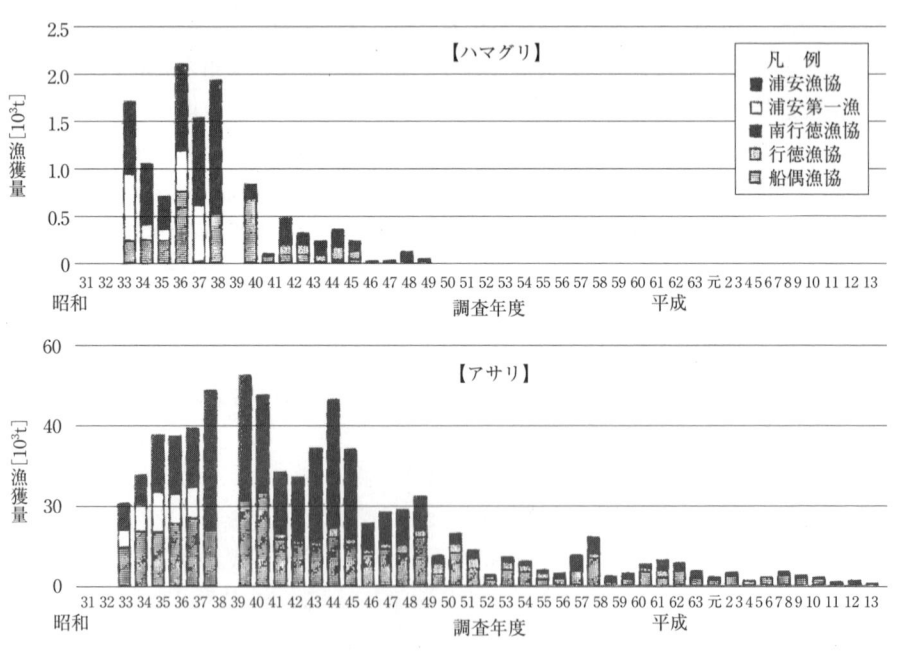

図-2.14 東京湾三番瀬におけるハマグリとアサリの漁獲量の変遷(東京湾河口干潟保全検討会，2004)

ダム建設等により，河川上流から河口域に運ばれる砂の量が激減したことによるところが大きいとされる．アサリ，ハマグリよりもより低塩分の環境を好むヤマトシジミも，かつて日本各地の河川河口域で普通に見られたが，多くの地域で激減し，現在は，日本全国の漁獲の約60％が島根県宍道湖産のものに依存している（山室，1997）．かつて有明海で多く漁獲されていた二枚貝のタイラギやアゲマキ，サルボウといった種も，その漁獲量は，近年激減した．アゲマキの場合，種苗放流も試みられていたが，明治30年（1906）には8 603 tあった漁獲量は，1993年以降全く漁獲されないという状況に陥っている（佐々木，2005）．貝類にとどまらず，甲殻類のエビ類，カニ類においても，たとえ種苗放流されていても，漁獲量には減衰の一途の傾向が，図-2.15に示す有明海や瀬戸内海において見ることができる（佐々木，2004）．一方，大阪湾では，栄養塩の総量規制によりリン排出負荷量が70年代の前半から減少に転じ，タコ類，エビ・カニ類，シャコ類，カレイ類の漁獲量が増大に転じ（西條，2002），明るい兆しも見ることができる．

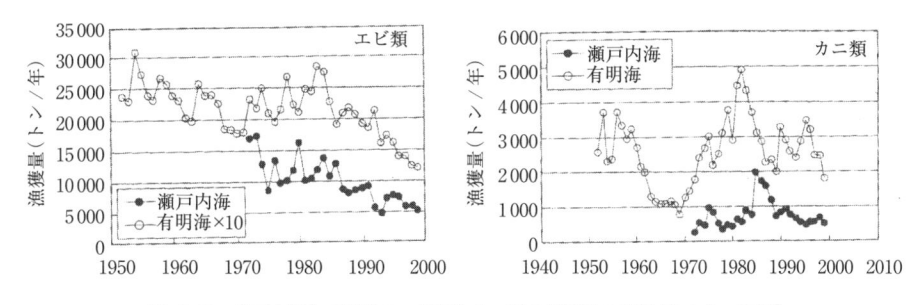

図-2.15 瀬戸内海と有明海のエビ類とカニ類の漁獲量の変遷（佐々木，2004）

水産有用種に限らず，河口域の人為的改変，水質汚染により，各地で消失あるいは激減したという汽水性の底生動物種が近年知られるようになった（和田他，1996）．内湾河口域の干潟表上にごく普通に見られた巻貝のウミニナやフトヘナタリは，東京湾でかつて豊富に生息していたとされるが，最近はほとんど見られなくなり，絶滅寸前とみられる．東京湾では，干潟性の巻貝として他にクロヘナタリ，ヒロクチカノコ，オカミミガイといった種が記録されていたことがわかっているが，現在これらの種を全く見ることはない．生きた化石として知られるカブトガニも，かつて瀬戸内海沿岸から九州までの広い範囲の内湾，河口域に分布していたが，産卵場所として利用する干潟の消失に伴い，各地で激減し，現在は九州北岸のみで健全な個体群が維持されているという危機的状況にある．

近年著しくなった物資や人間の国際的な移動が人為的な移入生物を数多くつくり出しており，それは内湾や河口域に生息する底生生物にも事例が多い．それらの侵入手段は，船舶による移入と水産物の輸入，放流によるものに大別される．アメリカフジツボやヨーロッパフジツボは，ともに内湾汽水域を好む種であり，1950年代に日本で初めて記録され，それ以後，本州から四国，九州に広く分布するに至っている(岩崎他，2004)．地中海を原産とするチチュウカイミドリガニは，ここ数年日本各地の内湾や河口域で頻繁に記録され(陳他，2003)，東京湾では，同じく外来種のイッカククモガニとともに，その個体群を恒常的に維持するに至っている(風呂田他，2004)．付着性二枚貝のコウロエンカワヒバリガイも，オーストラリアやニュージーランドを原産地とするが，1972年に日本で発見されて以来，関東地方以西九州までの各地の汽水域で生息が知られるようになった(岩崎他，2004)．本種の日本への侵入は，同じ生息場所を持つ在来の付着性二枚貝ウネナシトマヤガイの衰退を誘起することが懸念される．これらの例は，いずれも非意図的に船舶によって日本に入ってきたものとみられるものである．

　一方，水産増養殖目的で意図的に移入され，国内で広く定着するようになったものとしてシナハマグリがあげられる．国内で市販されるハマグリは，ほとんどがシナハマグリであり，かつて北海道から九州までの各地の内湾，河口域に数多く生息していた在来のハマグリは，現在は，九州北西岸と瀬戸内海の一部それに伊勢湾の一部に限られるようになった(山下他，2004)．アサリも，中国や北朝鮮から，放流用に大量に輸入されており，同じアサリであっても，大陸由来のものに置き換わりつつあり，在来の遺伝的特徴を持つものが日本から失われつつある．増養殖用に持ち込まれたものに混入して入ってくるものも最近問題になってきた．かつて日本では，有明海や瀬戸内海の一部にしか分布しないとされた稀少巻貝サキグロタマツメタが東北，東京湾，三河湾，伊勢湾等の各地の干潟で普通に見られるようになった(大越，2004)．これらは，中国等からの輸入アサリに混入して移入してきたものが定着したとされる．

d．陸上植物　　護岸工事や埋立てといった河口域の人為的改変は，塩性湿地やマングローブ湿地の破壊を各地でつくり出してきた．結果として塩性湿地をつくる植物種に，シバナ，オオクグ，シチメンソウ，ヒロハマツナといった絶滅危惧種が認められるようになった．またたとえ種として絶滅が危惧されることに至らなくとも，そもそも植生の面的な縮小が，堤防の造成，河川敷の整備，河道改修といった人為的改変により，各地で生じている．例えば利根川の河口堰周辺のヨシ原は，1969

年には，1947年頃の半分の面積に減少したことが知られている(奥田他，1998).

　南西諸島の河口域に分布するマングローブ林は，近年盛んに行われるようになった土地改良事業や道路建設により，各地で破壊の危機を招くようになった．石垣島では，世界最北の分布地として知られるマヤプシキが，その生育地上方にコンクリート護岸がつくられたことで枯死に至ったことが知られる(西平，1988)．陸域と水域をつなぐものを分断することが，その境界域に生育する生物にいかに大きな影響を与えるものかを如実に示す例である．

e．鳥類　河口域に出現する鳥類は，干潟を摂餌場所として利用するもの，水面を餌場，休息場として利用するもの，それに汽水域周辺の塩性湿地を繁殖地として利用するものなどからなる．これらの出現数は，これらの利用場所の人為的な破壊の進行により，世界的にも減少しつつあるといわれる．利根川下流部汽水域における鳥類の記録が，1967年から1998年にかけてまとめられている(斉藤，1998)．これによると，シギ・チドリ類は，1977年頃をピークに減り続け，とりわけ汽水域に特徴的なシギであるツルシギの際だった減少が認められている．同じく汽水域を利用するホシハジロ，キンクロハジロ，スズガモといったカモ類も，1970年代をピークに減り続け，1984年以降はほとんど記録されなくなった．また汽水域周辺のヨシ原の破壊も，ヨシ原を利用する種の減少を招来してきたことが，大正から昭和初期までの記録種と現在(1990年代)との比較より明らかにされている．

　有明海は，日本で最も重要な多くの渡り鳥の生息地であるが，その記録される種や個体数は，近年減少の兆候が知られる(花輪他，2000)．例えば，有明海奥部で，1977年に22種5500羽以上の記録が，1997年には12種200羽までに減少したという．有明海の諫早湾に冬鳥として渡来するツクシガモについても，1964年以降，記録数が減少の一途をたどっている(図-2.16)．

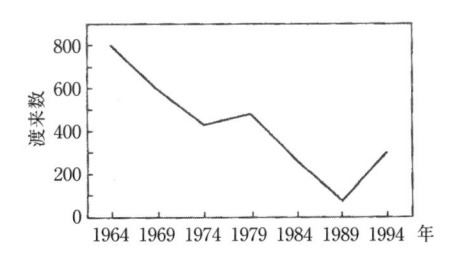

図-2.16　有明海諫早湾におけるツクシガモ渡来数の変遷(花輪他，2000)

2.2　日本で生じている河川汽水域の問題

　河川汽水域で生じている現象と変化を，課題あるいは問題点と捉えるのは人間で

ある．人間が認知し得ないもの・ことに課題・問題は生じない．また人間と関わりのない河川汽水域には河川管理としての課題は生じない．地球温暖化による河川汽水域の変化は，その変化に対する対処法（課題）として認知されているが，その根本原因の解消は，河川汽水域という空間においては対処しえない課題である．すなわち，河川汽水域で課題とされるのは，自然的変動による人間生活・生産活動への脅威，および人間活動による河川汽水域の影響・改変による河川汽水域生態系の変化や人間の河川利用に対する障害，生物生産量の減少(増加)として認知され，それに対してなんらかの対処法があるものである．

従来の河川汽水域管理においては，治水，利水，利用に重点が置かれ，その対処のために多くの調査研究・建設投資がなされてきたが，現在は環境に対す要請のウェイトが高くなっている．技術のコードが変わりだしたのである．

河川汽水域は河川の下流であり，流域活動の影響が集中的に現れる区域である．

河川汽水域は図-2.17のように河川汽水域における直接的な人為改変のみならず河川汽水域上流の流域改変，河口から離れた海浜の改変の影響を受ける．

戦前においても多摩川で見たように汽水域の改変が進み，環境の質が変わったのであるが，生産力上昇が国民的課題であった時代であり，治水・利水に対する要求が強く，汽水域に生息する生物の変化に対して問題，課題として認知する人は全くの少数派であった．これが大きく変わったのは，高度経済成長時代の公害問題がきっかけであった．1970年代～1980年代にかけて，漁業者，地域住民，河川利用者，利水者から次のようなことが汽水域の問題・課題として対応方策が求められた．

① 漁業者
  ・水質の悪化
  ・埋立地の増加による干潟および魚場の減少
  ・藻場の減少
  ・漁獲量，貝類，海苔収穫量の減少
② 地域住民
  ・水質の悪化
  ・埋立地の増加による河川汽水域へのアクセス不能
  ・河川汽水域風景の劣化
  ・水銀，カドミウム，有機ハロゲン物質等の有毒物質が食物連鎖を通して濃縮された魚貝類の摂取による罹病

2.2 日本で生じている河川汽水域の問題

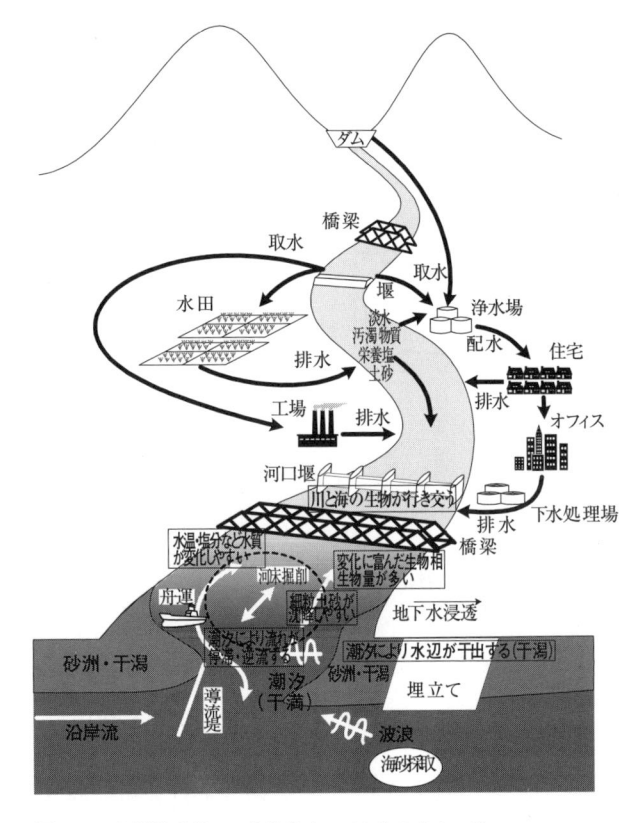

図-2.17 河川汽水域への人為的インパクトのイメージ
（河川汽水域の河川環境の捉え方に関する検討会, 2004）

③ 河川利用者
  ・河川汽水域生物相の変化と劣化
  ・釣果の減少
  ・河川風景の劣化
  ・水遊びの不能
  ・水場へのアクセス不能
  ・身近な自然の減少
  ・渡り鳥の減少
④ 利水者
  ・河道掘削による塩分濃度の上昇

27

第2章 日本における河川汽水域の変遷と現状

・水質の悪化

これらは生活の高度化，利便性の向上，所得の上昇，安全度の向上に対する裏返しであった．

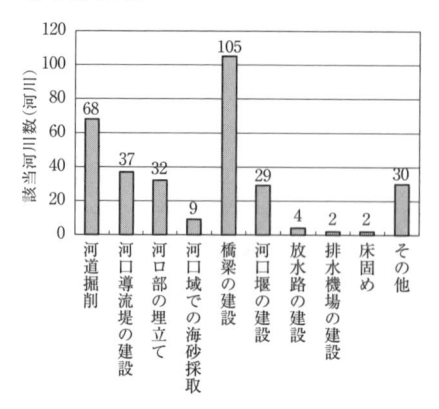

図-2.18 戦後のおける河川汽水域への人為的改変項目（河川汽水域の河川環境の捉え方に関する検討会，2004）

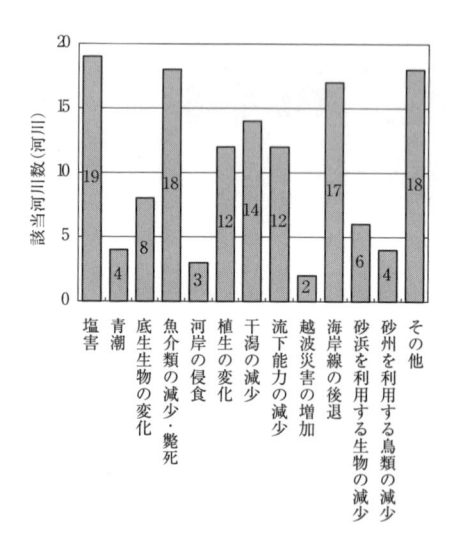

図-2.19 河川汽水域で生じている変化（戦後，一級水系で生じた事項）（河川汽水域の河川環境の捉え方に関する検討会，2004）

その後の水質改善事業，排水規制により，90年代に入ると水質が改善され，いなくなった魚の回帰も見られるようになったが，汽水域の地形の改変量は大きく，水質の改善のみで，汽水域の環境が良くなったとはいえない状況にある．

2003年度に実施した全国の一級水系の河口部を管理している河川事務所に対して行ったアンケート調査（一級水系109河川　派川含み全129河川，回答は課長・係長クラスの調査担当者）によると，戦後に一級水系の河川汽水域に加えられた人為的改変として意識された改変項目をあげると，図-2.18のようである（汽水域の河川環境の捉え方に関する検討会，2004）．

「橋梁の建設」が129河川中105河川，次いで「河道の掘削」が68河川，「河口導流堤の建設」が37河川，「河口部の埋立て」が32河川，「河口堰の建設」が29河川，「河口域での海砂採取」が9河川となっている．この集計は，河川汽水域に加えられた実態そのもの調査して回答したものではなく，回答者および同僚の見聞・記憶に基づくものである．河道の掘削はほとんどの河川で実施されており，実際はより多いものと考える．また水際環境の人為的改変であるが，改変行為の小さい護岸・防潮堤の設置等は改変項目

としてあげられていない．

　河川汽水域環境に影響を与えた河川汽水域外の人為的改変項目としては，河川上流域のダム建設による洪水流量の減少，ダム建設・砂防ダムによる流送土砂量の減少，取水量の増加による平水時流況の変化，河口域近傍の漁港や離岸堤の建設，水質の変化等があげられる．

　これらの人為的改変により河川汽水域に生じた問題は，同じアンケート調査によると，図-2.19に示すようである．河川汽水域生態系への影響を問題としている件数が多いことがわかる．河川汽水域生態系の保全と再生が大きな課題となっている．

　今は産業構造の変化，人口減少社会への突入を迎え，人間の自然との関わり方の価値転換の時代であり，河川水質のみならず，汽水域地形・生物・風景等の実態とその変化についての調査研究や耽美的・生態的価値の評価を進め，河川汽水域環境の保全・再生を行う時期といえよう．さらには河川汽水域という空間にとどまらず，沿岸域および内湾を含めた流域における物質循環という観点から河川の構造と機能を捉え，その系の一部として河川汽水域を管理することが時代の課題なのである．

地球温暖化と河川汽水域　　ICPC（気候変動に関する政府間パネル）第3次レポートによると，1861年以降，全球平均地上気温は 0.6 ± 0.2 ℃上昇した．ICPCの複数のシナリオに基づく将来予想によると，1990年から2100年までに全地球平均気温の上昇は $1.4 \sim 5.8$ ℃であり，特に北半球高緯度では冬季の温暖化が急速に進行する．これにより
・海水面は2100年までに $9 \sim 88$ cm上昇する．
・水循環のバランスが崩れ，洪水の増加，水不足等の水資源への影響が懸念されている．
　河川汽水域では海水面の上昇に伴う感潮区間の増加，河川汽水域区間の陸側への延伸，水温の変化による河川汽水域生物相の変化，海岸侵食の進行，河口付近高水敷水面化，洪水時水位上昇等が懸念される．

参考文献
・風呂田利夫，木下今日子：東京湾における移入種イッカククモガニとチチュウカイミドリガニの生活史と有機汚濁による季節的貧酸素環境での適応性，日本ベントス学会誌，58, pp.96-104, 2004.
・花輪伸一，武石全慈：10 渡り鳥，有明海の生きものたち-干潟・河口域の生物多様性（佐藤正典編），pp.253-282, 海游舎，2000.
・平岡雅規，嶌田智：四万十川の特産品スジアオノリの生物学，海洋と生物，26, pp.508-515, 2004.
・岩崎敬次，木村妙子，木下今日子，山口寿之，西川輝昭，西栄二郎，山西良平，林育夫，大越健嗣，小菅丈治，鈴木孝男，逸見泰久，風呂田利夫，向井宏：日本における海産生物の人為的移入と分散：日本ベントス学会自然環境保全委員会によるアンケート調査から，日本ベントス学会誌，59, pp.22-44, 2004.
・河川汽水域の河川環境の捉え方に関する検討会：河川汽水域の河川環境の捉え方に関する手引書，河川環境管理財団，p.2の4, 2004.
・小林豊，裵義光，大手俊治，並木嘉男：多摩川における生態系保持空間の管理保全方策について，河川環

第2章 日本における河川汽水域の変遷と現状

境管理財団，河川環境総合研究所報告，第12号，pp.45‐67，2006．
- 松井誠一：7．シロウオ．日本の希少な野生水生生物に関する基礎資料（Ⅲ），日本水産資源保護協会，pp.128‐135，1996．
- 松岡數充：有明海・諫早湾堆積物表層部に残された渦鞭毛藻シスト群集からみた水質環境の中長期的変化，沿岸海洋研究，42，pp.55‐59，2004．
- 水口憲哉：17．永年調査の結果からみた長良川河口堰の魚類への影響，河川問題調査特別委員会・長良川河口堰問題専門委員会，長良川河口堰事業の問題点 第2次報告書，日本自然保護協会，pp.33‐50，1992．
- 内務省東京土木出張所：多摩川改修工事概要，1935a．
- 内務省東京土木出張所：多摩川砂利採掘に関する状況，1935b．
- 西平守孝：サンゴ礁の渚を遊ぶ－石垣島川平湾，ひるぎ社，p.299，1988．
- 小椋和子：8.2 多摩川河口域，河川感潮域（西條八束，奥田節夫編），名古屋大学出版会，pp.211‐229，1996．
- 小椋和子：2‐4 利根川河口堰周辺の水質－植物プランクトンの異常増殖を中心に－（主として建設省の定期水質観測データと現地調査による分析），日本自然保護協会報告書，第83号，利根川河口堰の流域水環境に与えた影響調査報告書，日本自然保護協会，pp.61‐74，1998．
- 大越健嗣：輸入アサリに混入して移入する生物－食害生物サキグロタマツメタと非意図的移入種，日本ベントス学会誌，59，pp.74‐82，2004．
- 奥田重俊，熊谷宏尚：2‐9 利根川河口堰周辺の植生，日本自然保護協会報告書，第83号，利根川河口堰の流域水環境に与えた影響調査報告書，日本自然保護協会，pp.121‐127，1998．
- 西條八束：内湾の自然誌，pp.68‐69，あるむ，2002．
- 斉藤敏一：2‐11 利根川下流部の鳥類相と河口堰建設の鳥類への影響，日本自然保護協会報告書，第83号，利根川河口堰の流域水環境に与えた影響調査報告書，日本自然保護協会，pp.137‐156，1998．
- 佐藤和明：2.4 ケーススタディ1：多摩川，河川と栄養塩類（大垣眞一郎監修，河川環境管理財団編），pp.41‐56，2005．
- 佐々木克之：内湾および干潟における物質循環と生物生産(34)有明海漁業1，漁業の特徴，海洋と生物，26，pp.262‐265，2004．
- 佐々木克之：内湾および干潟における物質循環と生物生産(38)有明海漁業5，アゲマキとサルボウ，海洋と生物，27，pp.267‐274，2005．
- 新多摩川誌編集委員会：新多摩川誌，河川環境管理財団，pp.785‐809，2001．
- 田北徹：9魚類，有明海の生きものたち－干潟・河口域の生物多様性(佐藤正典編)，海游舎，pp.213‐252，2000．
- 多摩川誌編集委員会：多摩川誌，河川環境管理財団，pp.350‐351，1883‐1884，1986．
- 地球環境保全に関する関係閣僚会議：新・生物多様性国家戦略，2002．
- 陳融斌，渡辺精一，横田賢史：日本における外来種チチュウカイミドリガニ *Carcinus aestuarii* の分布拡大，*Cancer*，12，pp.11‐13，2003．
- 東京湾河口干潟保全検討会：東京湾河口干潟保全再生検討報告書，リバーフロント整備センター，p.302，2004．
- 堤裕昭：干潟の底質環境の変化とベントス群集への影響－有明海の砂質干潟を例として，月刊海洋，37，pp.107‐115，2005．
- 和田恵次，西平守孝，風呂田利夫，野島哲，山西良平，五嶋聖治，鈴木孝男，島村賢正，福田宏：日本における干潟海岸とそこに生息する底生生物の現状，WWF Japan Science Report，3，pp.1‐182，1996．
- 山本晃一：沖積河川学，pp.2‐7，山海堂，1994．
- 山本晃一：多摩川下流の水制の配置構造と技術史上の意義，河川環境総合研究所資料，第15号，河川環境管理財団，2005．
- 山本晃一：構造沖積河川学，pp.126‐131，527‐528，山海堂，2004．
- 山室真澄：第6章 感潮域の底生動物，河川感潮域－その自然と変貌(西条八束，奥田節夫編)，pp.151‐172，名古屋大学出版会，1996．
- 山下博由，佐藤慎一，金敬源，逸見泰久，長田英巳，山本茂雄，池田明子，水間八重，名和純，高島麗：沈黙の干潟－ハマグリを通して見るアジアの海と食の未来－，高木基金助成報告書，1，pp.85‐91，2004．

第3章 河川汽水域の環境特性とそこで生じている現象の概説

3.1 河川汽水域の物理・化学環境の特徴

　河川汽水域は淡水と海水の混じり合う所であり，河川と海の双方から河川流量（洪水），潮位，波浪等の外力と土砂や栄養塩負荷等の流入を受ける時空間変動が大きい複雑な物理・化学的環境である．また，河川や海からの外力と流入物質の他に，大気からの風や熱，雨水等の外力と流入物質も受けている．それらの外力と流入物質は，常に一定なものではなく変動する．変動には周期的なものと非周期的なものとがある．また，風波等のように時間的に短期間で繰り返されるものから，半月周期の潮汐，年周期の水温等のように中長期的なものまである．

3.1.1 水位，流速の変化

　河口における潮位の変化は，潮汐波となって河川上流に伝わる．これに伴って水位，流速，塩分濃度，濁度が図-3.1，3.2のように周期的に変化する．なお，潮汐波の上流への伝搬は，通常，長波で伝わり，速度（$=\sqrt{gh}$　ここで，g：重力加速度，h：水深）が速く，一方で日本の汽水域長は長くても30 km程度なので，河口潮位の満潮と河道内での満潮は概ね一致する．一方，下げ潮時には，流水の流下流速が汽水域上流部では河床勾配，底面摩擦等の影響を受け，水位の低下が上流ほど遅れる．

3.1.2 塩分濃度の変化

　海水は淡水より重いこと，また潮位変動により海に近い方が河川上流よりエネルギーポテンシャルが高くなることがあるため，海水が河道内に侵入，拡散し，感潮域内で塩分濃度が変化する．潮汐や河道の地形，河川流量の差異により淡塩水の混

第3章 河川汽水域の環境特性とそこで生じている現象の概説

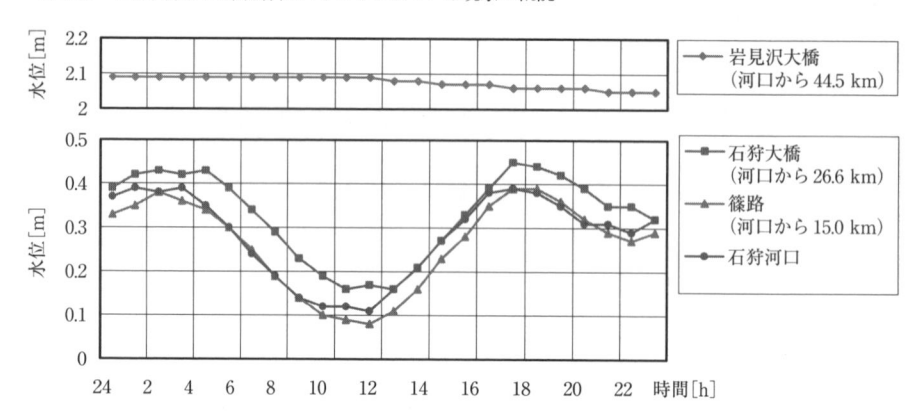

図-3.1 感潮域における水位変化の例．石狩川，2003年1月2日（河川汽水域の河川環境の捉え方に関する検討会，2004）

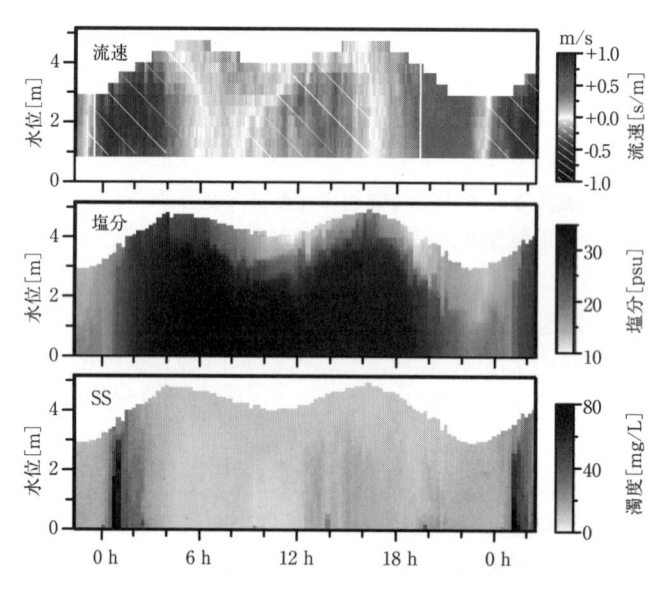

図-3.2 多摩川2km地点の潮位変化に伴う流速，塩分，濁度の時間変化（横山他，2001）

合状態は，**図-3.3**に示す弱混合型（塩水くさび），緩混合型および強混合型の3種に分類されている．

弱混合型は，海水と淡水の混合を促すような働きが弱く，両者は鉛直方向に2層の状態となり，内部の境界面は，そこに働く剪断力の作用によってある傾きを有し，

3.1 河川汽水域の物理・化学環境の特徴

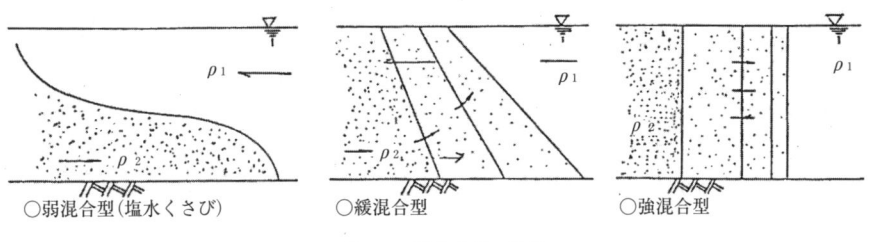

図-3.3 混合形態の分類

○弱混合型(塩水くさび)　　○緩混合型　　○強混合型

一般に塩水くさびと称する形状となる．混合作用は弱く，密度が異なる2種の流体の相互運動という面が強い．緩混合型は，境界面に生じる乱れによって淡水と海水との混合が生じる場合で，鉛直方向に密度の変化があるような状態である．強混合型は，鉛直方向の密度差がほとんどないが，縦断方向に密度の勾配が存在している状態を示す．しかし，このような混合形態の分類については，明確な定義に基づいたものではなく，またこれらの間に明瞭な境界が存在するわけでもない．

須賀(1979)は，3つの形態を感潮区間長と大潮時潮位変動量によって区分している．**図-3.4**は，須賀にならい新たに整理しなおした結果である(山本他，1993)．なお観測時の河川流量は，概ね平水流量程度のものである．ここでは混合形態を水面付近の塩素イオン濃度 C_s と河床付近の塩素イオン濃度 C_b の比によって次のよう

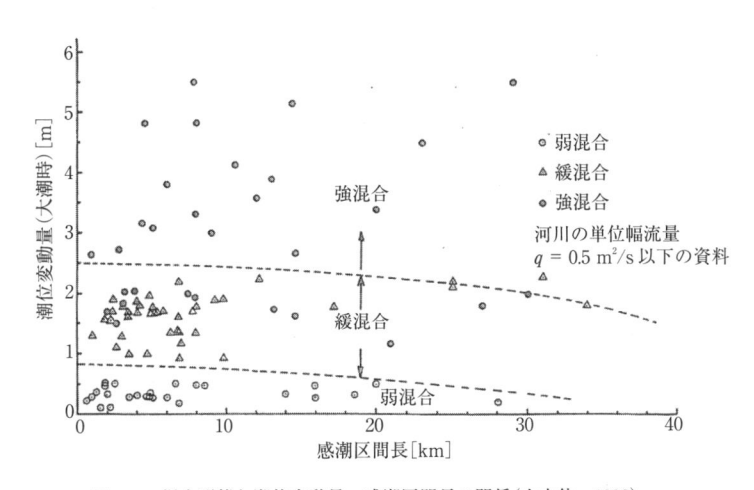

図-3.4 混合形態と潮位変動量，感潮区間長の関係(山本他，1993)

に分類している.

$C_s / C_b < 0.1$ 弱混合型
$0.1 < C_s / C_b < 0.5$ 緩混合型
$0.5 < C_s / C_b$ 強混合型

　日本海に流出する河川は，潮位変動が小さいのでほぼ弱混合型となるが，太平洋側では潮位変動が 1.5〜2 m あるため緩混合型となる．緩混合型では潮位の変動により塩水くさびの先端位置，淡塩水の境界面，流速，濁度が**図-3.2**に示したように時間的に変化する．内湾で潮位差が 3 m 以上ある河川では強混合型となる．なお河口堰建設以前の長良川では大潮時には強混合型となり小潮時には緩混合型となったことが知られている．

　洪水時には海水は河道内から吐き出される．吐き出されるのに必要な流量 Q_c は，河口の水深 H_c がちょうど河口で内部フルード数が 1 となる条件より求まり，

$$Q_c = (H_c^3 B^2 \varepsilon g)^{1/2} \tag{3.1}$$

となる．ここで，B：河口幅，e：海水と河川水の相対密度差で，通常は 0.024 程度．
　海域に存在する凝集した微細物質，懸濁態有機物は，河川汽水域に入ると密度流に乗り，また河川上流域から流下する微細物質（上流域から流入してくる淡水にはシルト，粘土等の無機物，懸濁態の有機物や栄養塩が豊富に含まれている）は海水と淡水の混合による凝集沈殿作用により沈降速度が増加し，それが密度流に乗り，弱混合型では塩水くさび内の上流向きの流れに乗り移送され，塩水くさび上流端に集積する．なお強混合型の河川では，平常時，上げ潮に乗り微細物質，懸濁態物質は上流に運ばれ，また下げ潮で下流に運ばれるが，上げ潮の方が輸送量が多く，上流に集積堆積する．

　これらの細粒物質堆積物は，洪水時に海に吐き出される．

3.1.3 水質の変化

　海水と淡水が接する所では種々の化学的変化が生じる．この反応の大部分は低塩分 1 ‰ 以下で生じる．そして，河川水に比べて飽和溶存酸素濃度は低下する（McLusky, 1989）．河川汽水域および河口沿岸域は水質の変化に関するホットスポットと呼ばれている（**図-3.5**）．上流から岩石の化学的風化であるケイ酸，Na^+，K^+ 等や土壌からの NO_3^-，PO_4^{3-} が，大気から HCO_3^- 等，さらに樹木や草本類の幹・枝・葉の分解物質であるフミン質（腐植物質）と土砂が流れ込み，そこに都市排水のような人間活動に由来する難分解性化学物質，有機物，病原性微生物等が排出

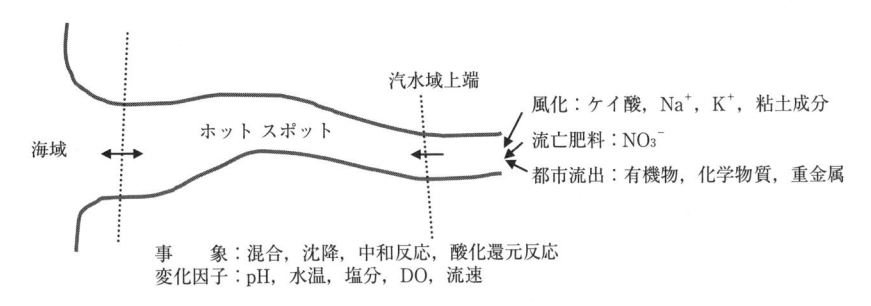

3.1 河川汽水域の物理・化学環境の特徴

図-3.5 河川汽水域の化学反応としてのホットスポット(楠田, 2003)

事　象：混合, 沈降, 中和反応, 酸化還元反応
変化因子：pH, 水温, 塩分, DO, 流速

汽水域上端
風化：ケイ酸, Na^+, K^+, 粘土成分
流亡肥料：NO_3^-
都市流出：有機物, 化学物質, 重金属

海域　ホットスポット

され，海水と淡水が混じることにより，これらの物質が中和や酸化還元反応を受けて沈殿しやすくなる(楠田, 2003).

勾配が緩く河床材料の細かい，弱混合型あるいは緩混合型の河川では，塩水くさびが発達するので，上・下層間の酸素等の物質交換が著しく減少し，また流入有機物が凝集により河床に堆積する．有機物やアンモニア，亜硝酸性窒素等が微生物により酸化されるため，下層で急激に酸素が消費され，このため貧酸素水塊が形成される(**図-3.6**)．躍層を挟む上下層の密度差が大きくなると，酸素飽和度が低下し

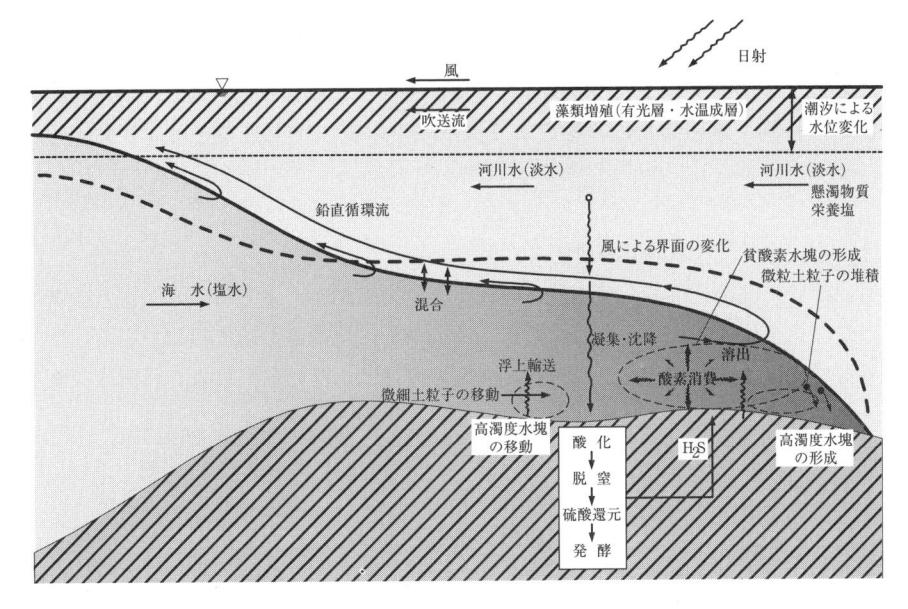

図-3.6 貧酸素水塊の発生機構(河川汽水域の河川環境の捉え方に関する検討会, 2004)

やすくなり，20％以下になると貧酸素状態になる．酸素が無くなると，海水中に多量に含まれている硫酸イオンが硫酸還元菌により還元されて硫化水素が発生する．このような状況下では底生生物等が死滅するなどの影響を受ける．

　内湾海域の表層水が強風等で一方の岸に押しやられると，それを補うように内湾深層の貧酸素水塊が表層に湧昇してくることがある．その中に含まれる硫化水素が酸素に接すると，硫黄コロイドができ，光を散乱させて青みがかった色を呈するため，青潮と呼ばれる現象が生じる．これにより岸近くに生息する魚介類が死滅するなどの大きな影響を受ける．河口水深が深い場合には，湾内の貧酸素水塊が密度流に乗り河川を遡上することもある(中村他，2002)．

　河岸付近および浅い所(河口干潟)では，河川水中の栄養塩と日光を利用して底層表面に珪藻，藍藻等の底生藻類が育ち，水中には浮遊性植物プランクトンが発生する(河川内では流水により海に短時間で吐き出されるので，堰等で停滞的環境が生じる所以外生産量は少ないが，海域で生産された海洋性浮遊プランクトンが河川汽水域に入り込むこともある)．これらは濾過植物食者(アサリ，シジミ等の貝類)，デトリタス食者(カニ類，ゴカイ類)，動物プランンクトン等の一次消費者の餌になる．一次消費者はカニ，魚，鳥等の高次消費者の餌となる．また微生物の活動により生物の死骸や糞は分解されていく．これらは生物による栄養塩消費・生産，質的転換であり，生物による水質の変化である．

　このような化学反応と水理特性，さらには生物による食物網を通じたエネルギーと物質の移動と水の物理的移動により汽水域の水質の空間分布と時間変動が生じる．

3.1.4　河川汽水域地形の変化

　河口部は，波浪，潮汐，河川流等の種々の外力が働き，さらに淡水と海水の密度差に基づく密度流効果も重なるために，その地形変化はきわめて複雑である．

　外海に流出する河川では，洪水時，河川の流速と水深の増大により，河床に働く掃流力が大きくなって，河床および河口砂州の土砂がフラッシュされる．洪水時の水位上昇が緩やかである場合は，河口砂州は側方侵食により徐々にフラッシュされる．完全閉塞している河口や部分的に開口している河口では，河口砂州の側方侵食が水位上昇に追いつかず，水位が砂州を越えるようになり，砂州が一挙にフラッシュされる．河口直上流の水位は，**図-3.7** のように流量の増加に伴う砂州部開口河積の拡大が追従できないため，急激に上昇し，流量ピーク以前に河口水位のピーク

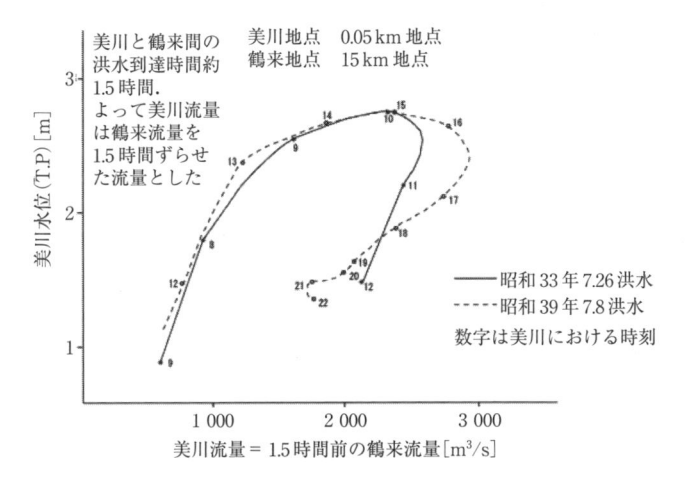

図-3.7 手取川の河口直上流の水位（美川水位）と流量の関係（山本，1978）

写真-3.1 河口テラスの例．新宮川，1990年5月29日（近南河川国道事務所提供）．浅いテラス形状が波の砕波により確認しえる

が現れる．このような現象は，中小河川でその傾向がより強い．

外海に流出し中砂を河床材料とする河川においては，出水時に流出した土砂により**写真-3.1**のように洪水後開口幅の3～4倍程度の長さを持つ舌状の河口テラスが形成される（山本，1978）．この堆積土砂は，波浪により左右の海岸への漂砂となると同時に河口方向に移動し河口砂州として打ち上がり，徐々に縮小する．一級河川ではテラスの土砂量が多く，次の洪水まで存置する場合が普通である．

第3章　河川汽水域の環境特性とそこで生じている現象の概説

　河口砂州の高さは，波浪の波高，周期，海浜材料の粒径，沖浜勾配に依存して変化する．波高が高く，周期が長く，沖浜勾配が急で，かつ粒径が大きいほど砂州高は高くなる．風の強い海浜では 0.2 mm 程度以下の材質のものは風により浮遊され，中砂は跳躍して移動し，砂丘や浜堤の材料となる．

　河口の開口部の位置は，河川流量や波浪条件の変化に応じて変動する．導流堤等によって沿岸方向の砂移動が阻止される場合には河口位置の変動幅は小さくなる．沿岸漂砂が卓越している場合には上手側に土砂が溜り，下手側は海岸侵食が生じる．

　河川からの流出土砂が多い場合には，河口部に土砂が堆積して河口が沖へ張り出し，反対に河口上流での河床掘削等により供給土砂量が減少し，沿岸漂砂によって運び去られる量との均衡が失われると，河口付近の海岸侵食が生じる．開口部の幅

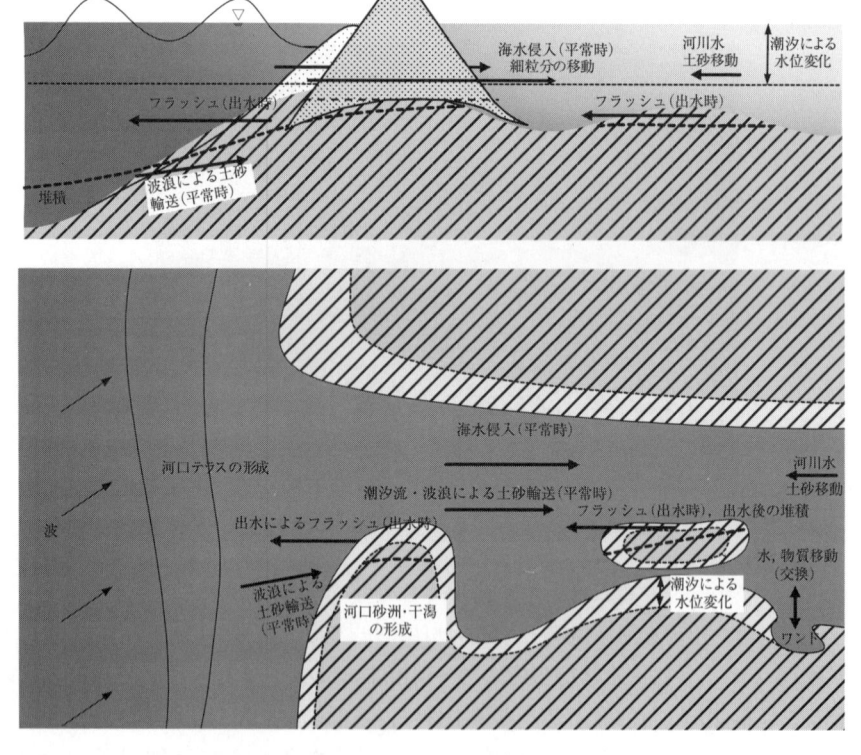

図-3.8 外海に面した緩混合型河川の河口地形の形成，河床・河岸の形成のイメージ（河川汽水域の河川環境の捉え方に関する検討会，2004）

や断面積は，潮汐流および洪水流の作用によって広くなり，波浪の作用により狭くなるといった変動を繰り返す．

以上，外海に面した河川汽水域の地形変化要因と変化を模式的に示すと図-3.8のようである．

内湾に面している河川では，河口砂州が存在しないか，あっても規模が小さいので外海に面した河川ほど洪水前期における水位上昇は見られない．通常，セグメント2-2あるいは3である場合には，小洪水では下流の方が流速が遅く，土砂が汽水域河道に堆積する．大洪水時には河口部の水面形は低下背水曲線となり，河口付近の流速は増し，河床が低下する．一般に図-3.9の有明海に流出する白川のように河口干潟には洪水の流下する澪筋が存在し，砂は干潟前面付近まで運ばれ堆積する．その後の波による変形は小さい．澪筋が長くなると，澪筋が分離する．干潟の海側前縁はいわゆるデルタフロントであり，河床底質材料が細かいほどデルタフロントの勾配は緩くなる．

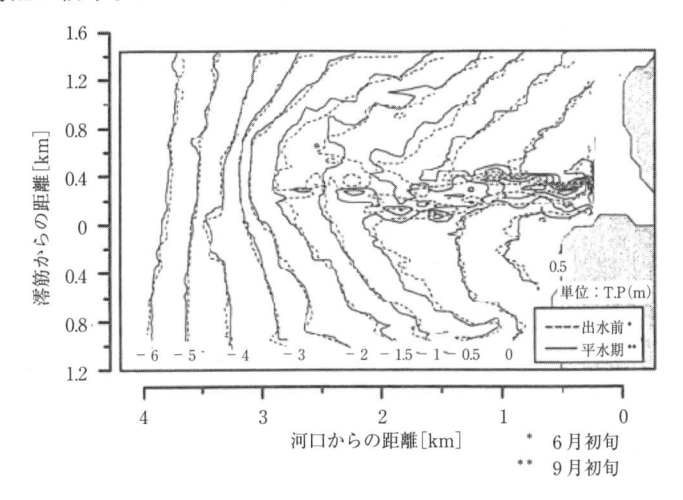

図-3.9 白川河口干潟の地形変化．2001年6～7月中旬間に生じた地形変化
（ピーク流量1100 m³/s，平均年最大流量480 m³/s程度）（末次他，2002に付加）

なお砂および泥干潟に棲む底生動物は巣穴を作ったり，浮遊性の粒状有機物(POM)を捕食したり，表層底質に付着する藻類・微生物を捕食し砂団子を作ったり，さらに移動したりすることにより表層底質を攪乱し，表層底質の物理化学的性質を改変させる（和田，2000；竹門他，1995）．なお生物による表層底質の攪乱は，底質の空隙率を大きくし，底質の移動限界流速や底質を浮遊しやすくするなど，流体

力による土砂移動現象に間接的な影響を与える．ただし，生物のよる土砂運搬量は大きいが，移動距離が短いため，小さい空間内で土砂が循環してしまい，前述した流体力による地形変化量に比べれば小さく，通常，考慮の対象としなくてよいようである．

一方で泥質の表層に成長する珪藻や泥中に住む微生物は，シルト，粘土を互いに結合させ，土砂の再移動を妨げ，微細土砂の移動に影響を与える．またカキは互いに結合し，カキ焦を形成し，河床を固定化させ，土砂の動きを制約する．またアマモ場は根が土砂を緊縛し，茎，葉は流体に対して抵抗となり，アマモ場内の流速を遅くし，土砂の捕捉を促す．

3.1.5 河床，河岸，海浜の構成物質とその変化

河床，河岸，海浜の構成物質は，河川上流からの土砂供給と沿岸漂砂からの供給，洪水時の掃流力，潮汐流および波浪，風等により支配される．

外海に面した河川では，洪水時には，河床に働く掃流力により河口砂州のフラッシュや河床に堆積した土砂の流出が生じる．一方，上流からは多量の河床構成材料とそれより粒径の細かい粒度の土砂が供給される．流量低減時には河床構成材料のA集団，C集団が河川汽水域に堆積し，河床を形成する．B集団はA集団のマトリックス材として一部が堆積し，氾濫域の河岸寄りに堆積する．さらに流量が減少すると，上流から流下して来たシルト，粘土，有機物が海水と接して凝集沈殿が進み，塩水くさび面で高濁度となる．洪水時の浮遊砂やワッシュロード（シルト，粘土）は，大部分は海に流出してしまうが，その一部は氾濫原堆積物，流速の遅い所，攪乱頻度の低い所に堆積し，泥質の堆積物となる．

粒径集団と粒径集団区分粒径（山本，2004）

河床材料のϕ粒径[$\phi = -\log_2 d$ である．d：粒径(mm)]の粒径分布形は，正規分布形に近いといわれているが，実際には，特性の異なる3つ以上の集団を持っているのが普通である．堆積学では**図-1**のように河床材料の主モードである集団をA集団，それよりも細かいものをB集団，A集団より粒径の大きいものをC集団と呼んでいる．粒径集団に区分するのは，粒径集団ごとに土砂の移動形態や河道形成や河川生態系に及ぼす役割や影響程度が異なり，河川で生じる現象やその変化を予測・評価するのに実用的であるからである．

各粒径集団の区分粒径は，**図-2**に示すように粒径加積曲線上での勾配急変点とすればよいが，扇状地河川の場合，粒径の存在範囲が広く，粒径集団区分粒径の決定に困難を覚えることが多い．この場合は次のように区分粒径を設定する．

① 小セグメントごとに測定された河床材料の粒度分布曲線を描く．

3.1 河川汽水域の物理・化学環境の特徴

② 大粒径集団であるチャネルラグデポジット（channel lag deposit：その移動速度が河床材料の主構成材料である A' 集団より遅く，河床の取り残されていくような材料をいう．河床がアーマ化されるとこの集団が表面を覆う）である C 集団と河床材料の主構成材料である A' 集団は，通常，粒径加積曲線で勾配の急変転が現れるので，そこの粒径を区分粒径とする．

③ 砂成分を B 集団とする．この場合，粒径加積曲線上で勾配の急変点が生じていれば，これを区分粒径とする．通常 1〜2 mm 程度となることが多い．勾配の急変点が明確でない場合は，2.0 mm を区分粒径と仮設定する．

④ A' 集団と A" 集団の区分粒径は，粒径加積曲線状で勾配の急変点として評価しうることが多いが，細粒分の多い河床材料の場合，勾配の急変点が明確でないことがある．この場合は，澪筋部の表層材料の粒度分布（ほぼ C 集団，A' 集団からなることが多い．線格子法による表層材料の調査により簡単に粒度分布を測定しうる）から判断するか，粒径が 2 mm 以上であれば，同じような土砂の移動形態を持つものは，最大と最小の比で 7〜8 程度であるので，C 集団と A' 集団の区分粒径の 8 分の 1 程度の粒径を A' 集団と A" 集団の区分粒径とする．

⑤ A' 集団と A" 集団の区分粒径と B 集団の最大粒径の比 γ が 8〜10 程度であれば，A' 集団と A" 集団の区分粒径と B 集団の最大粒径の間の材料を A" 集団とする．γ が 15 を超えている場合は，下流のセグメントの粒度分布形を参照しながら A' 集団と A" 集団の区分粒径と B 集団の最大粒径の間の粒径成分を最大と最小の粒径比で 8 程度となるように再区分し，大きな集団から A"，A'" 集団とする．

⑥ 最後に対象河川の各小セグメントの区分粒径が，上下流で一致するように区分粒径を微調整する．

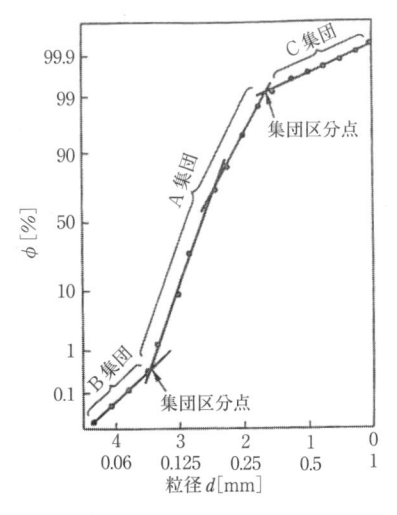

図-1 河床材料の粒度分布

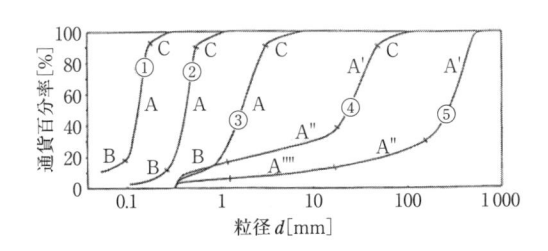

図-2 種々の粒度分布形におけるポピュレーションブレーク

第3章　河川汽水域の環境特性とそこで生じている現象の概説

⑦　これは河川の土砂収支の検討，河床変動計算等において，粒径集団ごとの移動量の収支や河川で生じる種々の現象解釈することが，工学的に有益であり実用的であるからである．

粒径集団が形成される要因としては，土砂供給源における岩石の風化プロセスにおける不連続風化が主因である(小出，1973a)が，流水による分級プロセスによっても粒径集団が形成される．A"集団等は生産土砂量の多いA'集団と流水に対して異なった動きをすることにより形成される集団であり，通常は大セグメントの主モードの材料となれるだけの供給量がなく，大粒径集団のマトリックス，あるいは砂州の頂部付近堆積物として堆積しまう．なお，流下土砂は，流下過程においても磨耗・砕破が生じるが，流下方向の河床材料の粒度分布への影響度は沖積地においては大きなものでない．山間部においても勾配が1/50以下では二次的であると考えられる(実証的に確認されていない)．

④，⑤における8という数字は，混合粒径河床材料での移動床実験結果(山本，2004)，河床材料の粒度分布形より定めたものである．しかし，セグメント1における小セグメント間の粒径分布形の変化を詳細に見ると，4程度で集団の分離があるようである．例えばC集団である60 cmの粒径集団が次の小セグメントでほとんど見られず，そこでのA'集団は15 cmであるなどである．いずれにしても⑥のプロセスを実施し河川に実態に合った，また技術目的に合った粒径集団区分を行うべきである．

なお砂河川におけるA集団のd_{60}とB集団のd_{60}との関係は，セグメント間の粒径変化，粒度分布形，高水敷堆積物粒度分布形と分級特性から，概略，**表-1**のようにまとめられる．

表-1　砂および小礫を河床材料に持つ河川のA集団とB集団

A集団[mm]	B集団[mm]	事　例
0.15 ～ 0.2	シルト，粘土	利根川，鶴見川
0.3 ～ 0.4	0.1 ～ 0.2	利根川，江戸川，木曽川
0.5 ～ 0.6	0.2 ～ 0.3	木曽川，関川，Apure川
2.0 ～ 3.0	0.3 ～ 0.6	斐伊川，庄内川，矢作川

次に代表粒径の考え方について記す．代表粒径d_Rとは，河床の動きやすさを規定する粒径である．ところで河床材料，特に60％粒径が1 cm以上である場合は，大粒径から小粒径まで含む均一度の悪い粒度構成となっている．このうち小粒径のものは大粒径間に存在するマトリックス集団であり，低水路河床高の変化にあまり関係しない．河床変動に影響するのはC，A'集団であり，また河床の動きやすさを規定するのもこの集団である．

そこで河床の動きやすさ，河床変動に影響を与える指標として，C集団，A'集団のみからなる河床材料の粒度分布より，その平均粒径，あるいはその60％通過粒径を求めて代表粒径とする．

一般にA"集団以下の粒径成分が20％以下の場合には，60％通過粒径d_{60}(あるいは平均粒径d_m)を代表粒径としてもよいが，A"集団以下の材料が30％以上を占めるような場合は，C集団とA'集団のみからなる河床材料の粒度加積分布曲線を新たに作成し，その60％通過粒径(あるいは平均粒径)を求め，これを代表粒径d_Rとする．

3.1 河川汽水域の物理・化学環境の特徴

　平常時には，潮汐により水位（水深），流速が周期的に変化し，それに伴って河岸や河岸前面の干潟（河岸干潟）が干出と水没とを繰り返す．また，波浪により河床の底泥細粒分が巻き上げられ，遡上流により上流に移送され堆積する．流速の遅い河岸付近やワンド状地形の所等には細粒物質やPOM（粒状有機物）が堆積し泥化する．内海で河口干潟が存在すると，干潟に堆積したシルト，粘土の一部が潮汐流に乗り，河道内へ移動し河岸，河床に堆積する．

　河岸植生は細粒物質をトラップし，ヨシ原帯には細砂，シルト，粘土が堆積する．植生帯の前面は風波等により土砂が分級し，砂であることが多い．

　小出水時，汽水域空間での縦断方向および横断方向の流速の変化率が大きく，土砂の分級が進み，空間的に多様なハビタットが生じやすい．これらの小ハビタットは数年に1回起こるような洪水で攪乱，破壊される．

　海へ出た土砂は粗粒のものから堆積する．外海に面し，かつ海溝が迫っていない海岸では，河川の堆積物は，波，潮流で分級され，中砂以上のものは海浜構成材料になり，通常，細砂は $10 \sim 20$ m の深さの所に，それより微細なものは沖に堆積する．なお海岸線付近の底質が中砂以上の海岸において，高波浪時に浮遊した $0.1 \sim 0.3$ mm の砂が波の這い上がり地点に堆積し，それが風に飛ばされ砂丘が形成されることがある．

　内海に面した河川においても河道内での土砂の動きは外海に面した河川と同様であるが，波が弱いので，河口から出た土砂の再移動量が小さく河口干潟を形成する．シルト，粘土の一部は潮汐流に乗り河道内を上流に移動し，流速の遅い河岸に堆積する．

3.1.6　底質の酸化層・還元層の形成

　河川中の溶存酸素は河床材料中に拡散によって浸透するが，その浸透深度は底質が細かいほど浅い．また底層上の流体が無酸素状態であれば河床材料中に酸素を補給しない．

　河床中の酸素は微生物による有機物の分解により消費されるので，表層付近くしか好気性に保ち得ない．

　河床材料が粗砂以上であれば，透水性が大きく，また有機分が少ないので，酸化層はmオーダに達するが，泥質の場合で静水域に堆積した場合は泥中の有機分が多いこと，透水性が低いことにより，流水の酸素濃度が高くても好気層は数mm程度しかない．しかし強混合型の場合は，流水中の酸素濃度が高いこと，底質が攪

乱され再移動することより好気層の厚さは厚くなる．

酸化還元の状態は，堆積物の酸化還元電位(Eh)を測定することにより判定でき，プラスであれば酸化状態，マイナスであれば嫌気状態を表し，0の層を酸化還元の境界(RPD)という．RPD以下の層では嫌気性分解が行われる．

アンモニアは酸化されると，亜硝酸，硝酸に変化し(硝化)，一次生産者の栄養塩となる．嫌気状態では，硝酸，亜硝酸が還元され窒素(N_2)となる(脱窒)．リン酸塩は，好気状態では水酸化第三鉄[$Fe(OH)_3$]に吸着する，あるいはリン酸化鉄($FePO_4$)として沈着し，溶け出さないが，嫌気状態では鉄はFe^{2+}となり，溶解性のリン酸塩となる．汽水が貧酸素化すると溶出し，また河床が攪乱されると流水の溶解性リン酸塩が流出する．脱窒層の下部では硫酸還元菌により硫酸塩が還元され，硫化水素(H_2S)が形成される．そのもとではメタン醗酵によりメタン(CH_4)が形成されるが，汽水域では硫酸塩が豊富で，メタン醗酵まで酸化還元電位が落ちないのが普通である．嫌気層ではFe^{2+}により堆積物は黒色となる．

塩水が停滞する澪筋部の深ぼれ部，弱混合型の塩水くさび先端部付近や河口堰下流等では塩水中の酸素が消費され貧酸素化しやすく，底質中の液体，気体が河川下層水に溶出し，底生生物や魚類の生息環境を悪化させる．河川汽水域では潟湖と比較して流水の滞留時間が短く，底質からの栄養塩の回帰の影響は少ないが，洪水時には汽水域に堆積した泥質堆積物が吐き出されるので，沿岸域の栄養塩付加に与える影響は大きい．

3.2 河川汽水域生物環境の特徴

底生生物は，塩分耐性により生息空間が限定される(**6.1.2**参照)が，生物は塩分濃度のみならず，底質，餌環境，光条件，溶存酸素濃度，生物間相互作用等によりその生息範囲が制限される(**6.1.1**参照)．

河川汽水域では，波浪，潮汐，河床材料，流量，水温，塩分濃度，濁度の分布等の汽水域を取り巻く環境要素が変動するので，汽水域内の物理・化学環境は，縦断方向，横断方向，鉛直方向，時間的に変化する．その変化程度および上述の物理・化学環境の空間分布に応じて生物相が変化する．

底生生物(マクロファウナ)は，その食餌行為において穴を掘ったり，泥団子を作ったりし，浮遊性物質を濾過したりして水質を改変する役割を果たし底質表層の物理・化学的環境を変える．微生物は有機物を分解し，酸素を消費する．汽水域の河

川水質の栄養塩濃度，濁度，溶存酸素濃度，pH等の変化については，生物の影響が大である．アマモやヨシ等の大型植物は流れの構造を変え，土砂の堆積を促す．物理・化学環境と生物は相互に影響し合うのである．

3.2.1 生物相の縦断的特性

河川汽水域の生物相の縦断的特徴は，主に入退潮による塩分濃度，河床材料により規定される．河川汽水域は，その塩分濃度に応じて上流から淡水域，汽水域（貧・中・多鹹水域．p.182 図-2参照），河口沿岸域部（河口干潟）等に区分され，生物相が変化する．塩分が淡水から海水まで変化するため，生物は塩分の浸透圧の変化に耐えられるもの（**6.2.1 参照**），あるいは変化に応じて移動できるもの，シジミのように貝の蓋を閉じ高塩水に耐えるものとなる．また，河床中に営巣するものは底質の貫入抵抗が大きくなると棲めなくなる．さらに底質によって河床下への酸素の供給形態が変わるため，生息環境が規定される．すなわち，河川汽水域の塩分傾度，底質材料と底質の酸化還元状態の変化に応じて種が変化する．

河川汽水域は，淡水～汽水～海水のように回遊する魚類・甲殻類等の通過域および生息の場になっている．汽水域の一次生産者である海藻，海草，底生藻類，浮遊性藻類は，光合成活動の光エネルギーが必要なため，透明度によりその生産量が規定され，光条件により種や生産量が規定される．また栄養塩，水温，塩分濃度，酸素濃度により生育できる種や生産量が規定されている．

内湾に流入する河川には河口デルタが形成され，前置斜面～沖合部（太陽光の届く浅海部）では，藻場が形成され，魚介類の産卵場所や棲みかとなっている．砕波や海浜流等により潮目や渦流が発生しやすい前置斜面では，浮遊幼生の沖への拡散を防ぎ，河道内では塩分境界層が発達し，ヤマトシジミの幼生等が塩水くさびの流れに乗って上流に移動するなど，密度流や潮目・海浜流の形成は生物の繁殖，分布に関与している．干潟には餌を求めシギ，チドリ等の多数の鳥が集まる．

外海に面する河川では，河口砂州がコアジサシの営巣場所（利根川）となり，砂浜はチドリ等の採餌場，海ガメの産卵場となる．

3.2.2 生物相の横断的特性

生物相の横断的特徴は，干満による水位の変化により水深や河岸，河床の乾湿が変化すること，鉛直方向に塩分濃度や底質材料が変化することにより，水深方向に分節化されたハビタットが形成される．

第3章　河川汽水域の環境特性とそこで生じている現象の概説

　ハビタットの横断的特徴のイメージを図-3.10に示す．横断的には，亜潮間帯，潮間帯，および潮上帯域に区分できる．亜潮間帯は，餌となるプランクトンが豊富であり，魚介類の幼生の生息場所であり，塩水くさびの流れに乗って幼生が移動する．潮間帯は，原則として1日に2回，潮汐により干出と水没を繰り返している環境変化の大きな場所である．干潟が形成され，固有の底生生物の生息場所となっている．また，水位の変化による土中の水の移動や底生生物の働きにより，水の浄化機能を持つ．干潟は底生生物の生産性が高く，鳥の採餌場ともなっている．河岸および背後の塩性湿地には，シオクグ，ハママツナ，シオグサ，アイアシ，ヨシ等の耐塩性植物の生育場所であり，カニ類，巻貝，鳥，哺乳類，ヒヌマイトトンボ等の昆虫類の営巣，繁殖，採餌の場となっている．

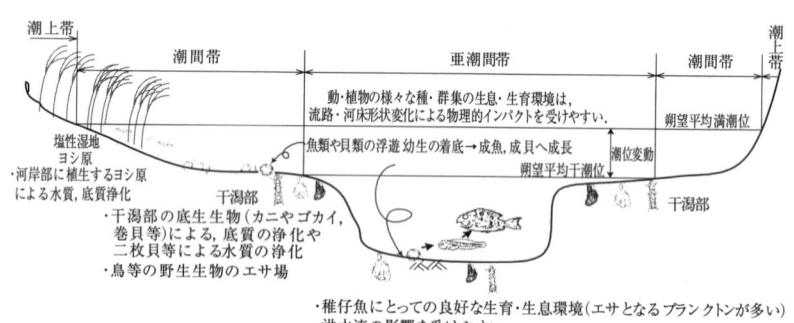

図-3.10　河川汽水域の横断方向のイメージ(河川汽水域の河川環境の捉え方に関する検討会，2004)

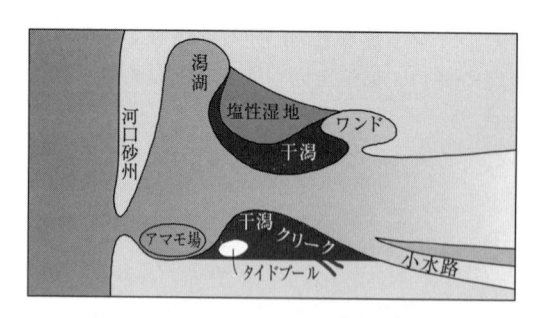

図-3.11　太平洋に面した河川汽水域のハビタットの平面分布(河川汽水域の河川環境の捉え方に関する検討会，2004修正)

　さらに，図-3.11のように浅場に広がるアマモ場，河口砂州の背後に発達する湿地，干潟上の小潮汐水路，ワンド，小河川の合流点，澪筋等の縦・横断的なだけでは把握しきれない特徴的な場が形成され，それぞれの場が多様な生物の貴重なハビタットとなっている．

ハビタットとは　　英語のハビタット(habitat)は，日本語で生息地(生活場所，棲み場)と訳されており，動植物の生息場所，生息環境をいう．この概念は，生物の観点から個々の種および個体群が種族を維持していくことが保障された有機的および無機的空間である．生まれ，栄養を摂り，眠り，外敵から隠れ，生殖し，産み，育てる空間となるが，動物はその生活史の段階において棲み場所を変化させるので利用ハビタットが移動する．

　一方で，応用生態学的あるいは工学的視点からのハビタットという言葉は，生物の群集構造が似たようなものからなる環境条件がほぼ同一な空間として用いている．例えば，砂干潟部，泥干潟部というように物理的，非生物的に同一な環境特性を持つひと続きの空間として定義している．もちろん物理的，非生物的な定義とはいえ，同一名称ハビタットに生息する生物群集の種構成は同じようなものとなることを暗黙のうちに前提としている．ハビタット空間の大きさは，物理・化学的環境特性が似た技術的働きかけの空間（すなわち人間スケール）とし，その特性を分類分けすることが通例である．

　本書では，ハビタットの概念として前者と後者の両方を使用している．ただし技術的働きかけによるハビタット空間変化の評価については後者を使用する．さらに空間場は階層構造を持ち，階層ごとに生物群集の構成と機能が変わるということを前提にハビタット類型を行っている（**6.2**参照）．

3.3　河川汽水域の特性を支配する外的要因

　3.1および**3.2**で記したように，河川汽水域は海と河川の双方の外力の微妙なバランス下に成り立ち，人間の活動の影響を受けている．この系に外力，人為的作用が加えられると系が応答変化する．**図-3.12**に河川汽水域内の現象を支配する河川汽水域を取り巻く自然・人為作用要素(外的因子)と内部相互作用関係の概念を示す．

　ここでは河川汽水域内環境を規定する境界条件の外的因子について概説する．

a. 河川汽水域河道部の地形，堆積物を支配する外的因子　　河川汽水域の河道部地形(川幅，水深)は，洪水と流入土砂，海からの波浪・潮汐による土砂輸送という外的因子に大きく規定される．潮汐河川(潮汐流により河道の基本スケールが規定されている河川)を除けば，水深(河岸肩高と平均河床高の差)，川幅は，ほぼ平均年最大流量，河床勾配，代表粒径[*1]の3量に規定されている(山本，2004)．勾配，

[*1] 河川汽水域内においてA集団粒径の粒径が異なる2つの小セグメントを持つことがある．この場合は，河川汽水域内において地形特性が異なる空間が生じるので，小セグメントごとに大分類する．また汽水域ではA集団粒径が洪水時と平水時で異なることがある．例えば平常時にはシルト・粘土が河底にあるが，洪水時には細砂に変わるなどである．この場合はそこで対象としている現象に応じて代表粒径を選択するが，汽水域の地形特性を記述するには粒径の大きい方を代表粒径とするべきである(**4.1.1**参照)．

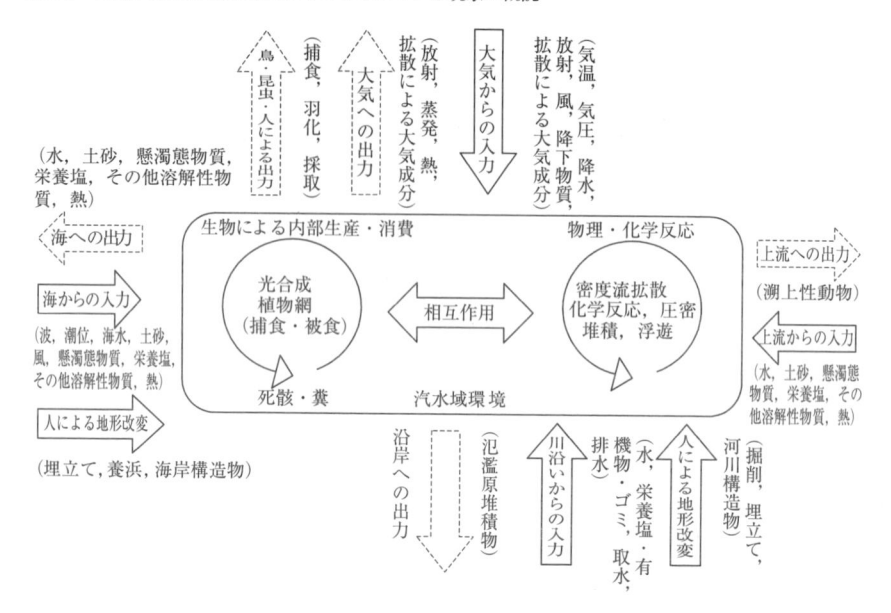

第3章 河川汽水域の環境特性とそこで生じている現象の概説

図-3.12 河川汽水域の現象を支配する入力（外的因子）と外部への出力

代表粒径は，上述した外的因子の現れであり，これは河川流量，山地および海からの粒径集団別供給土砂量，完新世初期の地形条件，海水面変動，および地盤変動という，より時空スケールの大きな因子の変動に規定されている（山本，2004）．河川汽水域におけるセグメントは，通常1つであるが，**図-2.2.4** に示した木曽川のように2つのセグメントからなることもある．

河床堆積物の粒径は，河川洪水流量，上流からの粒径別供給土砂量，潮位という外的因子と河床勾配に規定される．潮位変動の大きい河川では潮汐流により細粒土砂が海から河道内に運ばれ平水時の粒度が細粒となることがある（例：筑後川，白川，六角川）．潮位変動による潮汐流量が洪水流量と同程度あるいは超えると，河道のスケールが潮汐流に規定される（例：六角川）．

b. 河口部の地形・堆積物を規定する外的因子 河口部の地形（砂州形状，河口テラス，干潟，海浜形状，砂丘）は，概略，波浪の強さ，河川流量，潮位変動量，風という外的因子と海浜・河口付近の堆積物の粒径により規定される．以下，河口付近の単位地形ごとにその形態とスケールを規定する主要因を述べる．

① 河口砂州：波浪（波高と波形勾配）と河口部の粒径で砂州高は規定される．波

浪は外海と内海で大きく異なる．すなわち，河口の存在する位置で波浪特性が概略規定される．
② 河口テラス：河口の存在する位置，川幅，粒径，波浪，洪水流量で規定される．
③ 干潟：河川からの流出土砂量とその粒径，波浪の強さ，潮流の強さ，潮位変動で規定される．河口の存在する位置で潮位・波浪が概略決まるので，これに加えて河口干潟の材料を加えれば干潟地形の形成とその特徴を概略記載できる．なお干潟構成材料は河川汽水域の河床材料と粒径が異なることがある．
④ 砂丘：海浜近くでは塩水のため裸地となっており，堆積物の粒径が粗砂以下であれば風によって移動し得るので風成地形が形成され得る．海岸の浜堤，砂丘がこれに相当するが，これは風のみによって形成されたものでなく，海水面の変動や波浪作用の影響を受けている．

c. 河川汽水域の塩分濃度状況を規定する外的因子　河川汽水域の濃度状況が弱・緩・強混合の3つの形態を持つこと，その形態は感潮区間長と大潮時潮位変動量によって分類区分できることを図-3.4で示した．感潮区長は，概略，満潮時河口直上流水深と河床勾配の逆数の積に比例する．なお河川汽水域堤内地からの地下水や用水路からの淡水の供給が塩分濃度を薄め，ヒヌマイトトンボのような貴重種の小ハビタット空間となっていることがある．

d. 水質（水温）を規定する外的因子　境界条件である気象因子，海と河川汽水域上流から流入する淡水量（水温），海水量（水温），無機栄養塩類量と質，粒子状および溶解性有機物の量と質（大きさと材質），その他無機粒子状物質の量と質が河川汽水域水質を規定する．なお河川汽水域水質は河川汽水域内部で化学的・生物学的作用や物質の移動堆積という内部反応によって変化する．これには大気からの外的因子としての気温，日射量等の気象因子，反応層である河川汽水域の容積（滞留時間）がその反応に関係している．

e. 人為作用　人間が汽水域に働きかける浚渫・掘削，埋立て・養浜，河川・海岸構造物の建設，取水，排水は，河川汽水域の物理化学環境を変え，しいては生物相を変化させる．

f. 河川汽水域生物群集相を規定する外的因子　河川汽水域の境界面を通過する動植物の種と量および上記因子のすべてが河川汽水域生物群集相を規定する．

3.4 河川汽水域の空間階層構造と現象を支配する要素間の相互連関性

現存する河川汽水域の構造(システム)は，以下に示す物理・化学系，生物系，人間系という3つの系の相互作用を伴う統合体とみなされる．
① 物理・化学系：境界としての地形，潮位，風，流量，水温，底質，栄養塩(窒素，リン，炭素，その他)，汚染物質，エネルギー(光，熱等)．
② 生物系：陸生動物，水生生物(魚，昆虫，底生動物等)，潮間帯生物(甲殻類，貝類等)，陸生植物，潮間帯植物，微生物(底生藻類，動・植物プランクトン，細菌等)，鳥類．
③ 人間系：河川流域における意識的および無意識的生産・消費活動(物理・化学系，生物系への働きかけ) とその生産・消費物．

3つの系は独立系ではなく，相互連関(依存)系である．生物系は物理・化学系に対する依存性が強いが，生物系により河川汽水域の水質変化，生物による微小地形の形成や底質の物理化学的特性の変化が生じるので，物理・化学系との相互作用に対する知見を必要とする．

人間系に対して他の系は，人間の行為行動に影響を及ぼし，相互連関(依存)作用を営むが，本書では人間系は，物理・化学系および生物系に対する外的因子として位置付ける(山本，2005)．

3.3で述べた河川汽水域を取り巻く境界を通じて働く外的因子が河川汽水域の地形・水理環境・生物の変化として現象する時間・空間スケールには種々のものがある．汽水域内で現象として現れる対象に応じて空間スケールが異なり，その現象の表現様式(認識のための概念枠)と時間単位は異なるものである．空間をスケールの異なる階層構造からなるものとし，その階層ごとに，また同一階層における生物分類ごとに外力という外的因子と人為的インパクトに対する応答および内的反応機構を記載整理していくと，種々の情報の見通しが良くなり，河川汽水域生態系構成要素とそれを変化させる外的因子・人為的インパクトとの関係がわかりやすくなる(図-3.13)．

河川汽水域の空間スケールが，大セグメントスケール(河川汽水域の延長スケール)，リーチスケール(砂州あるいは蛇行波長，河口テラス，浜堤)，小規模地形スケール(ワンド，瀬，淵，砂堆，反砂堆，河口砂州高，水深，潮間帯幅，倒木)，礫

径スケール(魚の退避空間, 玉石背後の死水域, 底生動物の巣穴), 砂径スケール(バイオフィルム厚, 粒子状有機物)の5階層程度の空間階層性からなるとする.

有機物の分解に関わる細菌類までを河川汽水域生態系を認識する枠組みに入れれば, シルト・粘土スケールを空間階層に加える必要があろう. なお河川汽水域生態系を構成する研究対象要素ごとに空間スケールとそのネーミングが異なる. 地形に関しては大セグメント, リーチスケール, 小規模地形スケール, 礫径スケールが, 魚類生態学では, セグメント, リーチスケール, 瀬・淵スケール, 礫径スケールが, 底生生物に関する生態学では, これに加えて砂径・シルトスケールが空間階層性としてとられることが多い. 桜井(1995)は生物の棲み場所の観点から, 海や他流域を含む流域を越えたスケール(渡り鳥, 回遊魚等を対象)であるビオトープネットワーク, 流域スケールである大生息場所(ビオトープシステム), リーチスケールである生息場所(ビオトープ), 水深スケールである小生息場(ハビタット), 礫径スケールの微生息場所(マイクロハビタット), 砂スケールである超微生息場所(スーパー・マイクロハビタット)の6階層に区分し, ネーミングしている.

本書では, 空間階層を統一したスケールと用語で表現せず, 河川汽水域生態系構成要素ごとに慣用として使われている用語をそのまま使用することにする.

ところで外的因子・人為的インパクトにより現れる現象が変化として認知しえる時間の長さは, 空間スケールと強い関連性がある. 空間スケールが大きくなるほど, そのスケールに対応する変化が現れるのに時間を要するからである. 本書では, 河川汽水域生態系を空間スケールで階層化し, 時間スケールは空間スケールと相互連関するものとしてスケール区分しないことにする.

河川汽水域生態系の各階層の諸構成要素を規定する支配因子はどういうものであるのか. 支配因子とは対象とする系(システム)に何らかの影響を生じせしめる系の外にある主要な変数とみなされるが, 系を包む空間スケールを変えれば, その空間スケールに対応する系に作用する影響因子は異なる. 河川汽水域生態系は, 種々の空間スケール現象の現れであるので, これを分析・解析するにあたっては, 系をスケールの大きさごとに階層化し, あるスケールの階層では, それより大きい階層で規定されるものを固定的な境界条件(外的に拘束されている)として, その内部の種々の現象や特性を規定する支配因子を用いて(自らの固有の内的関連性を用いて)分析・解析せざるを得ない. それ故, どの階層構造の河川汽水域生態系かによって, それに影響を与える適切な因子が異なる. 一方で, 上位の階層構造は, 下位の階層構造の変化の集積(機能の変化となる)により偏移していかざるをえない. すなわち,

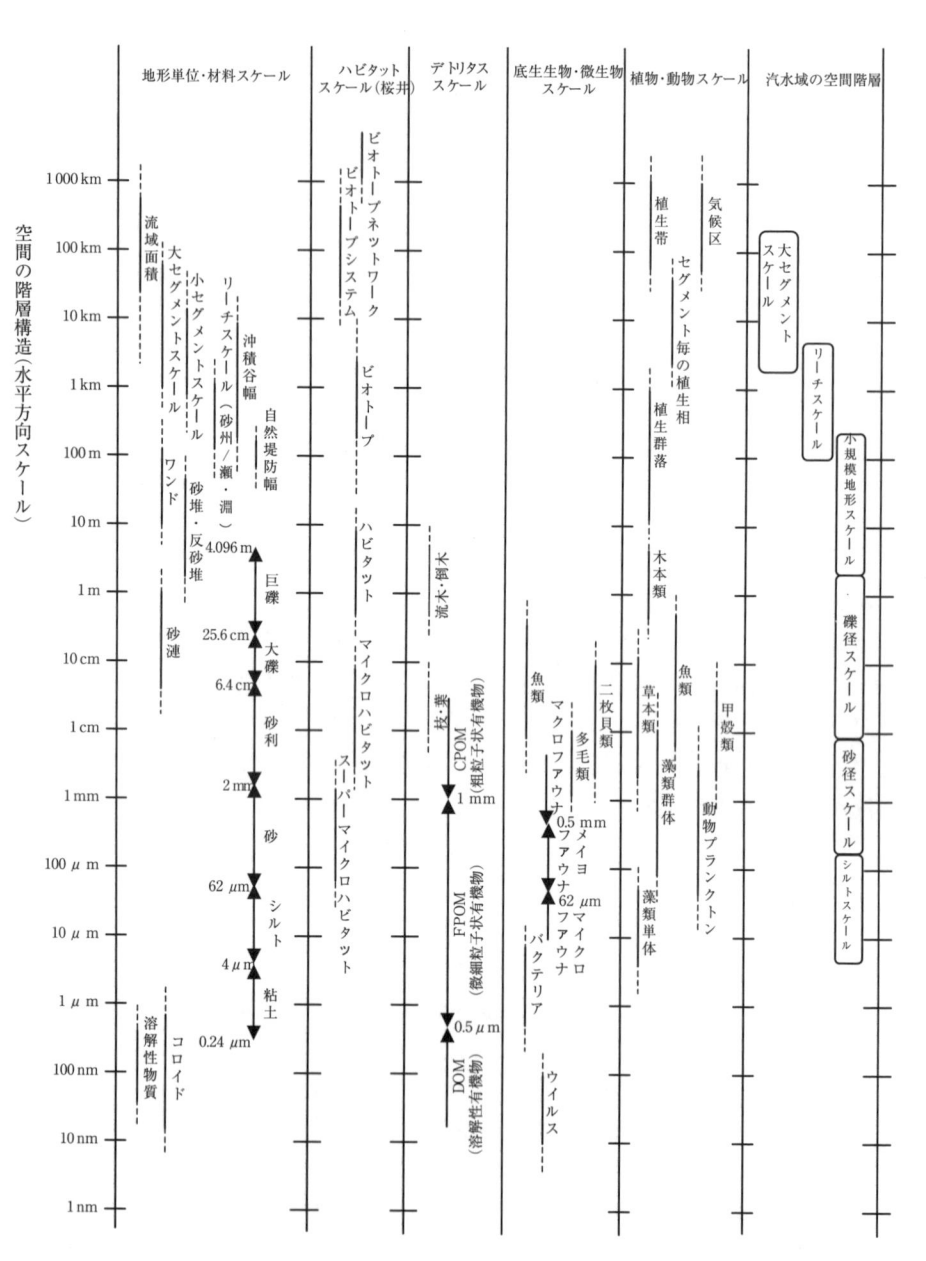

第3章 河川汽水域の環境特性とそこで生じている現象の概説

図-3.13 項目別単位スケールと汽水域の空間階層性

3.4 河川汽水域の空間階層構造と現象を支配する要素間の相互連関性

　総体としての河川汽水域の構造(システム)は，ある階層の支配因子に及ぼす上位および下位の階層の情報との連関性を把握分析し，つながりを明らかにしなければならない．河川汽水域生態系は，部分が全体に規制され，全体が部分のシステム的総合体である一種の有機体とアナロジーされるのである(山本，2005)．

　例えば，地球温暖化というインパクトによる河川汽水域生態系の変化を予測・記述する場合は，気候(主に気温，降水量)と海水面の変化を主要支配要因とし，空間としては河川汽水域長(セグメント)の空間スケールの河川汽水域地形，植生，魚類等の変化を記述していくことになろう．河川汽水域河道の直線化という人為的インパクトを考えれば，流況を固定し，河道内砂州・横断形状の変化，塩水進入状況の変化を媒介とした植生・魚類相・底生生物相の変化をリーチあるいは小規模地形の空間スケールで記述していくことになろう．

　河川汽水域生態系の諸構成要素の外的因子・人為的インパクトに対する応答特性については，検討対象空間の階層スケールに応じて境界を設定し，外的因子・人為的攪乱要因ごとに河川汽水域生態系の各構成要素がどのように反応するか記述することになる．そこでは，各構成要素の相互連関性を，対象空間スケールごとに，また検討対象現象に適した時間単位での物質とエネルギーの流れを空間の境界を通過する量として把握し(基本は上流から下流向きを正とし，側方および上・下からも物質を出入りさせる)，それによる地形および底質，汽水域生物の量・質の変化を分析することにより，物(量)と物(量)との相互連関性(物理系，化学系，生物系の系内および系間の関連性の強さと向き)を明らかにすることが目指されよう．相互連関性の関数関係が解明されれば，各空間階層内の動態(変化)は，境界を通る物(量)と内部因子の物(量)に時間項を付すことにより評価・予測可能となり，河川汽水域生態系の保全・再生という技術的対応の根拠性となる．

　ところで，ある対象空間の境界を通る物流の物質収支を評価するには，生物による相互作用による食物連鎖に関する知見が必要である．生態学ではこれを食物網(生食食物連鎖と腐食食物連鎖)として，例えば生食物連鎖においては，緑色植物(底生および浮遊藻類，デトリタス)を一次栄養段階，これを食べる捕食者[動物プランクトン，底生動物(デトリタス食者，植食者，濾過植物食者)等]を二次栄養段階，捕食者を食する肉食者(魚類，鳥類等)を三次栄養段階，肉食者を食う肉食者を四次栄養段階といっている．これに腐食食物連鎖を加え各栄養段階と腐食段階の類別生物種群ごとにボックス化し，それをつなぐネットワーク構造としてエネルギーと物質の流れを捉えようとしている．また各栄養段階の生物種間の捕食関係を網目

状の構造として捉えている．これは生物の生き残り(行動)戦略(生活史，動物行動学，動植物の空間配置形態)を理解するために必要な構造化である．

　河川汽水域生態系を認知化(科学化)するとは，各空間階層における階層境界面でのエネルギーと物質の入力を，階層内での物理化学反応と生物を通じた捕食・腐食関係による物質とエネルギーの変換過程を明らかにし，内部要素の時・空間分布と境界面での出力を表現することにあるといえる．

　上述したように，空間階層間の情報のやり取りを記載記述できるようにしていくことが必要であるが，現実には，河川汽水域生態系を構成する要素間の相互連関性の実態把握も理論化も十分になされているとはいえず，今後の研究に待たなければならないことが多い．

3.5　河川汽水域で生じる現象から見た河川汽水域の大分類

　似たような河川汽水域環境を表す分類は，技術的対応において他河川の事例を参照する場合，またそこで生じる現象を類推するのに必要である．

　3.3で述べた河川汽水域環境を規定する外的因子は河川汽水域環境の質を規定するものであり，この因子は河川汽水域を分類する指標となりうるが，指標数が多すぎて実用的ではない．なるべく少ない因子，あるいは数因子を統合した因子で分類するのが実用的であろう．ここでは，河川汽水域で生じる諸現象の類似性より河川汽水域の大分類を行う．

　まず分類の視点として河川汽水域の物理・化学環境と生物環境の大きな規定要因である地形と塩分濃度の視点から分類していく．すなわち，地形を規定する外力要因のうち影響度の大きい要因で分類する．なおここでの分類はセグメントスケールの空間を対象とした分類である．

3.5.1　物理・化学環境(地形)の視点からの大分類

　個々の河川汽水域ごとに地形形状やそこで生じる現象に相違はあるが，似たもの同士で分類できる．この分類を規定する要素は，河川汽水域を取り巻く外的因子(環境要素)と河川汽水域そのものの境界形状である．

　河川汽水域上流から流入する外的条件(流量，土砂の量と質)が河川汽水域の地形に及ぼす影響は，海水面という下流端の境界条件のもとで最終的には河川汽水域河道の河床勾配，河床材料(代表粒径)，川幅(水面幅)として現れる(山本，1994,

2004).すなわち,河川汽水域上流の外的条件は,河川汽水域の内部環境である河床材料,勾配,川幅で代替できる.すなわち,河川汽水域河道の分類の指標となる.なお河床材料と河床勾配は図-3.14のように密接な関係があり,また川幅は河川汽水域の環境分類においては影響が小さいので,河川汽水域の河道の特徴を一つの指標で表すとすれば,河口付近の河床材料が指標となる.

河口の位置は,その河口に作用する気候条件,波浪条件,潮位条件を決めている.それ故,河川汽水域の地形形態の分類指標として,海からの外力条件を河口の位置で表現できる(山本,1978).

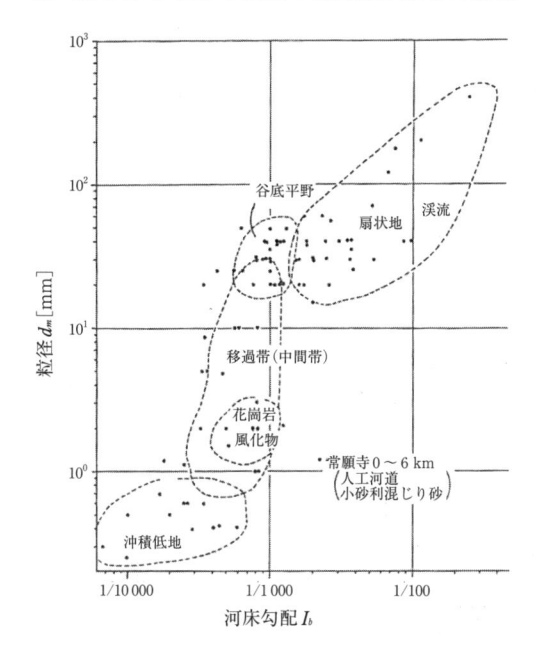

図-3.14 全国一級河川の平均粒径と河床勾配の関係(山本,2004)

図-3.15は,日本近海における大潮平均時における等潮位差図である(日本海洋学会沿岸海洋研究会編,1985).また河口の砂州形状や波浪の大きさは,外海に面しているものと,内海に面しているものとに二分しえる.

以上より,河川汽水域分類を規定する多様な要素の中から,潮位変動の大きさ,波浪の大きさ,河床材料を分類指標とする.潮位変動の大きさ,波浪の大きさは,河口位置により気候の影響を含めて大まかに評価できる.さらに河床材料により河川を泥川・砂河川,砂利河川の3分類する.

河口位置による分類は,以下のようである.

① 日本海に流入する河川:日本海に流入する河川で,潮位変動は小さく0.1〜0.3 m.潮位変動現象が河川汽水域の及ぼす現象が小さい.塩水くさびは弱混合型を示すことが多い.冬季は大陸からの季節風によって海は荒れ,河川流量は小さく渇水期に当たる.春になると冬に積もった雪が溶け出し融雪出水がある.夏季は海は穏やかである.なお山陰地方では降雪量が小さく融雪出水は小

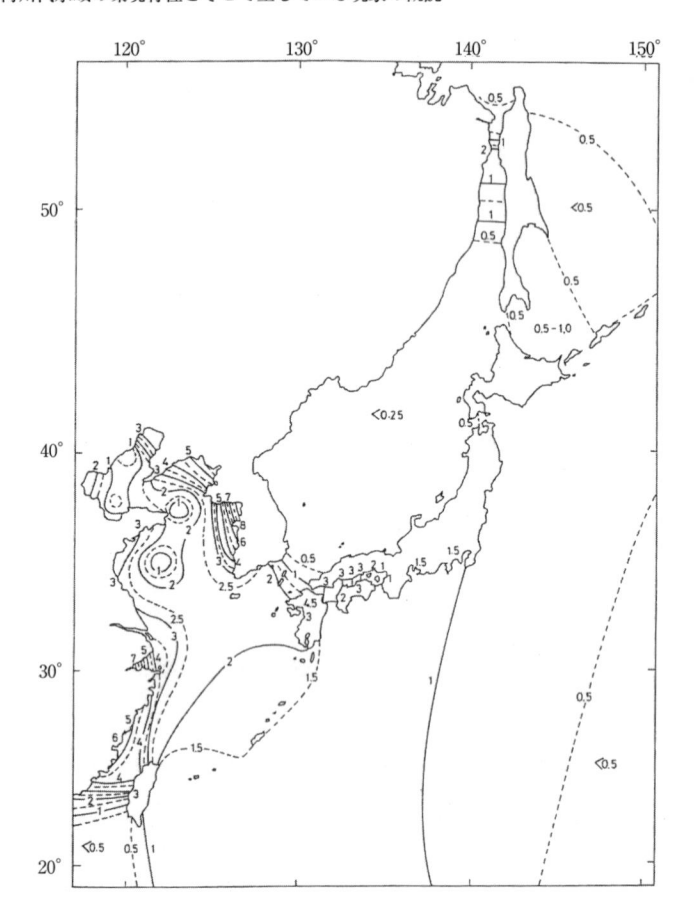

第3章　河川汽水域の環境特性とそこで生じている現象の概説

図-3.15　日本近海における大潮平均時の等潮位差図（日本海用学会沿岸海洋研究部会編，1985）

さい．冬季の風浪により導流堤がない場合は河口砂州が発生し，小河川では完全閉塞してしまう場合もある．潮位変動が小さく，波が高いので河口干潟は存在しない．海浜には浜堤が存在し，砂丘が発達している場合もある．

② 瀬戸内海の東部に流入する河川：瀬戸内海東部に流入する河川で，潮位差1～1.6m程度の河川であり，塩分混合形態は緩混合形態である．波浪は外海に面した河川ほどの高さにならず，通常，河口砂州を形成しないが，粗砂や砂利を河床材料に持つ場合は低い河口砂州が形成されることがある．

③ 太平洋，オホーツク海に流入する河川：太平洋に流出河川の河口は潮位変動が1～2m程度あり，潮位変動による汀線位置の時間変動は大きく河口地形

にも潮位変動の影響を受ける．塩分混合形態は緩混合形態である．冬季に河川流量が小さいのは日本海側と同じであるが，北海道を除けば融雪出水は小さい．洪水としては前線性の雨や低気圧・台風によってもたらされる．波浪は台風性のうねりや台風・低気圧の通過に伴う波浪が大なものである．導流堤がない場合は河口砂州が発生し，小河川では完全閉塞してしまう場合もある．海浜材料が中砂以上であると前浜勾配が1/20以上と急であるので河口干潟あるいは前浜干潟は存在しないが，海浜材料が0.2 mmでは前浜の勾配が緩くなるので潮位変動により前浜干潟を形成する（例：九十九里浜に流入する河川）．なおオホーツク海に流出する河川は本州河川と洪水特性が異なるが，潮位変動に重きをおけば太平洋側河川の分類にはいる．

④　東京湾，伊勢湾，瀬戸内海に流入する河川：東京湾，伊勢湾，瀬戸内海に流入する河川で，潮位差2～4mのグループである．塩分混合形態は，緩混合あるいは強混合型である．河口に到達する波の大きさが小さく河口砂州の発達が顕著でないが，粗砂あるいは砂利河川では低い河口砂州が形成されることもある．なお球磨川もこの範疇に含まれる．このグループはさらに河床材料によって泥・砂河川と砂利河川に分けられる．砂川では河口干潟が発達するが，人工的埋立てにより干潟が消滅してしまった河川は多い．

⑤　上記を除く九州沿岸に流入する河川：ほぼ③の分類に似た特性を持つ．

⑥　有明海に流入する河川：有明海に流入する河川で，潮位差4mより大のグループで泥・砂河川である．潮位差が大きく強混合型の塩分混合型となる．風浪はそれほど大きくない．泥河川では河口前面に泥干潟が存在する．河道形状も潮汐による海からの細粒土砂の持込みと河道内潮汐流により潮位差の影響を受けている．砂川では，河口前面の砂干潟が存在する．なお河口から流出したシルト・粘土は有明海における潮汐に伴う左回りの海水の動きにより湾奥に運ばれる．

一級河川分類のタイプ分けを示すと図-3.16（口絵）のようである．すなわち，波浪の強さを内海，外海より，海水と淡水の混合形態を満潮時の潮位変動量より，それに応答する反応特性を底質材料の大きさのより分類した．また底質材料は，泥川，砂川，砂利川の3区分した．本書においては地形および塩水の混合形態をこの分類により河川汽水域の特徴をとらえていく．

なお日本の河川汽水域は人工的に改変され，埋立て，港湾，導流堤等により河口条件が前述したタイプの特徴に当てはまらない河川がある．

日本沿岸の波浪の大きさ　日本沿岸の波浪の大きさは，地形および気象特性により大きくは以下のように3分類される．
- 日本海側：冬季に波高が高く，夏季は穏やか
- 太平洋側：春先と台風時期に波高が高い
- 内湾：通年，波高が低い

図-3に代表観測地点の月最大有義波高と月平均波高の年変化を示す．

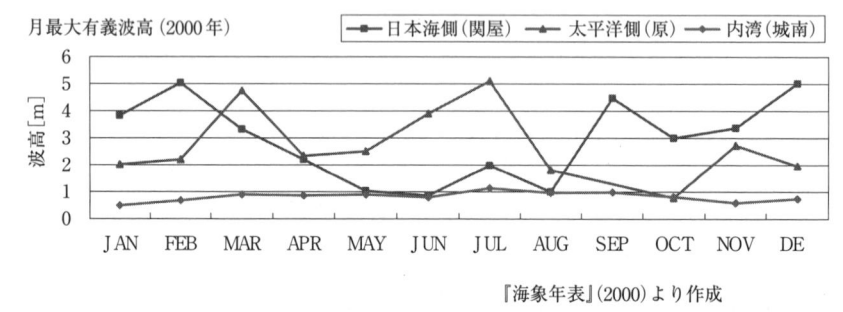

月最大有義波高（2000年）　　■ 日本海側（関屋）　　▲ 太平洋側（原）　　● 内湾（城南）

『海象年表』(2000)より作成

有義波高：ある地点で連続する波を観測した時，波高の高い方から順に全体の1/3の個数の波を選び，これらの波高を平均したもの．

図-3　日本沿岸の波浪の季節変化と地域特性（河川汽水域の河川環境の捉え方に関する検討会，2004を微修正）

3.5.2　生物の視点から見た大分類

河川汽水域の生物の大分類も，概略，物理・化学環境から見た大分類を使用することができよう．

河口の位置は，潮位条件（潮汐流，塩分濃度分布，水際帯の乾湿），波浪条件，気候特性（温度，光条件，湿度条件）を表し，底質は生物の生息条件の強い規定要因であるからである．ただし生物は地理的差異（気候的差異）によって生物種が変わるので，物理・化学環境の視点から大分類した河口の位置に加えて，気象学で言う気候帯で再分類する必要があろう．

また生物種は水質によって種が変化するので，水質に関する指標を加える必要がある．詳細には水温，溶存酸素量，pH，塩分濃度，BOD(COD)，各種栄養塩濃度，濁度等を指標として水質区分を行う必要があるが，水質は河川内の微生物，藻類等により栄養塩が消費，生産されるので昼と夜という日変動，流下過程での変化が生じている．時空を平均化した水質指標が分類のために必要であろう．

河川汽水域内の生物種の分類のための水質指標としては，塩分濃度は，海水域（海域，塩分30以上），混合域（塩水くさび存在域，強混合では塩分30〜0.5）4区分，河水域（塩分0.5以下）の6区分［混合域を表-2(p.182)に従い4区分する］程度，他の水質指標は生物学的水質判定で使われているような水質階級4ランク程度（例えばⅠ清，貧腐水性，Ⅱやや汚濁，β-中腐水性，Ⅲかなり汚濁，α-中腐水性，Ⅳきわめて汚濁，強腐水性）に区分すればよいと考える．

一級河川と二級河川の差異 一級河川と二級河川とでは流域面積が異なる．二級河川では洪水流量が小さく，洪水継続時間時間は短い．勾配の緩い区間の長さも短く，かつ川幅も小さい．ハビタットの単位空間スケールが一級河川に比し小さいのである．また，外海に面している河川では，河口地形に与える波浪の影響が一級河川に比し大きくなる．

ところで河川地形の特徴に関する研究は，大部分が一級河川の情報を用いて研究されている．この知見は二級河川でも普遍化できるのであろうか．山本(2004)によると，一級河川の研究で抽出された知見は流域面積200 km² 以上であれば適用可能であろうとしている．

生物に関してはどうなのだろうか．ハビタット単位空間スケールの大きさの違いは，生物間の連関構造に差異を生じさせないのだろうか．

流域面積の差異により河川の地形特性（セグメントの長さ，リーチの長さ，河口水深，小地形のスケール），水文特性（洪水攪乱時間），水質特性（水温，有機物，化学物質）に差異があるなら，汽水域の大分類に流域の大きさを表す何らかの指標（例えば，リーチスケールを規定する川幅）を加える必要があろう．

参考文献
- 河川汽水域の河川環境の捉え方に関する検討会：河川汽水域の河川環境の捉え方に関する手引書，河川環境管理財団，pp.2の4-24, 3の2, 2004.
- 楠田哲也：河口域における水環境について，河川，2003-2, pp.20-26, 2003.
- McLusky,D.S.：The estuarine ecosystem, 2nd edition, p.215, Chapman & Hall, New York, 1989(中田喜一郎訳：エスチャリーの生態学，pp.20-26, 生物研究社，1999).
- 中村由行，藤野智亮：長良川河口堰下流部の溶存酸素濃度の動態，応用生態工学，5(1), pp.73-84, 2002.
- 日本海洋学会沿岸海洋研究会編：日本全国沿岸海洋誌，pp.1096-1106, 東海大学出版会，1985.
- 鬼塚正光：東京湾に貧酸素塊，沿岸海洋研究ノート，22, pp.99-100, 1989.
- 桜井善雄：川づくりとすみ場の保全，pp.13-21, 信山社サイテック，2003.
- 末次忠司，藤田光一，諏訪義雄，横山勝英：沖積河川の河口域における土砂動態と地形・底質変化に関する研究，国土技術政策総合研究所資料，No.32, pp.101-103, 2002.
- 須賀堯三：感潮河川における塩水くさびの水理に関する基礎研究，土木研究所資料，第1537号，pp.5-6, 1979.
- 竹門康弘，谷田一三，玉置昭夫，向井宏，川端善一郎：棲み場所の生態学，平凡社，1995.
- 和田恵次：干潟の自然史，京都大学学術出版，2000.

第3章　河川汽水域の環境特性とそこで生じている現象の概説

・山本晃一：河口処理論[1]―主に河口砂州を持つ河川の場合―，土木研究所資料，第1394号，pp.38 - 42，1978.
・山本晃一：構造沖積河川学，山海堂，pp.54 - 80，132 - 137，2004.
・山本晃一：1章 序論，自然的撹乱・人為的インパクトと河川生態系(小倉紀雄，山本晃一編)，pp.6 - 9，技報堂出版，2005.
・山本晃一，高橋晃：感潮河川の塩水遡上実態と混合特性，土木研究所資料，第3171号，pp.6 - 9，1993.
・横山勝英，宇野誠高：河川感潮域における高濁度水塊の挙動―強混合の場合―，海岸工学論文集，第48巻，pp.631 - 635，2001.

第4章 河川汽水域における物理環境とその変動

4.1 河川汽水域の地形形態とその変動要因

　本節では，河川汽水域の生態系を規定する最も重量な河川汽水域地形を河道部，河口部，河口周辺沿岸域部に区分し，その地形特徴を 3.3 で述べた河川汽水域の地形を支配する外的要因との関係を述べる．

4.1.1 河川汽水域の地形を規定する要因とその特性

　河川汽水域の地形は絶えず変化する若い地形である．ここ 1 万年の完新世における河川地形の変化の中で，一番変化が激しかったのは河川汽水域である．1 万年前の海水面は，現海水面よりおおよそ 40 m ほど低く，その後，年 1 cm の割合で上昇し，今から 6000 年前の海水面が現在より数 m 高かった河川が多い．その後，波動的に水面を変化させながら現在に至っている．その間，河川から運ばれた土砂および海域から波・潮流・潮汐で運ばれた土砂が絶えず堆積し，侵食されながら河川汽水域地形を形成してきた．人間の河川汽水域地形に関する干渉は太古から始まるが，改変量は小さかった．17 世紀に入ると，人間による河川汽水域地形の改変量は徐々に大きくなり，現在では自然の作用による変化を上回るようになった．

　ここでは，数十年から百年の時間オーダーで見た河川汽水域地形を変化させる要因（外因）の特徴を眺めてみよう．

　河川汽水域の形状に大きく影響する土砂の供給側の条件として大きなものは，河川が山間部から沖積地に出る地点での河川水の流出特性と流出土砂の量と質であるが，土砂の堆積する堆積盆の境界線，すなわち海岸線・湖岸線における崖線の地質が波浪によって侵食されやすい固結度の低い更新統の堆積岩からなるような場合には，侵食土砂が堆積盆側に供給され量的に無視し得ないものがある．そこでは波浪

第4章 河川汽水域における物理環境とその変動

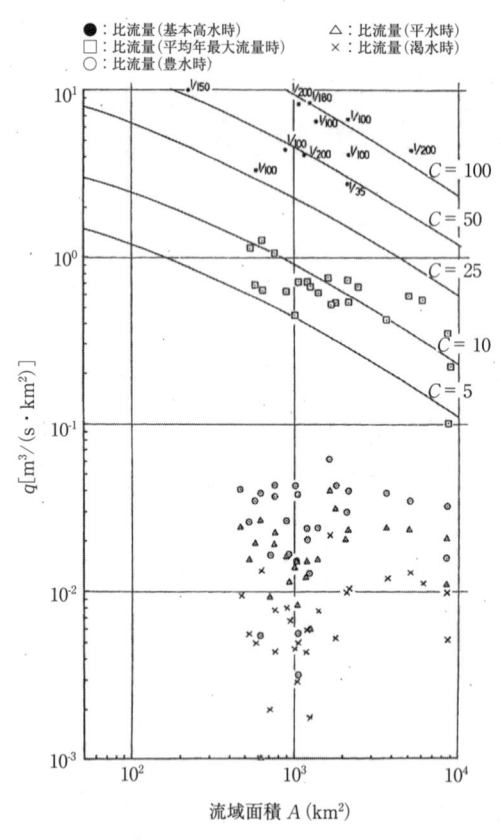

図-4.1 関東の河川の比流量と流域面積の関係

特性と侵食崖の地質が侵食土砂の量と質を規定する．

以下に土砂供給および河川汽水域地形を規定する自然の要因の特徴について主に述べる．

a. 流出特性 流域面積や気候が異なると，流出特性に差異が生じる．これは各種流量，例えば豊水，平水，低水，渇水流量[*1]の比流量と流域面積が地域ごとにどのように異なるかを調べることにより概略把握できる．

図-4.1 は日本の一級河川の各種流量の比流量と流域面積の関係を示したものの一例である（山本，1989）．ここで流量観測点は一級河川の大臣管理区間にあり，上流のダムによる流量制御や取水の影響を受けた流量であり，本来の潜在的（自然的）流量ではない．同図には一級河川の基本高水（ダムや遊水地の貯留効果が入っていない流量）の比流量を●印で示し，1965～74年の10年間の平均年最大流量を□印で，豊水，平水，渇水流量の比流量をそれぞれ○，△，×印で示してある．

図中の C は Creager の比流量曲線で，

$$q = 46\,CA^{(0.894\,A^{-0.048})-1} \tag{4.1}$$

の C の値である．ここで比流量 q の単位は $\mathrm{ft}^3/(\mathrm{s \cdot mile}^2)$ であり，流域面積 A の単位は mile^2 である．式(4.1)はダムの設計洪水流量の評価のためによく使用される曲線形である（花籠，1970）．

流出特性の地域別差異を述べると，以下のようである（山本，1989）．

[*1] 豊水，平水，低水，渇水流量：それぞれ1年のうち，95日，185日，275日，355日は，この流量を下回らない流量である．

① 100年から150年確率洪水では，四国の太平洋側，九州が同一面積に対する比流量が大きく，CreagerのCは120〜80程度となっている．関東，中部，北陸，中国が90〜70程度，東北，北海道が50程度と小さい．
② 平均年最大流量では，北海道，東北，関東が$C=5〜15$程度の値を持ち，中部，四国太平洋側，九州がそれより大きく，中国と四国の瀬戸内海に流域を持つ河川が$C=10$程度と小さい．
③ 豊水，平水，渇水流量の比流量は，あまり流域面積の大きさの差異の影響を受けず，気候帯が同じなら比流量はほぼ一定になる．これは，これらの比流量が基底流量であり，二次および三次の流出であることを示している[*2]．北陸の河川は山間部に積もった雪の影響によって他の地方より豊水，平水，渇水流量の比流量が大きくなっている．なお豊水，平水，渇水流量の比流量は上流のダムによる流量制御や取水の影響を受けた流量であり，極端に小さな比流量を持つ観測所の資料はこの影響を受けている．虫明他(1981)は，ここで使用した観測所より小さい流域を持つ観測所の資料より平水量相当流量の比流量と地質の関連について調べ，第四紀火山岩からなる流域，花崗岩，第三紀火山岩類，中・古生層からなる流域の順に比流量が小さくなるとしている．岩質の緻密さや空隙の多さが基底流出の特性に現れるのである．
④ 以上のように各種比流量と流域面積の関係は，地域別および地質別に多少の差異があるが，大局的にはほぼ気候区分の違いに対応している．

河川汽水域地形を形成したここ数千年の洪水流出特性の変化は，大ダムが築造されるようになった1920年以前は主に気候変動に従属する．ここ数千年については18世紀の寒冷期はあったが，その変化量は大きなものでなく，海水面の変化も大きくなかった．ただし平水時の流量については古くから灌漑用水として河川水は使用され人為の影響を受けていた．

b. 山間部から供給される土砂の量と質　ここ数千年の生産土砂の量と質を規定する主要因子である山地の地形は，地震による山地崩壊，火山噴火のあった所以外では大きな変化がなく，山地地形の変化が沖積地への供給土砂の量と質の変化に及ぼした影響は少ないと考える．ただし，山地崩壊，火山噴火による河川に供給されうる土砂量の増大は，沖積河川の地形発達過程にエポックとなるイベントとなり得るので考慮の対象にすべきである．一方，気温の変化は降水量・降雪量の変化と植

[*2] 流出解析における2段，3段目の貯留タンクから流出する成分で，降雨が地下に浸透しゆっくり河川に流出してくる．

生帯の空間分布の変化をもたらし，土砂の量と質の変化の原因となりえるが気温の変化がそれほど大きくないので，流出特性と同様，セグメント（第2章参照）のような大地形の発達過程を考察する場合には，一次近似として生産土砂の量と質はそれほど大きな変化がなかったとしてもよいと考える．

　歴史時代に入ると，人間の流域での諸活動（焼畑，開墾，薪炭，材木の採取等）が河川への供給土砂量を変化させた要因となったが，近畿地方や中国地方の花崗岩の風化帯を流れている河川を除けば，山地の開発行為による地被状態の変化面積は山地面積に比して小さいのであまり変化しなかったものと考える．なお，山地から流出する土砂量は山地の起伏比が大きいほど，裸地面積が多いほど多い．山地から供給される平均年供給土砂量（空隙含む見かけの体積）は1 km² 当り200〜2 000 m³/（km²・年）程度であり，シルト・粘土分が40〜80％，砂分10〜30％，粒径1 cmより大きい成分は5〜10％である（山本，2004）．

　なお，流域面積の小さな小河川あるいは大河川の支川で，洪積段丘の侵食地形である谷地田，扇状地の湧水，沼から流下する河川においては，比生産土砂量は小さい．山地から流出する河川と性格が大きく異なる．

c. 波浪よる侵食崖から供給される土砂の量と質　　河川により埋め立てられる沖積谷最下流部の左右は，山地，丘陵あるいは台地であり，海に面している．すなわち，波浪という侵食営力の作用を受ける．波浪の作用を受ける崖が固い岩質のものであれば，波による侵食土砂量は大きくなく，河川沖積作用に付加する量として考慮する必要がないが，波浪にされされる崖が更新統の固結度の低い堆積岩からなるような場合には侵食量が大きく，図-4.2のように沖積谷口に沿岸砂州（バリア）の形成物質となり沿岸砂州の陸側に一時的潟湖を生じさせる．波による侵食は縄文時代の高海水面期に大きかった．東京湾に流出する江戸川・荒川，大阪湾の流出する淀川等では，このような沿岸砂州の形成があった．千葉県の九十九里浜の背後にある平野は，主に波浪によって左右の侵食崖から運ばれた土砂で形成されたものである．

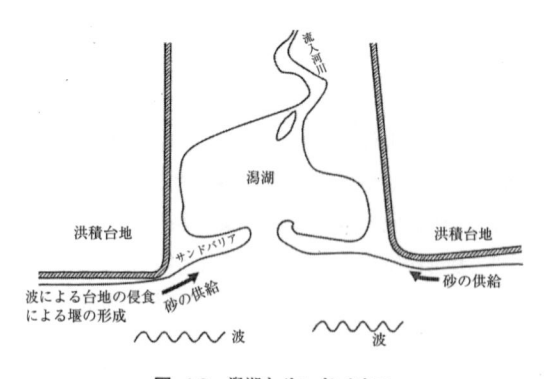

図-4.2　潟湖とサンドバリア

河川汽水域地形形成に占め

る河川供給土砂と波浪による侵食崖からの供給土砂の量と質の割合についての実証的評価はなされていない．一級河川においては河川供給土砂量が大部分を占めると判断される．

d. 地殻変動　　一般に沖積低地河川が流れている所は，第四紀を通じて地盤の沈降地帯である．特に大河川で広い沖積低地を持つ場所は沈降運動の顕著な所であり，第四紀を通じて1 000 mを超えて沈降した所もある(第四紀地殻変動研究グループ，1968)．このような所では年平均0.5 mm程度の地盤沈下があったことになる．沈降速度は沖積低地河川が流れている所で一様でなく，速い所と遅い所がある．この痕跡が，関東平野の洪積台地の高さや河岸段丘の河川縦断方向の勾配の変化や高さの変化に現れている(大矢，1969)．

地盤の変動の原因には，このほかに沖積層，洪積層の圧密沈下による地盤沈下がある．特にこの地層から地下水やガスを採取するため多量の地下水を汲み上げた所では，地盤沈下が著しく年間10 cmを超えたこともあった(**図-4.3**)．最近は地下水の取水規制により地盤沈下は沈静化に向かっている．この地盤沈下が土砂の堆積速度を上回っている所があり，沖積低地河川の河床変動解析にあたっては無視し得ないものがある．

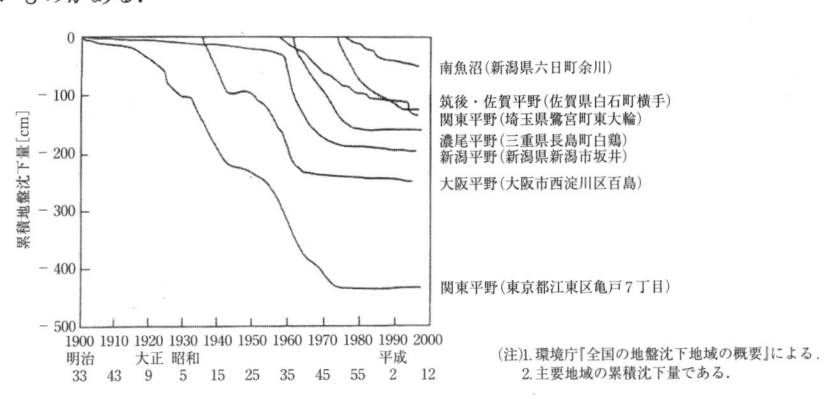

図-4.3　代表的地域の地盤沈下の経年変化(国土庁，1999)

e. 海水面変動　　河口は河川の最末端である．平均海水面の変動は河口位置の直接的な変化要因であり，堆積空間の新たな形成や堆積条件の下流端のコントロール条件となっている．海水面高の変動は沖積地の発達プロセス(セグメントの形成)を支配する主要因となっている(山本，2004)．

f. 波浪と潮汐　　波浪は沖積河川の最下流端である河口に作用し，河口地形に対

する影響要素となるが，河道内に進入すると，波浪は急減するので，河道内地形に対する影響は小さく，河口直上流のセグメントの河道に対する直接的影響は少ない．ただし，河口から海に出た土砂の移流・堆積を通して河川汽水域の延伸速度に影響を与える．

潮位変動による河道内の潮汐流は，海から河道内へ土砂を運ぶ要因であるが，その土砂は細砂やシルト・粘土相当の無機および有機物質であり，その量は河川が上流から運ぶ量に比較してオーダーの差異があり，河道の基本形状を規定する要因とならない．ただし，平常時の潮汐作用に伴う有機物を含む微細物質の河川上流への移動は，河川底層の水質に影響を与え底生生物の生息環境を支配しすることがあり，生態系として無視し得ないものがある．

潮位変動の大きい泥干潟に流入する河川では，潮汐流が河道の特性とスケールを規定している（日本では有明湾湾奥に流入する河川のみ）．

g. 潮流　　未固結のシルト・粘土，0.1 mm 以下の細砂は，海床付近の流速が 20 cm/s 程度あれば動き得る．また流速が 40〜50 cm/s で浮遊する．したがって潮流が強く海底までその影響がある所では，微細物質はより深い所まで運ばれる．外海に面した海岸でかつ海盆が近くまで迫っていない海岸において水深 20〜40 m の所が粗粒物質からなるものがある．これは潮流で微細物質が運ばれてしまうためであろう．そこの堆積物は過去の環境で堆積した物質，残留礫と推定される．

なお，日本海沿岸の砂浜海岸において強風が吹く時，海岸沿岸方向に風とコリオリ力の作用により流れが生じて水深 10〜20 m で細砂を移動させるに十分な流速（40 cm/s を超える）が観測されている．このような流れが土砂の移動にどのような影響を及ぼしているか実証的検討は進んでいないが，細砂・シルトの移動・分散に関して無視し得ないものがある（田中他，1995）．

なお有明海では潮汐により海水が動き，微細物質が移動する．左巻きの恒流（図-4.4）に乗って東海岸に流出する河川からの微細物質は湾奥に運ばれる．

図-4.4　有明湾湾内恒流の状況（農林省他，1969）

4.1 河川汽水域の地形形態とその変動要因

h. 風　日本のような湿潤な気候の所は，沖積低地地形形成に及ぼす風の影響は火山灰の堆積等の現象を除けば小さく，無視してもよいと考える．ただし，海浜近くでは塩水のため裸地となっており，堆積物の粒径が粗砂以下であれば風によって移動し得るので，風成地形が形成され得る．海岸の浜堤，砂丘がこれに相当するが，これは風のみによって形成されたものでなく，海水面の変動や波浪作用の影響を受けている．

　沖積低地で外海に面している所では砂丘列が，内湾では台地よりの所に砂丘が，また縄文海進時の内湾を閉じるような形の砂州（砂丘）が残っている．これらは海岸線位置の停滞期（海水面高の安定期むしろ多少の上昇期）に発達した浜堤あるいは砂州（バリヤー）に起源があり，これに風成作用が加わり高度の上昇と変形が生じたものである．

i. 海水と河水の密度差　河口部は河水が海に流出する所である．河川水と海水は塩分濃度および水温，浮遊物質濃度に違いがあり密度差が生じる．この密度差によって河口部の流れは同一密度場と異なった流れのパターンとなる．この密度差に基づく流れの構造やパターンは，河口部の地形や土砂の堆積分級現象，河川汽水域の水質，生態系に影響を及ぼしている．

　以上，少し長い時間スケールで見た場合の河川汽水域地形に与える外的要素の特性について論じた．もちろんこの外的要素は次々刻々と変動する因子であり，その影響により微視的スケールの河川汽水域地形は絶えず変化しているが，中規模スケールの河川汽水域地形を見る時には，変動成分の影響を均して地形を捉える．もちろん外的因子の変動量が特に大きいイベント的な外力変動，例えば大洪水，大津波等では地形変化量が大きく，その変化の影響が 10 〜 100 年の時間スケールで残ることがある．

4.1.2　河川汽水域における河道地形

(1)　河川汽水域河道部のスケール

　河口より少しでも上流であれば，潮汐流の影響の大きい有明海湾奥に流出する河川（河道の形・スケールが潮汐流に規定されている）を除けば，河道部の小セグメントの川幅，水深，洪水時の流速等は，平均年最大流量，河床材料，河床勾配により規定されている（山本，2004）．

　図-4.5 は，日本の一級河川沖積河道区間において平均年最大流量 Q_m 時（回帰年

第4章 河川汽水域における物理環境とその変動

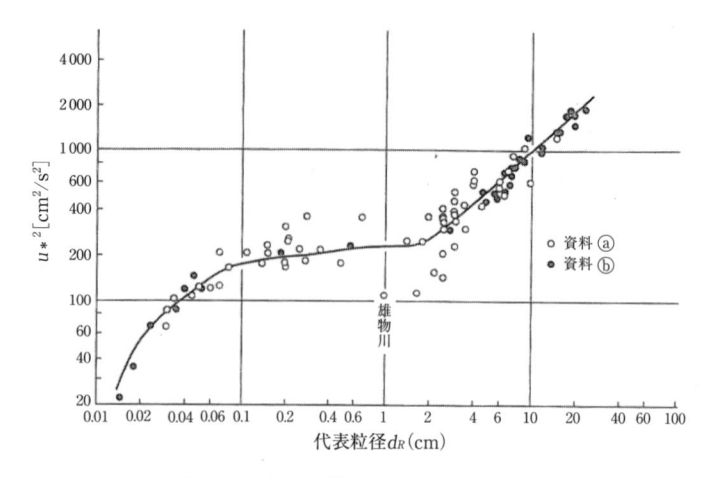

図-4.5 日本の沖積河川の $u*^2$ と d_R の関係

が2〜3年)に低水路河床に働く平均掃流力[流水により河床に作用する摩擦力である．ここでは，掃流力 τ を水の密度 ρ_w で除した摩擦速度の2乗 $u*^2 = g H_m I_b$ で表してある(g：重力加速度，H_m：平均水深，I_b：河床勾配)]と代表粒径 d_R(**3.1.5**)の関係を示したものである(山本，1994)．この図は洪水という中規模攪乱の累積積分を時間平均値化した場の状態量であり，潜在的自然河道(動的平衡河道)といえるものである．

図-4.6 には，$u*^2$ の値と粒径 d の平面図上に，$u*/\omega$ が，1，2.5，15 である粒径 d と $u*^2$ の関係を一点鎖線で，粒径 d の材料の無次元掃流力 $\tau*$ が 0.1，0.06 にとなる条件を細直線で示した．ここで ω は粒径 d の粒子の沈降速度である．$u*/\omega$ の値 15，2.5，1.0 は，それぞれ粒径 d の材料が流水中においてワッシュロード的運動形態で輸送される条件，水面まで浮遊される条件，ある程度浮遊現象が生じているに必要な条件を示すものであり(山本，1994)，$\tau*$ の値 0.06 は，均一粒径の材料の移動限界無次元掃流力に相当する[*3]．同図中には，**図-4.5** における平均年最大流量

[*3] 土砂の移動限界無次元掃流力：粒径 d の均一河床材料は，河床に働く掃流力 τ が，ある一定以上となった時に移動を始める．移動を始める時の掃流力を移動限界掃流力 τ_c といい，これを $(\rho_s - \rho_w)/\rho_w \cdot g d$ で除したものを移動限界無次元掃流力 $\tau*_c$ という．Shields, A.(1936)によれば，通常の河床材料(水中比重 s が 1.65 程度)であれば，粒径 d が 0.125 mm で 0.08，0.5 mm で 0.03，0.1 mm で 0.03，0.2 mm で 0.04，0.3 mm 以上ではほぼ一定であり 0.06 程度である．

実際の河床材料は混合河床材料であり，ここの粒径 d の移動限界無次元掃流力は粒度分布形の影響を受ける．小粒径は均一河床材料の場合に比べて動きにくくなり，大粒径は動きやすくなる[混合度の違いが及ぼす影響についての詳細については山本(2004)参照]．

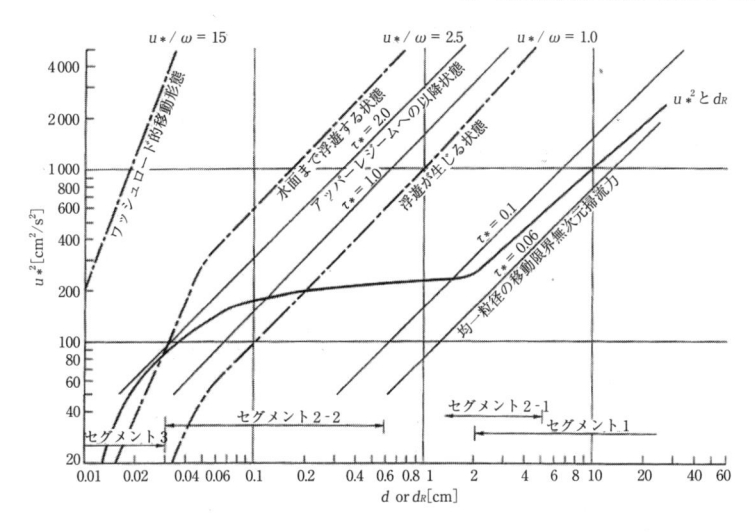

4.1 河川汽水域の地形形態とその変動要因

図-4.6 粒径 d と u_*/ω, τ_* の関係（ω は Rubey の式, $s=1.65$, $T=25$℃ で評価）

時の u_*^2 と代表粒径 d_R の関係も太実線で示してある（山本, 1994）.

両図より, d_R が 2 cm 以上の河道では, Q_m 時の u_*^2 は河床材料が全面的に動きうるような値となっている. ただし, 代表粒径 d_R が大きいほど平均年最大流量時の d_R に対する無次元限界掃流力 τ_* が多少小さくなる傾向にあり, 河床の攪乱頻度が小さい. セグメント 1 では河岸が河床材料と同様なもので構成されており, 河床材料が全面的に移動しうる掃流力の状態まで川幅が拡がり, それ以上拡がると砂州の移動を伴いつつ, 一方で侵食, 他方で堆積が生じて, ある範囲に落ち着くのだと考えられる. セグメント 2-1 では河岸の上・中層が粘着力をもち流水にある程度耐えられる材料からなるが, 下層は河床材料と同様であり, 洪水時に河床が全面的に移動すると, 湾曲部に深掘れが生じ河岸が崩れてしまい, セグメント 1 と同様な代表粒径と u_*^2 の関係になるものだと考えられている.

d_R が 2 cm 以下, 0.6 mm 以上の河道では u_*^2 がほぼ 150〜200 cm²/s² となっている. これは河岸の粘土混じりシルト・細砂の耐侵食力（流速 1.5 m/s 程度までは侵食に耐える）の大きさが, 河床材料を移動させる力より大きく河岸の耐侵食力に応じた河道スケールになるためと考えられている. ただし, これは河岸が侵食されないということではない. 凹岸側が侵食をされると, 凸岸側へ微細物質の堆積が生じる水理環境となり, ある川幅に落ち着くのである. これより d_R が小さくなると急に u_*^2 が小さくなる. 中砂を河床材料として持つセグメント 2-2 の河道では, 上

河床波　移動床水路では，水理条件と粒径に応じて河床面に各種の河床波が発生し，これが流れの抵抗や流砂量に大きな影響を与える．各種河床波は**図-1**のように分類されている．河床波のスケールおよび流れの抵抗，流砂量の与える影響は評価可能である（山本，1994，2004）．**写真-1**に東京湾に流入する小櫃川の汽水域に生じた小洪水後の砂堆を示す

河床形態			形状・流れのパターン		移動方向	河床波の特性
			縦断図	平面図		
小規模河床形態	低水流領域	砂漣	～～～	直線状／曲線状	下流	河床波の移動速度は，流水の速度よりも小さい．砂漣の波長は河床材料の粒径の約500～1500倍である．
		砂堆	～～～	三日月状／舌状	下流	河床波の上流側斜面は，通常勾配の急な下流側斜面に比べると緩やかに傾斜している．砂堆の波長は水深の約4～10倍である．
		遷移河床				発達の初期段階にある小さな砂漣や砂堆が平坦河床の間に広がっている．
	高水流領域	平坦河床	───			多量の流砂が平坦な河床上を流れている．
		反砂堆	～～～	┼┼┼	上流停止下流	河床波と同位相の水面波と強い相互干渉をもつ河床波．
中規模河床形態		交互砂州			下流	水流は水路内を曲がりくねって流れる．交互砂州の波長は水路幅の約5～16倍である．
		複列砂州			下流	
		うろこ状砂州			下流	うろこ状砂州はB/Hが非常に大きい領域で発生する．それは魚のうろこのように見える．

図-1　河床波の特徴と定義（土木学会水理委員会，1973微修正）

写真-1　小櫃川出水後の汽水域河道内干潟の砂堆（2006年4月13日）

4.1 河川汽水域の地形形態とその変動要因

流のセグメントで浮遊砂的に流下していた中砂が掃流砂となるような u_*^2 の値に，また d_R が 0.3 mm 以下の河床材料を持つセグメント 3 の河道では，上流のセグメントでワッシュロード的であったものが，浮遊砂的な運動形態を持つ水理量（$u_*/\omega = 4 \sim 5$ 程度）となっている．0.3 mm 以下の河床材料を持つ河川では，d_R が小さくなると，u_*^2 が小さくなるが，平均年最大流量時の小規模河床波が遷移河床，砂漣と変化し，ϕ が大きくなるため流速は 1 〜 1.5 m/s 程度となり，中砂の河川とあまり変わらない．

低水路のスケール，すなわち川幅 B，河積 A，水深（低水路満杯流量時の水深）H_m は，図-4.5 および別途求めた平均年最大流量時の流速係数 ϕ（山本，2004）と代表粒径 d_R の関係を示す図-4.7 より（山本，1994），平均年最大流量 Q_m，河床勾配 I_b，代表粒径 d_R の 3 量でほぼ評価される．なお低水路満杯流量は平均年最大流量に近い．

図-4.7 より，ϕ は d_R と I_b によってほぼ定まるので，
$$\phi = f_1(d_R, I_b) \tag{4.2}$$
図-4.5 より，
$$u_*^2 = f_2(d_R) \tag{4.3}$$
であるので，$u_*^2 = g H_m I_b$, $Q_m = B V_m H_m$ より
$$H_m = 1/g \cdot f_2 / I_b \tag{4.4}$$
$$B = f_1^{-1} f_2^{-3/2} g I_b Q_m \tag{4.5}$$

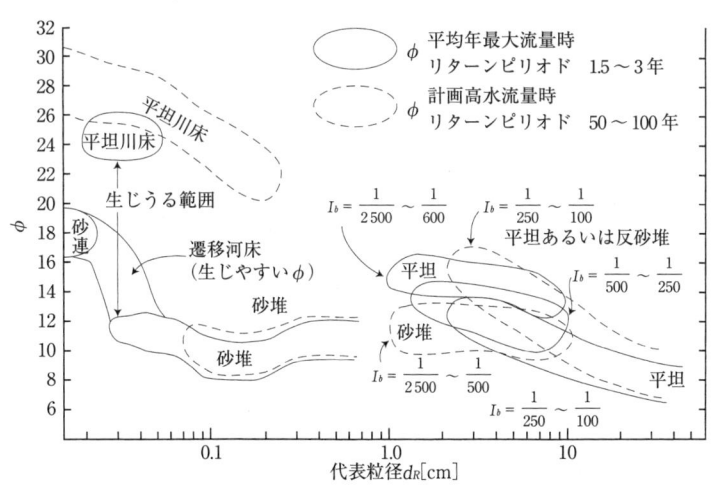

図-4.7 ϕ と代表粒径の関係（山本，2004 を微修正）

$$A = f_1^{-1} f_2^{-1/2} Q_m \tag{4.6}$$

$$V_m = f_1 \, f_2^{-1/2} \tag{4.7}$$

となる．図-4.8 に平均年最大流量時の水深と代表粒径，勾配の関係を示す．図-4.9 に低水路幅と平均年最大流量と河床勾配の積の関係を代表粒径ごとに示す．

以上，動的平衡状態にある河道の平均的なスケールは，Q_m, d_R, I_b の3量の関数として表現しうる．その他の種々の地形要素 Y_i についても

$$Y_i = f_i(Q_m, \ d_R, \ I_b) \tag{4.8}$$

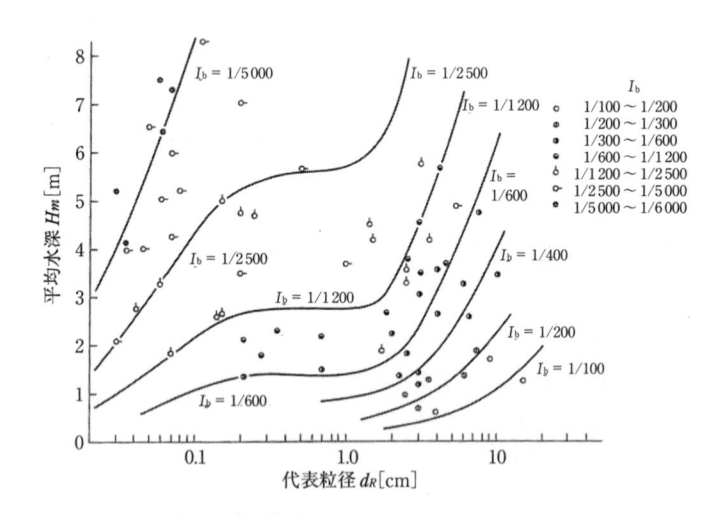

図-4.8 平均年最大流量時の平均水深 H_m と d_R, I_b

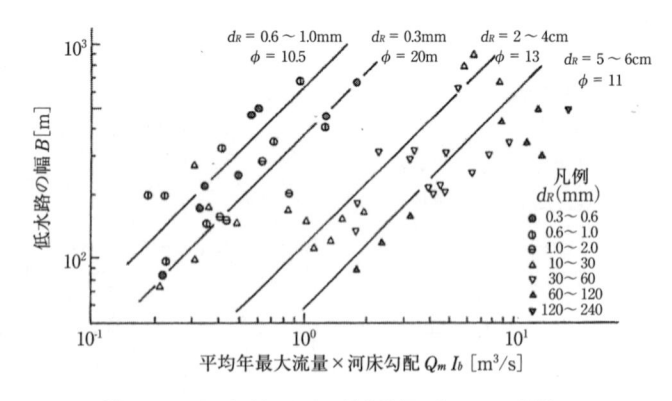

図-4.9 日本の河川における低水路幅 B と $Q_m I_b$ の関係

の関係が成立するものとして記載が可能である(山本,1994, 2004).

河川汽水域では,同じ流量規模の洪水でも潮位変動により洪水時の掃流力が変わるが,河口出発水位を平均潮位程度とすれば,河川汽水域の地形も上述の関係が成立する.すなわち,河道のスケールは洪水に規定されるが,河口は海水面により水位が保たれているので,小洪水や平水時は流速が遅く,砂河川では微細物質が堆積し表層粒径が細かくなることがある.この微細物質の堆積は汽水の存在によるフロキュレーションによる沈降速度の増大の影響を受けている.なお内湾に流出する河川で潮汐流のある場合,洪水で吐き出された微細物質が潮汐流で河道内に持ち込まれ堆積することがある(流速の遅い河岸付近に堆積しやすい).ただし,細砂以上の河床材料を代表粒径に持つ汽水域河道では,平均年最大流量程度の洪水時,塩水は河道から吐き出され,微細物質の大部分も海に吐き出される.

日本で河川汽水域長が長い利根川の河道のスケール,洪水時の流速を具体的に見てみる(山本,1991).図-4.10に,1972年の河床横断測量図より低水路平均水深(高水敷高と低水路平均河床高の差)H_m,深掘れ高(低水路平均河床高標高と最深河床高標高の差)ΔZ,平均河床高 Z_m,低水路幅 B,河床材料 d_{60} の縦断図(低水路中央と左右岸沿いの3点で採取)および図-4.11に1972年9月18日洪水時の水理量(4100〜4500 m³/s,平均年最大流量は2500 m³/s 程度)を航空写真解析結果を使用して図示した.なお流速は各横断面の最大表面流速であり,H_{mean}, H_{max} はそれぞれ洪水時の平均水深,最大水深である.利根川川汽水域河道は45 km地点で河道特性が大きく変わり,上流は中砂の河道であり,下流は細砂(0.015 mm)であるが,一部川幅の広い3〜12 kmでシルトとなっている.堆積物の粒径の変化は,洪水時の掃流力と調和的であり,海から作用(潮汐,波浪)ではなく,洪水により河道地形・スケールが規定されているといえる.なお,沖積粘土層,埋没洪積段丘上を流下している区間があり河床高を規定している.これが下流の河道特性に影響を与えている.河口部は河床材料が粗粒となり特異な河道特性を持つ(山本,1991).これについては **4.1.3(3)** に記す.

(2) 潮汐河川のスケールと水理量

入退潮流によって河道のスケールが規定されている六角川の河道のスケールと河道特性について(山本,1991)記す.

六角川は有明海の湾奥に位置し,流域面積341 km² の蛇行河川である(図-4.12).そのうち平地は150 km²(44%)である.河道距離5 kmで合流する牛津川の流域面積は168 km² であり,残りの本川流域面積は173 km² である.有明海の最奥部に河

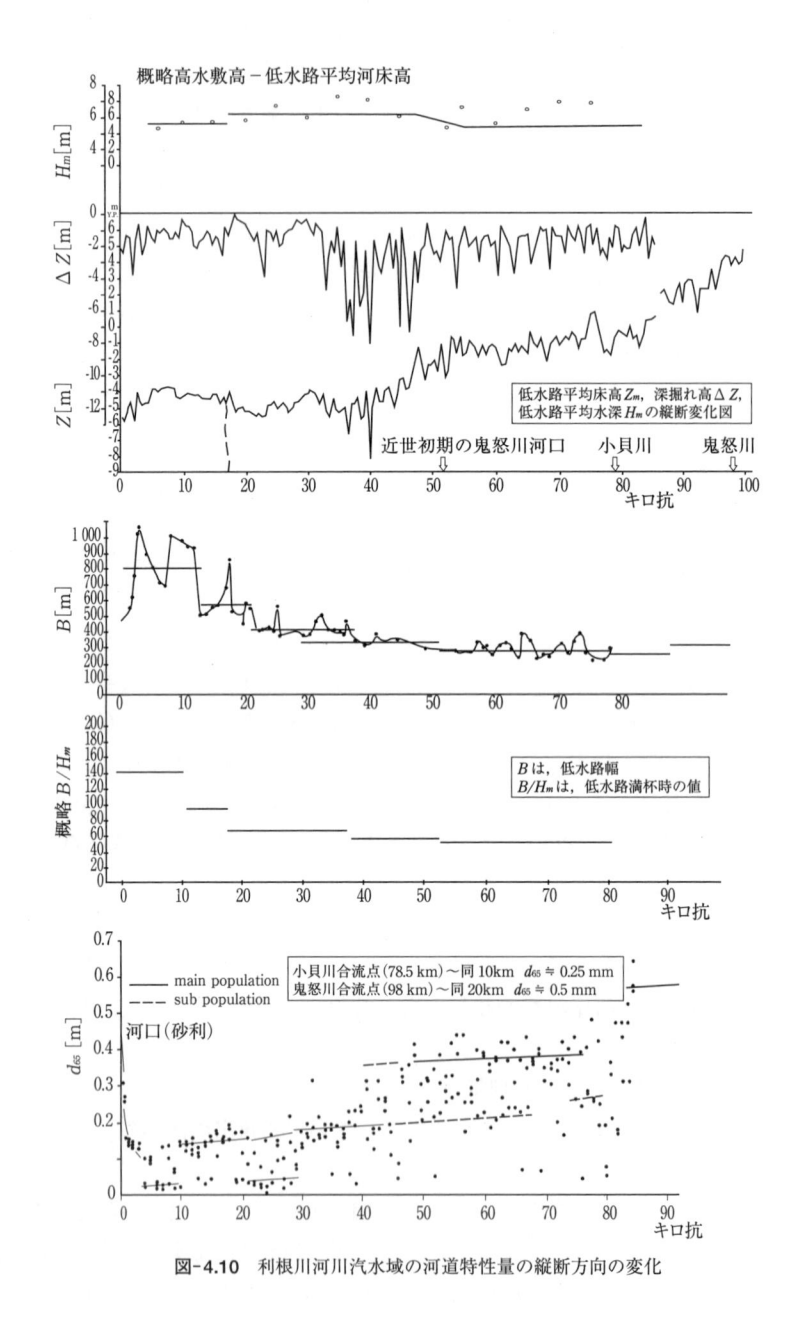

第4章 河川汽水域における物理環境とその変動

図-4.10 利根川河川汽水域の河道特性量の縦断方向の変化

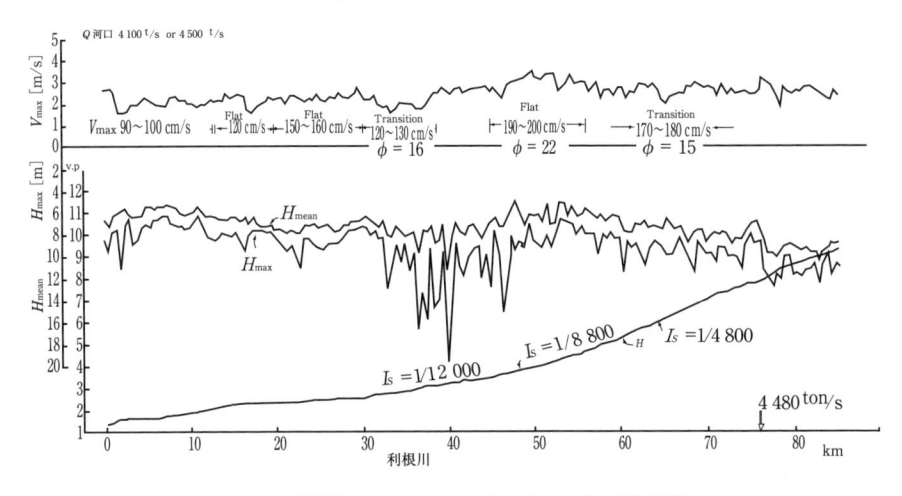

4.1 河川汽水域の地形形態とその変動要因

図-4.11 利根川 1972 年 9 月 18 日洪水時の水理量縦断変化図

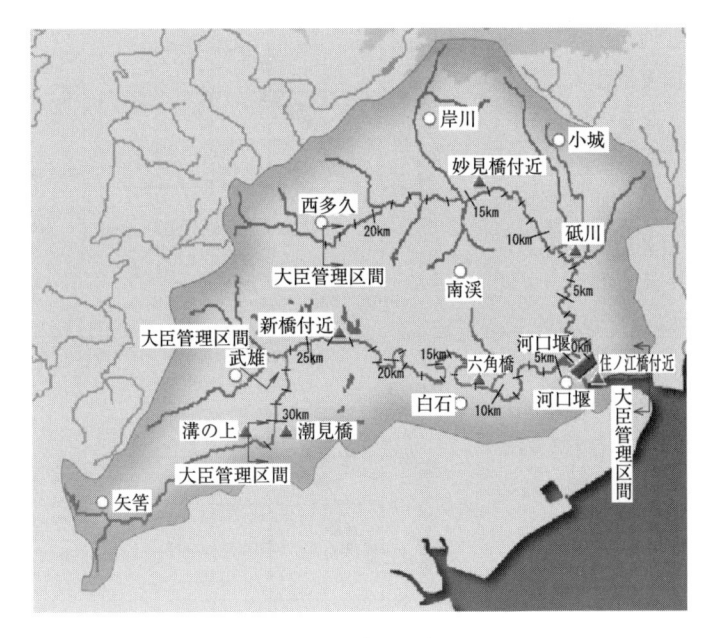

図-4.12 六角川河道平面

口が位置するため河口部では干満潮差が大潮時 5 ～ 6 m にも達する．感潮区間は河口より約 29 km である．この区間は高濃度の浮遊物質を含む海水が遡上し，それが沈降し，ガタ土として堆積している．

第4章　河川汽水域における物理環境とその変動

　河岸のガタ土の粒度分布は，その95％は粘土およびシルトであり，わずかに数％の細砂が存在する．図-4.13は，武雄河川事務所が2003年に行ったバイブレーション・コア・サンプラーによる澪筋部の表層付近の粒度分布を示したものである．6～22kmの澪筋部には砂が存在する．潮汐流に乗って運ばれる微細物質（シルト・粘土）は河岸に堆積，また澪筋部にも堆積するが，澪筋には山地部から洪水で運ばれた中砂・礫が集積し得る環境にある．六角川0～25kmの河道河積は潮汐流による微細物質の移動堆積と洪水による下流への移動とのバランスにより規定されているといえよう．上流ほど河川洪水に規定され，下流ほど潮汐流に規定された河積となるのである．

　低水路満杯時（河岸肩位置）に対応する河道特性量を評価する．なお5.2kmより下流は河岸高が下流に向かって低くなり海浜につながるので，大潮満潮位2.1mに対応する河道特性量を求めた．ただし川幅は河岸高に対応する幅とし，平均水深はこの幅に対応する水深としている．

　平均河床高，最深河床高，低水路幅，堤防間幅，低水路の平均水深，断面積の縦断図を図-4.14に示す．断面積は下流に向かって増加している．河道の特性は5km（牛津

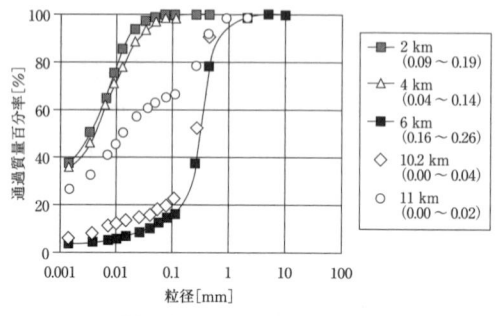

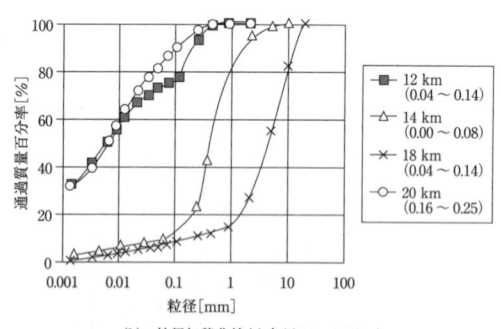

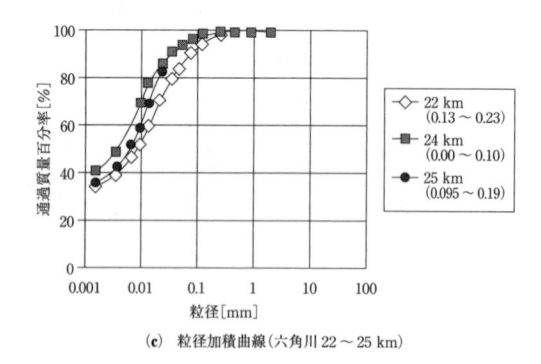

図-4.13　六角川河床粒度分布．（　）内は採取層の深さ[m]

4.1 河川汽水域の地形形態とその変動要因

(a) 河床高縦断図

平均河床高（1987年7月）

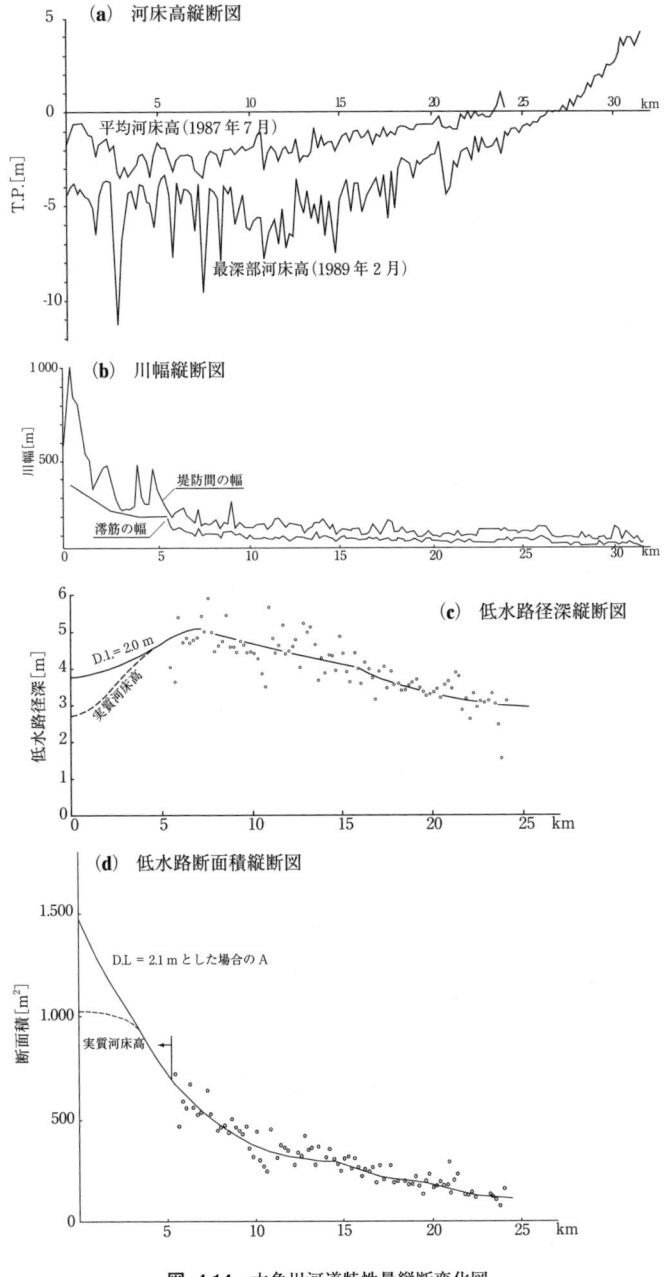

最深部河床高（1989年2月）

(b) 川幅縦断図

堤防間の幅

澪筋の幅

(c) 低水路径深縦断図

D.l.= 2.0 m

実質河床高

(d) 低水路断面積縦断図

D.L = 2.1 m とした場合の A

実質河床高

図-4.14 六角川河道特性量縦断変化図

第4章 河川汽水域における物理環境とその変動

川の合流)と 13 km で変化している．13 km 地点は 1200 年 B.P.には陸化しており，この当時，海岸線位置(浜堤)に白石の町が乗っている．小海進時に海岸線の前進が阻まれた時に形成された浜堤である．

河道の横断形は 5 km までは比較的平坦で皿状であるが，5 km より上流では直線部で台形状，蛇行部で逆三角形状となっている．**図-4.15** に横断形状例を示す．また**図-4.16** に河岸斜面の横断方向勾配の縦断変化図(標高 T.P.0 m 位置)を示す．5 km を境に河岸斜面の横断勾配が異なることがわかる．河岸の様子を**写真-4.1，4.2** に示す．

大潮時(潮位変動 4 m 程度)の最大流速は，河口からの距離に関わらず 80 cm/s

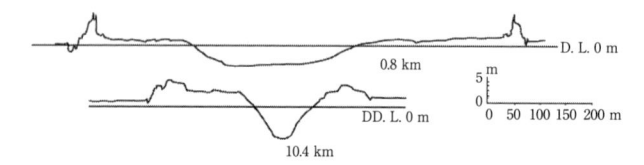

図-4.15 六角川河道横断図

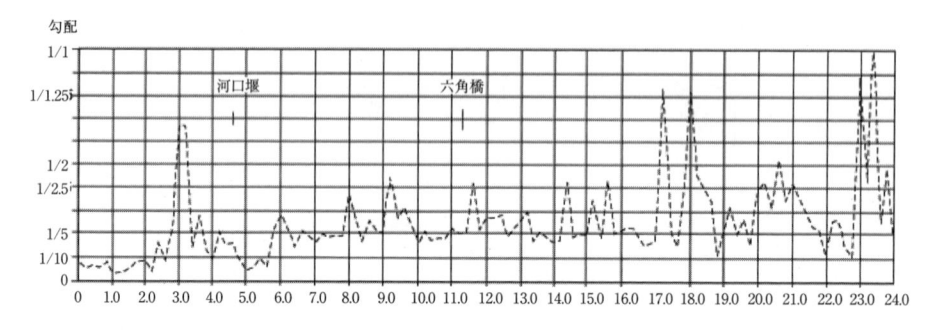

図-4.16 六角川河岸斜面勾配の縦断図(武雄工事事務所調査，1985)

写真-4.1 河口堰上流 4.5 km 地点

写真-4.2 六角橋下流 11.2 km 地点

程度であり，u_*^2 は流速係数 $\phi = 18$ *4 として $20\,\text{cm}^2/\text{s}^2$ 程度である（山本，1991）．なお，シルト・粘土を河床材料に持つ潮汐水路が六角川と同様な最大流速となるような水路の形状をとなるということではない．

例えば，米国バージニア州 Alexandrix 付近の Potoma 川右岸に存在する潮汐水路 Wrecked Recorder Creek では，最大流速 30 ～ 40 cm/s となっている（Mirick, et al., 1963）．そこの河岸物質は有機物を多量に含むシルトあるいはシルト混じり粘土であり，河床の中央付近は有機物を多量に含む黒色の物質からなっている．このクリークは六角川のようにタイダルフラット（tidal flat：泥干潟および浅い泥海底）からの多量の微細物質の補給がないので静的平衡断面に近いものとなっている．いずれにしても潮汐水路の潮汐による最大摩擦速度は，底質材料が変化しなければ上流，下流に関わらずほぼ一定となろう．すなわち河積が下流に向かって増大するのである．

(3) 河道内の干潟

潮位変動の大きい所では，干潮時，河岸付近および砂州頂部付近が干潟として露出する．干潟面は洪水時に形成される地形面のうち干潮位と満潮位の間の部分である．したがって湾曲部の滑走斜面，多列砂州の頂部付近が干潟になる．

セグメント1が外海に流出する河川では，河口砂州直上流の平均河床高が高く，また河岸斜面が急であるので，通常，河道内干潟は存在しないか，あっても小さい．

セグメント2-2の河川が海に流出し，潮位差が1.5 m 以上あり，平均年最大流量時の川幅水深比が50以下の河川では，河道横断形状が逆三角形状，皿形状となるため，感潮区間の満潮時水面積に対する干潟面積の割合は小さいが，50を超えると，砂州頂部付近の平坦面の面積が増し，割合が増加する．複列砂州になると，さらに増す．小河川では河口水深が浅いので，干潮時，河床の大部分が干潟になる．

セグメント3では，河岸付近の斜面勾配が中砂の河川より緩いので潮位差が同程度であれば，単位河岸長当りの干潟面積はセグメント2-2より大きい．

4.1.3 河口地形

河口部は，波，潮位変動，潮汐流の影響を受け河口上流の河道特性と異なった特

---

*4 ヘドロ状の堆積物が河床に存在する河川の流速係数はよくわかっていない．六角川では流速50 cm/s 程度となると浮泥が巻き上げられることより流速80 cm/s においては浮泥が巻き上がり，C 集団の細砂が表面に現れる可能性がある［大潮の干潮時，河口堰(4.4 km)付近において砂面が現れ，人間が乗れるという］．河床の一部に砂漣が発生すること，底生生物による底質の撹乱による凹凸等により平坦河床の状態より流速係数 ϕ が小さい．ここでは，$\phi = 18$（平均水深2 m でマニングの粗度係数が0.020程度）とした．

性を持つ．ここでは河口砂州を持つ河川河口部およびタイダルインレット（tidal inlet．図-4.30）の地形スケールが何によって規定され，河積と流速の関係がどのようになっているかを示す．

(1) 河口砂州開口部の河積・水深・流速

河口砂州が存在する河川における砂州開口部の河積，水深，流速は，波の大きさ，河川固有流量，潮位偏差，河口上流部の感潮面積，密度流，河口部の海浜・河床材料の粒径により規定される．これらの要素が時間変動するため河口地形は絶えず変化している．これらの要素が及ぼす影響程度について記す（山本，1978）．

① 外海の面している河川における大洪水後の河口砂州の発達は，河口直上流の水深（洪水流に規定される水深）が2m以下であると，すなわち勾配の急な河川（砂河川で1/2000程度，砂利川で1/500程度以上）では，波による海浜に直角方向の土砂の移動に伴う打上げにより砂州が形成される．その砂州形状は，波と流量の変化により図-4.17のように絶えず変動する．

河口開口部の水深が3m以上あれば，開口部付近において砂州先端を走る走り波により土砂が運ばれ堆積することにより発達していく．図-4.18は最上川において砂州発達時の平面形状の変化を示したものである．この川では洪水後，河口部の水深（通常5m）が変化せずに砂州が延伸する．

図-4.19は日本における砂川の河口開口部の川幅Bと最深部の水深H_cの関係を示したものである．阿武隈川および肝属川において川幅が50m程度より広く，水深H_cがほとんど変わらない状態がこの状態に相当する．しかしながら川幅がより狭くなると水深が増大することがある．これは川幅が狭い時期に河口砂州を越流しない程度の洪水が流下し，縮流により砂州開口部の流速が上流より速くなり河床が深くなったものである．

河口位置は岬や導流堤がないと一度曲がりだした方向に延伸し，硬い岩等に沿って開口部となる場合が多い（図-4.20）．これは岬状の地形により波向きが安定するためである．大洪水時に河道の曲がりの所で砂州を越流し直線化することがある．河口導流堤により河口位置を固定すると，長い流路跡は細長い潟湖状となり特異な河川汽水域生態場となる．

② 小河川では河口直上流の水深が浅く流量も小さいので，波浪が高くなるとウェーヴセットアップにより河道内の水位が上昇し（山本，1978），かつ波による海浜砂が運び込まれるため，内海の河川より河口直上流の河床高が高く，平常時海水が河口内に進入できず淡水域となってしまう例が多い．図-4.20に示し

4.1 河川汽水域の地形形態とその変動要因

た大北川は茨城県北部で太平洋に流入する流域面積 190 km² の砂川で河口部の材料は約 1 mm の河川である．河口部の左岸には岩が露出する．1974 年 8 月，

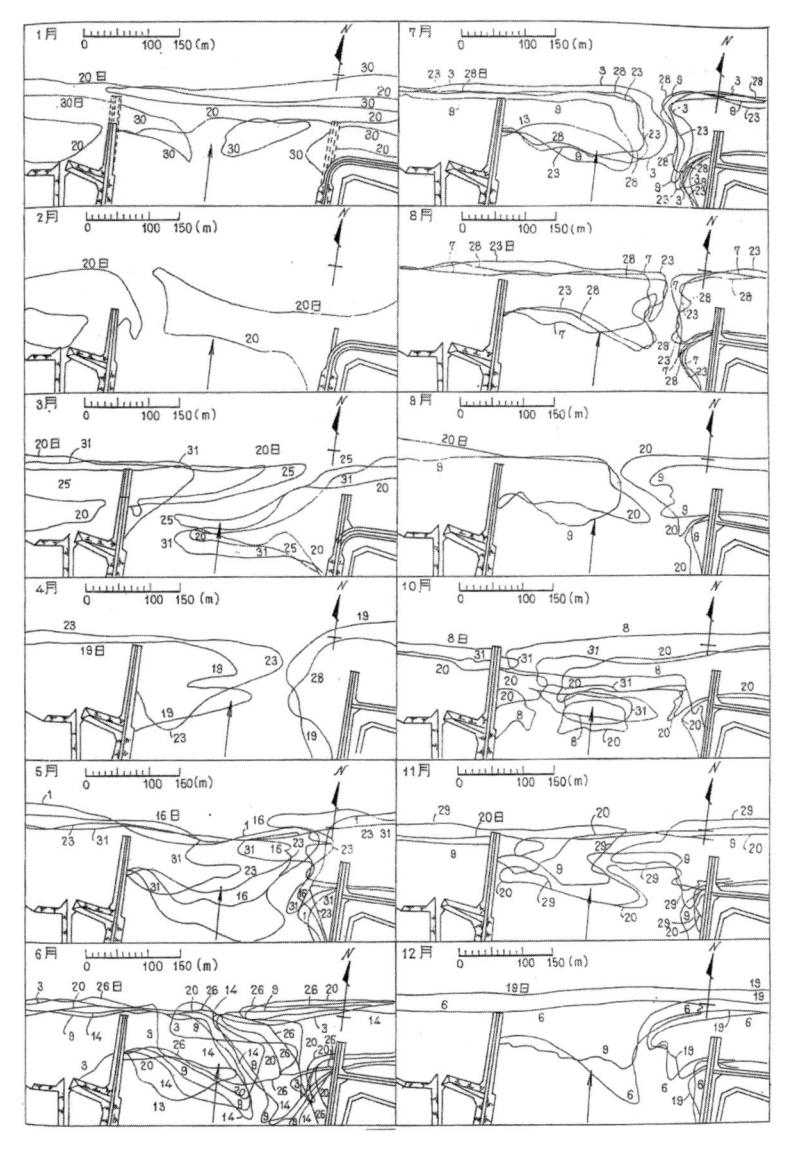

図-4.17 天神川河口砂州変動状況平面図（1969年），セグメント 2-2 河川（建設省河川局治水課他，1975）

第4章 河川汽水域における物理環境とその変動

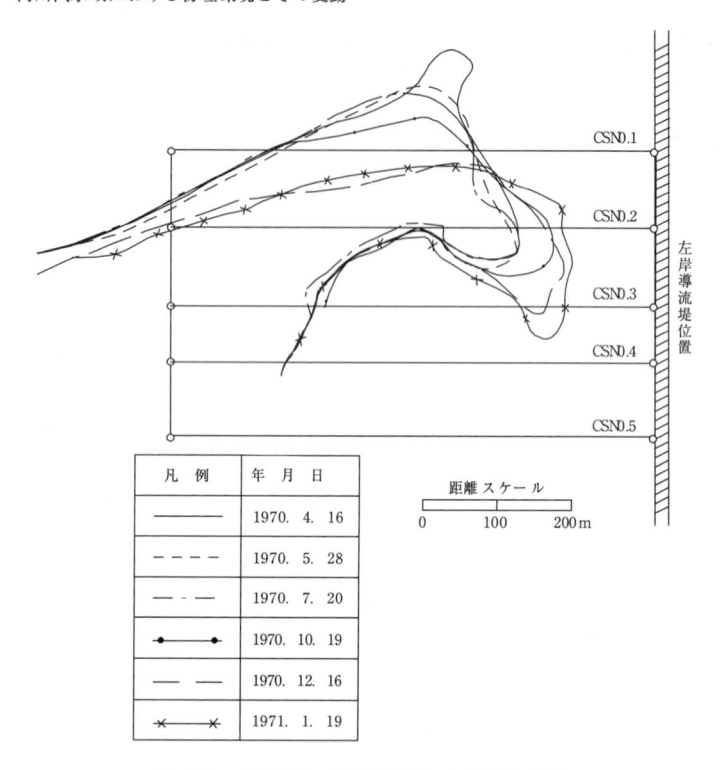

図-4.18 最上川における走り波による砂州の発達

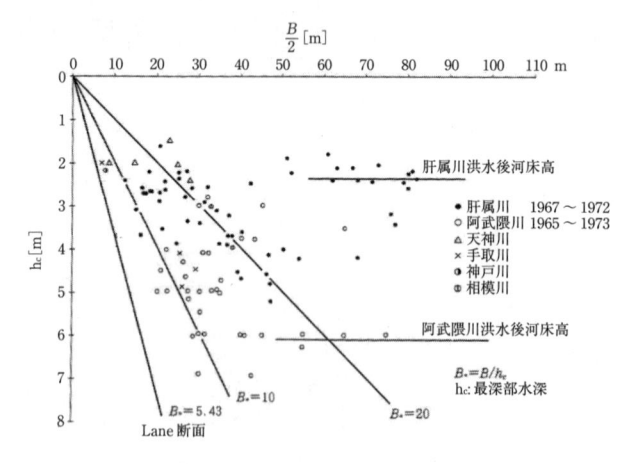

図-4.19 砂州開口部の最深水深と川幅（河口砂州は砂質）

4.1 河川汽水域の地形形態とその変動要因

河口部の地形と水理量の調査がなされた．図-4.21に河口砂州部の川幅が最小となる地点の潮位，川幅，流速，流量および河口砂州上流水位の時間変化を示した．河口では潮位変動にもかかわらず逆流は生じず，塩水くさびも存在していない(山本，1978)．

③ 日本海に流下し，かつ河口直上流の水深(河川洪水流に規定される水深)が

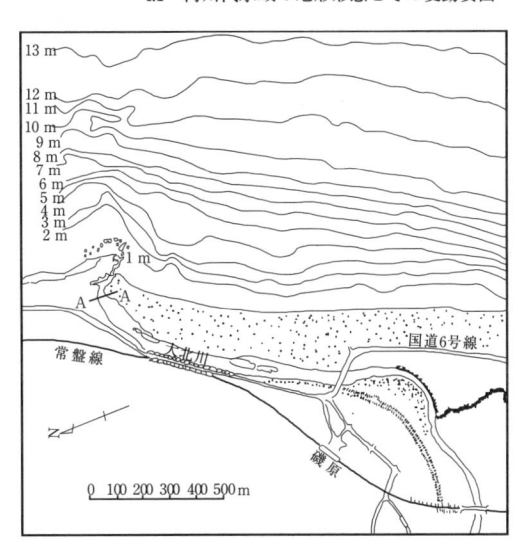

図-4.20 大北川の河口部の平面図

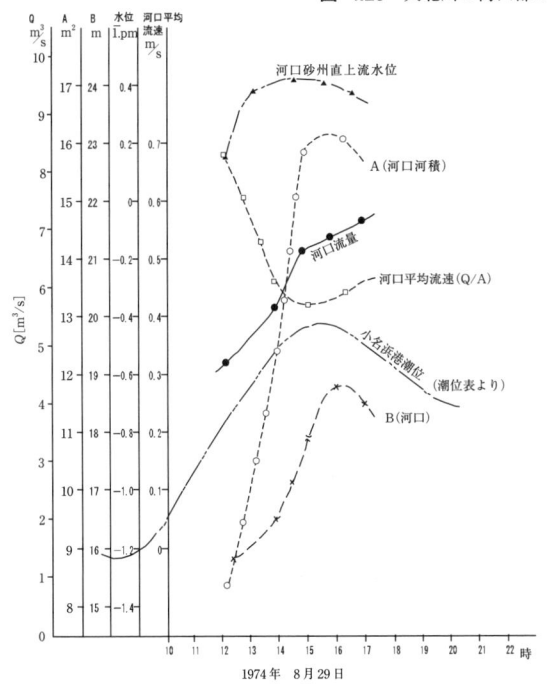

図-4.21 大北川河口の水理特性

3m以上ある河川の河口砂州の延伸においては密度流の影響が強い．このような河川においては弱混合型の塩水くさびが存在し，河口部の表層部の流速は加速され速くなっている．この流速が砂州前面の走り波の進入を妨げ，**図-4.22**のC型に示すように漂砂を堆積する．ただし波の波高が高い時は砂州が河道内に延伸し(D型)，逆に河川流量が大きい時には海側に延伸する(B型)．

太平洋に流下する砂河川で河口水深が3m以上ある河口砂州部の最小河積は，タイダルインレットと同様潮汐流に規定されている[**4.1.2(2)**]．

④ 日本海に流下する河川では，**図-4.23**の神戸川の事例に示すようにある河川流量時における最小河口河積Aは，波の大小にあまり影響を受けず河口部の流量に比例し[*5]，砂河川ではそこの平均流速が$0.7 \sim 1.0$ m/s程度となるような河積となっている．最小川幅は**図-4.24**に示すように流量の$0.6 \sim 0.8$乗に比例する．乗数が0.5とならないのは，**図-4.19**に示したように川幅が大きくなると，川幅に比例して水深が増加しなくなるためである．なお最小河口河積が生じている時の水深は通常$3 \sim 4$m以下であり，潮位変動の小さい日本海に流下する河川では塩水くさびの河道内への進入条件[式(3.1)参照]より，密度流の影響はほとんどないと判断される．

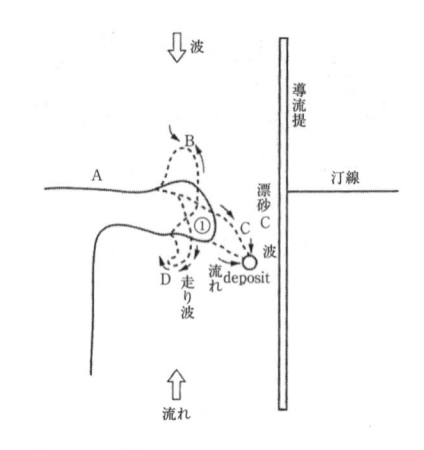

図-4.22 水深が3m/s以上ある日本海に面した河口砂州の発達様式の分類

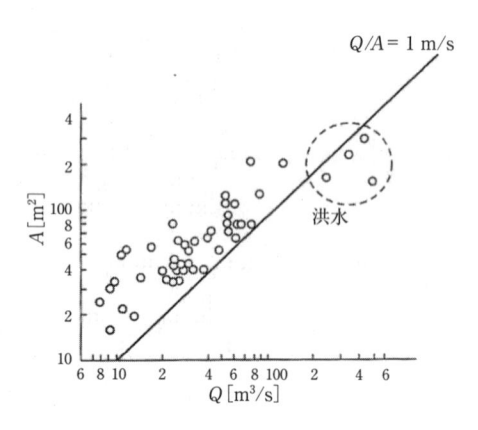

図-4.23 神戸川の河口砂州部の河積Aと流量Qの関係(佐藤他，1959に付加)

[*5] 最小開口部の河積Aは，波と河川流量を与えた移動床実験によると，河川流量Qに規定され，波高の違いの影響は少ない(山本，1978)．

4.1 河川汽水域の地形形態とその変動要因

河口砂州の構成材料の平均粒径が 0.4 〜 1.0 mm 程度の河川の洪水後の川幅は，図-4.25 に示すように洪水の最大流量を Q_p とすると，砂州を越流しなければ Q_p が 4 000 m³/s で 200 〜 300 m，1 000 m³/s で 100 〜 150 m，500 m³/s で 60 〜 90 m 程度である．砂州開口幅 B は Q_p の 1/2 乗に比例している．なお河口砂州上流の河床勾配が急なほど，河床と河口砂州頂との差が小さくなるので，同一 Q_p に対して開口幅が広いこと，砂混じり礫の河口砂州である渡川は開口幅が狭いことがわかる（山本，1978）．砂質河川の場合，平均流速が 2.5 m/s を超えると，河床材料は浮遊するようになり土砂移動量が急増する．河口砂州の存在する断面の平均流速は，洪水ピーク時，3.5 〜 4 m/s 前後になっているようである．この流速は，流砂量が流速の 6 〜 7 乗に比例する平坦河床の流速である．最大流速は洪水ピーク前に生じる．

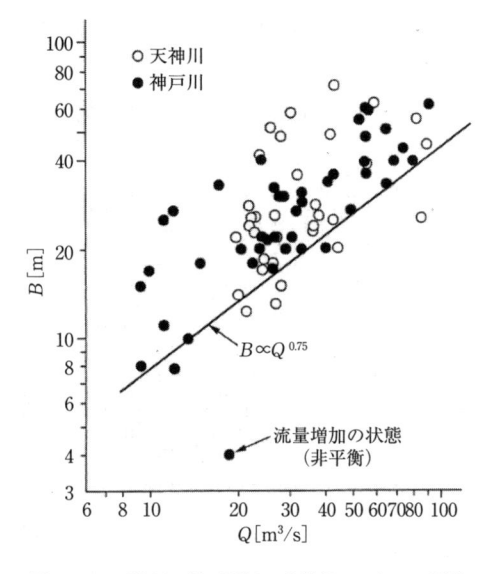

図-4.24 天神川，神戸川河口砂州部の B と Q の関係

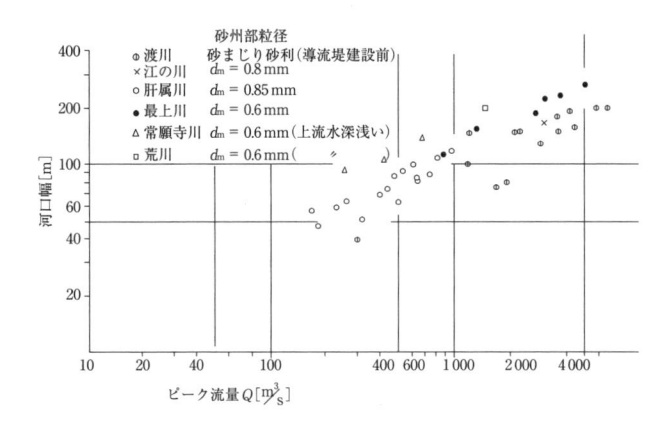

図-4.25 洪水後河口幅と洪水ピーク流量の関係

⑤ 河口直上流の水深（洪水流に規定される水深）が2m以下であるような小河川でかつ砂州材料が粗粒材料である河口では，砂州が河口を完全に塞いでしまうことがある．図-4.26は外海に面している河川の河口閉塞状況を示したものである．

⑥ 内湾に面する河川では波の高さが小さく，河口砂州が存在しないか，あっても高さが低く幅も狭い．

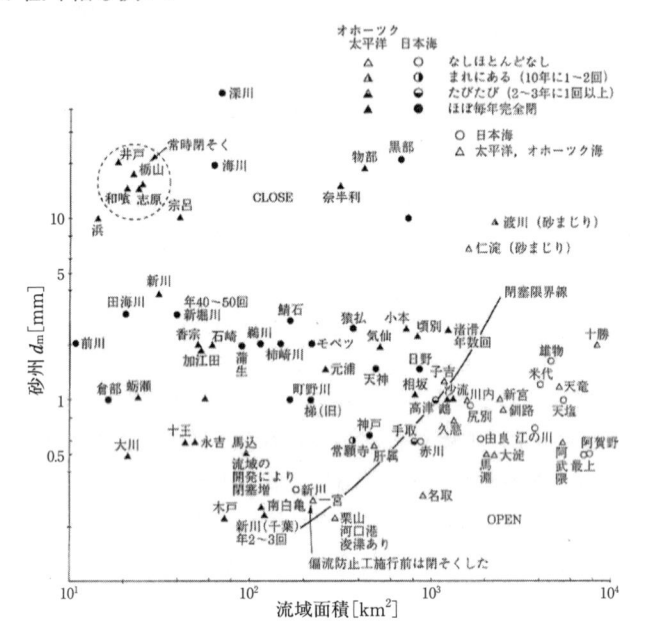

図-4.26 河口閉塞状況と砂州部の粒径，流域面積の関係

⑦ 外海に面した海浜に流出する河川では，洪水後の河口水深が浅い場合（2m以下）には，洪水後吐き出された砂は波によって打ち上げられ，波の這上がり高さまで砂州頂が成長する．図-4.27のように砂州先端部で砂州を乗り越えてきた波により土砂が堆積し，対岸で流れによって砂州が侵食されると

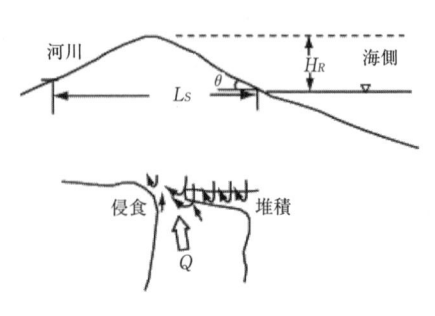

図-4.27 二次元砂州の形成

4.1 河川汽水域の地形形態とその変動要因

急激な河口位置の変化が生じる．

砂州頂高 H_R は，潮位，河口に到達する有効波高 H_0，波長 L_0，海浜材料の沈降速度 ω（粒径の関数）に規定され，次元解析より H_R/H_0 は，H_0/L_0，$\sqrt{gH_0}/\omega$ の関数となる．図-4.28 はその関係を示したものである（山本，1975）．ところで図-4.28 には $\sqrt{gH_0}/\omega$ の値が70以下の資料しかない．70という値は，0.5mm の材料を持つ海浜に2m の波が来襲したものに相当する．

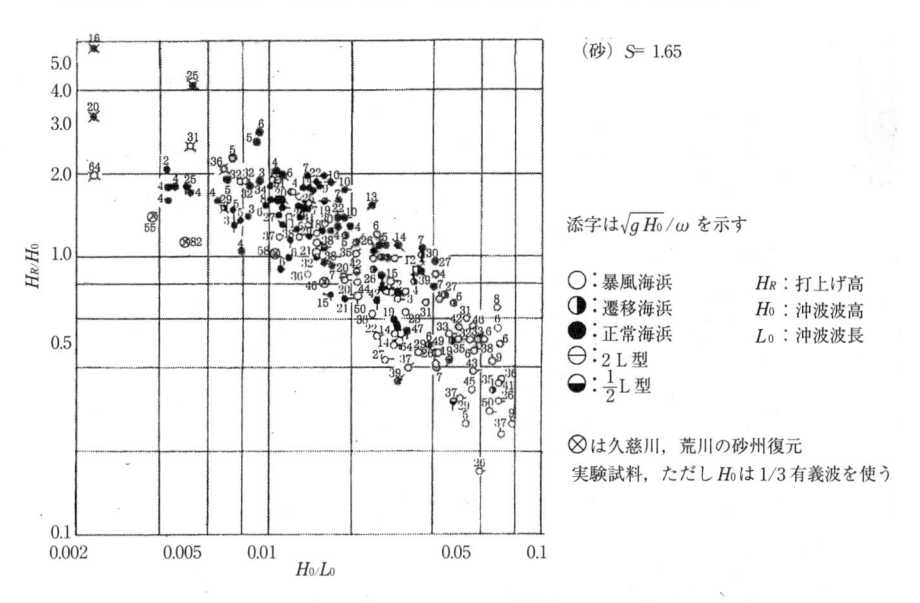

図-4.28 相対前浜頂高 H_R/H_0 と H_0/L_0, $\sqrt{gH_0}/\omega$ の関係（山本，1975）

現地海浜では水深により粒径が異なるが，砂州高の算定のためには汀線付近の材料の粒径としておけばよい．砂海浜では水深8mを超えると，海床勾配が1/50〜1/100である所が多い．このような海岸での砂州高評価に当たっては，H_0 を3〜4m程度としておけばよい．より高い波は沖で砕波して汀線付近の波高が大きくならないからである．

日本海側の外海の面した粒径0.5mm以上の発達した河口砂州高は平均潮位上3m程度であるが，太平洋側では潮位変動の影響でこれより1m程度高くなる．なお河口砂州が長い間洪水でフラッシュされないと，飛砂や波にさらされる時間が長くなり5〜6mに達している例もある．粒径が0.2mm程度となると，図-4.29のように前浜勾配が急に緩くなるためか，砂州高は満潮位上

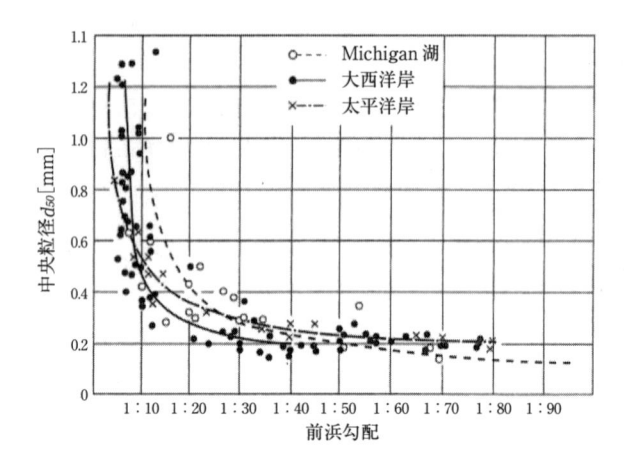

図-4.29 中央粒径d_{50}と前浜勾配の関係(Beach Erosion Boad, 1961)

1 m 程度である．

太平洋に流出する小河川では，上げ潮時，波による陸向き漂砂により周辺海浜勾配と同様な地形となり，潮位低下時に河川の侵食作用が追いつかず，満潮時水面下であった所が河道となり，流れは急でアッパーレジム（反砂堆が発生）となることが多い．

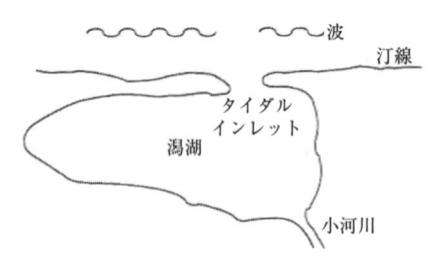

図-4.30 潟湖とタイダルインレット

(2) タイダルインレットの開口部形状と流速

図-4.30 のように外海の面した所では，海浜に砂州が発達し，その背後に潟湖が存在することがある．潟湖と外海は潮位変動による流水の出入りに伴う流水の作用によって維持され，タイダルインレットといわれる水路で繋がれていることが多い．

O'Brien(1969)はタイダルインレットの断面積Aとタイダルプリズム量Pの関係を調べ，次の結果を得ている．

インレット部に開口部維持のための導流堤のない場合のインレットの最小断面積は，その面積が 350 m² 以上では，**図-4.31** に示すように，

$$A = 2.0 \times 10^{-5} P \tag{4.9}$$

としている．ここで，A：平均外潮位以下の開口部の最小断面積(ft²)，P：高潮位

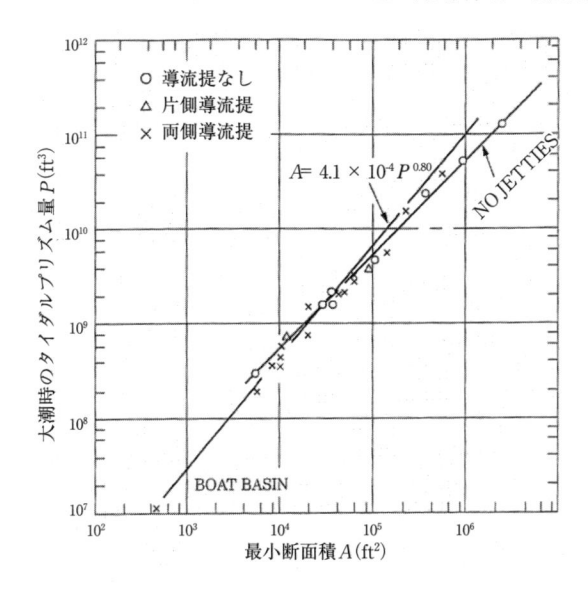

図-4.31 最狭部の河積とタイダルインレット (O'Brein, 1969)

の感潮面積 (tidal area) を外海の潮位差で積したもの (潮位変動量の対象となるものは diural range of tide と記されている．日変動の範囲の潮位差である．1日に2周期となる場合が多いが，1日における最高潮位と最低潮位の差の平均値と考える．ただし，論文のデータ表には spring tide の値で整理されているのもあり，厳密に定義されていない)．この関係は，日本の浦戸湾口，サロマ湖における調査によっても適合度が良いとされている (吉高，1969；近藤，1974).

タイダルインレットの A が，なぜ P により決まってしまうか考えてみる．

潮位がサインカーブで変動しているとすると，潮位は，

$$\eta = \eta_0 \sin(2\pi/Tt) \tag{4.10}$$

となる．ここで，T：周期．タイダルインレットにおける流速を V，感潮面積を S とすると，

$$V = \partial\eta/\partial t \times S/A = \pi P/(AT) \cdot \cos(2\pi/Tt) \tag{4.11}$$

よってタイダルインレット部の最大流速は，

$$V_m = \pi P/(AT) \tag{4.12}$$

となる．式(4.9)，(4.12)より，V_m は約 1.0 m/s 程度と評価される (O'Brien, 1969)．すなわち，最大流速がどのタイダルインレットにおいてもほぼ同様な値となる．外海に面した日本の河川の河口においては P が小さく，それに比し河川流（洪水流）

の影響が大きく，河口砂州部の断面積を式(4.9)で表すことに無理があるが，河川流が小さく洪水からの経過時間の長い時，肝属川，阿武隈川，相模川，導流堤建設前の利根川では潮汐流で河口河積が維持されたようで，最大流速が $70 \sim 120$ cm/s となるような河積となっている(山本，1978)．

なぜ 100 cm/s 前後の流速となるかは明確にしえないところがあるが．海浜材料が 0.02 から 0.5 mm の範囲の中砂であり粒径にあまり差異がないこと，外海に面しており波の大きさやエネルギ

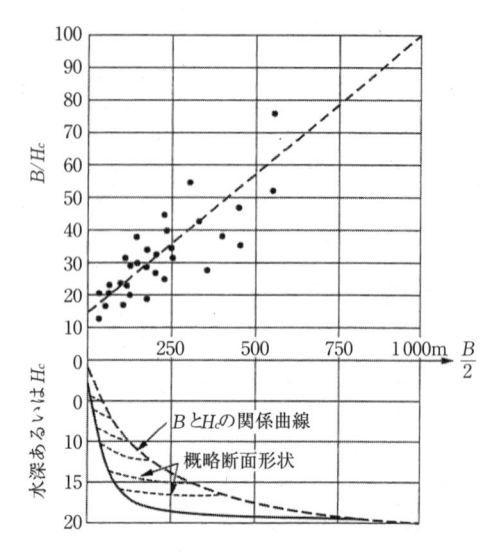

図-4.32 オランダのタイダルインレットの幅と水深の関係(Bandegom，年代不明)

ーフラックスがそれほど変わらないことより，波浪による土砂の持込と潮汐流による吐出し量が釣り合う条件となっているのであろう．なお 100 cm/s という流速は，中細砂を河床材料に持つ沖積河川の平均年最大流量時の平均流速値に近い（偶然の一致であろうか）．細砂・中砂における 100 cm/s という流速は遷移河床の状態であり，A 集団流砂量が急増する水理量である．波により漂砂の持込み量に対抗しえる流速がこの流速なのであろう．

タイダルインレットの断面形状は，タイダルプリズム量の大きさで変わり，タイダルプリズム量が大きくなると台形に近づき，小さいと三角形に近づく．**図-4.32** の上図はオランダのタイダルインレットの半開口幅 $B/2$ と川幅河口中央水深比 B/H_c を示したものである[(Bruum *et al.*, 1958)に示された原図は Van Bendegom]．下図はBが既知である場合，**図-4.32** の横軸の $B/2$ の点から垂直に直線を引くと，下図の点線と交差した地点が開口部中央水深 H_c となり，そこから細破線に沿って線を延ばし実線と交差した後は実線に沿って上に線を伸ばすと，開口部の概略の断面形状が評価されるとしたものである．

(3) 利根川河口の特異性

利根川河口の特異性（新波崎港建設以前，左岸導流堤有，1970 年前半）として次のようなことがあげられる．

4.1 河川汽水域の地形形態とその変動要因

① 河口部は2 km より下流で川幅が急激に減少し，また90度湾曲している．
② 0.25 km が最狭部で，河道中央付近に非常に深い所(Y.P.−10 m)がある．
③ 1.0 km 左岸に砂州状の浅瀬があり，また左岸導流堤端地点の−0.8 km より河道中央に張り出すような浅瀬がある．
④ 河口部の河床材料は，**図-4.33** のように 1.0 km 付近上流は細砂であるが，ここから大きくなり始め，−0.5〜−0.8 km 付近で最大値を示し，下流に行くに従って小さくなっていく．

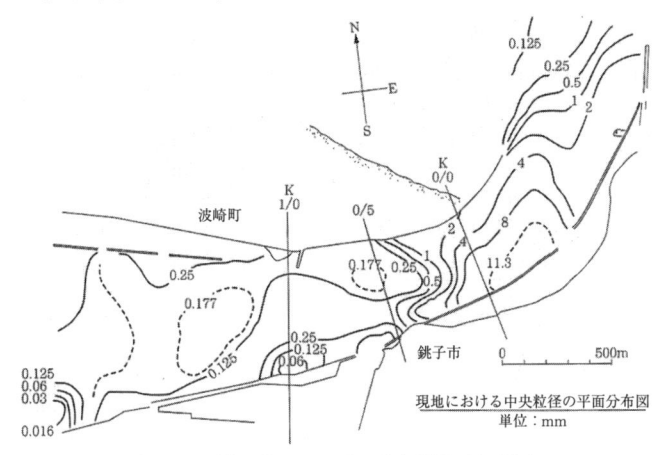

図-4.33 利根川河口における中央粒径の平面分布

⑤ 河口部のマニングの粗度係数が 0.025〜0.035 と大きく，1 km より上流の 0.010〜0.015 に比べて2倍ほど大きい．これと①とが重なり洪水時の河口部の水面勾配が非常に大きい．

以上の特異性がなぜ生じたのか説明しよう．
① 導流堤建設以前の河口部の形状と最小河積の規定要因：**図-4.34** は1935〜36年の河口砂州平面形状の変化を示したものである(松尾，1933)．

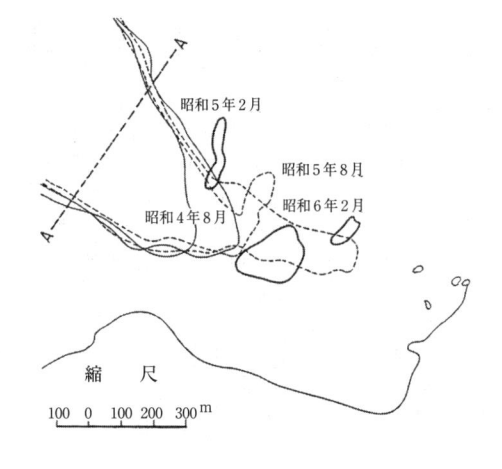

図-4.34 砂州形状の変化(松尾，1933)

利根川の洪水記録を見ると，1935年と1938年に大きな洪水があった．利根川の河口砂州の消長を見ると，大洪水時に砂州はフラッシュされ，砂州面積，長さとも小さくなるが，その後，徐々に回復されることを繰り返している．0.5 km地点が河幅最狭部で，この地点の最深河床部の水深は9〜10 m，川幅200〜250 m，河積1000〜1100 m^{2}となっている．潮汐の退潮時の河口流量は1300 m^3/s前後である．このことは最狭部の河積は入退潮流に規定されていると結論付けられる．

ⅱ) 洪水前後の河口地形の変化：1958年9月台風21号による出水（取手5831 m^3/s）に続いて台風22号による出水（取手6069 m^3/s）があった．この洪水前後の河口部の等深線図より洪水により0.5 km地点深みは1 mほど深くなり，0〜−0.5 kmの浅瀬が多少沖に移動し，左岸導流堤沿いに深みが生じた．この資料や他の洪水の資料および河床変動計算，模型実験資料(山本他，1978)より，左岸導流堤および右岸防波堤完成後の洪水時の河床変動は次のようにまとめられる．

ⓐ 0.5 kmより上流の河床は6000 m^3/sで多少掘れるが，3000 m^3/s，4000 m^3/s程度ではあまり変化がない．

ⓑ 0.25 kmより下流は河床材料が大きいためかあまり変動がない．

ⓒ −0.8〜−1.5 kmの右岸側は洪水があっても深くならない．河床材料が大きく，また鮮新統の基岩が露出し河床が下がらないのである．

ⓓ 左岸導流堤沿いは粒径が小さいこと，導流堤先端付近の洪水流下域外の水位は海面水位であるが，流下部（噴流部）は浮力により水位が高く先端部河道側で流速が増すことにより導流堤沿いに河床が低下する．ちなみに，1972洪水時における河口部の流況と水位は図-4.35のようである．河口部の水面勾配が大きいこと，粗度が0.035程度あることが水理計算および水理模型実験から確認されている，粗度の増大は，縮流や湾曲によるものでなく，河口部の粒径が大きく，洪水時，砂堆が発生するためである．

洪水後の河口部の変化を見ると，0.5〜1.0 kmの−10 mに達する深みは小出水により1〜2 m埋め戻される．0.5 km地点の右岸側は，河口に進入した波が導流堤に斜めに入射し粗砂を河道内に移動させ，この付近で堆積する．この地点はちょうど波の侵入限界点であり，波高が小さくなる地点である．0.5〜1.0 kmの左岸では，左岸導流堤を越波した波により持ち込まれた砂および飛砂が，右岸導流堤から反射してきた波により河道内に移流されこの地点で堆積する．この地点もまた反射波の波高が小さくなる地点である．1〜−1.0 km

4.1 河川汽水域の地形形態とその変動要因

地点の浅瀬は洪水後波により多少河床が上昇し，また0～0.5kmの深みを埋めていく．このように粗砂は洪水による吐き出されても波により河道内に持ち込まれ，河口部にとどまるのである．粗砂および小礫の起源は右岸の鮮新統の岩質からなる銚子岬の波浪による侵食堆積物であろう．以上，波による底質の移動状況を図-4.36に総括した．

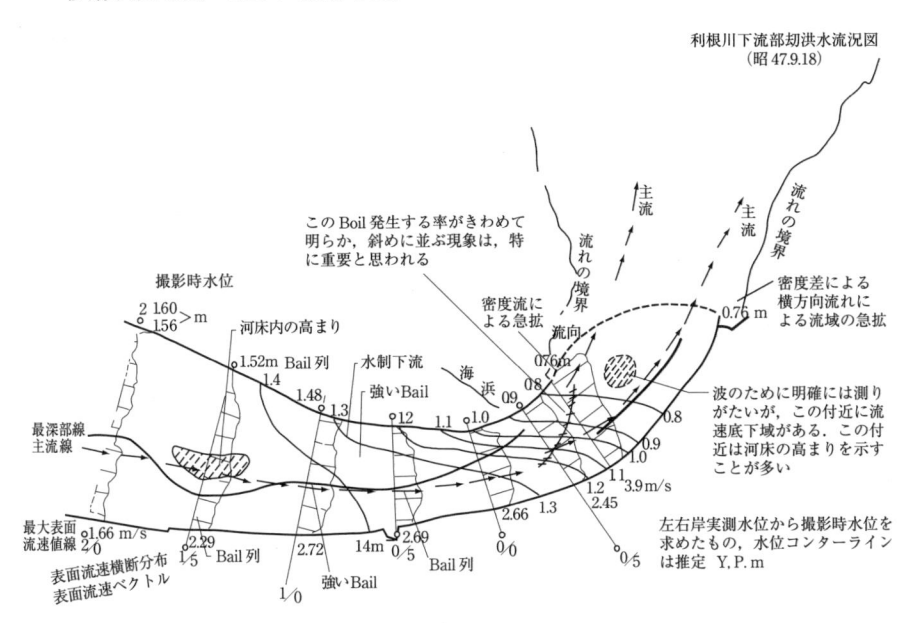

図-4.35 河口部の1972年洪水の流況（利根川下流河川事務所資料より）

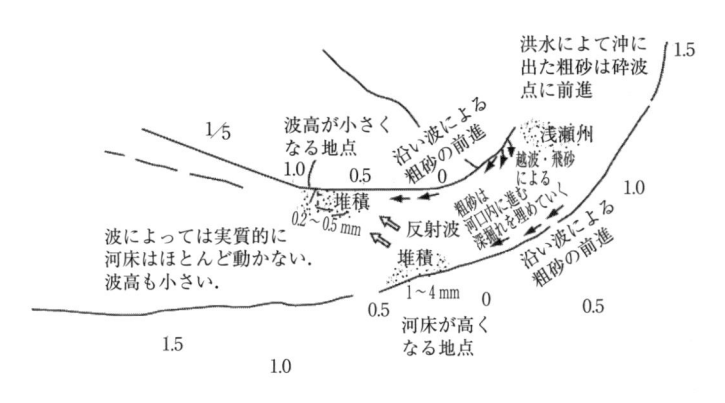

図-4.36 波による底質の移動状況総括図（山本他，1978）

(4) 河口テラス

中砂を材料とする河口砂州は洪水時にフラッシュされ，河川からの中砂供給と一体となって河口前面に写真-3.1に示したように釣鐘状に堆積する．この高まりは河口テラスと呼ばれている．洪水時河川水が噴流状に流出し，その流速が遅くなる所がテラス前面（デルタフロント）となる．洪水時，釣鐘状の高まりの前面で海水と河水の密度差による内部ジャンプがこの堆積に拍車をかける．釣鐘状の頂部の最も沖の位置と河口までの距離Lと開口部の幅Bとの比は，洪水継続時間つまり流出土砂量にもよるが，実験資料，現地資料を見ると2.5～4ぐらいであり，水平床における噴流のポテンシャルコアーの長さと開口部の幅の比5より小さい（山本，1978）．頂部の高さは洪水直後にはかなり高く小船が通れないこともある．

この河口テラスは，洪水後，波浪により高さが低くなり，その堆積物は河口砂州として再生される材料となると同時に漂砂として汀線方向に運ばれる．小河川の河口テラスは1年以内に消滅してしまうが，河口部の水深が4m以上ある河川では数年を通して存置するようである．

一級河川の勾配の急な砂利川では河口直上流の河道特性は，扇状地の特性を持ち川幅が広いが，河口には河口砂州が存在し開口部幅は狭い．大洪水時には砂州が飛ばされ開口部幅が広がり，その幅が広く砂川のように開口部幅の3～4倍の長さを持つ釣鐘状の河口テラスとはならず，河口部直上流の河道内砂州形態に影響され流れの速い所が海側に突出した複雑な河口テラスとなる（突出部が2つ以上ある）．ただし，小洪水で砂州を越流することがなく川幅の拡がりが大きくない時は，その川幅に対応した釣鐘状のテラスが形成される．

(5) 河口部の旧河道跡

砂河川が外海に面している場合，波浪により河口位置が移動し，図-4.20の例に示したように河道が浜堤に沿って長く伸びることがある．大洪水時，浜堤の低い所をオーバーフローし，流路が短くなり，その後，逆の方向に河口位置が移動することがある．そのため，細長い潟湖状を呈する地形が取り残される．導流堤の建設により河口位置を固定する場合と同様な地形が残るが，埋められてしまうことが多い．このような地形は貴重な河川汽水域環境として保全の対象となっている例がある．

4.1.4 河口周辺沿岸域地形

河口から海に出た土砂は波浪や潮汐流により移流され，その粒径が堆積する水理条件にある所に堆積・分級していく．この堆積・分級は，河川セグメントの延進速

度，海浜汀線位置の変化速度に影響を与える．以下においては河口周辺海浜地形について概説し，沖積地形成における役割について述べる．

(1) 外海に面している河口付近の海岸地形と波浪

汀線に直角方向の海浜形状（浜および海底標高）とその変形は，波高，波長，海浜材料に規定される．

波浪は風によって生じ，波高 H は風の強さ U と吹送距離 F，吹送時間 t に規定され，これらの値が大きければ波浪の強さは大きくなる(Bretschneider, 1958)．強風の原因となるのは台風，低気圧，冬のシベリヤからの季節風であり，吹送時間，吹送距離の長いのは外海に面している海岸である．外海に面していれば海浜形状を規定する大きな波の波高および周期は場所によりそれほど変わらず，波高として3～4m，沖波波高波長勾配 H_0/L_0 は 0.015～0.03 ぐらいであるので，汀線に直角方向の海浜地形は主に $\sqrt{gH_0}/\omega$ の値，すなわち，海浜材料が同じものであれば似たような海浜地形となる．

a. 粒径 0.15～0.3 mm の細砂を前浜材料に持つ海浜　波高1～3m で $\sqrt{gH_0}/\omega$ が 70～300 に達する海浜である．浅海部では波によって底質は容易に浮遊する．前浜勾配が非常に緩いため(1/30～1/100)，潮位変動に応じて汀線位置の変化が大きい．波高が高くても汀線が後退しないこともある．

b. 粒径 0.4～2 mm の中砂・粗砂を前浜に持つ場合　0.4～2mm の砂は前浜部と沿岸砂州部に存在し，水深が8m以上の所では粒径 0.15～0.2mm となる．河川から供給された土砂は篩い分けられ，細砂は水深 7～15m 程度の所に集まり，より細かい物質はより沖に移動・堆積する．

暴風時には汀線が後退し，波が弱くなると堆積するパターンを繰り返している．小河川では透水係数が細砂に比べ大きいので河口が完全閉塞することがある．前浜勾配は 1/5～1/15 ぐらいであるが，沖浜勾配は 1/60～1/120 である所が多く，2列，3列の沿岸砂州を持つ時・所もある．この沖浜勾配の緩さは暴風時に海浜に達する波の強さを弱めている．つまり，高い波は沖で砕波し，波の打上がり高は波高 3～4m の波とそれほど変わらない．

c. 粒径 5 mm 以上の砂利を前浜材料に持つ海浜　粒径5mm以上の砂利を前浜に持つ海浜では，海岸前面に深い海盆を持ち沖浜勾配が 1/10～1/20 のような駿河湾富士海岸のような事例を除けば，水深10mで底質材料は 0.2mm 程度なっており，砂利成分は前浜にのみ存在している．粒径5mm以上の材料は波高3mの波では浮遊せず掃流形式で動く．波により河川から供給された土砂のうち礫分は海浜

の前浜と外浜に集まり，沖には出ていかない．

　前浜勾配は急であり1/2〜1/5ぐらいである．水深10 mより沖の海浜勾配が1/10〜1/20と急な場合は，暴風時，波高の高い波が沖で砕波することなく海浜に達し，波の這上がり高が大きくなる．沖浜勾配が1/50より緩ければ，沖で砕波し，波の打上がり高は波高4 m程度の場合と変わらない．

d. 潮位変動が海岸地形に及ぼす影響　　地形形状を規定する3〜4 mの波に対して日本海側では潮位変動が0.2 m程度であり，潮位変動の影響は小さいが，太平洋側では潮位変動が1.5〜2 mあり，砕波点が潮位変動に応じて変化する．砕波点の位置が変化すれば沿岸砂州の形状とその位置に影響を与えるはずである．これについては定量的・実験的な検討が十分になされていない．

e. 波浪による土砂の分級　　河口から出た土砂は，波によって汀線方向および岸・沖方向に運ばれ，海浜・河口地形をつくりつつ分級・堆積する．

　図-4.37のように海岸線が前進あるいは後退する時，海床高が著しく変化する範囲（海床が波により短時間に地形変化として応答する範囲）を限界水深と定義する．宇多(1989)および宇多他(1986, 1989)は現地海浜資料からこの水深を求めている．これを整理すると**表-4.1**のようになる．限界水深は海浜地形を規定する有効沖波波高（ここでは河口砂州高や沿岸砂州形状を規定すると考えられる波高3〜4 m）[6]にほぼ比例すると考えられるので，**表-4.1**は岸沖方向の海浜地形を規定する有効波高の違いを示している．外海に面している海浜においては，沖の海床勾配が急で大きな波が沖で砕波しにくい富山県下新川海岸以外では限界水深が7〜10 mであり，似たような値となっている．汀線に達する有効沖波波高の2〜2.5倍となっている．この限界水深は，波による海床材料の岸・沖方向の動きによる土

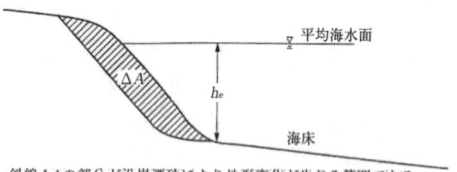

斜線ΔAの部分が沿岸漂砂により地形変化が生じる範囲である

図-4.37　限界水深の定義

---

[6] 砕波点より沖の海浜勾配は，通常1/50以下の緩勾配である．このような海では，稀に生じる波高の高い波は沖浜で砕波し，水深10 mより浅い地点の海浜形状を規定していない．山本(1978)が行った河口改良のために現地海浜形状に合わせて整形した無歪の移動床実験で4 m以上の波を与えても河口砂州の高さや汀線付近の地形は3〜4 mの波で形成された波と異ならなかった．砕波点の位置，海床材料の粒度の変化，打上げ高を考えると，通常の海浜は3〜4 mの波が海浜形状の基本形を規定し，より高い波，および低い波がそれを変形させていると考える．汀線の近くまで深海海盆が迫る富士海岸や富山県下新川海岸では，川から流出した土砂の多くが海盆に落ち込んでいる．海浜の勾配の急である理由であると同時に，海浜地形を規定する波が大きくなる理由である．

4.1 河川汽水域の地形形態とその変動要因

表-4.1 現地資料による限界水深

場　　所	海浜材料	位　　置	限界水深[m]
高知県高知海岸	砂	太平洋，外海	10
茨城県東海村海岸	砂	太平洋，外海	8～10
島根県境海岸	砂	日本海，外海	8
新潟県荒川河口周辺	砂	日本海，外海	7
静岡県遠州海岸の福田漁港周辺	砂	太平洋，外海	11
宮城県仙台湾沿岸	砂	太平洋，外海	7
島根県皆生海岸	砂	日本海，外海	8
静岡県駿河海岸	砂利	太平洋，外海	8
茨城県涸沼海岸	砂	沼	1
茨城県霞ヶ浦浮島地区	砂	湖沼	1.1
富山県下新川海岸	砂砂	日本海，外海(海盆せまる)	20

砂移動量がほぼ釣り合う水理条件であり，すなわち，波による水粒子往復運動が対称的となる水深で，これより浅い所は岸向き流速の方が速い非対象な水粒子運動となる所である．

ところで，海床の底質材料は水深により変化する．特に砕波点と前浜頂間は，底質が篩い分けられ場所的，時間的に大きな変化を示す．汀線の粒径が 0.4～2 mm の海浜では，前浜および砕波点付近が粒径の大きい場所であり，水深 8 m で 0.2～0.3 mm，10～15 m で 0.15 mm の所が多い．

砂利海浜においても水深が 10 m 以深では底質が砂質に変わり，沖浜勾配が急でなければ水深 10 m 以深では細砂に変わる．ただし，沖浜の急な駿河湾富士海岸では，水深 15 m で 1～2 mm ぐらいとなっている．この海岸は海盆が汀線近くまで迫り沖浜勾配が急で，大きな波が沖で砕波することなく汀線近くまで達する．これが深い所まで粒径を大きくする理由である．

河口から流出したもののうち 0.2 mm 以上のものはほとんどが限界水深より浅い所に集積し，波浪により汀線方向に運ばれる．より細かいシルト・粘土は海浜流，潮汐流に乗り，より静水的な環境の所に堆積する．

なお河口から流出した土砂は汀線方向にも分級堆積する．汀線方向の土砂の移動速度は波の入射角が大きいほど，細粒物質ほど速い．扇状地河川が直接海に接している河川を持つ海浜では，河口部付近が砂利であるが少し河口から離れると砂海浜となる事例が多い．河口部は供給土砂が多く[図-4.38(a)]のように海に凸状となっており，波の入射角が大きい．中砂成分は，前浜および外浜帯を移動し，一部は礫成分のマトリックスおよび飛砂となり砂丘形成の要因となるが，浮遊するので，その汀線方向の移動速度が礫成分より速く，かつ波による砂の輸送能力を超えるほ

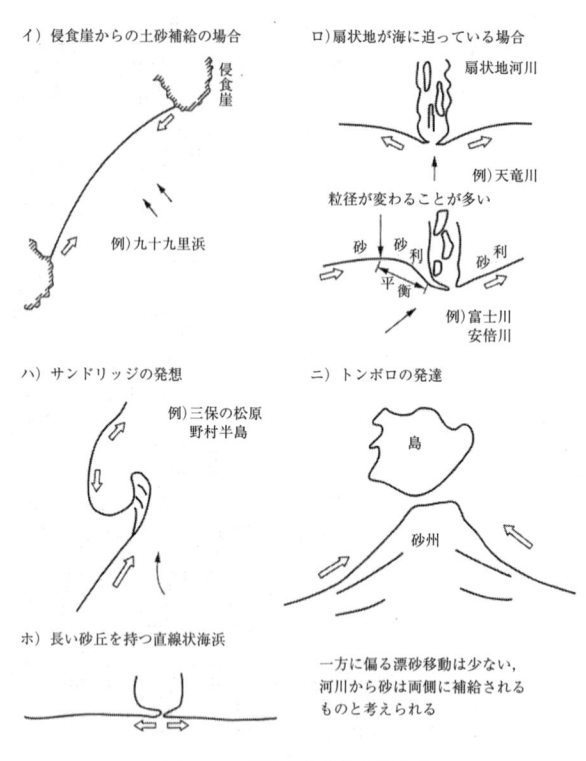

イ) 侵食崖からの土砂補給の場合　　ロ) 扇状地が海に迫っている場合

侵食崖
例) 九十九里浜

扇状地河川
例) 天竜川
粒径が変わることが多い
砂　砂利　砂利
平衡
例) 富士川 安倍川

ハ) サンドリッジの発想　　ニ) トンボロの発達

例) 三保の松原 野村半島

島
砂州

ホ) 長い砂丘を持つ直線状海浜

一方に偏る漂砂移動は少ない，河川から砂は両側に補給されるものと考えられる

図-4.38　漂砂の移動方向と地形

どの供給量がないので，河口付近は礫の海浜となるのである．河口からある程度離れた地点で汀線の方向が波向きと直角に近くなると，砂に対する漂砂輸送能力が低下するので，中砂を主モードとする海浜が形成される．

凸状地形の顕著でない場合，すなわち，砂利成分の河口流出量の小さい場合は，砂分の流出量が砂利成分より数倍以上多いため河口砂州主構成要素が砂分となり河口付近から砂海浜となる(例，手取川，相模川)．

さらに，砂の供給量の多い河口周辺には，風により砂が陸側に移動する．砂は植生により捕捉され，浜堤，砂丘が形成される．

f. 離岸流と海浜地形　　砂海浜では図-4.39のように離岸流が規則的に生じ，汀線方向に離岸流の間隔に流れのユニットが生じ，前浜・外浜の地形・堆積物・浮遊物の分布パターンのユニットとなる．これは波によるラジエーションストレスの不安定にも基づき形成されるものである．生物もこのユニットに応じた分布を示す．

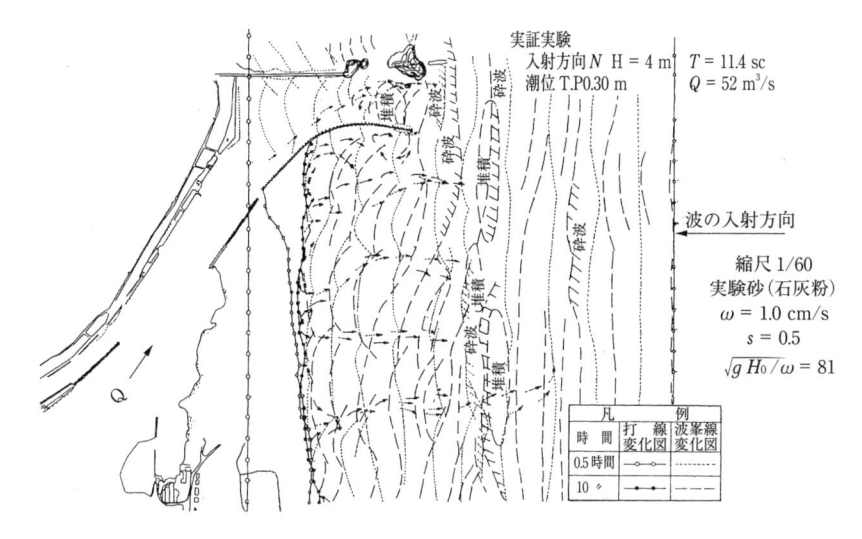

4.1 河川汽水域の地形形態とその変動要因

図-4.39 千代川河口模型実験で生じた離岸流(山本他, 1975)

粗砂・砂利海岸では，ビーチカプスというより間隔の短い波状の汀線形状を生じる．

(2) 内湾に流下する河口付近の海浜地形と潮汐・波浪

内湾に流出する河川の河口付近に押し寄せる波浪の強さは，外海に面した河川に比べて弱く，1m程度以下と考えてよさそうである．一方で，潮位変動が太平洋側の内湾で2m程度，九州西部の内湾で3～5mある．この潮位変動と波浪の小ささが内湾海浜地形の特徴である干潟を形成する．

a. 泥干潟海浜　　潮位変動が大きく，かつ粘土・シルトの供給源が多量にあり，かつ砂の供給量が多くない所ではいわゆるタイダルフラットといわれる泥干潟地形が形成される．日本では有明海湾奥部が代表的なものである．この泥干潟地形は潮位変動に伴う潮汐流(澪筋では1m/sを超える)によって細粒物質が沖から陸側へ輸送されて形成されたものである．

シルト・粘土を含む微細物質は，潮汐流のように流れが順・逆反転する場合には，一方向流れのように土砂の移動量や濃度がその流れに応じた定常状態にならず，土砂の動きは非定常状態にある．潮汐流が反転し流速が0になっても，浮遊した微細物質はすぐさま沈降堆積するのでなく，一部は浮遊している．また流速が増加しても底質材料が粘着力を持つためある一定以上の流速にならないと底質が浮遊せず，

また浮遊条件にある時は一方的に侵食され，浮遊土砂濃度は時間の経過とともに増加する性質がある．このような微細物質の流れに対する応答特性は，微細物質の陸側への集積の原因となりうる．

Postma(1967)は微細物質の陸側への堆積について，次の4機構
① setting lag and scour lag(distance-velocity asymmetry)：流れに対する堆積と侵食の応答特性の非対称性に基づくもの，
② time-velocity asymmetry：沖向きと岸向きの流速と時間の関係の非対称性に基づくもの，
③ difference between spring and neap tides：大潮と小潮の相違によるもの，
④ rotating tides：潮汐の流れが回転することに基づくもの，

をあげている．ここでは微細物質の陸側への集積の主要因と考えられる第1機構のみ概説しておく．

次のような仮説を立てる(Postma, 1967)．
ⅰ) 満潮と干潮はほぼ同時に検討区間で生じる．
ⅱ) 潮汐による水位変化および流速変化はある地点を取り出すと，概略サインカーブである．
ⅲ) 潮汐による最大流速は沖から陸に向かって減少する．

以上の条件において土砂がある限界流速を超えた時に動くとし，また土砂の移動速度が流れの流速で決まるとすると，土砂は徐々に陸側に移動する．なぜならば，沖側の方が最大流速が大きいので，一度陸側に移動堆積した物質は一潮汐流で元の位置には戻らないからである．土砂が掃流的から浮遊的，さらにウォッシュロード的に動くほど一潮汐によって生じる陸側への移動距離が大きくなるので，微細物質ほど陸側に速く集中し，粗粒物質ほど沖に取り残されることになる．これがタイダルフラットに微細物質が堆積する理由である．

通常，河川から運び出された微細物質は深い所に堆積してしまうが，有明海では潮位差が大きく潮汐流が2ノット(約1 m/s)を超え(農林省他，1969)，微細物質を再移動させ湾奥に運ぶのである．

b. 砂干潟海浜　内湾において砂河川が流出していた東京湾，伊勢湾，八代海では，砂干潟が広く存在した(する)．この砂干潟は埋立てしやすい地形であったため，多くが埋め立てられしまった．

砂干潟を構成する物質は細・中砂および泥質のものからなる．干潟面の勾配は非常に緩いが，干潟の前面から勾配が急になる．河川近くの干潟を形成している土砂

4.1 河川汽水域の地形形態とその変動要因

は河川から吐き出された砂が堆積したものであり，河川河口底質材料の代表粒径相当粒径集団の土砂とそれより1つ微細粒径集団からなる堆積物からなる．干潟前面の線はデルタフロントと考えてよい[*7]．

　洪水時，河口から吐き出された土砂のうち，河川の主モードのものは砂干潟の流速の遅くなる澪筋部下流に堆積し，1モード小さい細砂は澪筋部の周辺部および澪筋部先端部に堆積する．シルト・粘土の大部分は干潟前面線より沖まで運ばれてしまうが，一部は澪筋から離れた干潟上に堆積する．洪水後，澪筋周辺に高くはないが堤防状に堆積した中・細砂は波により再移動し平坦面化する．シルト・粘土は波により攪乱され再移動し干潟面から抜けて岸および沖に移動集積する．波高は潮位差より小さいので，満潮時には波のエネルギーを干潟前面から陸側汀線まで（干潟面）に集中させることなく伝えよう．すなわち，外海に面した海浜のように波のエネルギーの集中した地点に形成される沿岸砂州や河口砂州に相当する堆積地形[*8]がつくれないのである．一方，塩水は陸上植生の海水面中への進入を妨げ，土砂の植生トラップ現象が起こらず陸域化の速度を速めないのである．これが砂干潟が内湾において存在する理由であろう．砂干潟は洪水による土砂の分級堆積，波による土砂の分級堆積，潮位変動による波の集中の回避と潮汐流による土砂の移動堆積との微妙なバランスの上に存在している．なお波が小さければ泥干潟で生じるような

[*7] 東京湾の千葉県側の河川河口から離れた干潟の形成起源は，縄文最海進前後の海水面の停滞期に台地（更新統の浅海性堆積物）を侵食して形成された波蝕台であり，その上に侵食された砂層が乗っているものである．干潟面最前線をデルタフロントということはできない．干潟の形成プロセスが異なるのである．

[*8] 図-2のような地形の所に波が作用した場合，平坦部に河口砂州が形成される条件（河口導流堤内に河口砂州が発生するかどうかの判定）を実験的に検討した（山本, 1978）．石炭粉（$d = 0.21$ mm, $s = 0.5$, $\omega = 1.0$ cm/s）を用いた現地海浜で砂河川相当に対応する基礎実験および河口水理模型実験結果（波浪作用時間模型で10時間，現地換算50時間程度に相当しよう）によると，
・沖浜勾配が1/50の実験では，波高が高いからといって河口砂州が打ち上るとは限らないことが明らかになった．沖浜で砕波してしまい，そこでエネルギーを消費してしまうためである．沖浜勾配は河口砂州発生条件に大きな影響を与える．
・平坦部で砕波しない波高の波では平坦部の海床高の変化は小さい．
・平坦部の水深が現地で生じる大きな有効波程度以上あれば平坦部を維持できる．

　以上の結果は内湾部の砂干潟がなぜ広い平坦面を維持しているかの1つの根拠となっていよう．干潮時，波浪による干潟前面部における砂州的地形形成条件にあり多少堆積があっても，1日2回の周期を持つ潮位変動により水深が深くなり，その頂部は削られてしまおう．

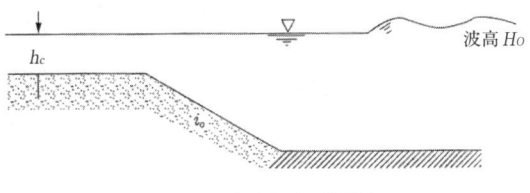

図-2　実験地形の説明図

シルト・粘土の陸側への移動集中が起ころう．有明海に注ぐ白川河口付近では，砂干潟と泥干潟が混在する(末次他，2002)．

なお河口部の砂干潟は河川からの砂分の供給により海側に突出する．図-4.40に示す江戸川の事例では半円形状の形となっている．テラス前面の位置が伸びると洪水時の水面勾配が緩くなるため，主流位置の変動(澪筋の変化，分岐水路)が生じるのである．

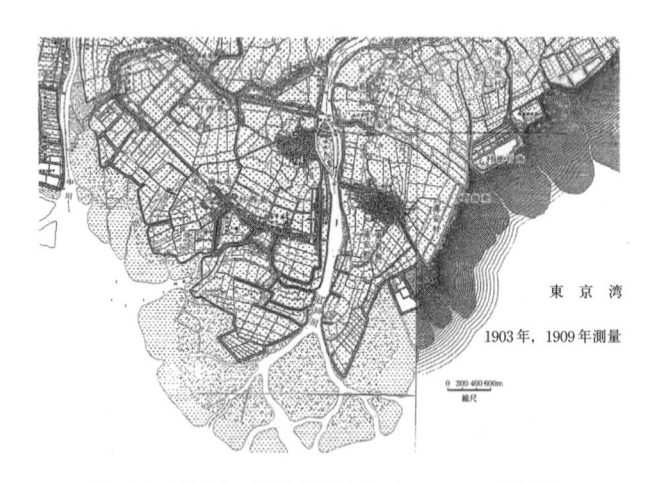

図-4.40 砂干潟の事例：江戸川河口(1903，1909年測量)

c. 沖積河川形成過程における海浜の役割 沖積河川の形成過程における海浜の役割は，河川から排出される土砂を谷軸方向から谷幅軸方向に変換し，かつ波，潮汐，潮流により排出された土砂を移動・分級・堆積させ，これにより河川の海への前進速度を規定する．すなわち，海岸への土砂供給量および海水面が一定であれば，連続する堆積海岸線の長さおよび沖浜勾配が大なほど前進速度は遅くなる．また波による移動・分級・堆積の結果として海成堆積物としての層序構造をつくり，河口に接するセグメント3およびセグメント2-2の河道特性を規定してしまう(例えば，デルタ底置層による河道部最深河床高標高の規定等)．

4.2　緩流河川汽水域の流水と土砂動態

日本では多くの河川汽水域の地形・底質は，長期的視点(数十年)で見ると，河川上流から洪水時に運ばれる流水と土砂の沖積作用によって決定されるが(**4.1.1**)，

4.2 緩流河川汽水域の流水と土砂動態

短期的な視点(時間〜年)で見ると，潮汐・密度流の影響を受けて変動する．特にその傾向は潮汐・密度流がダイナミックに運動する河川－内湾に流入する緩流河川において顕著である．

もう少し詳しくいうと，河道の地形は河床材料と勾配によってセグメント1，セグメント2-1，2-2，セグメント3に区分され，セグメント1のように玉石や砂利で構成された扇状地が海に接続している場合，河口砂州は形成されるものの平均海面以下となる区間は1km以下であり，感潮区間は非常に短い．セグメント3や2-2の河口域では河床材料が砂・泥から構成され，感潮区間が5km以上になる(海外では数百km)．

また，日本海は潮位変動が小さいため(0.25m程度以上)弱混合型になる．セグメント3を有する緩勾配河川では塩水遡上距離が長くなり，深掘れ部に塩水が停滞しやすい．太平洋側では潮位変動が1.5〜2mあり緩混合型になる．東京湾，伊勢湾，瀬戸内海では潮位差が1.5〜3mあり，河川流量が少なければ強混合型になる．有明海では潮位差が4〜6mあって常に強混合型となり，一潮汐での塩水侵入距離は10〜20kmに達する．

したがって，内湾に流入する緩流河川(セグメント3や2-2)では感潮区間が長く塩水の浸入・後退運動が活発である．それに加えて，河床材料も澪筋に砂，潮間帯にシルト・粘土といったように沈降速度が最大で3000倍程度異なる粒径が混在しており，単純な分級作用では説明し得ない．

そこで本節では，汽水域区間が長い緩流河川汽水域の流水と土砂動態の関係性について，長期的な視点と短期的な視点の両方からその変動特性について記述する．

4.2.1 緩流河川汽水域の地形・底質の変動特性

(1) 河道形状

内湾に流入する沖積河川，例えば東京湾の多摩川，伊勢湾の木曽三川，有明海の筑後川や白川等では，河口0km付近において川幅が広くて水深が上流より浅く，少し内陸側で幅が狭まって水深が深くなる傾向を持ち，河口から数kmの区間は逆勾配になっている．これは沖積河川が有限な幅を持つ河道から無限な広がりを持つ海域へと流出する際の特徴ではないかと考えられる．

感潮河川では海水面よりも河床高が低く，平常時には塩水密度流が存在し，上流に向かう土砂移動も生じるが，洪水時には塩水を押し出して河川のように流れ，土砂は掃流力に応じて下流に移動する．人為的作用がなければ河口付近では中小洪水

第4章 河川汽水域における物理環境とその変動

時に汽水域上流よりも掃流力が小さいため，上流から供給された土砂が河口域に堆積する．河口には河口干潟が形成され，河岸の形成が十分でなく上流においてもその高さは低く朔望満潮位程度しかない．河道が海に延長していくという非平衡なプロセスの中で，前述したような川幅および河床高が生み出されたのであろう．

なお，日本の多くの河川は第2章で述べたような河川改修・砂利採取等のインパクトを長期間にわたって受けている．多摩川の歴史が**2.1**の事例2で紹介されているが，筑後川でも同様の河川事業が活発に行われた．明治20年代（1887～）には舟運のための河床掘削が，それ以降は洪水疎通能力の向上のための掘削が，昭和30年代（1955～）に入ると砂利採取が行われ，昭和30年代後半には干拓のための埋立て材料が採取された．最盛期には河口から中流部にかけて年間200万 m^3 を超える土砂（主に砂）が採取されていたという．昭和41年（1966）に砂利採取規制がかけられ，毎年，採取量を減少させていったが，完全に0になったのは平成13年（2001）である．その結果，河床縦断形は図-**4.41**に示すように1～3m低下した．このような河川事業において，感潮河川では内陸から河口に向かって川幅が広くなるように（ラッパ状に）整備する場合が多いため，流水の作用として一定の洪水疎通断面を維持するために河口が浅い形状になったとも考えられる．

河口汽水域における河床低下は塩水遡上を助長する．そこで，感潮域上流端の移動を調べるために，平均河床の移動平均線が朔望平均満潮位（T.P.2.55 m，2002年）と交差する地点をプロットすると図-**4.42**が得られた．1964年までは感潮区間は約22 kmであったが，1969年に約28 kmまで前進し，1981年には31 kmまで前進して現在に至っている．なお，1985年には河口堰が完成しており，以後塩水は23 kmで堰き止められている．

塩水の遡上しやすさを流水断面積という観点で調べると図-**4.43**のようになる．昭和28年（1953）を基準として約10年ごとに満潮位以下の流水断面積を求めたところ，10 kmよりも上流

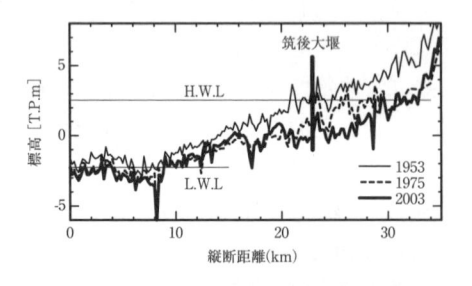

図-4.41 筑後川河道の縦断形状変化

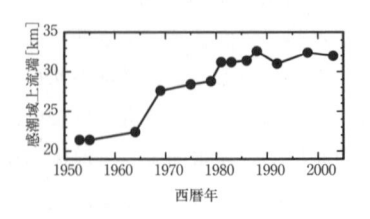

図-4.42 感潮域上流端の延伸状況（筑後川）

4.2 緩流河川汽水域の流水と土砂動態

で流水断面積の増加が見られ，昭和28年から昭和39年(1964)までの間に10〜20 kmにおいて断面積が45％増大した．その後，昭和50年(1975)までの間に16〜25 kmにおいて130％の増大が見られ，塩水が遡上可能な断面が2倍以上に広がった．また，25 kmよりも上流では新たに感潮区間が出現した．

河口汽水域における河床低下は掃流力の低下ももたらす．感潮域よりも上流であれば，河床が平行に低下する限りにおいて掃流力は低下しないため，土砂の輸送形態は変化しない．しかし，感潮河川では水位が潮汐で決まるため，河床低下は相対的な水位上昇をもたらし，流水断面積の増大によって掃流力が低下する．そのため，従来は堆積しなかった懸濁土砂の堆積を促すことになる．

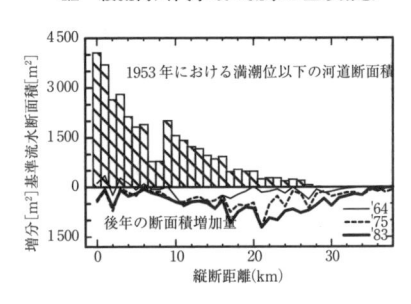

図-4.43 満潮位以下の流水断面積の推移（筑後川）（棒グラフが1953年の断面積，折れ線が53年からの断面積増加量，棒グラフと折れ線の間の領域が各年の河道容積）

(2) 底質の形成

本節で対象としている感潮域河川の河床材料は基本的に砂である．筑後川の河床材料分布(**図-4.44**)によれば，昭和31〜36年は感潮区間の全域にわたって砂河床であった．しかし，平成6年は8 kmから20 kmにおいてシルト・粘土の割合が大幅に増加している．シルト・粘土の堆積領域におけるボーリング資料(**図-4.45**)によれば，表面に0.4〜1.7 mの軟泥もしくはシルト・粘土層が存在するが，下部に

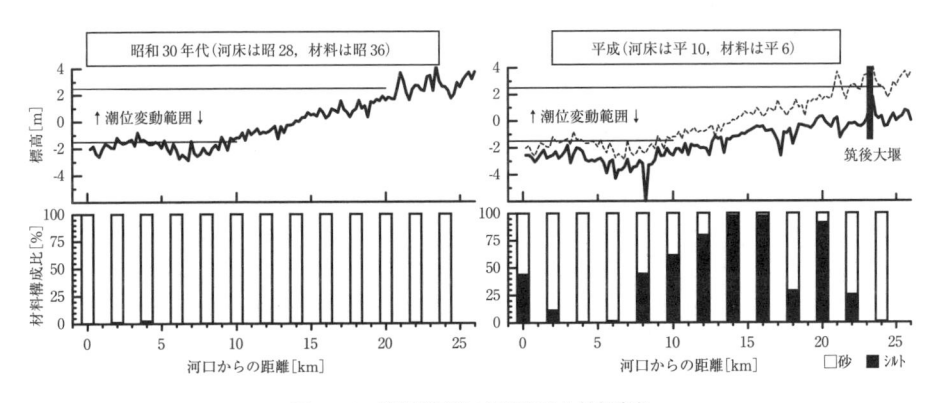

図-4.44 筑後川河道の河床変動と材料変化

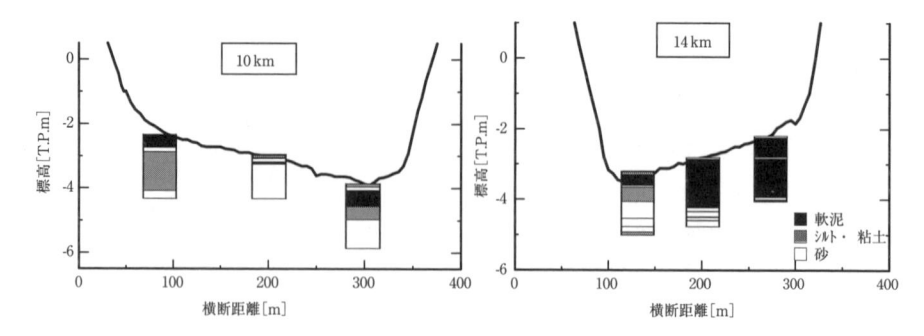

図-4.45 シルト堆積領域のボーリング柱状図(筑後川:左10km, 右14km)

は砂層が見られる.

つまり,もともと砂で構成されていた感潮河川であったが,河床掘削や砂利採取によって河床が低下して河積が増大し,そのために掃流力が低下して,本来なら沖合に流出するはずのウォッシュロード成分が河道内に堆積していると考えられる.多摩川においても現在は6km付近が窪地状に深くなっており,ここにシルト粘土が堆積している.

多くの場合,シルト粘土の堆積領域は河口堰の下流に位置するため,河口堰によって流れが弱まって堆積的な環境になっていると解釈される.しかし,筑後川の河床材料は図-4.46に示すように,河口堰の建設以前から細粒化しており,昭和30年代から40年代にかけての河積の拡大が掃流力を弱めた主要因であると考えられる.利根川の河道でも河床材料がシルト・粘土となっている部分があるが,河口堰建設よりも以前に盛んに浚渫・拡幅が行われており,やはり河積の拡大による影響が大きいと推察される.

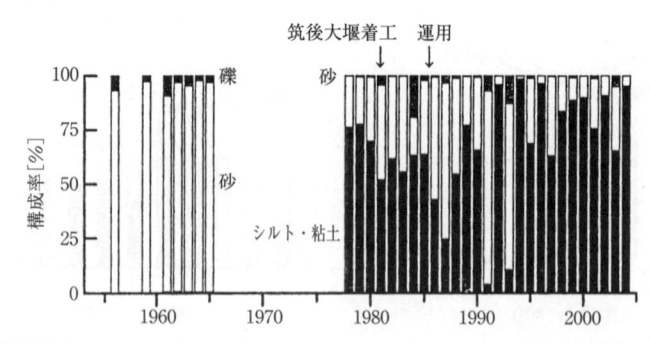

図-4.46 筑後大堰下流における材料構成比の経年変化(14〜14.6km,現在のシルト・粘土率95%以上)

4.2 緩流河川汽水域の流水と土砂動態

(3) 洪水が地形・底質に及ぼす影響

河口汽水域の地形と底質は短期的には洪水の影響と高濁度水塊の影響を受けて変動している．図-4.47は筑後川感潮域のシルト・粘土堆積領域(図-4.44参照)における河床の季節変動である．平成17年5月の河道横断面積を基準として，毎月の変動量を示している．

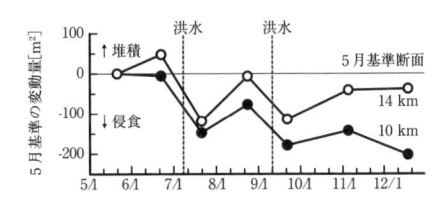

図-4.47 筑後川感潮域における河床の洪水前後変化

7月と9月に平均年最大流量規模の洪水が発生しており，洪水後には断面が100〜150 m^3 侵食された．フラッシュされた材料はシルト・粘土であり，フラッシュされた面積は低水路断面積の5〜10％に相当し，洪水疎通能力が一時的に向上していたことになる．洪水から1ヶ月程度を経ると侵食箇所に相当の土砂堆積が見られ，短期間に地形が50〜100％が復元している．堆積物は軟泥であるため，海域や河口付近のシルト粘土が高濁度水塊となって逆流遡上し，塩水遡上の先端付近に沈積したと考えられる．

洪水時のフラッシュは洪水の規模によって決まる．図-4.46によれば筑後川の14.6 km地点では昭和53年(1978)以降はシルト・粘土の割合が安定していない．例えば1991年は4％，1992年は95.8％，1993年は10.7％となっており，砂とシルト・粘土が交互に現れている．この現象は洪水の影響と関係があると考え，次の整理を行った．

14.6 kmにおける河床材料調査は毎年8月に実施されているため，調査前の流量として6月10日から7月31日までの約50日間の流量を用い，毎年の洪水期平均流量と含泥率の関係をプロットすると図-4.48が得られた．平均流量が200 m^3/s以下の場合は洪水が発生しない渇水年であるが，この時は河床の含泥率は80〜100％と高い．500 m^3/sを超えるのは10年確率程度の比較的大きい洪水が発生した場合であるが，この時は含泥率が10％を下回って砂質河床となる．つまり，洪水流量が多いほどシルト・粘土の含有率が低下して基盤の砂層が露出することがわかる．

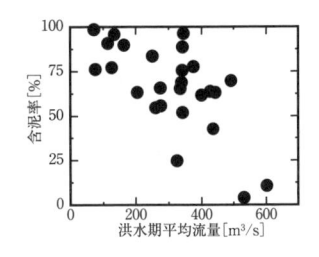

図-4.48 筑後川感潮域における洪水流量と含泥率の相関

第4章 河川汽水域における物理環境とその変動

なお，洪水期のピーク流量を用いて同様の整理をすると，明瞭な相関は得られなかった．含泥率が最大流量ではなく平均流量との間に関係性が見られたということは，底泥の侵食が大きな洪水が発生したか否かというよりも，侵食限界剪断力以上の応力がどの程度継続的に発生したかによって支配されることを示している．

(4) 横断方向の地形

横断方向の地形・底質は流水の掃流力と土砂供給量，侵食・堆積作用のバランスによって決まると考えられる．図-4.49は利根川と多摩川の掘削後の河床復元過程である．測量・浚渫データが揃っている年代で見てみると，利根川の9.5 km地点では昭和58年(1983)に掘削が，多摩川の1 km地点では昭和54年(1979)，昭和57年(1982)に掘削が行われた．掘削前を太線で，掘削後を破線で表しており，利根川では低水路幅を湾曲の外岸側に広げ，多摩川では内岸側の河床を下げた．しかし，内岸側の掘削箇所には1〜5年の間に堆積が進んだ．利根川では横断位置300 mから600 mの領域に1〜2 mの堆積が見られ，1998年まで堆積形状は変化していない．多摩川でも数年のうち掘削前の河床高まで戻っている．湾曲の外岸側では侵食作用が強いため内岸側ほど堆積は顕著でないが，利根川では15年間で徐々に堆積が進んで1998年の形状に落ち着いている．

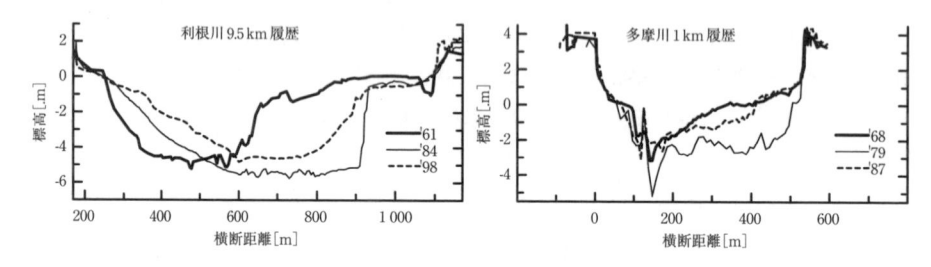

図-4.49 感潮河道における河床掘削後の復元過程

人工的に掘削した河川であっても，土砂供給量がある程度見込まれる沖積河川では河岸付近に微細物質が堆積して緩傾斜面を形成することが可能であり，このような水際の斜面が生態系にとって重要であると考えられる．

安定断面が形成されたと考えられる状況(例えば，利根川1998年，多摩川1987年)でも，洪水による変動は生じている．図-4.50は筑後川河道(10 km)の洪水前後変化である．平均年最大流量規模の洪水が平成17年7月11日に発生しており，洪水の2週間前(6月23日)，10日後(7月22日)，6週間後(8月24日)の測量結果

4.2 緩流河川汽水域の流水と土砂動態

を図示している．この地点は左岸が湾曲の内岸であるが，洪水後に中央から左岸にかけて河床が最大で 1.5 m 侵食された．さらに，洪水から 6 週間が経過すると洪水前の断面形状に復元しつつある．

図-4.51 は底質性状の横断分布を洪水前後について示している．洪水前の河床材料は概ねシルト・粘土であったが，洪水後には中央部に砂質が出現しており，洪水よって含水比が 200 %を超える軟泥がフラッシュされたことがわかる．一方，水際の潮間帯では含水比が中央部よりも低く，締め固まっている．中央部は水深が深いため底面剪断応力が高く，さらに軟泥が堆積しているため底質がフラッシュされやすい環境にあるといえる．河岸の泥が締め固まっているのは，干潮位よりも上部は干陸化するので浮力の効果が失われて自重で圧密するためである．また，平均年最大流量以下の洪水では最初に河床の軟泥が破壊されることで流水断面積が増大し，側方侵食を引き起こすような力は発生しないと考えられる．

洪水で侵食された領域にはシルト・粘土が再堆積して 1 ヶ月程度で地形が復元するが，これは高濁度水塊による土砂輸送の影響と考えられる．感潮河川の地形が安定形状を維持しているということは，洪水による侵食作用と高濁度水塊による堆積

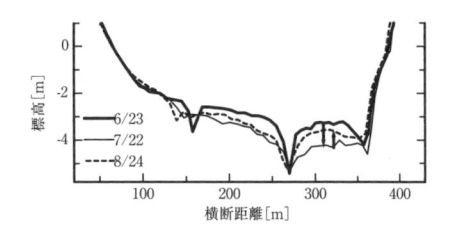

図-4.50 筑後川河道における河床横断面の洪水前後変化

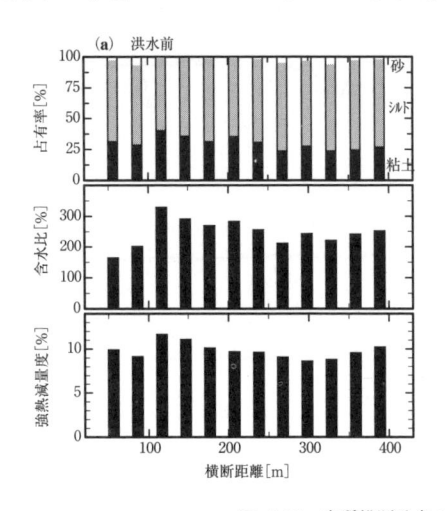

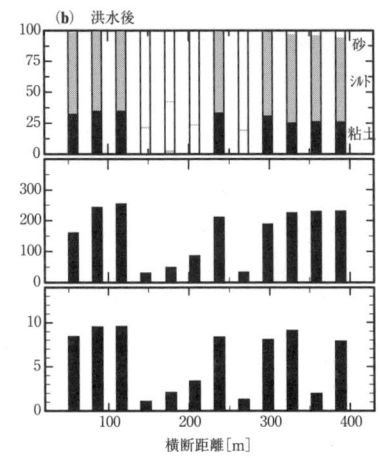

図-4.51 底質横断分布の洪水前後変化(10 km)

作用が適当なバランスを保っていることを示している．

4.2.2 潮位変動に伴う塩水濃度分布・高濁度水塊の変化特性
(1) 高濁度水塊の移動

河川感潮域では塩水くさびの先端付近に高濁度の領域（turbidity maximum）が形成されることが知られている．高濁度水塊の濃度の概略値は利根川では 50 mg/L，多摩川では 100 mg/L，白川では 500 mg/L，筑後川では 2 000 mg/L，六角川では 50 000 mg/L である．

高濁度水塊の発生メカニズムは，塩水遡上による底質の巻上げ，塩淡混合による懸濁土砂のフロック化と沈降速度の増大，鉛直循環流によるフロックの塩水くさび先端への集積，非対称な潮汐流による上流への輸送，という説明が一般的である（Wolanski $et\ al.$, 1995 ; 西条他, 1996）．

図-4.52，4.53 は白川の河口 0 km と河道 3 km における水位，塩分，SS，流速の時系列である．両図の違いは，図-4.52 は流量が渇水状態，図-4.53 は流量が平水状態の場合である．ここでは通常，強混合状態であるため水深方向の変化は小さ

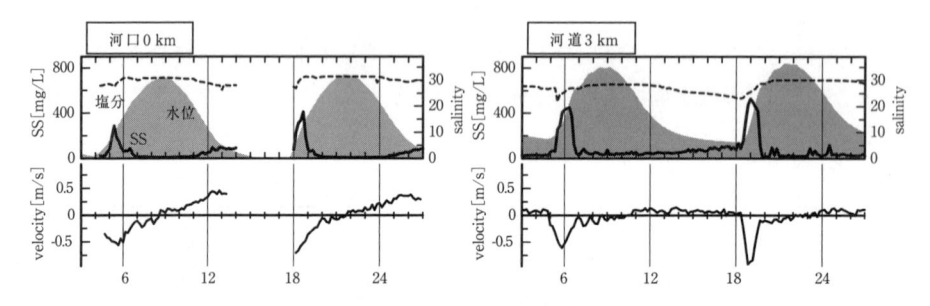

図-4.52 高濁度水塊の遡上状況（渇水時）(2001 年 8 月 19 日)

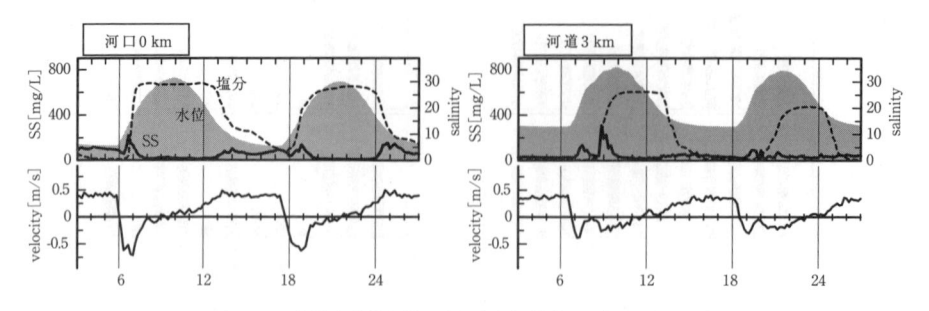

図-4.53 高濁度水塊の遡上状況（平水時）(2001 年 11 月 16 日)

い．河口0kmでは渇水(図-4.52)でも平水(図-4.53)でも潮位が上昇するとほぼ同時にSS濃度も上昇する．ただし，渇水でも平水でも逆流流速は0.5m/sから0.7m/sの範囲であるが，SS濃度は渇水時の方が2倍程度大きく，SS濃度の上昇は流速だけでは説明がつかない．

河道3kmでは渇水時には塩水が遡上したまま滞留しており，河口の潮位上昇が波として伝搬していると考えられる．この時，河口と河道のSS上昇に時間差がほとんどないことから(流速から推定される塩水の移動時間よりも短い)，河道におけるSSは観測点付近の底質が強い流れによって巻き上げられて発生したと考えられる．一方，平水時には河道において水位上昇期にSSが2回上昇している．最初の上昇は渇水時と同様に波の伝搬に伴うその場の底質浮上である．2回目の上昇は塩水の移動時間と一致することから，塩水フロントによって輸送されたSSを表しており，さらに濃度が上昇していることから近傍での底質浮上も加わっていると考えられる．高濃度SSに含まれる栄養塩やクロロフィル等の組成を調べたところ，河口の堆積物よりも河道2～3kmのものと類似していた(山本他，2005)．つまり，河口で発生したSSがそのまま塩水フロントに保持されて上流に移動していくのではなく，浮上・フロック化・沈降の過程を繰り返しながらポンピング移動していくと考えられる．なお，利根川では平水時に塩水層が河口堰直下まで安定的に存在しているが，この状態ではSSの移流成分はほとんどなく，その場の巻上がりが支配的であると報告されている(鈴木他，2004)．

以上をまとめると，塩水フロントが活発に前進する状況では底質を巻き上げながら移流することで高濁度水塊が成長し，塩水が滞留する状況ではその場の巻上がりによってSS濃度が上昇する．

(2) 底質浮上

底質の巻上げは底面剪断力が閾値を超えた場合に発生すると考えられている．巻上げ限界剪断力 τ_c は様々な観測結果から $0～0.2(N/m^2)$ の範囲であるとされているが，この値は底質の性状によって異なる．泥質干潟(有明海)や浅い湖沼(渡良瀬遊水池，諏訪湖，霞ヶ浦等)のように底質の含水比が数百％にもなり，さらに表面に日々の攪乱によって浮上沈降を繰り返している細粒分が薄く存在する場合は，0に近い値で巻上げが発生する．利根川の河道では $3.2 \times 10^{-3}(N/m^2)$ で浮上が始まる(鈴木他，2004)．

しかし，巻上げの要因を底面剪断力だけで説明することが困難な事例もある．図-4.54は白川河口沖の干潟における底上5cmのレイノルズ応力とSSの時系列

である．第1回目の干潮前後には
レイノルズ応力と SS の増減に相
関が見られるが，第2回目の干潮
前後にはレイノルズ応力が上昇し
ても SS が増加していない．レイ
ノルズ応力が上昇せずに SS が発
生する場合は他領域からの移流輸
送で説明がつくが，図-4.54 はそ
の逆であり，現時点で合理的な説
明がついていない．

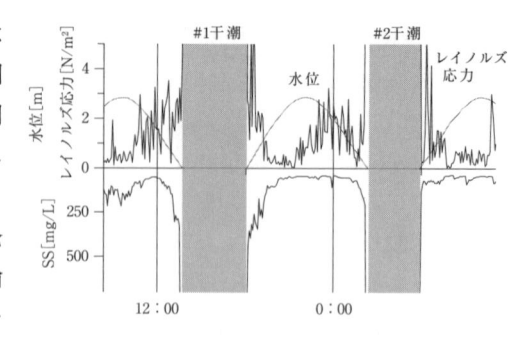

図-4.54 干潟底面上のレイノルズ応力と SS の時系列

(3) フロック化と沈降

高濁度水塊から採取した浮遊土砂の顕微
鏡写真が**写真-4.3**である．サンプルは白
川の河床上 50 cm で採取した濁水(上)と
比較のための干潟表面の浮泥(中)，干潟表
面の砂(下)である．

輪郭の不鮮明な団粒状の塊がフロックで
あり，輪郭の鮮明なものは鉱物粒子である．
鉱物の内容は，主に火山ガラスや斜長石，
重鉱物，岩屑であり，これらは阿蘇山起源
である．高濁度水塊中にはフロックと鉱物
粒子が共に存在している．干潟表面の浮泥
(中)は未固結の雲状であり，フロックの様
子と類似している．一方，干潟表面の砂
(下)は，火山ガラスや斜長石，重鉱物，岩
屑といった鉱物粒子が見られ，高濁度水塊
に含まれる鉱物と同じ組成であった．

濁水中のフロック粒径は大きいもので
0.1 mm を超えており，干潟表面の砂と同
程度の粒径である．しかし，団粒構造を超
音波振動により壊してから粒子単体の粒度
分布を計測したところ，d_{50} = 0.009 mm，

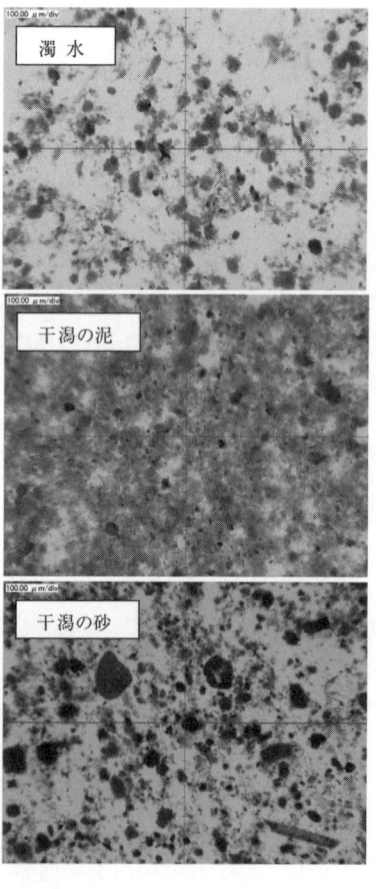

写真-4.3 SS および干潟構成材料の顕微鏡写真

d_{90} = 0.026 mm が得られ，粒径はフロックの10分の1以下であった．これは逆に言えば，フロックが大きく成長していたことになる．河口域のフロックサイズは，例えば阿武隈川河口では 0.1 ～ 0.3 mm（酒井，真野，2005），オランダの Dollard estuary では 0.1 ～ 1 mm であり（W.T.B van der Lee, 2001），他の文献にも概ねこの程度の粒径が報告されている．

フロック化のメカニズムは次のように説明されている．自然界中のコロイド粒子はほとんどが負荷電を帯び，相互の荷電によって反発し合うことで安定した状態を保っている．このような状態に反対荷電を持つコロイドやイオン等（凝集剤）を添加して懸濁粒子の荷電中和を行うと，粒子間の電気的反発力は減じ粒子間引力が電気的反発力を上回るようになって，粒子相互の接触結合が可能となりフロックとなる．

高濁度水塊では塩淡境界面における塩分が凝集剤の役割を果たし，フロック化が進むとこれまで考えられてきた．しかし実際には淡水中でも凝集沈殿は生じる．例えば，洪水時の高水敷上に堆積した泥層の粒度分布形は，河口付近の細砂を多少含むシルト・粘土の堆積物の粒度構成とよく似ている（山本，2004）．また，中国長江下流の濁水は汽水環境でないのに関わらずフロック化しており，小田他（2002）は河水中に存在する有機物（フミン酸）が付着することで凝集沈殿を起こすと説明している．

Dollard estuary での観測結果からは，フロック粒径と最も相関があるのは SS 濃度であり，次いでプランクトンやバクテリア等による生物的な粘着作用が関係しており，塩分，水温，波高等は関係がないと報告されている（W.T.B van der Lee, 2001）．白川感潮域でも図-4.55 に示すように，ほぼ淡水に近い状況でも 0.05 mm 程度のフロックが形成されており，フロックの形成と塩分との相関は明瞭ではない．

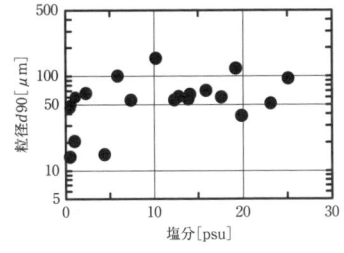

図-4.55　フロック粒径と塩分濃度の相関（白川）

以上より，フロックは塩分だけが要因となって形成されるのではなく，塩水遡上過程における物理的・生物化学的な要因が関係していると考えられる．すなわち，フロックの材料となる河床底質は過去に河口域から移動してきているので既に海水との接触履歴があり，有機物も多く含まれている．また，塩淡境界面では巻上げが顕著であるため SS 濃度が上昇し，粒子同士の接触が活発になる．凝集剤と SS 粒子，粒子接触を促す物理的作用があれば，フロックが形成されるといえる．

フロックの粒径と沈降速度の関係は図-4.56 に示すとおりである．塩水遡上開始時の浮遊土砂は 0.01 mm (10 μm) 程度の大きさであり，Stokes の沈降速度式に一致することからその場で巻き上げられた単体の鉱物粒子であると判断される．一方，塩水くさび内の浮遊土砂は沈降速度が鉱物粒子よりも遅く，また粒径が 0.01 〜 0.2 mm (10 〜 200 μm) に広く分布していることから，フロックであると判断される．さらに，塩水くさびの先端に近づくほど粒径が大きくなり沈降速度が増加しており，塩水の遡上によってフロックが成長していることがうかがえる．

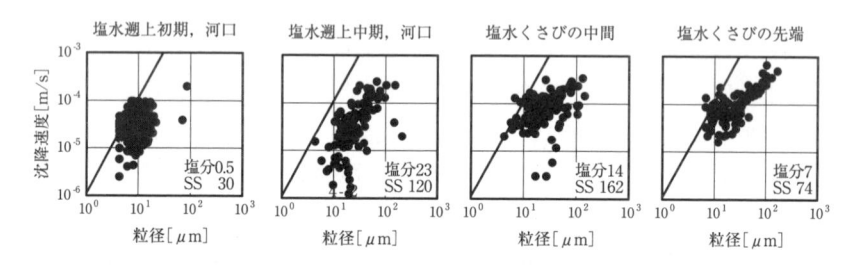

図-4.56 感潮河道における浮遊粒子の粒径と沈降速度の関係，図中の実線は単体の土粒子に対する stokes 式の沈降速度

この観測は洪水後の緩混合時に行われたのでフロックの沈降速度は最大で 1 mm/s であったが，通常の強混合状態ではフロック粒径は 0.5 〜 0.9 mm に成長するため (山本他, 2005)，沈降速度も数 mm/s に増大すると予想される．筑後川や六角川では満潮時に流れが淀むと 1 時間程度で表層 2 〜 3 m の SS 濃度が著しく低下することからも，フロックがやはり 1 mm/s 程度の沈降速度を持っていると考えられる．

河口域に粘土・シルト・細砂が混在しているのはシルト・粘土がフロック化して細砂の沈降速度で堆積するためであろう．シルト・粘土の単体粒子を考えた場合，沈降速度は非常に遅く (0.01 〜 0.1 mm/s)，ウォッシュロードとして海域に流出してしまうはずであるが，フロックを形成することで沈殿することが可能になると考えられる．鶴見川における浚渫計画の検討における河床変化シミュレーションによると，ウォッシュロードの沈降速度を 0.07 mm 相当 (4.3 mm/s) と仮定した場合において河床の変化を説明しえた (山本他, 1993)．

フロック粒径の成長には粒子の接触を促す攪拌作用が必要であるが，乱れが強すぎるとフロックが破壊される．フロック粒径が最大になるのは塩水遡上が停止した瞬間であり，この時，沈降フラックスは最大となる．

4.2 緩流河川汽水域の流水と土砂動態

(4) 土砂輸送

高濁度水塊の挙動についてこれまで個別に述べてきたが，発生の規模は潮位差と河川流量によって決まるようである．すなわち，潮位差が大きく河川流量が少ないほど塩水の運動が活発になって SS 濃度が上昇する．この関係を簡単な相関式で表し，潮位差と流量から高濁度水塊のピーク濃度を推定した結果，図-4.57 が得られた．SS のピーク値に限っていえば推定値は実測値をよく再現している．高濁度水塊の発生や成長には河口付近の風や波浪，塩水遡上時の底面剪断力，塩淡密度流の運動，密度境界面の混合度，底質の粒径や含水比，底質の塩分接触履歴，フロック形成に関わる乱流強度，フロックの沈降速度等の様々な要因が絡んでいるが，これらは結局，感潮区間の上下流端の境界条件である潮位差と淡水流量に包含されているといえる．

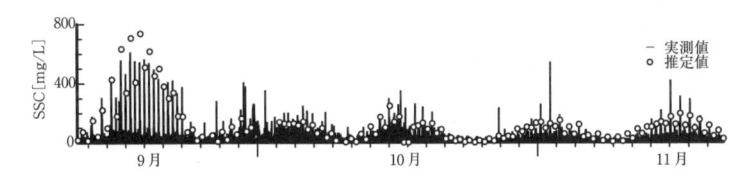

図-4.57 高濁度水塊のピーク濃度推定（白川3km）

高濁度水塊の移動による土砂移動量を計算した結果が図-4.58 である．土砂移動量は河床に設置した超音波流速計により流速と SS 濃度の鉛直分布を計測し，これらに横断方向の流速補正係数を乗じて算出している（横山他，2002）．白川の河口 0 km（黒線）では上げ潮の初期と下げ潮の終わり頃に SS 濃度が上昇しており，ピーク濃度は同程度である．しかし，SS 濃度がピークになる時間帯の流速が順流よりも逆流の方が大きいため，通過土砂量も上げ潮時が数倍多い．河道 3 km（灰線）では SS の濃度は上げ潮時が大きく，さらに河口の濃度と同程度かそれ以上になっている．しかし，断面積が縮小しているために通過土砂量は河口よりも少なく，また下げ潮での SS の流出は見られない．

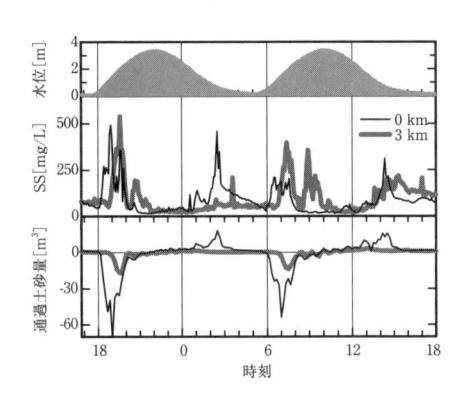

図-4.58 感潮域における SS および通過土砂量の時系列（白川，土砂体積は含水比 200%の干潟底泥に換算した量）

第4章 河川汽水域における物理環境とその変動

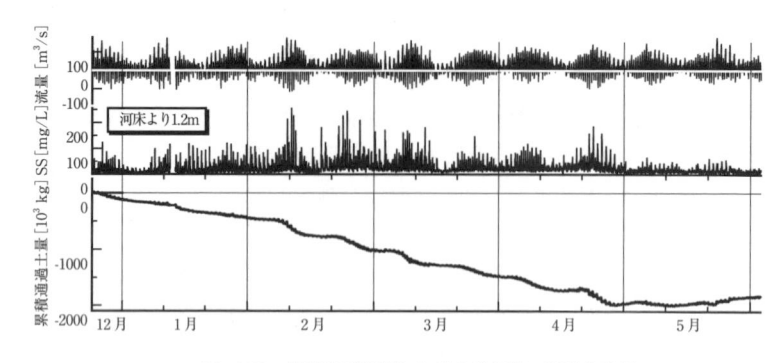

図-4.59 多摩川感潮域における半年間の通過土砂量

このことは高濁度水塊による土砂輸送は内陸側に向かうことを示している．多摩川においても同様の結果が得られており（図-4.59），流量は正の値（河川流）が卓越しているにもかかわらず，高濁度水塊が塩水とともに遡上し，さらに満潮時にフロック径が最大となって沈殿するために，SSに関しては逆流フラックスが卓越している．すなわち，冬季4ヶ月間は常に河口域の底泥が感潮河道内に移動していたことになる．太田川放水路においても河口付近では浮遊土砂の正味移動量が上流に向いており，感潮河道内において浮遊土砂が堆積していることが示されている（川西他，2005）．

高濁度水塊による浮遊土砂の内陸側への輸送を示す別の事例として，既に示した図-4.47があげられる．筑後川の感潮河道では7月と9月に洪水によって河床面が1m程度侵食されたが，1ヶ月後には20～100％復元しており，特に上流側の14kmにおいて回復が早い．再堆積している土砂は含水比が250～380％の軟泥であり，高濁度水塊によるシルト・粘土の輸送が感潮河道の地形再生に大きな役割を果たしていることを示している．

河川汽水域における1年間の土砂移動量を白川を例にして模式的にまとめると，図-4.60のようになる．洪水観測，干潟測量および底質分析，

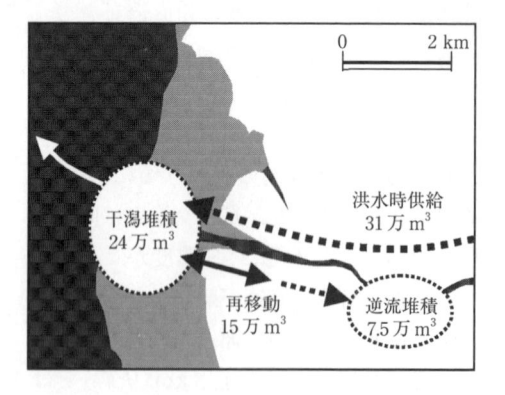

図-4.60 白川感潮域におけるシルト・粘土分の年間移動状況（2001年）（土砂体積は含水比200％の干潟底泥に換算した量）

流速・SS モニタリングの結果からシルト・粘土成分のみについてまとめている．これより，洪水時にはシルト・粘土が含水比 200 ％換算で 31 万 m^3 供給され，このうちの 24 万 m^3 が河口干潟に堆積した．表層浮泥は潮流や波浪によって侵食され，河口において 1 年間で 15 万 m^3 が往復していた．さらに河道に侵入したシルト・粘土は約半分の 7.5 万 m^3 が堆積した．白川の河道ではシルト・粘土の堆積が進行しているわけではないので，平常時に少しずつ堆積した泥が洪水時にフラッシュされ，以後，同じ過程を毎年繰り返していると推測される．

ここで示した洪水は 3 年に 1 回発生する規模であり，年間の逆流堆積量 7.5 万 m^3 は年に数回発生する洪水の土砂輸送量に匹敵する．すなわち，高濁度水塊による微細土砂の輸送量は 1 年間ではかなりのボリュームになる．これらの軟泥は洪水時には容易にフラッシュされてしまうため河道の長期的な地形変化には寄与しないが，栄養塩の輸送や底生生物の生息領域の形成といった環境的な要素においては重要な役割を果たすものと考えられる．

4.3 河口周辺沿岸域の堆積物と地形変化

汽水域では，潮汐に伴う塩水の河道への遡上や沿岸域におけるエスチャリー循環とそれらに伴う淡塩水の混合が見られ，密度・温度変化を伴う三次元的で複雑な流動場が見られる．流水に含まれる土砂や懸濁物は，凝集や沈殿を経て底質として堆積し，地盤の構成要素となるとともに化学反応を介して物質循環に寄与し生態系に影響を与えることになる．したがって河口周辺沿岸域の生物環境は，地形や堆積物の底質変化を介して，汽水域の流動構造や土砂動態の変化に大きく影響されることになる．河口周辺における環境変動は，洪水や高波浪の来襲等の自然要因による変動も大きいが，さらに流域や沿岸域における人為的な活動の影響も大きい．さらには，地球規模の気候変動による海水準の変化や水文・海象特性の変化にも敏感に応答するため，河口周辺沿岸域の環境を適切に把握するためには，数時間から数千年の時間スケールまでの幅広いプロセスを俯瞰的に扱う必要がある．時間スケールに応じて空間スケールも幅広く，局所的かつ短期的な生息場を取り巻く環境変動の詳細を理解するとともに，長期的な変動に対する影響を検討するには流砂系全体を広域的に俯瞰する視点を併せ持つことも必要となる．

このような物理的な環境変動の実態とその分析技術は，内湾に流入する河川と外洋に面する河川とで大きく異なる．内湾に流入する大河川の河口付近では，干潟と

前置斜面で構成される堆積地形が典型例であるが，外洋に面した河川では，河口砂州と河口前面テラスが形成されることが多い．これらの地形の変形や底質環境の変化は，表層堆積物の分析等によってその実態を捉えることができる．本節では，それぞれの場合の実際の調査事例に基づいて，堆積物と地形環境の変化について概述する．

4.3.1 内湾に流入する河川と河口周辺沿岸域

　内湾では波浪の作用が比較的弱いため，土砂流送量の大きな河川が流入する場合は，河口周辺に細砂や泥質成分が堆積することにより干潟が形成され，特徴的な物質循環のもとで多様な生態系が涵養されることになる．干潟およびその前置斜面は，河川からの土砂供給と波浪や潮流による侵食，底質再浮遊，運搬作用等の微妙なバランスで形成されており，土砂環境の変化に敏感な地形であるともいえる．ここでは，汽水域環境が近年大幅に変化した干潟の代表例として東京湾三番瀬を取り上げ，実際の調査事例に基づいて地形・底質環境の変化を記述することにより，内湾の汽水域環境に生じている物理的な変化を説明するとともに地形や堆積物の分析を通じて環境変化を議論する手法について解説する．

　三番瀬は，東京湾の湾奥，旧利根川の河口付近に位置し，1950年頃までは1 600 ha もの広い干潟が展開されていたが，1960年代から1970年代後半の高度経済成長期に埋立てや地下水の汲上げに伴う地盤沈下の影響等によって多くの干潟域が消失した．図-4.61 は，深浅測量結果から読み取った三番瀬最西部の猫実川河口前面の地盤高の変動と，それに近い陸上2地点での地盤沈下の経緯である．市川市福栄地点を見ると，地盤沈下が著しい時期は1981年までであり，地下水の汲上げ規制によりそれ以降は沈静化しているが，その後の圧密沈下は近年でも継続しているようにも見える．三番瀬の汽水域干潟環境は，埋立てと地盤沈下の影響を受け，数十年の時間スケールでの環境変化が進行中であり，今後の生態系変化を精度良く予測するためには，これらの外的要因による土砂環境の変遷を正しく記述すること

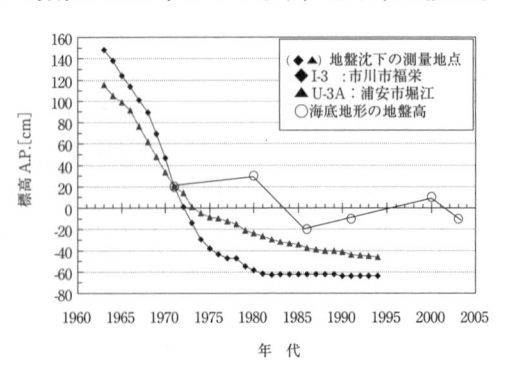

図-4.61　三番瀬周辺における地盤沈下の経年変化

4.3 河口周辺沿岸域の堆積物と地形変化

が必要である.

このように地盤沈下や埋立てにより，三番瀬の地形環境は大きく変化し，現在ではごく一部が大潮干潮時に干出するだけであり，残りは常時水没している浅海域となっている．このような環境変化の変遷は，堆積物の分析によりさらに詳細に検討することができる．図-4.62 はそのような目的のもとに実施した底質のコア試料採取地点を示したものである（呉他，2003，2004）．三番瀬では，A.P.－1m以浅の範囲が海岸から沖合3～4kmまで非常に緩やかな勾配で広がっており，その先に A.P.－5m に至る相対的に急勾配の前置斜面が続いている．まず，地形・底質環境の変遷と変化傾向を調べるために，●印で示した St.1～St.5 におけるコア試料採取は 2002 年 4 月と 5 月に実施し，○印で示した浦安市側埋立地に沿う 20 地点のコア採取は同年 11 月に，さらに 2003 年（9，10，12月）には，現況の表層の粒径分布を調べるために▲で示した 18 地点において表層試料を採取した．底質試料採取には，内径 5 cm，長さ 2 m のポリカーボネイト製パイプとエクマンバージ型採泥器を用いた．これらによって柱状コア試料と表層約 2 cm の試料を採取した．

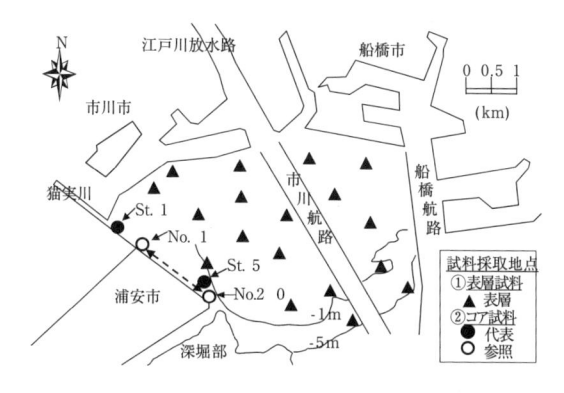

図-4.62 三番瀬における底質調査地点

図-4.63 は表層試料の中央粒径の平均値を示したものである．同図によれば，三番瀬内でも，猫実川河口周辺では中央粒径が小さく，この海域が三番瀬内で唯一の泥質環境となっていることがわかる．一方，その他の海域は，地形形状が単調で底質は砂質である．また，埋立ての影響を最も強く受けていると考えられ

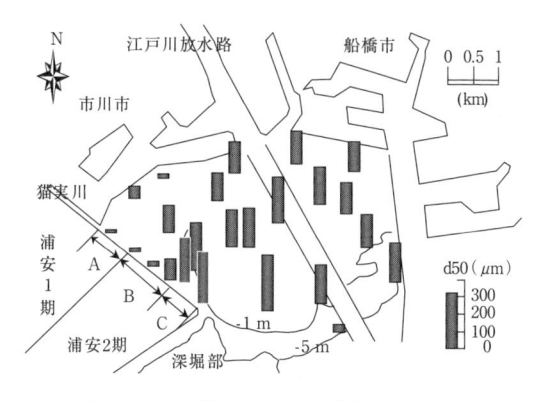

図-4.63 三番瀬における表層底質の中央粒径

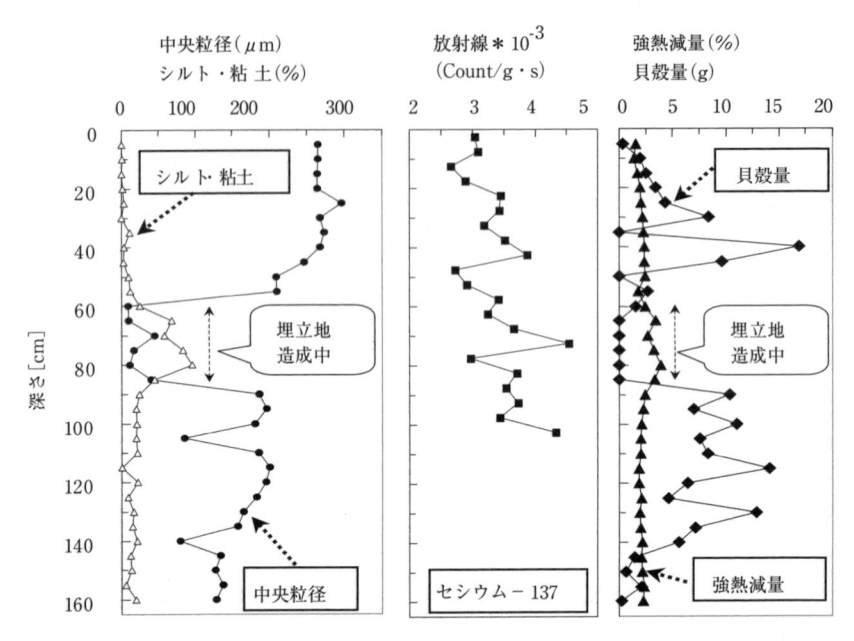

第4章 河川汽水域における物理環境とその変動

図-4.64 三番瀬 St.5におけるコア試料の中央粒径，シルト・粘土構成率，セシウム-137，強熱減量・貝殻量の鉛直分布

　る浦安市側の領域でも岸側と沖側とで粒径の顕著な違いがあることがわかり，このような底質の粒度構成が生物の生息環境に大きな影響を与えていると考えられる．

　堆積物の粒径に加えてその他の質の分析により，干潟域における堆積過程をさらに詳細に明らかにすることができる．**図-4.64**は，天然干潟域のSt.5(**図-4.62**参照)における中央粒径，シルト・粘土成分含有率，セシウム-137(Cs-137)，強熱減量，貝殻量の鉛直分布である．中央粒径の測定にはレーザ回折式粒度分析測定装置によった．

　堆積年代推定を行うために，622 keVのγ線を検出することによりセシウム-137(^{137}Cs)を測定した．測定には，γ線スペクトロメータを用い，1試料当り24時間の計測時間を確保して精度の維持に努めた．セシウム-137は半減期30年の放射性核種であり，核実験等の影響で東京湾では1986年と1963年に降下量のピークがあったことがわかっており，鉛直分布のピークにより堆積年代を推定できる．さらに，堆積物から猫実川河口における下水道処理水の暫定放流の影響を調べるため，強熱減量と堆積物中の貝殻質量を測定した．生物は様々な環境対して生息可能な範

4.3 河口周辺沿岸域の堆積物と地形変化

囲を持っており，海域の底質が堆積した当時の環境を推定できる．

図-4.64を見ると，セシウム-137の分布には深さ約40 cmおよび70 cmにピークが見られ，それぞれ1986，1963年に対応するものと考えられる．また，シルト・粘土質成分は深さ60 cmから80 cmにかけて豊富であり，同層で貝殻量も急減していることから，これは埋立て工事（1965～76年）の際に形成された泥質層の痕跡と考えられる．同層は，セシウム-137のピークによって推定された1963年より上の層になるため，セシウム-137によって推定された年代とも整合する．以上の分析から，埋立てと地盤沈下の影響を受けた干潟の堆積過程を詳細に推定することが可能になった．このように，堆積物の質の分析を加えることにより，ストックである地形環境の分析のみならず長期にわたるフラックスの変化についても有用な情報を取得でき，将来の生態系環境変化を見通すうえで貴重な知見を得ることができる．

4.3.2 外洋に面する河川と河口周辺沿岸域

外洋に面する河川の場合には，河川からの土砂供給量と河口前面の岸沖漂砂量，および河口周辺の沿岸漂砂量との関係に応じて，河口砂州，河口テラス，ラグーン等の特徴的な地形が発達する．河川の規模に比べて波浪強度の方が大きい場合には，河口が閉塞することもしばしば見られ，地形の発達と変形が汽水域の水質・生態系環境に大きな影響を与える．河口周辺の地形は流入土砂量も流出土砂量もともに大きく，高いレベルで動的平衡の状態にあるため，系に流入出する土砂の量と質の影響に敏感に反応する．

図-4.65は出水に伴う利根川河口前面の表層底質の粒径変化を捉えたものである（佐藤他，2001）．右岸に銚子漁港，左岸に波崎漁港が位置する河口から流軸に沿ってSt.4からSt.1までの4地点をとり，さらに水深10 m付近に沿岸方向にSt.6，St.7，St.8地点を配置して，スミス・マッキンタイヤ採泥器により表層底質を採取した．底質採取は1999年8月31日と9月28日に実施した．底質採取直前の8月15日前後には流量5 000 m³/sを超える大規模出水が観測されており，2回の粒径計測は，出水直後とその1ヶ月後に実施されたことになる．図-4.65には，上段に8月31日の粒度分布，下段に9月28日の分布が示されている．各地点の上段と下段の図を比較すると，沖合いのSt.1，St.2地点や河口前面のSt.4地点では粒度分布に顕著な変化が見られないのに対して，河口前面テラスに相当する水深10 m付近の地点では粒度分布に顕著な変化が見られることがわかる．特にSt.3地点では粗

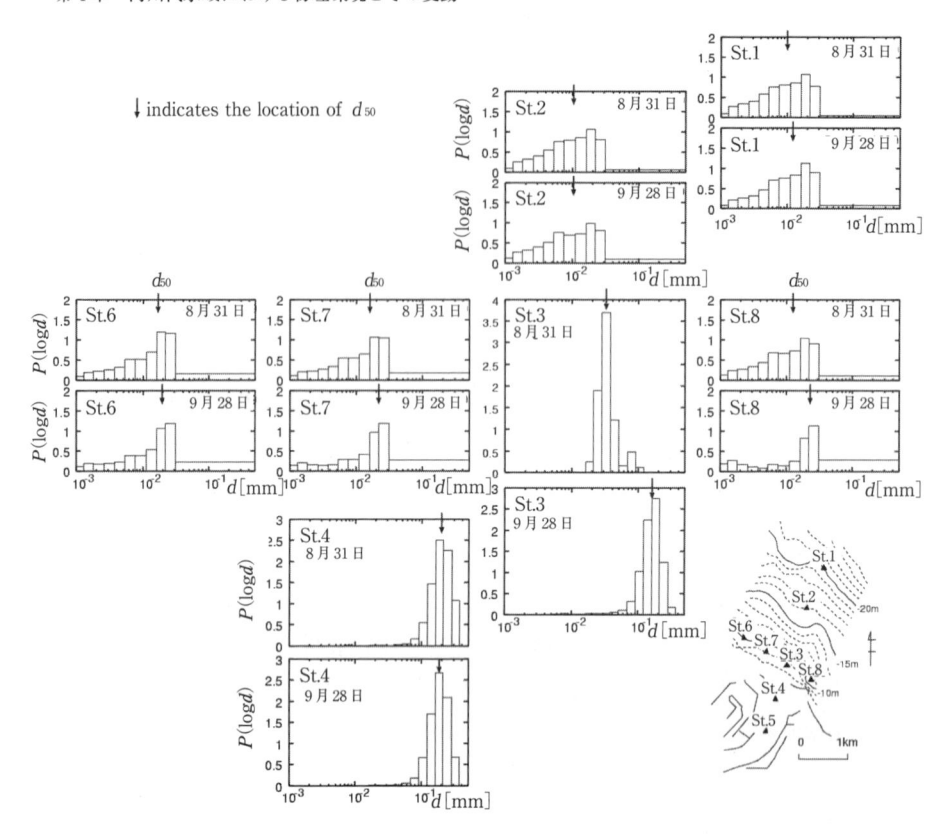

図-4.65 利根川河口前面における表層底質の粒度分布の変化（1999年8月31日と9月28日）

粒化が顕著であり，出水により供給された微細粒径土砂が河口前面の選択的な領域に一時的に堆積し，その後の波浪や潮流の作用によりさらに沖合や周辺海岸にふり分けられていく過程が捉えられている．

利根川河口では左右両岸に漁港が建設されており，自然地形はほとんど残されていないが，一般にはこれらの土砂流出と海岸へのふり分けにより地形変化が生じることになる．洪水による砂州のフラッシュと土砂のテラスへの堆積，洪水後の砂州の回復過程等の短期的な変動に加えて長期変動も重なっており，生物生息場の喪失という観点からは長期的な変動を理解することが重要となる．**写真-4.4**は相模川河口部の長期的な地形変化を示したものである．相模川河口では，河川からの減少，漁港建設を中心とする河口周辺の利用，海岸保全施設の建設等の影響で，河口砂州

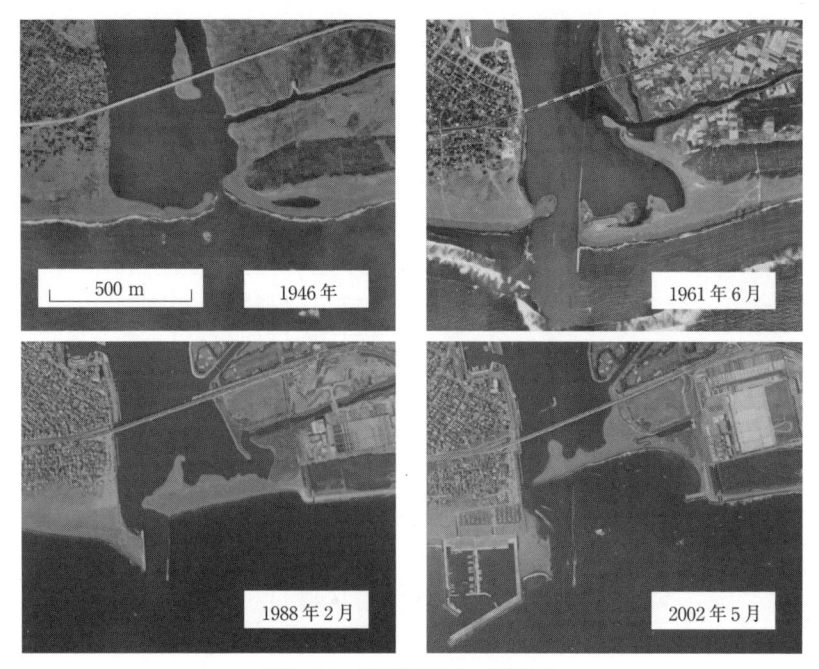

4.3 河口周辺沿岸域の堆積物と地形変化

写真-4.4 相模川河口部の地形変化

の後退が続いている．長期にわたる現象で，ダムや堰の建設の影響も含めて，広域の土砂環境を俯瞰的に分析する必要がある．

図-4.66 は，相模川河口部における深浅測量データを分析し，河口砂州の汀線位置，河口砂州陸上部の総土砂量，河口テラスの総土砂量変化を算出したものである．砂州の汀線位置は左岸に位置する測線 No.0 の汀線位置の後退とともに 1990 年まで年間約 5 m 後退していたが，以後 1995 年まで急激に後退していることがわかった．また，河口砂州については 1993 年から 1995 年にかけて，河口テラスについては 1992 年から 1998 年にかけて大幅に土砂量が減少していることがわかった．さらに，河口砂州は 1999 年以降 T.P.2 m 以上の土砂量がほとんど 0 m³ に近い状態であり，高さが低い砂州になっていることも確かめられる．このような河口砂州の縮小やテラスの侵食は，天竜川や大淀川等の全国の主要河川で深刻化している現象である．

河川から供給された土砂は，主として沿岸漂砂により周辺海岸へ輸送され，海岸地形の形成に寄与することになるが，輸送と同時に分級が生じるので，その挙動を理解するには粒径変化を含めて考察する必要がある．沿岸漂砂量は輸送される砂礫

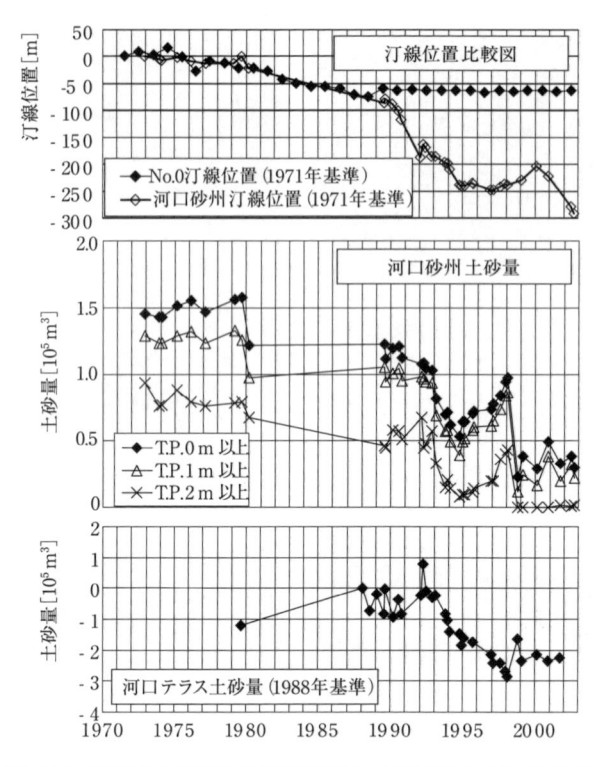

第4章 河川汽水域における物理環境とその変動

図-4.66 相模川河口部における汀線位置および砂州とテラスの土砂量

の粒径の大小に依存するため，一般には河口から離れるにつれて分級作用により淘汰が進み，粒径が小さくなる傾向がある．しかしながら，実際には，土砂供給の不均衡に伴う海岸侵食や各種沿岸構造物による漂砂遮断の影響等を受けて粒径も大きく変動するため，これらを合わせた解釈が肝要となる．

　土砂の供給源に特徴的な地質が存在する場合には，沿岸の底質の鉱物組成を分析することにより河川からの土砂供給の影響を検討できる．図-4.67は湘南海岸における岩石構成比について，約40年前の調査である荒巻他(1958)の結果を最近の調査(福山他，2003)と比較したものである．どちらの調査結果においても，主として早川から供給される安山岩と酒匂川から供給される石英閃緑岩は，それぞれの河川の河口付近で構成比が高く，東へ向かうにつれ徐々にその割合が小さくなっている．最大礫の大きさも西から東へ向かうにつれ徐々に小さくなる傾向となることを確認しており，これらは湘南海岸における漂砂の卓越方向が東向きであることを示して

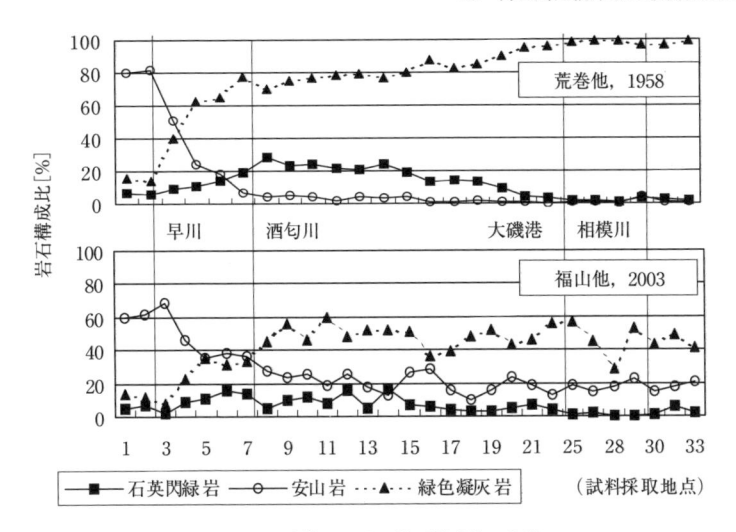

4.3 河口周辺沿岸域の堆積物と地形変化

図-4.67 海岸における岩石構成比の比較

いると考えられる．ただし，福山他(2003)の調査では，酒匂川河口付近において，石英閃緑岩・緑色凝灰岩の割合が荒巻他(1958)の結果より小さくなり，安山岩等の割合が高くなっていることがわかる．これは，酒匂川からの供給土砂が減少し，海岸表層の底質に含まれる酒匂川由来の礫の割合が低くなったものと解釈できる．このように，海岸における土砂の質の分析を通じて，流域や海岸における様々な人為改変の影響が土砂環境変化に与える影響を分析することができる．

鹿島灘海岸では，利根川河口堰の建設や漁港の建設による土砂供給量の減少に加え，海岸侵食対策としてヘッドランドの建設が進み，沿岸の底質環境が変化してきている．**図-4.68**は，利根川河口北部の海岸での汀線部の底質粒径を示したものである(佐藤他，2000)．図より，1990年頃までは後にヘッドランドの施工が進む区間で粒径が大きいことがわかる．同様の傾向は，鹿島港北側の海岸でも見られており，侵食により微細物質が沖合いに流出して粗粒化が進んだ結果であると判断できる．ヘッドランドの施工が進んだ1990年頃からは，以前，粗粒化が進んだ領域でも細粒化しており，ヘッドランドにより海浜の安定化が図られるとともに微細砂成分が捕捉されるようになったものと考えられる．

河口から流出し，篩い分けられながら輸送される土砂の粒径分布をさらに詳しく検討するために，底質粒度分布の確率密度を示したのが**図-4.69**である．横軸は河口からの距離，縦軸は粒径であり，粒度分布の確率密度が濃淡図として示されてい

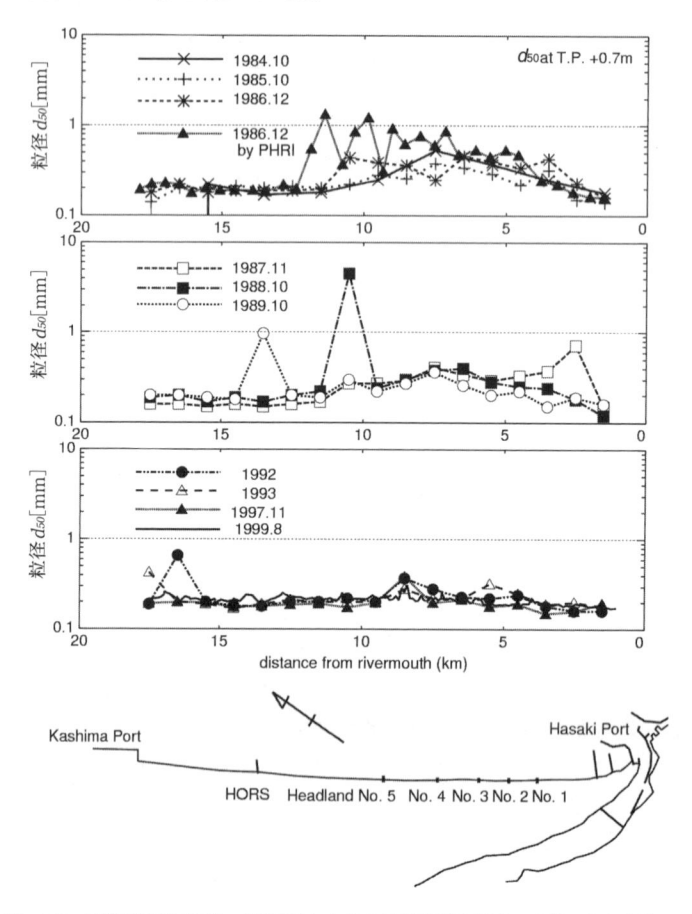

第4章 河川汽水域における物理環境とその変動

図-4.68 鹿島灘海岸（波崎～鹿島港）における汀線満潮位付近の底質の中央粒径

る．底質粒径は，河口から離れるにつれてわずかに増加する傾向にあることがわかる．通常は漂砂源から離れるにつれて細粒化していくが，鹿島灘海岸では逆にわずかながら粗粒化している．当海岸の平均的な沿岸漂砂の方向が北向きであることを考慮すると，利根川河口から供給された土砂のうち，粒径が 0.15 mm より細かい微細砂成分は北向きへの輸送過程で徐々に沖合へと流出しているものと推定される．このことは次に示す放射線強度の測定で，河口のみでなく河口から北へ約 6 km 離れた地点（**図-4.70** 中の③地点）でも沖合いでの堆積速度が大きいことからも裏付けられる．

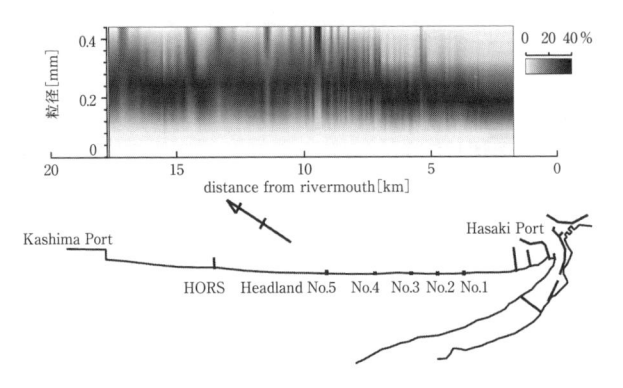

4.3 河口周辺沿岸域の堆積物と地形変化

図-4.69 汀線部底質粒径の確率密度

　数十年の期間における堆積物の堆積年代を自然放射能の測定により推定する手法としては，鉛210(Pb‒210)(半減期22.3年)に注目する方法と先に三番瀬の底質分析でその有効性が示されたCs‒137(半減期30.2年)による方法が有効である．前者は，ウランの崩壊系列中で発生する気体であるラドン222(Rn‒222)が大気中に拡散後崩壊して金属のPb‒210が発生し，これが地表に降り積もることにより生じる放射非平衡を利用するものであり，後者は，核実験が多数行われた1963年頃に大気中で高濃度となったCs‒137を示準物質として利用するものである．**図-4.70**は，利根川河口から北側の沿岸域で採取した3つのコア試料に対するPb‒210のγ線強度の鉛直分布を示したものである．縦軸は，海底面からの深さであり，横軸は1秒当りのγ線検出数である．Pb‒210の含有量は，海底表層ほど多く，深部では一定値に漸近していくように見える．深部における漸近値は，地盤に元々含まれるPb‒210成分と考えられ，この値との差分が新たに降り積もったPb‒210の過剰成分と考えられる．水深20mの領域では過剰鉛は地点③(ヘッドランドNo.3付近)では海底

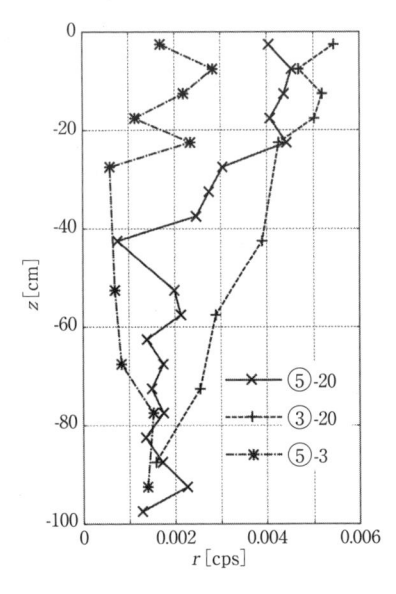

図-4.70 鹿島灘海岸におけるPb-210の放射線強度

面下 60 〜 80 cm, 地点⑤ (利根川河口前面) では海底面下 40 cm の範囲に存在するのに対し, 河口前面の水深 3 m では表層 20 cm の薄い領域のみにしか見られない. すなわち, 水深 20 m の沖合では数十年スケールの新しい堆積物が 40 〜 80 cm の深さにまで存在しているのに対し, 水深 3 m ではあまり厚くは堆積していないことになる. これは, 沖合では緩やかな堆積過程が進行しているのに対し, 水深 3 m 地点では, 波による侵食と堆積が繰り返され底質の混合が激しいためと考えられる.

参考文献

- 荒巻孚, 鈴木隆介:海浜堆積物の分布傾向から見た相模湾の漂砂について, 地理学評論, 第 35 巻, 1 号, pp.17 - 34, 1958.
- Bendegom, L. van: Considerations about the principle of Coastal Protection, Report "Rykswaterstaat", Netherlanda (in Dutch text), 不明).
- Beach Erosion Board: 1961. ここでは 『海岸工学』(堀川清司著, 東京大学出版会, 1973) より再録.
- Bretschneider, C.L.: Significant waves and wave spectrum, Fundamentals in ocean engineering-Part 7, Ocean Industry, Feb., pp.40 - 46, 1958.
- Bruum, P. and Gerristsen, F.: Stability of Coastal Inlets, ASCE WW3, May, 1958.
- 第四紀地殻変動研究グループ:第四紀地殻変動図, 第四紀研究, 7, pp.200 - 211, 1968.
- 土木学会水理委員会移動床流れの抵抗と河床形状研究小委員会:移動床流れにおける河床形態と粗度, 土木学会論文集, 第 201 号, pp.65 - 91, 1973.
- 福山貴子, 松田武久, 佐藤愼司, 田中晋:湘南海岸流砂系の土砂動態と相模川河口地形の変化, 海岸工学論文集, 第 50 巻, pp.576 - 580, 2003.
- 呉海鐘, 磯部雅彦, 佐藤愼司, 渡辺晃:東京湾三番瀬の猫実川河口における底質環境の現地観測, 海岸工学論文集, 第 50 巻, pp.1046 - 1050, 2003.
- 呉海鐘, 磯部雅彦, 鯉渕幸生, 佐藤愼司, 渡辺晃:三番瀬における埋立地近傍の地形と底質変化の実態, 海岸工学論文集, 第 51 巻, pp.1001 - 1005, 2004.
- 花籠秀輔:実績比流量資料によるダム設計洪水流量のチェック, 土木技術資料, 12 - 4, 1970.
- 川西澄, 筒井孝典, 中村智史, 西牧均:太田川放水路における河川流量と潮差変動に伴う浮遊砂泥の輸送特性, 水工学論文集, 第 49 巻, pp.649 - 654, 2005.
- 建設省河川局治水課, 建設省土木研究所河川部:河口処理対策指針(案), p.51, 1975.
- 国土庁長官官房水資源部:日本の水資源, p.225, 1999.
- 近藤俶郎:感潮狭口の最大流速・水深と最小流積, 第 21 回海岸工学講演会, 1978.
- 松尾春雄:利根川河口の防波堤, 導流堤, 航路浚渫, 砂州の消長に関する模型実験, 土木試験所報告, 第 41 号, 1933.
- 虫明功臣, 高橋裕, 安藤義久:森林状態が山地流域の水循環に与える影響, 水利科学, No.233, vol.40 - 6, pp.30 - 44, 1981.
- Myrick, R.M. and Leopold, L.B.: Hydraulic Geometry of a small tidal estuary, U.S.G.S Professional Paper, 422 - B, 1963.
- 農林省, 通商産業省, 運輸省, 建設省, 経済企画庁:有明海総合開発調査報告書, 1969.
- O'Brien, M.P.: Equilibrium flow areas of inlets on sandy coast, ASCE WW1, Feb., pp.43 - 52, 1969.
- 小田一紀, 大石大輔, 影他良昭, 汪思明:塩水中における長江河口微細浮遊砂の凝集過程と凝集機構に関する研究, 海岸工学論文集, 第 49 巻, pp.1476 - 1480, 2002.
- 大矢雅彦:利根川中・下流域平野の地形発達と洪水, 地学雑誌, 78 - 5, pp.43 - 56, 1969.
- Postma, H.: Sediment transport and sedimentation in the estuarine environment, Estuaries edited by Lauff, G.H., American Association for the development of science, Publication No.83, pp.158 - 179,

4.3 河口周辺沿岸域の堆積物と地形変化

1969.
・西条八束, 奥田節夫：河川感潮域, 名古屋大学出版会, pp.85 - 96, 1996.
・酒井新吾, 真野明：河口塩水混合層における浮遊物質の分布特性, 水工学論文集, 第 49 巻, pp.1423 - 1428, 2005.
・Shields, A.：Anwendung der Ähnlichkeitsmechanik und der Turbulenzforchang auf die Geschiebewegung, itteilungen der Prussischen Verschsanstalt für Wassenbau und shiffbau, Berlin, Germany, 61, 1936.
・佐藤愼司, Harry Yeh, 加藤史訓：利根川河口周辺沿岸域における浮遊懸濁物質の挙動に関する現地観測, 海岸工学論文集, 第 48 巻, pp.626 - 630, 2001.
・佐藤愼司, 前田亮, 磯部雅彦, 関本恒浩, 鳥居謙一, 山本幸次：鹿島灘南部海岸の地形形成機構に関する現地調査, 土木学会論文集, No.663/II - 53, pp.89 - 99, 2000.
・佐藤清一, 岸力：河口に関する研究, 土木研究所報告, 第 94 号, 1959.
・末次忠治, 藤田光一, 諏訪義雄, 横山勝英：沖積河川の河口域における土砂動態と地形・底質変化に関する研究, 国土技術政策総合研究所資料, 第 32 号, 2002.
・鈴木伴征, Arthur SIMANJUNTAK, 石川忠晴, Jorg IMBERGER, 横山勝英：利根川河口堰下流部における潮汐流動に伴う微細粒子の運動, 水工学論文集, 第 48 巻, pp.775 - 780, 2004.
・田中茂信, 佐藤愼司：これからの海岸調査, 海岸研究会, リバーフロント整備センター, 1995.
・宇多高明：波による移動限界水深を定める代表波の選定法, 第 21 回海岸講習会, pp.25 - 35, 1989.
・宇多高明, 山本幸次：湖および湾内に発達する砂嘴地形の変形特性, 地形, 第 7 巻, 第 1 号, pp.1 - 22, 1986.
・宇多高明, 山本幸次：鈴鹿川河口周辺海岸の経年的地形変化, 地形, 第 10 巻, 第 1 号, pp.53 - 62, 1989.
・宇多高明, 山本幸次：涸沼北岸, 新沢鼻砂嘴の 1983 年〜 1988 年における地形特性, 地形, 第 10 巻, 第 3 号, pp.209 - 217, 1989.
・W.T.B van der Lee：Parameters affecting mud floc size on a seasonal time scale：The impact of a phytoplankton bloom in the Dollard estuary, in The Netherlands, Coastal and Estuarine Fine Sediment Processes, *Proceedings in Marine Science*, No.3, pp.403 - 421, 2001.
・Wolanski, E., Gibbs, R.J.：Flocculation of suspended sediment in the FLY RIVER esturary, PAPUA NEW GUINEA, J.Coastal Research, Vol.11, No.3, pp.754 - 762, 1995.
・山本晃一：海兵変形の相似性に関する研究, 土木研究所資料, 第 975 号, 1975.
・山本晃一：河口処理論[1]—主に河口砂州を持つ河川の場合—, 土木研究所資料, 第 394 号, 1978.
・山本晃一：気候・地形・地質が河道特性に及ぼす影響に関する研究ノート, 土木研究所資料, 第 2795 号, pp.47 - 58, 1989. .
・山本晃一：沖積低地河川の河道特性に関する研究ノート, 土木研究所資料, 第 2912 号, 1991.
・山本晃一：沖積河川学, 山海堂, 1994.
・山本晃一：構造沖積河川学, pp.13 - 53, 190 - 218, 492 - 518, 534 - 561, 山海堂, 2004.
・山本晃一, 野ơ尚：千代川河口処理計画報告書, 土木研究所資料, 第 974 号, 1975.
・山本晃一, 林敏夫, 深見親雄, 坂野章：利根川河口処理に関する水理的検討, 土木研究所資料, 第 1326 号, 1978.
・山本晃一, 長沼宏一, 渡辺明英, 大森徹治：鶴見川河口部の土砂堆積と浚渫計画, 建設省京浜工事事務所報告書, 1993.
・山本浩一, 横山勝英, 高島創太郎, 大角武志, 阿部純恵, 進藤一俊：白川感潮域における高濁度塩水フロントの動態, 海洋開発論文集, 第 21 巻, pp.725 - 730, 2005.
・横山勝英, 宇野誠高, 森下和志, 河野史郎：超音波流速計による浮遊土砂移動量の推定方法, 海岸工学論文集, 第 49 巻, pp1486 - 1490, 2002.
・吉高益男：河口安定論, 1969 年水工学に関する夏季研修会講義集, 1968.

5章　河川汽水域における化学的環境とその変動

5.1　河川汽水域における水質環境とその変動

5.1.1　海水と河川水の混合様式と物質変換

　汽水域における海水と河川の混合は，水理環境の違いによって弱混合型，緩混合型，強混合型に分類される(**3.1**)．汽水域における物質輸送や底質性状の時空間分布は，このような河川水と海水の混合様式に大きく影響を受けている．そのダイナミクスは **4.2** に詳しいが，ここでは主に河川水と海水の混合がもたらす化学的な物質変換について説明する．図-5.1 は鉛直混合の違いによる汽水域の鉛直循環流と塩分および懸濁物質の分布・輸送を模式的に表したものである．陸域から輸送されるコロイド粒子や無機の懸濁物質は負に帯電しており，流下に伴い海水中のナトリウムイオンやマグネシウムイオンにより電気的に中和される．この塩分による荷電中和は凝集，沈殿を促進するとして，汽水域でのフロック化の要因と考えられてきたが，最近の研究ではフロック粒径と塩分濃度には必ずしも明瞭な相関がないという報告もあり，荷電中和とフロック化の関係は直接的ではない可能性がある(**4.2**)．しかし，荷電中和とフロック化が同時に起こっていることは事実で，高濁度水塊の形成やそれへの吸着・凝析は汽水域での物質の動態に大きな影響を及ぼしている．

　河川水と海水が混合する場における化学物質や粒子の挙動を解析する手段とし

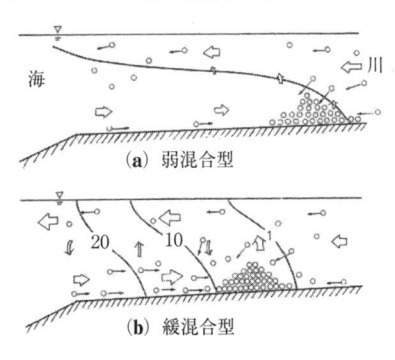

図-5.1　鉛直混合の違いによる汽水域の鉛直循環流と塩分および懸濁物質の分布・輸送の様式(杉本他，1988)

5章 河川汽水域における化学的環境とその変動

て，保存性成分である塩分を横軸に，対象物質を縦軸にとってその関係を表す混合曲線(mixing diagram)が用いられる．図-5.2 にその例を示す．直線関係が成立する場合(①)，対象物質は混合によってのみ濃度変化し，塩分と同様保存性の強い成

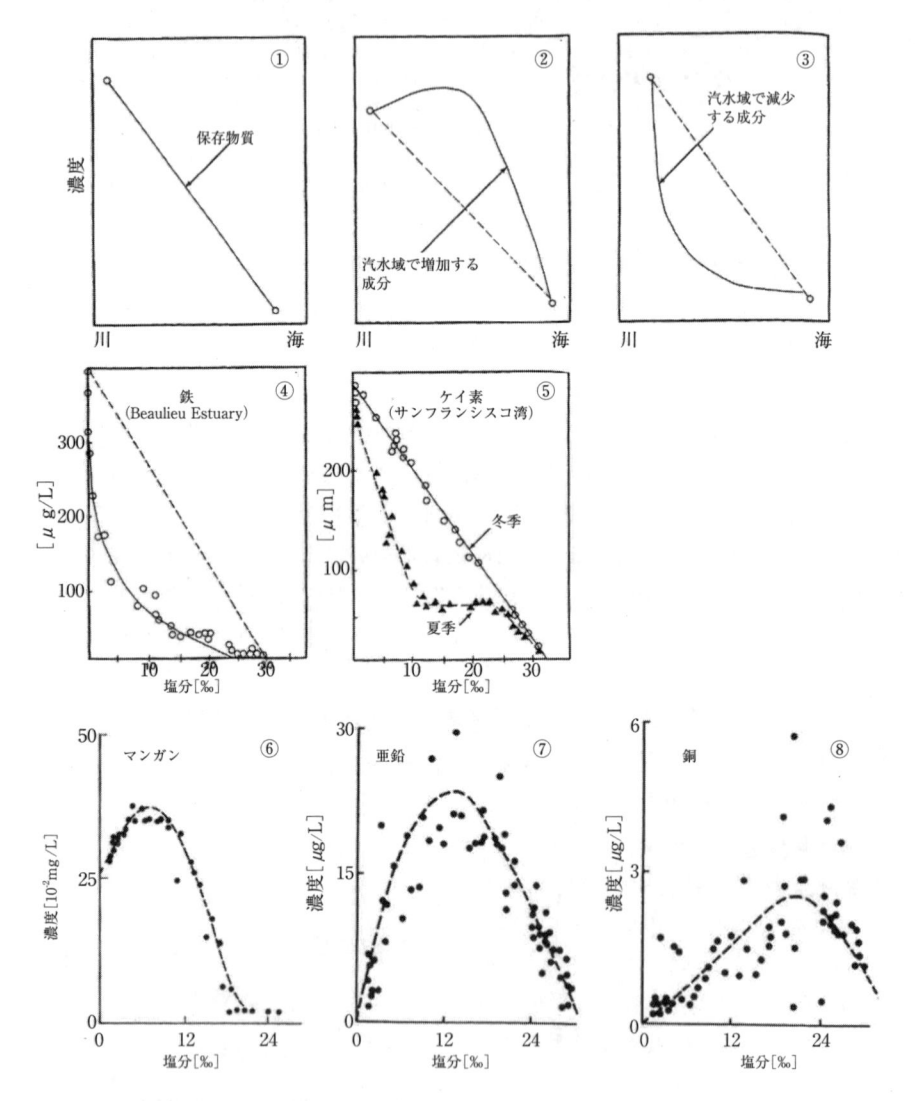

図-5.2 混合曲線の例．上段の①②③は理想化されたパターンを示し，①は保存物質の，②は汽水域がソースとなる物質の，③は汽水域がシンクとなる物質の混合曲線，④～⑧は各物質の混合曲線の実測例 [①～⑤(Kemp, 1989)][⑥ (楠田, 1990)][⑦, ⑧(楠田, 1994)]

分であると判断できる．汽水域で増加する成分は上に凸(②)の，逆に沈降や生物による取込みで減少する成分は下に凸(③)の曲線となる．

④の鉄は，海水と混合することで濃度を急激に低下させ(下に凸)，汽水域に堆積する物質であることがわかる．鉄は，フミン物質と錯体(フミン鉄)を形成することで河川水中に溶解し，汽水域へと輸送され，水酸化物をつくり，凝集，沈殿する．一方，⑤のケイ素は，冬季は保存性の強い物質，夏季は汽水域がシンクとなる下に凸の物質の特徴を持っている．このような季節変化は，主に生物的な作用によってもたらされ，夏季はケイ素が汽水域で珪藻等によって取り込まれて減少している可能性を示す．⑥，⑦，⑧のマンガン，亜鉛，銅の混合曲線は，これらは途中にピークを持つ汽水域がソースとなる物質の特徴を示す．これらの陽イオン物質は，粒子に吸着した状態で汽水域に運ばれ，塩分の増加に伴って脱着が進む．一方で，錯体の形成，鉄の水酸化物や高濃度懸濁物質の吸着が起こり，濃度が減少すると考えられる．

5.1.2 栄養塩の挙動

栄養塩の場合は，通常，下に凸の傾向を示し，また河川水の方が海水よりも濃度が高いために塩分濃度の増加とともに濃度は減少する．しかし，図-5.3の六角川感潮域における無機態窒素の例(楠

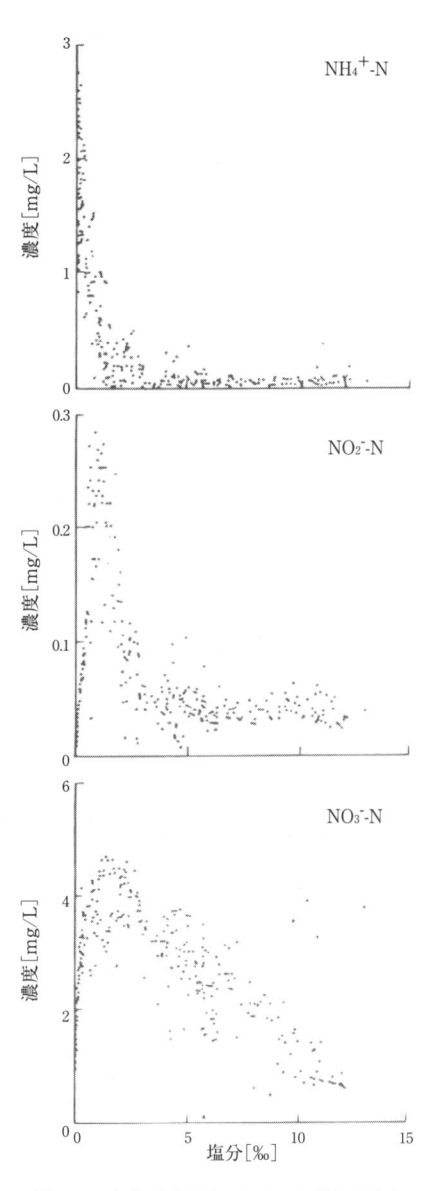

図-5.3 六角川感潮域における各態窒素濃度の混合曲線(楠田，1990)

田，1990)に示されるように，混合形態は物質形態によって異なっている．これは前述のように各物質固有の物理的(巻上げ，沈降等)作用，化学的(凝集等)作用，生物的(吸収等)作用を受けるためであり，図の塩分が0～2‰でのNH_4^+-Nの急激な減少，NO_2^--N，NO_3^--Nの増加はこの区間で活発に硝化が起こっていることを意味している．通常，河川において硝化は起こりにくいとされている．その理由はそもそもアンモニアが高濃度に存在しないことに加えて，流水系のため水中の硝化細菌の存在は限定され，河床底泥表面に存在する硝化細菌との接触が起こりにくいためである．しかし，六角川のような強混合の感潮河川では懸濁物質が高濃度に存在し，その表面には硝化細菌が多数付着している．このことから，図-5.3に見られるような汽水域の比較的低塩分の場所で速やかな硝化が発生している．その結果，増加したNO_3^--Nは海水による希釈作用を受けて，ほぼ直線的に減少し，保存物質的な特徴を示している．一方，多摩川下流域においては，図-5.2の⑤に示したケイ素と同様の挙動がPO_4^--Pの挙動で見られ，夏季には活発な一次生産によって汽水域がシンクとなる下に凸の傾向を示した(和田，1988)．

5.1.3 底質－直上水間における物質輸送

汽水域の多くは水深が浅く，水質が底質の影響を受けやすい環境である．河口内直上水中での植物プランクトンの増殖に底質からの栄養塩回帰が重要な役割を果たしているとの報告もある(例えば，Kemp and Boynton，1984)．

底質からの栄養塩回帰をもたらす微生物群集の代謝機能は，きわめて多様である．底質には様々な有機物が堆積し，その大部分は多様な代謝機能を持つ底泥の微生物群集によって分解，無機化され，有機物を構成していた炭素，窒素，リン等の元素は再び水中に回帰する．

底質は水によって大気と遮断されており，酸素の供給が制限されているため，表層の酸化層と下層の還元層とに分化する．酸化層は酸化鉄が存在するため黄褐色を呈し，酸化還元電位(Eh)が高い(**3.1.6**)．還元層は黒みがかった灰色を呈するのが普通であり，酸素は消失しEhはきわめて低い．酸化層と還元層との境にはEhが急激に低下する層があり，泥質の堆積物では，通常，この層は不連続層と呼ばれる．酸化層はあくまでEhが正の値を示す層であり，酸素の存在する層は普通数mmからせいぜい1cm程度である．微生物の代謝は底質のEhによって起こる形式が異なり，＋500～＋300mVで酸素呼吸，＋400～＋100mVで硝酸還元，＋200～－200mVで鉄還元，～－400mVで発酵，0～－200mVで硫酸還元，－200

~ - 300 mV でメタン生成が起こる(左山他, 1988).

表層は水中から供給される酸素によって酸化的になりやすいが,表層で起こる酸素呼吸で消費され,その下の還元層では脱窒,硫化水素,メタンの生成が生じる.それ故,還元層の過剰な発達は,水中に有害な物質を溶出させることにつながり好ましくない.なお,巣穴をつくるゴカイ等の底生動物の働きによって,巣穴の表面が酸化層となり,微生物代謝が活発に行われることも知られている.

このように汽水域において底質は生物反応のホットスポットであるため,物質の収支や動態の把握において,底質-直上水境界面における物質フラックスを測定することの意義は大きい.また,懸濁態物質の輸送に関しては巻上げ,沈降等の物理的作用が大きい.一方,底質-直上水間での溶存態栄養塩の移動は,底質-直上水境界における鉛直方向の濃度勾配に規定される拡散により生じる.溶存態物質については,特に無機態栄養塩のフラックスをチャンバーを用いて直接現場測定した事例や,現場より採取したコアサンプルを用いた室内測定の事例が数多く報告されている(**表-5.1**).

底質-直上水間での溶存態栄養塩フラックスに影響する因子は数多く,温度,光,流れ,底生藻類の吸収,有機物分解,マクロベントスの排泄と底質の攪乱,直上水

表-5.1 河口・沿岸域の底質-直上水間における栄養塩フラックス測定事例(最小/最大)(Sakamaki et al., 2006 より改変)

	フラックス[μmol/(m²·h)]			時空間のスケール等/フラックス変動への主要因子
	PO_4^{3-}	NH_4^+	NO_3^-	
Forja and Gómez-Parra (1998)	104/ 263	629/ 833		空間/マクロベントス密度
Gallender and Hammond (1982)	- 25/ 167	- 200/1 083	- 300/ 221	空間/マクロベントス密度
Clavero et al. (1991)	9/ 20			季節/マクロベントス密度
Reay et al. (1995) (砂)	- 2/ 10	- 13/ 103	- 23/ 12	季節/直上水の栄養塩濃度
(泥)	0/ 21	- 4/ 377	- 20/ 5	季節/底質での栄養塩無機化
Jensen et al. (1990)		7/ 63	- 33/ 15	季節/底質性状
Rysgaaed et al. (1995)[1]	- 25/ 30	- 10/ 750	- 140/ 30	季節/マクロベントス,温度
Ogilvie et al. (1997)[1,3] (泥)		- 800/1 800	- 3 000/1 000	季節/直上水の栄養塩濃度
Cabrita and Brotas (2000)[1,3]		- 116/ 150	- 14 900/5 300	季節/直上水の栄養塩濃度
Asmus (1986)[1]		- 90/ 371	- 354/ 173	季節/直上水の栄養塩濃度
Magalhães et al. (2002)	- 152/ 0	- 978/ 106	- 810/ - 40	季節/直上水の栄養塩濃度
Kristensen (1993)		- 13/ 50	- 25/ 17	季節/直上水の栄養塩濃度,照度
Sundbäck et al. (2000)[1] (砂)		- 17/ 45	- 60/ 10 [2]	季節/温度,照度
(泥)		- 20/ 70	- 40/ 50 [2]	季節/底質性状
Hopkinson et al. (2001)	- 1/ 21	- 1/ 168	- 8/ 28	季節/温度,底質性状
Sakamaki and Nishimura (2006) (砂)	- 75/ 72	- 850/ 475	- 565/ 346	潮汐/直上水質
(泥)	- 22/ 67	- 493/ 552	- 452/ 287	潮汐/直上水質

[1] 図より推定 [2] $NO_3 + NO_2$ [3] Magalhães et al. が整理

質,底質性状等の様々なものがあげられる.これらの因子の底質−直上水間における栄養塩フラックスへの作用は,複合的で非常に複雑である.個々の研究では,通常,考慮されるフラックスへの影響因子は限定される(表-5.1)が,そこで見られる因子とフラックスの関係が別の場で同じようにあてはまるとはいえない.例えば,マクロベントスによる栄養塩フラックスへの影響を検討した研究は多いが,多毛類 *Nereis diversicolor* の生息密度の違いがリン酸態リンの溶出フラックスに及ぼす影響を検討した2つの研究では,フラックスと生息密度の間に正と負という全く逆の関係が見出されている.正の関係を見出した研究(Clavero et al., 1991)における考察では,*N. diversicolor* による排泄や底質攪乱がリン酸態リンの溶出を活発化させたとするのに対し,負の関係を見出した研究(Mortimer, 1999)では *N. diversicolor* による底質攪乱が底質への酸素供給とリン酸態リンの吸着を促進し,その結果,溶出が抑制されたと考察している.この違いの原因は検証されていないが,底質の好気・嫌気の程度に違いがあったことが推察される.他の例としては,窒素フラックスに及ぼす藻類,硝化,脱窒の複合的な影響を検討した研究があげられる(Risgaard-Petersen et al., 1994;Rysgaard et al., 1995).窒素同位体測定を活用して脱窒される硝酸の起源を直上水由来と硝化由来に分離したこれらの研究では,藻類の光合成に伴う酸素供給増加は,硝化の活発化と硝化由来硝酸に対する脱窒を高めた一方,酸化層厚の増大により直上水由来硝酸に対する脱窒を低下させた.このように底質の酸化層厚は特に硝化・脱窒への影響を介してフラックスに大きな影響を及ぼす.

　これまでのフラックスの測定事例を見ると,大きなフラックスの変動幅は主に直上水中の栄養塩濃度が高く変動幅の大きい場で観測されている(表-5.1).そのような場では,しばしば栄養塩の吸収フラックスと直上水中の栄養塩濃度の間に明確な正の関係が見られている.これは,そのような場では,直上水中の栄養塩濃度が他の生物的な因子等に比べ支配的になる可能性を示唆している(Asmus, 1986;Magalhaes et al., 2002;Sakamaki et al., 2006).フラックスに対する複数因子の相対的な重要度については,さらなる検討が必要である.

　汽水域における栄養塩フラックスの定量化では,上述のような因子間の複雑な作用に加えて,汽水域特有の水質および底質の時空間的な大きな変化にも配慮が必要である.直上水中の栄養塩濃度の季節変化や日照の変化に伴うフラックスの変化が観測されているが,さらに汽水域では特有の現象として潮汐による河川水と海水の交換に伴う直上水質の変化を考慮する必要がある.Sakamaki et al.(2006)によれば,

潮汐スケールでの栄養塩フラックスの変動幅は，直上水質の振れ幅が大きい場合には季節スケール等で観測された変動幅と同等あるいはそれ以上にもなりうることが示されている．このような潮汐スケールでのフラックスの変動を踏まえ，より正確な定量化を行うには，例えば，1潮汐内でフラックス測定を繰り返し行うなど，工夫が必要である．

5.2 河川汽水域における底質環境とその変動

5.2.1 マクロスケールでの有機物堆積プロセス

　汽水域は，様々な起源の懸濁態有機物の混ざり合う場である．河川から輸送される懸濁態有機物の多くは，陸上の植物や河川内で生産された藻類に由来する．海起源の有機物は主に植物プランクトンである．さらに，河口起源の有機物として，塩性湿地の植物体や底生藻類等もこの混合に加わる．汽水域における各起源有機物の混合については，炭素安定同位体比測定(**6.6.3**)を用いた数多くの研究事例がある．多くの研究が，陸起源の有機物が河口から沿岸域にかけて沈降堆積し，同時に水中では海方向へ向かって海起源の有機物に希釈される様子を明確に捉えている(図-**5.4**)．例えば，チェサピーク湾(Chesapeake Bay)の湾奥部では懸濁物質の83％は河川から供給され，その3/4は無機態，1/4は有機態である(McLusky, 1999)．一方，東京湾の場合，炭素，窒素の同位体比の測定から，荒川，隅田川等の河口では陸起源の有機物の割合は50％程度と推定され，河口から10 km以上の沖合ではほとんど100％がその場で生産された有機物であると推定されている(和田，1986)．

　河口域は河川中・上流域に比べ勾配が緩く，懸濁態物質が比較的堆積しやすい環境であると考えられる．河原他(1986, 1987)による岡山県旭川河口域での3年間にわたる観測では，春に底質が細粒化するとともにCODやT-N，T-Pの含有量が上昇し，それ以外の季節では逆に粗粒化し各物質の

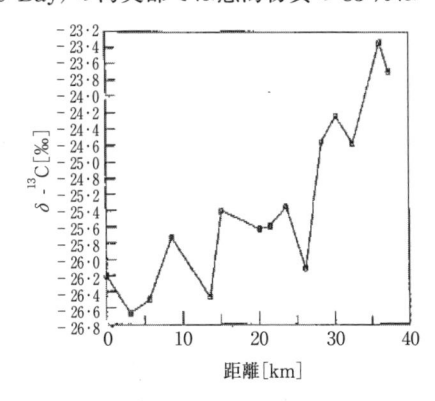

図-5.4 Tay Estuaryにおける堆種物中有機炭素の安定同位体比の空間分布(Thornton et al., 1994)．横軸の距離は汽水域上端を基点とした海方向へ向かっての距離．混合モデル(**6.6.3**)による計算では，陸起源有機物の割合は，例えば0 km地点で76%，30 km地点で25%と見積もられている

含有量が低下するという明確な季節変化が示されている．さらに，春の細粒化は出水に伴って起こるが，細粒化した状態下での出水は粗粒化を引き起こしていた．また，河口域底質の細粒化・粗粒化は2〜3週間程度の比較的短期間のうちに生じていた．また，細井他(1992)が行った徳島県新町川水系の河口域における観測では，晴天時には底質の有機物の掃流によると考えられる微細物質および有機物含有量の低下が，50 mm/日程度までの降雨流出ではそれらの増加が，さらに100 mm/日を超えるような降雨流出ではそれらの除去が生じることが示されている．このように，河口域における有機物の堆積は，流量の変化に対応して堆積から流出まで大きく変動することが明らかとなっている．よって，河口域における有機物の堆積に関する調査やその制御においては，流量との関係をていねいに検討する必要がある．

菊地他(1988)は，宮城県七北田川河口域において，河川縦断方向の底質における微細物質の含有量の分布が洪水前後で大きく変化し，1回の洪水に伴って同じ河口内でも微細物質が堆積した部分と流出した部分が存在したことを示した(図-5.5)．さらに，横断方向の底質の観測からは，特に水深が周辺部より深くなっている窪みのような部分において，堆積していた微細物質が洪水に伴って流出

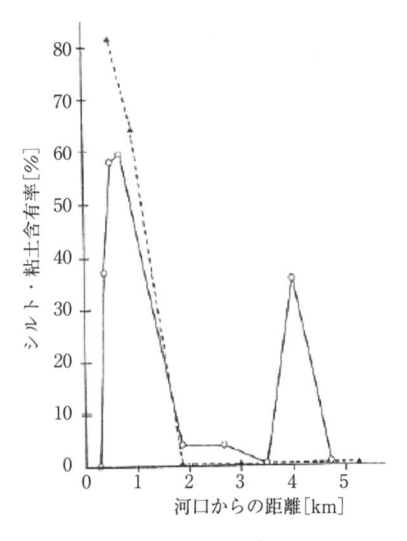

図-5.5 七北田川河口域におけるシルト・粘土含有率の縦断方向分布の洪水前後での変化．実線が洪水前，点線が洪水後(菊地他，1988)

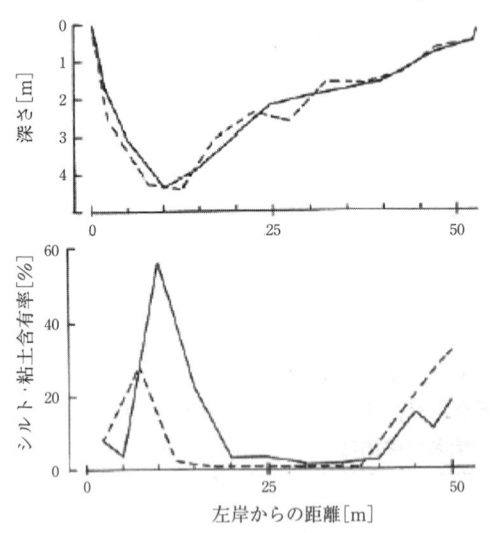

図-5.6 七北田川河口域のある横断方向側線における水深分布(上段)およびシルト・粘土含有率の洪水前後での変化(下段)．実線が洪水前，点線が洪水後(菊地他，1988)

したことが観測されている(図-5.6)．このようなことから，河口域における有機物の堆積・流出のプロセスを把握するには，水深分布をはじめとして局所的な地形にも，配慮した調査が必要である．

5.2.2 ミクロスケールでの有機物堆積プロセス

上述したように，堆積と流出を繰り返す河口域での懸濁態物質の輸送プロセスは，底質の質的変動をもたらしている．Sakamaki *et al.*(2006)は，七北田川河口に位置する砂質から泥質までの幅広い底質性状を有する干潟において，底質の有機物含有量の指標として炭素含有率を3年近くにわたり観測し，時間変動の特性を明らかにした(図-5.7)．これによれば，比較的低い有機物含有量(平均炭素含有率0.09％)を有する砂質干潟では，含有量が常に小刻みに増減を繰り返しながら結果として低い有機物含有量を維持した(図-5.8)．水理環境との関連を解析したところ，砂の巻上げに伴う有機物含有量の低下が主に大潮時に，また，直上水からの懸濁態有機物の沈降堆積に伴う有機物含有量の上昇が主に小潮時に起っていると考えられた(図-5.9)．一方，有機物含有量が比較的高く(平均炭素含有率0.96％)，粘着性の底質を有する

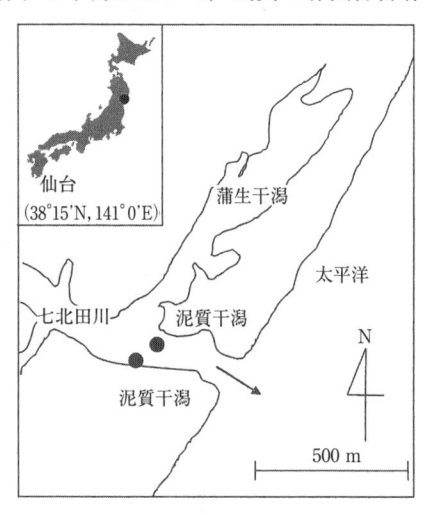

図-5.7 七北田川河口の調査対象干潟

泥質干潟では，夏季には出水に伴う有機物含有量の急激な上昇が，冬季には季節風に伴う底質の巻上げによる濁度の上昇が有機物含有量の上昇を引き起こしていると考えられた(図-5.8)．それ以外の時期には，含有量が速やかに低下しながらも比較的高いレベルを維持した．このような季節的な有機物や細粒分の含有量の変動は，比較的細かい粒度を有する他の場でも報告されている(Delafontaine *et al.*, 2000；Pasternack *et al.*, 2001)．七北田川河口域の場合，泥質の干潟では，通常，直上水の流速は砂の巻上げに伴う有機物含有量の低下が生じるレベルにまで達していなかった(図-5.9)．

Sakamaki *et al.*(2007)は，さらに上述のような炭素含有率の時間変動，および砂の巻上げ頻度に関する解析に基づき，底質の有機物含有量が動的に維持される物理

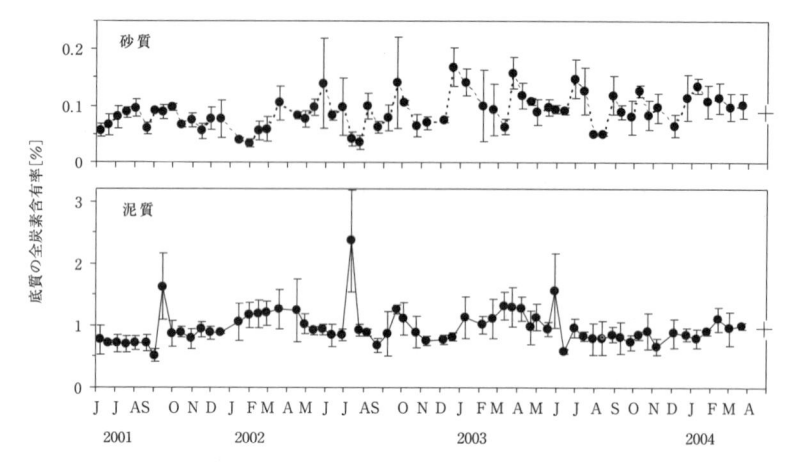

図-5.8 宮城県七北田川河口の砂質および泥質干潟における表層底質中の全炭素含有率の時間変動。グラフ右端の十字は測定期間中の平均値を示す (Sakamaki *et al.*, 2006)

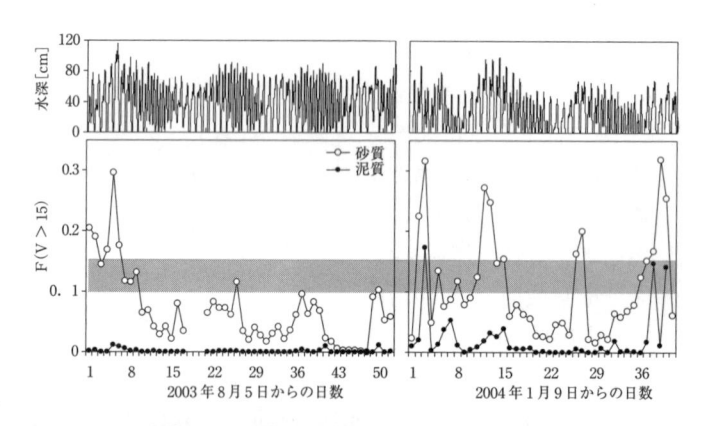

図-5.9 七北田川河口の砂質および泥質干潟における水深と流速の観測結果。流速は1日の観測中で15 cm/sを超える流速が観測される頻度として示した [F(V > 15)]。グレーの帯は，砂の巻上りに伴う底質の有機物含有量の低下が起る流速の閾値として求められた値，F(V > 15) = 0.10 ～ 0.15を示す (Sakamaki *et al.*, 2006 を改変)

的なプロセスを概念モデルによって示した (図-5.10)。このモデルでは，底質の有機物含有量を維持するプロセスは，底質の粘着性の有無に大きく左右されるものと考えられている。比較的低い有機物含有量を有する非粘着性の砂質干潟では，砂の巻上げに伴う有機物含有量の低下と，水中からの有機物の供給に伴う有機物含有量の上昇が，満ち潮と引き潮等に伴う日以下の時間スケールでのせん断力の変化に伴

5.2 河川汽水域における底質環境とその変動

(a) 炭素含有率 0.05%の干潟［非粘着性の底質］

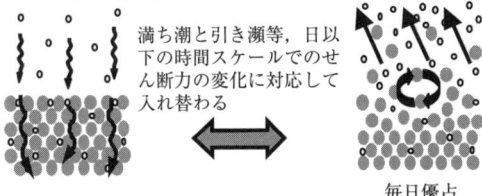

毎日優占

(b) 炭素含有率 0.09〜0.15%の干潟［非粘着性の底質］

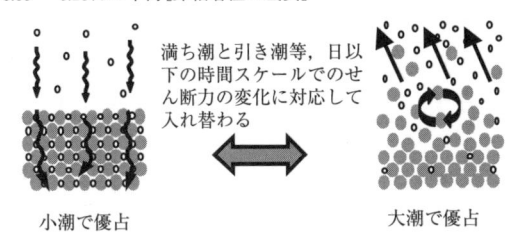

小潮で優占　　　大潮で優占

(c) 炭素含有率 0.77〜1.64%の干潟［粘着性の底質］

満ち潮と引き潮等，日以下の時間スケールでのせん断力の変化に対応して入れ替わる

冬季の季節風による濁度上昇や年1〜2回の大きな出水に伴って

通常の条件下で速やかに元の状態へ回復（2週間以下の時間スケールで）

台風時の高波浪等に伴って年1〜2回

通常の条件下で速やかに元の状態へ回復（2週間以下の時間スケールで）

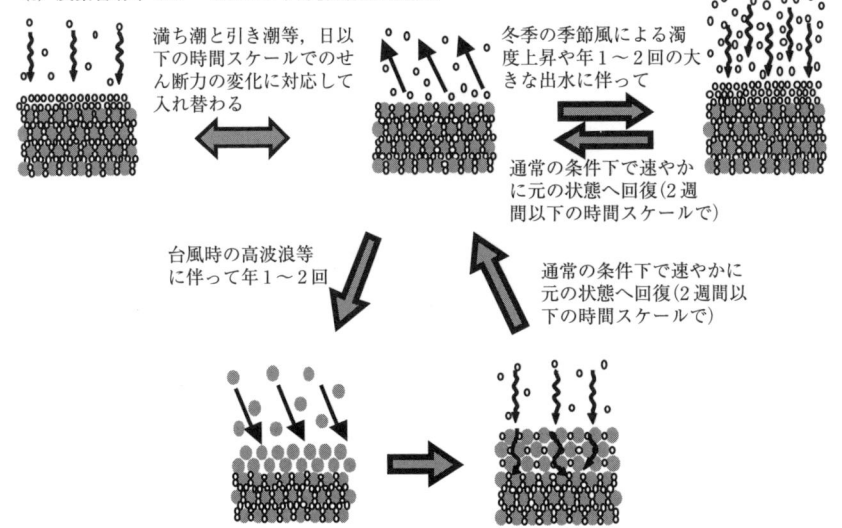

図-5.10　七北田川河口の干潟における底質中有機物量維持機構の概念モデル．グレーの粒は砂粒子，白の粒は粒状有機物を示す（Sakamaki et al., 2007 を改変）

い交互に起っている［**図-5.10(a)**，**(b)**］．さらに，砂の巻上げの頻度が有機物含有量を決定する主な因子であると考えられ，巻上げがより多く起こる場ほど有機物含

有量も低くなる．一方，比較的高い有機物含有量を有する粘着性の泥質干潟では，浮泥層と粘着土層の2層構造が底質表層での有機物含有量の時間変動を強く支配している．ここでは，直上水から供給される懸濁態有機物は物理的に不安定な浮泥層として挙動し，満ち潮と引き潮等に伴う日以下の時間スケールでのせん断力の変化に伴い底質表層で頻繁に堆積と巻上げを繰り返している．これは結果として，小刻みな有機物含有量の時間変動を引き起こすが，通常，浮泥のように挙動する新たに堆積した懸濁態有機物は底質の粘着土層に取り込まれにくいため，長期的な底質の有機物含有量の変動には結びつきにくい．同様に，季節的な濁度の上昇や大きな出水に伴う有機物を多く含む微細物質の堆積も一時的なものであり，2週間以下の時間スケールで速やかに通常の状態に回復する．一方，粘着土層に取り込まれている有機物はその物理的安定性により，通常，巻上げによって水中へは流出しにくい．さらに，このモデルは，年1～2回高波浪時等に起こる新たな粗粒砂の底質表層への堆積とその空隙への懸濁態有機物の貯留が新たな有機物の底質への加入と粘着土層の形成を担うことを示している［図-5.10(c)］．

一般に，底質中のシルト，泥分といった微細物質は，粗粒分よりも高い有機物含有量を有する．よって，底質における微細物質の含有量は底質の化学的性状，さらには底生生物の生息に大きな影響を及ぼす（例えば，土屋，1988）．Thrush *et al.* (2003) は，様々な底生生物の出現を底質の含泥率との関係で記述したモデルを作成しており，底質の微細物質の含有量は底生生物生息にとって重要な指標になると考えられている．汽水域では，比較的大規模な出水の際に河川より運ばれた微細物質の堆積により，砂質の場に生息する底生生物が窒息し斃死することがある．Lohrer *et al.* (2004) は，底質表層に厚さ3 mm 程度の微細物質が10日間程度堆積した場合でも，底生生物は大きなダメージを受けることを実験的に示した．また，Norkko *et al.* (2002) は，それによる生物相回復は1年以上経っても達成されず，回復には長い時間がかかることを示している．

七北田川河口での有機物含有量の時間変動に関する結果は，生物が持続的に生息する安定した干潟生態系であっても，短い時間スケールで見れば底質は質的に常に変動しているが，それよりも少し長い時間スケールでは動的平衡と呼ばれるべき状態にあることを示している．ここでは河口干潟の底質を主に取り上げたが，これらの知見は，河口域の様々な部位において底質が常に質的に変化し，その過程でその性状が動的に決定されていくことを示唆している．

5.3 生物的作用による河川汽水域の化学的環境の改変

5.3.1 貧酸素水塊の発生

好気的な微生物による有機物の分解は酸素消費を伴う．水温が上昇し有機物分解が活発化する夏季には，貧酸素水塊が発生しやすい．河川汽水域もその例外ではない．

石川(2000)は1997年および1998年の夏季に利根川の観測を行い，河川汽水域における貧酸素水塊の発生とその挙動を明らかにしている(**図-5.11**)．貧酸素水塊の発生・挙動は潮汐，河川流量および河口堰のゲート操作によって影響を受けるものの，特徴的な傾向としては非洪水時には塩水くさびの発達とともにその先端部より貧酸素水塊が発達し，塩分躍層に沿って下流に輸送されるというものであった．また，夏季に貧酸素水塊が河口域の広範囲(下流約10km程度のスケール)に発達す

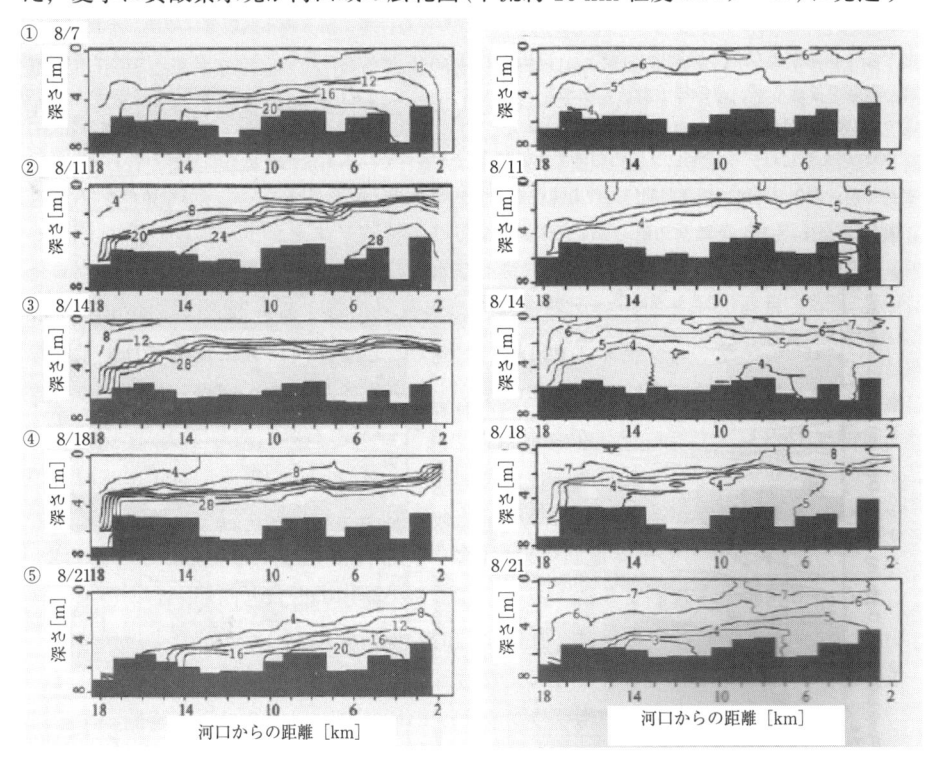

図-5.11 1998年8月に利根川河口域で観測された塩水くさびおよび貧酸素水塊の発達
左列：塩分濃度(コンター間隔‰)，右列：溶存酸素濃度(コンター間隔mg/L)(石川, 2000)

るのに要する時間は2週間から1ヶ月程度とみられた．同じ現場を対象に数値シミュレーションによる検討も行われており，非洪水時における観測結果が良好に再現されている．しかし，大規模洪水等の底泥の堆積や流出が起こったあとの再現性は不十分で，モデル改善の必要性が示されている．菊地他(1988)も宮城県七北田川河口域における現場観測によって，渇水時における塩水くさび先端部での溶存酸素濃度の低下と，増水時における溶存酸素濃度の回復の現象を捉えている．さらに，河口内で局所的に水深が深くなっている窪みのような場においても，特異的に溶存酸素濃度が低下することを明らかにしている．

貧酸素水塊は生物にダメージを及ぼす現象であり，河川汽水域の環境管理においても考慮が必要である．流量の低下や，河口域内における局地的な浚渫等による水の交換の悪化が貧酸素水塊の発生につながらないよう配慮すべきである．

5.3.2 植物プランクトンの増殖

植物プランクトンの増殖は水中での生物的物質変換プロセスであり，河川汽水域においても，水質さらには栄養塩循環に大きく影響する．菊地他(1988)は，七北田川において，特に渇水時に河口域の水塊表層部において植物プランクトンの細胞数が平水時の100倍にもなると同時に，無機態栄養塩類が低下し，溶存酸素濃度が過飽和状態になることを示した．河口域における植物プランクトンの増殖を制限する主な因子としては，栄養塩，濁度，および水理環境等があげられるが，そのプロセスや因子も対象とする河口域の環境特性に大きく依存する．例えば，Kemp et al. (1984)は，チェサピーク湾岸のPatuxent川で，冬季に河口域に負荷された栄養塩が懸濁態として底質に堆積し，夏季の温度上昇とともに水中へ回帰し植物プランクトン濃度の著しい上昇につながることを示している．これに対してEyre(2000)がオーストラリアの9つの河口域で行った観測によれば，その多くで特に渇水時，植物プランクトン濃度が系外から人為的に負荷される栄養塩にすばやく応答して上昇する一方で，底質からの栄養塩回帰の植物プランクトン増殖への寄与は小さかった．これらの事例に見られるように，流入してくる栄養塩の貯留と回帰，およびその植物プランクトン増殖への寄与は，特に水理的環境の変化のタイミングや規模に強く依存し，河口ごとに異なるものと考えなければならない．

一般に，河口域における植物プランクトンの増殖には，水塊の滞留時間が十分確保される必要がある．上述の菊地他(1988)による七北田川における植物プランクトンの増殖は渇水期に観測されたものであり，河川流量がきわめて小さく滞留時間が

9日程度と見積もられた際のものである．同様に，Eyre(2000)の場合も植物プランクトンの河口での増殖が認められたのは，比較的河川流量が小さい時期であった．一方，河口内水塊の交換率が高い場合には河口固有の植物プランクトンの増殖に必要な滞留時間が確保されず，かわりに満潮時には海産の，干潮時には河川に由来する淡水産の植物プランクトンがそれぞれその河口域において優占することになる（菊地他，1988）．

5.3.3 底生動物による濾過摂食

濾過摂食を行う底生動物と直上水質との関係は，様々な実験系での検討事例がある．Riisgard et al.(1996)によるメソコズム実験では，多毛類 Nereis diversicolor による濾過摂食が自らの成長を制限しうるレベルにまで低層水中の植物プランクトン濃度を低下させた．濾過摂食を行う二枚貝による直上水質への影響についてメソコズムにおいて検討された事例も多い．例えば，イガイ Mytilus edulis (Prins et al., 1995)，イソシジミ Nuttallia olivacea (坂巻他，2002)，Eastern Oyster, Crassostrea virginica (Pietros et al., 2003)等について検討されている．これらの研究では，二枚貝による濾過摂食が直上水中の植物プランクトン濃度を減少させるばかりではなく，栄養塩回帰の促進に伴う栄養塩濃度の上昇や直上水中における光合成活性の上昇をもたらすことも示されている．さらに，上述の Prins et al.(1995) および Pietros et al.(2003) の研究では，直上水中に優占する植物プランクトン種に底生動物の濾過摂食が影響することも示されている．

近年は，沿岸域におけるフィールド研究においても，濾過摂食を行う底生動物は直上水中の植物プランクトンをはじめとした懸濁態有機物の現存量に有意な影響を及ぼすケースが報告されている．Dolmer(2000)は，北海に連なるデンマークのLimfjorden Sound で，濾過摂食二枚貝 Mytilus edulis 礁直上水中の植物プランクトン濃度の鉛直分布を測定し，底近くで植物プランクトン濃度が Mytilus edulis の濾過摂食可能な限界濃度近くにまで減少することを示した．Cressman et al.(2003)も，Hewletts Creek (North Carolina 州)のカキ(Eastern Oyster, Crassostrea virginica)礁直上を潮の干満により行き来する水を採取し，そこから特に夏季においてクロロフィル a 濃度が 10 ～ 25％，糞便性大腸菌が最大 45％程度減少するケースを捉えている．また，Zhou et al.(2006)は，黄海に面した Sishii 湾での養殖ホタテによる濾過摂食とそれに伴う Biodeposition のプロセスを通じて，底質に輸送される炭素，窒素，リンの沈降フラックスが，養殖が行われていない地点と比べ平均で 2.5 倍程

度の大きさになると見積もった.

これらの知見は，底生動物による濾過摂食が懸濁態有機物，特に植物プランクトンの直上水中での濃度を局所的に減少させる可能性を示している．一方で，沿岸域生態系をマクロに捉えた場合に，底生動物の濾過摂食が直上水中の植物プランクトン現存量に有意な影響を及ぼしうるかという議論は現在も続いている．Cloern (1982)は，South San Francisco Bayで直上水中の植物プランクトン量が二枚貝の濾過摂食により著しく抑制されているとしている．チェサピーク湾では，Newell (1988)によるEastern Oysterの濾過摂食能力に関する見積もりに基づき，漁獲や病気に伴うEastern Oysterの減少と近年の直上水中植物プランクトン濃度の上昇が関連付けられている．さらに，そのような解釈はEastern Oysterの回復がチェサピーク湾再生の一手段であるという考え方にまで発展している．しかし一方で，Pomeroy et al.(2006)は，そのような濾過摂食による，チェサピーク湾におけるトップダウン型の植物プランクトン濃度抑制の可能性を否定している．この理由として，チェサピーク湾は比較的小さな潮位差によって水の交換が悪いこと，春の植物プランクトンブルームの際に濾過摂食効率は低温のためあまり高くないことをあげている．今後，日本の河川汽水域における濾過摂食者による直上水質への影響については，このような因子を考慮に入れ検討がなされる必要がある．

5.3.4　ヤマトシジミと汽水域環境

前述したように底生動物と汽水域の化学的環境は互いに影響を及ぼし合っているため，現場において観測された現象の解釈も場合によって真逆となることがある．そこで，研究事例の多いヤマトシジミ(*Corbicula japonica*，以下シジミと称す)を取り上げて，底生動物と化学的環境の間に働く作用(環境が生物に及ぼす影響)・反作用(生物が環境に及ぼす影響)について基本的事項を説明する．

シジミは，植物プランクトンを濾過摂食する懸濁物食二枚貝であり，幅広い塩素量($1 \sim 12$ ‰ Cl)[*1]で生息できる広塩性汽水種である(山室，1996)．そのため塩分濃度の変化が大きい河口域でも生存でき，しかも同様な水域で他に懸濁物食種がいないこともあって，優占的に繁殖し高密度かつ生存量も大きい．河川における魚種別漁獲量(2004年度)ではサケ類やアユに次いで多く，3 251 t(内水面漁業・養殖

[*1] 塩化物濃度 Cl と塩分濃度 S の関係は，Kunussenn式によると，
　　　　$S = 1.805\ Cl + 0.0305$
ここで，単位は‰．

業全体では38 017 t)に上る(農林水産省, 2007). 河川別に見ると, 那珂川だけで全体の約6割を占め, 有数なシジミの生産地である.

しかし, 河川でのシジミ生産量は徐々に減少している. その大きな要因は, 利根川における減産である. 利根川では1970年に約4万tの漁獲量があったものの, 1971年の河口堰完成とともに減り続け, 2004年度には25 tとなっている. 種シジミの放流も行ったが, 放流効果が小さいため, 多くの地域で取止めとなっている. 減少の要因として, 河口堰運用に伴う堰上下流の底層水の貧酸素化や底質の細粒化, 塩分条件の変化等が影響しているものと推定されている(西條他, 1998).

北上川(追波川)では渇水期に堰下流側の塩分濃度上昇によるシジミの大量死が報道(河北新報, 1999)され, 堰からの放水量が少ない時期には流量や潮汐にかかわらず底層の高塩分状態が長期間持続する可能性が示された(山田他, 2000). このような現象は, 長良川(籠橋他, 1999), 芦田川等の全国の河口堰で認められている.

一方, 日本海側では漁獲量が少ないこともあって, 太平洋側の河川ほどの報告はない. また, 汽水湖等では河川よりも比較的安定した漁獲量を上げている. しかしながら, シジミ生産の代表的な汽水湖である宍道湖でも, ヘドロがたまり, 底水層の貧酸素化が起きている湖心部ではシジミは採れず, 溶存酸素が維持されている水深2～3 mの沿岸部では, 微細泥が36％以上の地域で放流されたシジミが死亡した(石田他, 1971a). すなわち, シジミが生存するための環境因子として底質と水質(溶存酸素, 塩分濃度等)が重要と考えられる.

公共用水域における環境基準達成率は河川域では向上したが, 海域(内海, 内湾), 湖沼での改善が見られず憂慮されている(環境省, 2006). これは, 水域の富栄養化に伴う植物プランクトンの大量増殖に起因している. シジミは, 水中の懸濁体を餌として取り込み, 同化し, 擬糞や糞の排出によって水底に有機物を供給している. そして漁獲や高次消費者に捕食されることで, 汽水域の物質循環や食物連鎖を通じた水質浄化に大きく寄与していると考えられる(山室, 1992). 人工池を使ったシジミの摂餌や消化過程の観察では, 消化管内の最大のものは長さ約150 μmのワムシであった(大谷他, 2004). 殻長18.7～28.5 mmの場合, 150 μmを超える大きさの粒子は口に取り込まず, 通常は100 μm以下の生物を含めた粒子を取り込んでいると考えられる. また, 消化糞以外に, 生きた珪藻, 渦鞭毛藻, 緑藻, 藍藻等を含む未消化糞が確認されている.

汽水域, 特に河口域の水質は潮汐や降雨によって劇的に変化するため, そこに生息する生物にとって影響を与える環境因子を明らかにしておく必要がある. 従来か

ら，生息に及ぼす環境因子として，水産資源的視点により塩分濃度，溶存酸素，水温，底質環境等について研究されてきた．産卵時の好適な塩分濃度は 2～12 ‰ の範囲である（丸他，2005a）．さらに生殖による発生を促すためには塩分濃度と水温が重要な因子となる．平均水温 20 ℃ 未満では発生が進まず，塩分濃度については淡水では発生が進まず，30～70 ％ 海水で速やかに進む（朝比奈，1941）．塩分と水温との関係から産卵確率 90 ％ を示す環境は，

$$-16.11 + 0.57\,T - 12.64\,S + 0.59\,T\,S = 2.2 \tag{5.1}$$

ここで，T：水温[℃]，S：塩分[‰]．

となる条件が必要といわれている（馬場，1998a）．丸他（2005a）は，産卵誘発を試み，水温 25 ℃ 前後が良かったことを報告している．北上川河口でも，水温 20 ℃ を超えた 6～7 月に産卵・放精間近の状態であることが生殖腺組織の季節変化で確認された（山田他，2000）．

生殖や稚貝・成貝に及ぼす塩分の影響についての既往の研究を図-5.12 にまとめた．その結果，稚貝の方が成貝よりも高塩分耐性が低い（田中，1984）．例えば，初期発生期（7～9 月頃）に 5 時間でも海水程度の塩分濃度につかると受精卵には致命的である（山室，1996）．一方，成貝にとって 60 ％ 海水は生息に適さない上限値であり，70 ％ 海水では殻を閉じ，濾過を止めてしまう（田中，1984）．すなわち，塩分濃度によってはシジミの持つ水質浄化能力が制限されてしまうことを意味する．さらに，利根川産のヤマトシジミを使った小島（1978）の実験では，日中 56 ％ 海水，

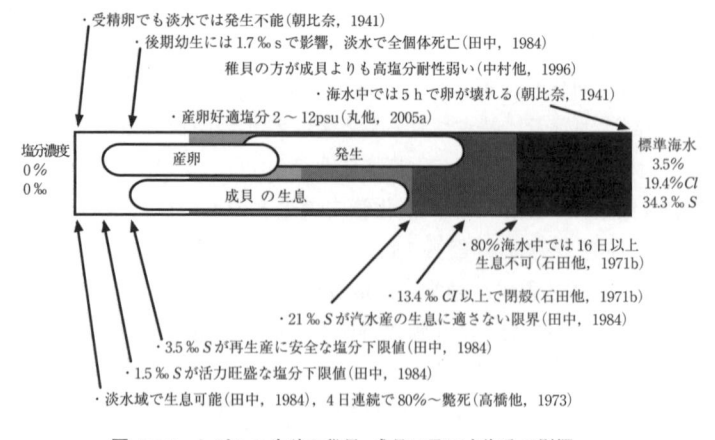

図-5.12 シジミの生殖や稚貝・成貝に及ぼす塩分の影響

夜間80％海水で飼育しても5日目で約70％が死亡することがわかった．また水温について，稚貝は25～30℃で高い成長率を示しながらも，12.5℃以下では成長せず(田中，1984)，単位重量当りで高い浄化能力を示す稚貝が冬季にはその能力をほとんど期待できないことがわかる．

シジミの酸素消費量と水温との関係は，

$$Q[\mathrm{mL/(kg\cdot h)}] = 4.68\, e^{0.0825\, T} \tag{5.2}$$

と表せられ，水温25～30℃で無酸素状態が5～10時間続くと斃死が観察される(位田他，1978)．すなわち，水温が高いほど貧酸素化への耐性が低い(中村他，1997a)．実際，利根川河口堰下流部においても夏季には貧酸素水塊が2週間程度の間に発達し得る(石川，2000)ので，シジミの生息にも影響があるものと考えられる．幼貝・稚貝は流れによる移動性があるので貧酸素水域から回避できると考えられるが，研究例はほとんどない．一方，成貝では，宍道湖の場合，DOが0.6 mg/L以上の場所に分布し，4 mg/L以上で1 000個体/m^2以上生息している(中村，1999)．貧酸素化によって発生が懸念される硫化水素に対しては，成貝と稚貝との違いとの大きな差はなく，耐性の強さは水温の影響を大きく受ける．28℃で，硫化水素3 mg/L以上の濃度では，LT_{100}は14日以内であり，長期間では1 mg/L以上で影響がある(中村他，1997b)．

生息のための物理的環境条件としては砂質底を好み，宍道湖の場合，生息範囲は水深2～3 mで強熱減量が10％，CODが10 mg/(g・日)未満，1 000個体/m^2以上の高密度の所は強熱減量が5％，CODが5 mg/(g・日)未満の条件の所である(中村，1999)．そのため覆砂によって生息密度を増大(着底稚貝の増加によって，3年後には個体数で35倍，重量で60倍になった)させることができた報告(中村他，1998)もある．また，宍道湖においては，ヨシ群落にもシジミの幼貝が生息しており，殻長2～5 mmのものが600～1 500個体/m^2，さらにヨシ群落の間の砂泥の中には1 500～2 400個体/m^2を超える成貝が観察されている(坂本，1992)．すなわち，シジミの仔貝や稚貝にとっては水に流されないための場所であり，幼貝にとっては成長の場としてヨシの役割が大きいことを意味している．ただし，砂の粒径もシジミの潜砂行動(垂直移動)等に影響があり，中砂と細砂～極細砂が適し，シルト質は不適である(丸他，2005b)．

シジミの水質浄化能力は，シジミの濾過能力による．濾過水量の測定はSSや植物プランクトン，クロロフィルaの減少速度を測定して求める．宍道湖での研究(中村，1999)では，濾過水量はシジミ1 g当り1時間で約0.2 Lなので，宍道湖全

体で約1.27億m³/日となり，3日間で全湖水を濾過できる．Nakamura et al.(1988)の研究によれば，大中小のシジミを用いて6.5～35℃の水温で濾過速度を求めたところ，生重量(無乾燥状態の殻と身)1g当り1～8L/hであった．また，小さな個体では軟体部乾燥重量1g当り8L/h，15mmを超える個体では約3L/hの濾過速度を得た研究(相崎他，1998)もある．ところで，濾過摂食によって底質中の重金属を体内に蓄積してしまうのではないかという懸念もあるが，シジミ可食部と底質土の含量との間に明確な相関関係は認められていない(境他，2001)．

シジミは，植物プランクトンを多量に摂取することで植物プランクトンの異常増殖を抑制している(Ronald et al., 1984; Officer et al., 1982)．一方，糞尿(窒素やリン等)を排泄することで植物プランクトンの増殖を刺激していることも指摘されている(Kautsky et al., 1980)．宍道湖ではヤマトシジミが底生生物現存量の97%を占め，年間約1万t(2004年度で7400t)が漁獲されている．夏季における窒素循環を定量化したところ，光合成に伴って植物プランクトンが水中から窒素を吸収する速度と同じオーダーの速度でシジミは窒素を摂取していた(山室，1992; Nakamura et al., 1988)．宍道湖での漁獲量を考えると，1年間の窒素回収量は75tにのぼる(籠橋他，1999)．また，シジミの成長量は，河川からの窒素負荷量の15%に相当していた．しかし，取り込んだエサ(N換算)の4割は体外排出されている．

一般に，植物プランクトンの体成分の窒素とリンの原子比は16:1(atom)とされ，堆積物からの溶出では6:1(atom)であるため，一次生産が窒素の不足によって制限される可能性が指摘されている(Harrison, 1980)．二枚貝を通じて排出される栄養塩類での窒素とリンの比は，堆積物から溶出するものと比べて窒素が相対的に高い．したがって，同量の植物プランクトンが水中から堆積物に取り込まれる場合，その無機化が二枚貝によって為される方がそうでない場合よりも，相対的に窒素分が多い栄養塩として再生産されるため，一次生産者にとって好ましいことになる(山室，1992)．

以上のような機構に着目して，水質浄化に果たすシジミの役割をモデル化する研究も見られ，中村他(1998)はシジミの生物量密度と植物プランクトン(クロロフィルa)濃度の二変数の相互作用だけで湖内の空間的な水質分布特性を再現した．また，シジミ以外の二枚貝による富栄養化水域の環境修復やシミュレーションによる二枚貝の役割についても検討されている(細川，1991; 門谷他，1998; Prins et al., 1995; Ragnhild et al., 1991)．しかしながら，水質浄化に果たす二枚貝の役割を検

5.4 汽水域における有機物・栄養塩収支

討した研究において，対象は比較的塩分濃度の安定した汽水湖，内湾・内海が多く，塩分濃度が大きく変化する河口域での検討はまだない．開発の進む河口域に対して，環境アセスメントが導入される場合には，底生生物等による水質浄化能力を適切に評価しておくことが重要である．特に生産量が多い貝類の水質浄化能力は重要である．また，河口域でよく見られる水生植物のヨシは水質浄化能力が高いことが知られており，ヨシ原復元による汽水域の水質浄化が検討されている（島多，2002）．しかも，ヨシ原はシジミの成長にとって重要な棲み家であるので，シジミとヨシとの関係のみならず，ヨシ群落（河口域植生）に及ぼす水質の影響等も併せて，河口域の環境アセスメントについて十分議論しておく必要がある．

5.4 汽水域における有機物・栄養塩収支

河川汽水域における有機物・栄養塩の収支は，上述してきた様々な物理的・化学・生物的なプロセスによって決定されている．図-5.13には，七北田川河口域に位置する干潟において有機炭素の収支が検討された一例を示す（坂巻，2001）．これは，七北田川河口の砂質と泥質の干潟それぞれにおいて数 m² 程度の空間スケールで日当りの有機物収支を算定した事例であり，現場直上水中での懸濁態有機物の輸

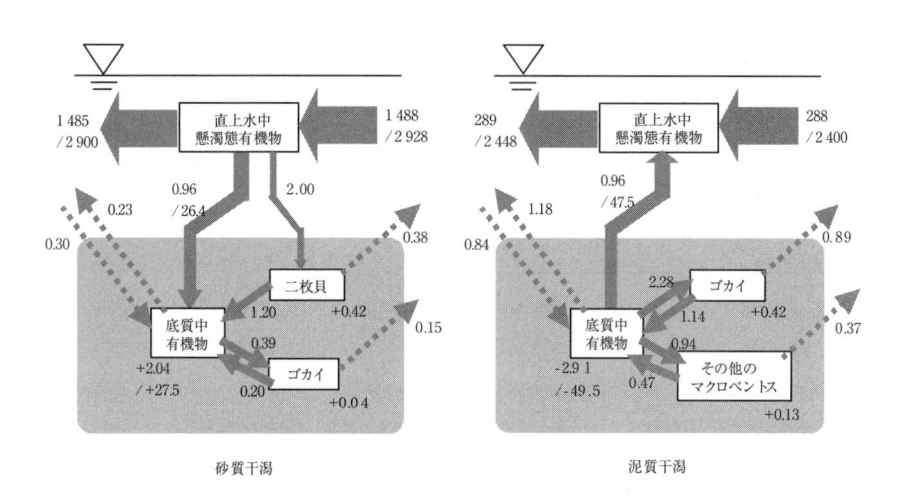

図-5.13 七北田川河口の砂質および泥質干潟における有機物収支の算定事例．点線の矢印は呼吸および一次生産を示す．直上水中での移流および巻上げ・沈降のフラックスは，各干潟各2回の観測結果を示す（小潮／大潮），単位は [g-C/(m²・日)]

5章　河川汽水域における化学的環境とその変動

送の観測結果に，底生生物の代謝に関する既往の知見を外挿することで求めたものである．

このように，系内の物質収支は，水中・底質中の物質現存量や生物量を示すコンパートメントと，それらを結ぶ主に物理的輸送および生物的代謝・物質変換からなるフラックスによって構成されるモデルに基づき算定される．生物のコンパートメントについては，生物全体をひとくくりにしたようなものから，バクテリア，メイオベントス，マクロベントス，さらに高次の捕食者といった様々な生物群に分類したものまで，様々な区分の仕方が考えられる．また，物質収支算定の対象となる空間スケールも研究により異なり，m^2 程度のスケールから河口域全体を対象とするようなものまで幅広い（表-5.2）．

汽水域における有機物・栄養塩の収支を検討した事例は数多い．収支算定のための手法や仮定は研究によって異なり単純な比較は難しいが，汽水域によって物質収支に大きな違いがあると考えられる．水理環境，地形・底質，有機物・栄養塩負荷等は物質収支の重要な因子になると考えられる．

表-5.2　河口・沿岸域における物質収支の算定事例

対象系	対象物質	単位	流入	流出	系内での代謝等（＋：増加，－：減少）
Chesapeake（米国）	有機炭素	g-C/(m^2・年)	285	281	堆積・埋没：－217，漁獲による系外排除：－45，一次生産：＋3672,
	溶存無機窒素	kt-N/年	61	3	呼吸：－3402 脱窒：－23
	有機窒素	kt-N/年	43	78	堆積：－21
松川浦（日本，福島）	全窒素	t/日	1.0	－	海藻・海草による吸収：－0.2，カキ・アサリの排泄：＋0.5，カキの摂餌：－0.9，アサリの摂餌：－1.3
Colne 川河口（英国）	全窒素	Mmol-N/	18.4	－	脱窒：－9.1
Brouage 泥質干潟（フランス）	有機炭素	g-C/(m^2・年)	75	80	底生藻類：＋391，呼吸：－309，二次生産：－51，堆積・埋没：－26
Oder 川河口（ドイツ）ラグーン内部	溶存無機窒素	kt-N/年	53	34	脱窒・吸収：19
	全窒素	kt-N/年	80	46	
	溶存無機リン	kt-P/年	2.1	2.0	
	全リン	kt-P/年	5.9	4.3	
Oder 川河口（ドイツ）ラグーン外側内湾部	溶存無機窒素	kt-N/年	32	26	脱窒・吸収：6
	全窒素	kt-N/年	44	39	
	溶存無機リン	kt-P/年	1.8	1.9	
	全リン	kt-P/年	3.7	3.1	
Bangpakong 川河口（タイ）	溶存無機窒素	t-N/m	143	138	
	溶存無機リン	t-P/m	36	71	

5.4 汽水域における有機物・栄養塩収支

　表-5.2を見ると，場によっては，物質の流入や流出のフラックスに対して，河口内の様々なプロセスのフラックスが著しく大きく，河口内での物質動態が非常に活発であることが読み取れる．そしてその多くのプロセスが底生生物や底質－直上水間での物質輸送に関わるものである．また，河口よっては物質の sink の場として働き，陸域から海域への物質負荷を低減させるいわば浄化の場としての役割を担っているケースも見られる．また，河口域の有機物・栄養塩の収支に関しては，水塊の交換率等によって，物理的プロセスと生物的プロセスの相対的な寄与度が変化する．とりわけ水理環境が静穏で水塊の周辺との交換が小さいような系では，生物的なプロセスが相対的に重要となってくるであろう．

　汽水域の化学的環境特性には不明な点が多く，一方で開発が著しい場でもある．さらなる研究を重ねるとともに，何かしらの人為的インパクトを与えざるを得ない時には，慎重な計画と順応的管理が必要であろう．

参考文献

- 相崎守弘，福地美和：ヤマトシジミを用いた汽水性汚濁水域の浄化，用水と廃水，Vol.40, No.10, pp.894 - 898, 1998.
- 秋山章男：2章 2.1 干潟の底生動物，河口・沿岸域の生態学とエコテクノロジー（栗原康編），東海大学出版会，pp.85 - 98, 1998.
- 朝比奈英三：北海道に於ける蜆の生態学的研究，日本水産学会誌，Vol.10, No.3, pp.143 - 152, 1941.
- Asmus, R.: Nutrient flux in short-term enclosures of intertidal sand communities, *Ophelia*, Vol.26, pp.1 - 18, 1986.
- Asmus, R.M. and Asums, H.: Mussel beds: limiting or promoting phytoplankton?, *J.of Experimental Marine Biology and Ecology*, No.148, pp.215 - 232, 1991.
- 馬場勝寿：網走湖におけるヤマトシジミの産卵におよぼす水温と塩分の影響について，第1回全国シジミ・シンポジウム講演集，pp.43 - 48, 1998.
- Buranapratheprat, A., Yanagi, T., Boonphakdee, T. and Swangwong, P.: Seasonal variation in inorganic nutrient budget of the Bangpakong Estuary, Thailand, *Journal of Oceanography*, Vol.58, pp.557 - 564, 2002.
- Clavero, V., Niell, F.X. and Ferenandez, J.A.: Effects of Nereis diversicolor O.F.Muller abundance on the dissolved phosphate exchange between sediment and overlying water in Palmones river estuary (Southern Spain), *Estuarine, Coastal and Shelf Sciences*, Vol.33, pp.193 - 202, 1991.
- Cloern, J.E.: Does the benthos control phytoplankton biomass in South San Francisco Bay?, *Marine Ecology Progress Series*, Vol.9, pp.191 - 202, 1982.
- Cressman, K.A., Posey, M.H., Mallin, M.A., Leonard, L.A., and Alphin, T.D.: Effects of oyster reefs on water quality in a tidal creek estuary, *Journal of Shellfish Research*, Vol.22, pp.753 - 762, 2003.
- Delafontaine, M.T., Flemming, B.W., and Bartholom, A.: Mass balancing the seasonal turnover of POC in mud and sand on a back-barrier tidal flat (southern North Sea), In: Flemming, B.W., Delafontaine, M.T., Liebezeit, G.(eds) Muddy coast dynamics and resource management, Elsevier Science, pp107 - 124, 2000.
- Dolmer, P.: Algal concentration profiles above mussel beds, *Journal of Sea Research*, Vol.43, pp.113 - 119, 2000.

- Eyre, B.D.：Regional evaluation of nutrient transformation and phytoplankton growth in nine river-dominated sub-tropical east Australian estuaries, *Marine Ecology Progress Series*, Vol.205, pp.61‐83, 2000.
- Harrison, W.G.：Nutrient regeneration and primary production in the sea, In：Falkowski, P.G.(ed) Primary productivity in the sea, Plenum Press, pp.433‐460, 1980.
- 細井由彦, 上月康則, 村上仁士, 山口隆志, 山地孝樹：感潮域における有機性底泥の堆積特性, 海岸工学論文集, vol.39, pp.951‐955, 1992.
- 細川恭史：浅海域での生物による水質浄化作用, 沿岸海洋研究ノート, Vol.29, No.1, pp.28‐36, 1991.
- 位田俊臣, 浜田篤信：酸素欠乏にともなうヤマトシジミの代謝変動について, 水産増殖, Vol.23, No.3, pp.111‐114, 1978.
- 石田修, 今関典雄, 石井俊雄：印旛沼におけるヤマトシジミ放流調査, 千葉県内湾水産試験場内水面分場調査研究報告書, pp.97‐105, 1971a.
- 石田修, 石井俊雄：ヤマトシジミの塩分に対する抵抗性, ならびに, 地域による形態の相違, 水産増殖, Vol.19, No.4, pp.167‐182, 1971b.
- 石川忠晴：利根川河口堰下流部における貧酸素水塊の発生と運動, 利根川河口堰の流域水環境に与えた影響調査報告書, 日本自然保護協会調査報告書, 第83号, pp.111‐120, 1998.
- 石川忠晴：3.1 河川下流部の塩水遡上とそれに伴うエスチュアリー循環の数値解析～利根川及び旧北上川をフィールドとして～, 平成11年度河川整備基金事業・感潮河川の水環境特性に関する研究, 河川環境管理財団, pp.27‐49, 2000.
- 門谷茂, 小濱剛, 徳永保範, 山田真知子：濾過食性二枚貝の生態特性を利用した海洋環境修復技術の開発, 環境科学会誌, Vol.11, No.4, pp.407‐420, 1998.
- 籠橋数浩, 山内克典, 足立孝, 古屋康則, 横井良典：3‐4 堰下流における底生動物の変化－長良川河口堰が自然環境に与えた影響, 日本自然保護協会調査報告書, 第85号, pp.85‐92, 1999.
- 河原長美, 角田典基, 西内康裕, 土屋善浩：感潮部における底質の季節変化に関する研究－旭川感潮部を例として－, 衛生工学研究論文集, Vol.22, pp.125‐136, 1986.
- 河原長美, 西内康裕, 依藤正明：旭川感潮部における底質の季節変化に関する研究－底質変化の速度と底質変化の及ぶ範囲－, 衛生工学研究論文集, Vol.23, pp.43‐51, 1987.
- 河北新報：北上川でシジミ大量死, 1999.9.5朝刊.
- 環境省：水環境の現状, 平成18年版環境白書, pp.89‐90, 2006.
- Kautsky, N., and Wallentinus, I.：Nutrient release from a Baltic Mytilus-red algal community and its role in benthic and pelagic productivity, Ophelia Suppl., Vol.1, pp.17‐30, 1980.
- Kemp, W.M.：3 Estuarine Chemistry：ESTUARINE ECOLOGY, Day,J.W.Jr., Hall, C.A.S., Kemp, W.M., Yanez-Arancibia, A.(eds.), John Wiley & Sons, Inc, p.84, 1989.
- Kemp, W.M., and Boynton, W.R.：Spatial and temporal coupling of nutrient inputs to estuarine primary production：the role of particulate transport and decomposition, *Bulletin of Marine Science*, Vol.35, pp.522‐535, 1984.
- Kemp, W.M., Smith, E.M., Marvin-DiPasquale, M. and Boynton, W.R.：Organic carbon balance and net ecosystem metabolism in Chesapeake Bay, *Marine Ecology Progress Series*, Vol.150, pp.229‐248, 1997.
- 菊地永祐, 栗原康：3章 4.4.3 洪水による底質の流去, 河口・沿岸域の生態学とエコテクノロジー(栗原康編), 東海大学出版会, p.159, 1988.
- Kohata, K., Hiwatari, T. and Hagiwara, T.：Natural water-purification system observed in a shallow coastal lagoon：Matsukawa-ura, Japan, *Marine Pollution Bulletin*, Vol.47, pp.148‐154, 2003.
- 楠田哲也：8. 感潮河川における自然浄化機能の強化策, 自然の浄化機構の強化と制御(楠田哲也編著), p.162, 技報堂出版, 1994.
- 楠田哲也：6. 河川感潮域における自然浄化機能, 自然の浄化機構(宗宮功編著), pp.162, 166, 技報堂出版, 1990.
- Leguerrier, D., Niquil, N., Boileau, N., Rzeznik, J., Sauriau, P., Moine, O.L. and Bacher, C.：Numerical analysis of the food web of an intertidal mudflat ecosystem on the Atlantic coast of France,

- *Marine Ecology Progress Series*, Vol.246, pp.17-37, 2003.
- Lohrer, A.M., Thrush, S.M., Hewitt, J.E., Berkenbusch, K., Ahrens, M. and Cummings, V.J. : Terrestrially derived sediment : response of marine macrobenthic communities to thin terrigenous deposits, *Marine Ecology Progress Series*, Vol.273, pp.121-138, 2004.
- Magalhaes, C.M., Bordalo, A.A. and Wiebe, W.J. : Temporal and spatial patterns of intertidal sediment-water nutrient and oxygen fluxes in the Douro River estuary, Portugal, *Marine Ecology Progress Series*, Vol.233, pp.55-71, 2002.
- 丸邦義, 山崎真, 中井純子：ヤマトシジミの産卵好適塩分, 水産増殖, Vol.53, No.3, pp.251-255, 2005a.
- 丸邦義, 山崎真, 中井純子：ヤマトシジミの種々の底質に対する行動特性, 水産増殖, Vol.53, No.3, pp.257-262, 2005b.
- McLusky, D.S.：第1章エスチャリーの環境, エスチャリーの生態学 (D.C.Mclusky 著, 中田喜三郎訳), pp.19020, 生物研究社, 1999.
- Mortimer, R.J.G., Davey, J.T., Krom, M.D., Watson, P.G., Frickers, P.E. and Clifton, R.J. : The effect of macrofauna on porewater profiles and nutrient fluxes in the intertidal zone of the Humber Estuary, *Estuarine, Coastal and Shelf Sciences*, Vol.48, pp.683-699, 1999.
- 中村幹雄：我が国シジミ漁業の現状と問題点, 第1回全国シジミ・シンポジウム講演集, 島根県内水面水産試験場・全国シジミ・シンポジウム実行委員会, 1998.
- 中村幹雄：生物と環境－宍道湖の環境とヤマトシジミの相互作用について, 月刊水, Vol.41, No.3, pp.16-30, 1999.
- 中村幹雄, 安木茂, 向井哲也, 山根恭道, 松本洋典：覆砂によるシジミ漁場の改善効果について, 第1回全国シジミ・シンポジウム講演集, pp.71-78, 1998.
- 中村幹雄, 安木茂, 高橋文子, 品川明, 中尾繁：ヤマトシジミの塩分耐性, 水産増殖, Vol.44, No.1, pp.31-35, 1996.
- 中村幹雄, 品川明, 戸田顕史, 中尾繁：ヤマトシジミの貧酸素耐性, 水産増殖, Vol.45, No.1, pp.9-15, 1997a.
- 中村幹雄, 品川明, 戸田顕史, 中尾繁：ヤマトシジミの硫化水素耐性, 水産増殖, Vol.45, No.1, pp.17-24, 1997b.
- 中村由行, Kerciku, F., 井上徹敏, 二家本晃造：汽水湖沼におけるヤマトシジミの水質浄化機能に関するボックスモデル解析, 用水と廃水, Vol.40, No.12, pp.1060-1068, 1998.
- Nakamura, M., Yamamuro, M., Ishikawa, M. and Nishimura, H. : Role of the bivalve *Corbicula japonica* in the nitrogen cycle in a mesohaline lagoon, *Marine Biology*, No.99, pp.369-374, 1988.
- Newell, R.I.E. : Ecological changes in Chesapeake Bay, are they the result of overharvesting the eastern oyster (Crassostrea virginica)?, In : Lynch, M.P., Krome, E.C. (eds) Understanding the estuary, Publ 129, Chesapeake Research Consortium, Gloucester Point, VA (also available at www.vims.edu/GreyLit/crc129.pdf), 1988.
- 農林水産省統計情報部：漁業・養殖業生産統計年報, 平成16年度内水面漁業・養殖業の部, 魚種別主要河川別漁獲量, 農林水産省統計情報総合データベース, 2007.
- Norkko, A., Thrush, S.F., Hewitt, J.E., Cummings, V.J., Norkko, J., Ellis, J.I., Funnell, G.A., Schultz, D., and MacDonald, I. : Smothering of estuarine sandflats by terrigenous clay : the role of wind-wave disturbance and bioturbation in site-dependent macrofaunal recovery, *Marine Ecology Progress Series*, Vol.234, pp.23-41, 2002.
- Officer, C.B., Smayda, T.J. and Mann, R. : Benthic filter feeding : A natural eutrophication control, *Marine Ecology Progress series*, No.9, pp.203-210, 1982.
- Ogilvie, B., Nedwell, D.B., Harrison, R.M., Robinson, A. and Sage, A. : High nitrate, muddy estuaries as nitrogen sinks : the nitrogen budget of the River Colne estuary (United Kingdom), *Marine Ecology Progress Series*, Vol.150, pp.217-228, 1997.
- 小島英二：ヤマトシジミの環境変化(塩分量)に伴う影響について－塩分の変化に伴うへい死について, 千葉県内水面水産試験場試験 イ查報告, 第2号, pp.38-42, 1978.
- 大谷修司, 辻井要介, 江原亮, 草田和美, 板倉俊一, 山口啓子, 品川明, 泰明徳, 中村幹雄：神西湖人

5章 河川汽水域における化学的環境とその変動

工池におけるヤマトシジミの摂餌,排出と消化過程, *LAGUNA*, Vol.11, pp.109‐124, 2004
- Pasternack, G.B. and Brush, G.S.: Seasonal variation in sedimentation and organic content in five plant associations on a Cheasapeake Bay tidal freshwater delta, Estuarine, *Coastal and Shelf Science*, Vol.53, pp.93‐106, 2001.
- Pastuszak, M., Witek, Z., Nagel, K., Wielgat, M. and Grelowski: Role of the Oder estuary (southern Baltic) in transformation of the riverine nutrient loads, *Journal of Marine Systems*, Vol.57, pp.30‐54, 2005.
- Pietros, J.M., and Rice, M.A.: The impacts of aquacultured oysters, Crassostrea virginica (Gmelin, 1791) on water column nitrogen and sedimentation: results of a mesocosm study, *Aquaculture*, Vol.220, pp.407‐422, 2003.
- Pomeroy, L.R., D'Elia, C.F. and Schaffner, L.C.: Limits to top‐down control of phytoplankton by oysters in Chesapeake Bay, *Marine Ecology Progress Series*, Vol.325, pp.301‐309, 2006.
- Prins, T.C., Escaravage, V., Smaal, A.C. and H.Peeters, H.J.C.: Nutrient cycling and phytoplankto dynamics in relation to mussel grazing in a mesocosm experiment, *Ophelia*, Vol.41, pp.289‐315, 1995.
- Ragnhild, M.,Asmus and Harald.Asmus: Mussel beds:limiting or promoting phytoplankton ?, *Journal Experimental Marine Biology and Ecology*, Vol.148, pp.215‐232, 1991.
- Riisgard, H.U., Poulsen, L. and Larsen, P.S.: Phytoplankton reduction in near‐bottom water caused by filter‐feeding Nereis diversicolor -implications for worm growth and population grazing impact, *Marine Ecology Progress Series*, Vol.141, pp.47‐54, 1996.
- Risgaard‐Petersen, N., Rysgaard, S., Nielsen, L.P. and Revsbech, N.P.: Diurnal variation of denitrification and nitrification in sediments colonized by benthic microphytes, *Limnology and Oceanography*, Vol.39, pp.573‐579, 1994.
- Ronald, R.H., Cohen, H., Dresler, P.V., Phillips, E.J.P. and Cory, R.L.: The effect of the asiatic clam, Corbicula fluminea, on phytoplankton of the Potomac river, Maryland, *Limnology and Oceanography*, Vol.29, No.1, pp.170‐180, 1984.
- Rysgaard, S., Christensen, P.B. and Nielsen, N.P.: Seasonal variation in nitrification and denitrification in estuarine sediment colonized by benthic microalgae and bioturbating infauna, *Marine Ecology Progress Series*, Vol.126, pp.111‐121, 1995.
- 西條八束, 奥田節夫, 村上哲生: 第4章 河口堰の環境アセスメントとモニタリング調査に対する提言, 利根川河口堰の流域水環境に与えた影響調査報告書, 日本自然保護協会調査報告書, 第83号, pp.191‐200, 1998.
- 境博成, 大谷俊二: 網走湖のシジミと底質土の重金属含量, 環境教育研究, 北海道教育大学環境教育情報センター, Vol.4, pp.153‐159, 2001.
- 坂巻隆史: 干潟生態系の形成過程に関わる有機物の動態解析, 東北大学博士学位論文, 2001.
- 坂巻隆史, 西村修, 須藤隆一: 干潟モデル実験装置を用いたベントス相の異なる干潟生態系の有機物動態の比較, 環境工学研究論文集, Vol.39, pp.209‐218, 2002.
- Sakamaki, T., Nishimura, O. and Sudo R.: Tidal time-scale variation in nutrient flux across the sediment-water interface of an estuarine tidal flat, *Estuarine, Coastal and Shelf Sciences*, Vol.67, pp.653‐663, 2006.
- Sakamaki, T. and Nishimura, O.: Dynamic equilibrium of sediment carbon content in an estuarine tidal flat: characterization and mechanism, *Marine Ecology Progress Series*, Vol.328, pp.29‐40, 2006.
- Sakamaki, T. and Nishimura, O.: Physical control of sediment carbon content in an estuarine tidal flat system (Nanakita River, Japan): a mechanistic case study, *Estuarine, Coastal and Shelf Science*, Vol.73, pp.781‐791, 2007.
- 坂本巌: 宍道湖のヤマトシジミの生息域としての湖岸ヨシ帯, 汽水湖研究, No.2, pp.7‐14, 1992.
- 左山幹雄, 首藤伸夫: 1章 1.3 底泥の微生物の物質代謝, 河口・沿岸域の生態学とエコテクノロジー(栗原康編), 東海大学出版会, pp.32‐42, 1988.
- 島多義彦: 汽水域におけるヨシ原復元による水質浄化, 用水と廃水, Vol.44, No.2, pp.124‐133, 2002.

5.4 汽水域における有機物・栄養塩収支

- 杉本隆成,首藤伸夫：1章 1.1 物理環境，河口・沿岸域の生態学とエコテクノロジー(栗原康編)，東海大学出版会，p.8，1988.
- 高橋哲夫，川崎梧朗：ヤマトシジミの塩分に対する抵抗性について，千葉県内湾水産試験場内水面分場調査研究報告，No.6，pp.54‑57，1973.
- 田中彌太郎：ヤマトシジミ稚仔期の形態および生理的特性について，養殖研究所研究報告，No.6，pp.23‑27，1984.
- Thrush, S.F., Hewitt, J.E., Norkko, A., Nicholls, P.E., Funnell, G.A. and Ellis, J.I.：Habitat change in estuarine：predicting broad-scale responses of intertidal macrofauna to sediment mud content, *Marine Ecology Progress Series*, Vol.263, pp.101‑112, 2003.
- Thornton, S.F. and McManus, J.：Application of organic carbon and nitrogen stable isotope and C/N ration as source indicator of organic matter provenance in estuarine systems：Evidence from the Tay Estuary, Scotland, *Estuarine, Coastal and Shelf Sciences*, Vol.38, pp.219‑233, 1994.
- 土屋誠：2章 1.1.6 底生動物の繁殖様式，河口・沿岸域の生態学とエコテクノロジー(栗原康編)，東海大学出版会，p.51，1988.
- 和田英太郎：陸起源物質の沿岸域への移行過程：安定同位体からの評価，文部省「環境科学」特別研究報告書陸起源物質の沿岸海域への移行過程の評価II，B‑284‑R14‑3，pp.24‑40，1986.
- 和田英太郎：1章 2.3 河川水と海水の混合による物質の消長，河口・沿岸域の生態学とエコテクノロジー(栗原康編)，東海大学出版会，p.30，1988.
- 山田一裕，三品裕明，須藤隆一：北上川河口域の塩分濃度分布特性とヤマトシジミとの関係，第14回環境情報科学論文集，pp.231‑236，2000.
- 山室真澄：懸濁物食性二枚貝と植物プランクトンを通じた窒素循環に関する従来の研究の問題点(総説)，日本ベントス学会誌，Vol.42，pp.29‑38，1992.
- 山室真澄：第6章 感潮域の底生生物，河川感潮域(西條八束・奥田節夫編)，名古屋大学出版会，pp.151‑172，1996.
- Zhou, Y., Yang, H., Zhang, T., Liu, S., Zhang, S., Liu, Q., Xiang, J. and Zhang, F.：Influence of filtering and biodeposition by the cultured scallop Chlamys farreri on benthic-pelagic coupling in a eutrophic bay in China, *Marine Ecology Progress Series*, Vol.317, pp.127‑141, 2006.

第6章　汽水域の生物

6.1　河川汽水域内の生物の生息・生育を規定する因子と生物種

　汽水域生態系を構成する生物の分布を制限する主な要因は，温度（水温，気温），塩分濃度，底質の粒径といった非生物的環境と，種間・種内の食物網等を通した生物間相互作用という生物的環境である．

6.1.1　生物の生息・生育を規定する非生物的環境要因
　種々の非生物的環境は，生物の生息・生育に対して次のような影響を与えている．
a. 温度　　水温は，大きくは地球上の緯度の変化に伴う日射量の差異や，地球規模での熱循環システムである海流によって規定される．その変化は広域的スケールの中で検出されるものである．また，緯度の変化に伴う気温の季節変化の差異や，北半球と南半球での季節変化の逆転は，干潟を利用する鳥類の渡りの要因となっており，それが個々の干潟生態系の構造やその季節変化を決定する要因ともなっている．水温や気温は，水界生物に対してグローバルあるいはマクロな空間スケールで分布を制限する要因として作用し，それに対応する生物は，南方系種群や北方系種群，または気候帯の異なった地域や南北半球の同一気候帯を移動しながら利用する種群といった大きなまとまりとして抽出されることになる．このように，温度は，任意の地域において生息・生育し得る生物種あるいは集団の大枠を決定付ける因子として作用する．
b. 塩分濃度　　塩分濃度は，河口から汽水域上端の範囲で30〜1‰程度に変化する．この塩分濃度の変化が，塩分に対する耐性が異なる種を空間的に異なった場所に分布させる因子として作用する（**3.2**）．
　ハナマツナ等の塩性湿地植物は他の植物との競争を避けて生育できるよう塩分耐

性を獲得してきたと考えられており，その耐性の獲得度合いによって生育可能な範囲が規定される(石塚，1977；Tessier *et al.*, 2000；Noe *et al.*, 2001；Crain *et al.*, 2004)．これら植物は，競争種がいない実験下では，淡水条件において良い成長を示すという結果も報告されている(Crain *et al.*, 2004)．

コアマモは満潮時には海水に完全に没して生育しているが，そこで種子による再生産を行っていくためには，淡水の供給によって塩分濃度が低く保たれることが重要であるようだ．また，ヨシの定着・成長にも淡水の供給があることが重要であるようである．

底生動物においては，体液浸透調節の能力に応じた塩分濃度の範囲で，それぞれの種の生息が可能となる．

干潟等の表層付近に湧き出す淡水の重要性については，あまり顧みられることがなかった．地下水や伏流水による淡水の湧出が，生物の分布にどのような影響を与えているかについての知見は少ない(**6.2.3 メモ**)．

c. 物理的外力(波浪，洪水，流速分布) 波浪，風浪は水際帯の生物にとって攪乱因子であり，この攪乱に耐えないものは生息できない．外力および攪乱頻度に応じて生物の分布が規定される．

洪水は生息・生育空間を破壊する大きな攪乱である．洪水によりたびたび底質が移動するような所は裸地や低茎草本類の生育地となる．動物は洪水に対して回避行動を起こすが，移動性の乏しい微生物の多くは流され死滅する．しかし，生産速度，回転速度が速く，回復速度は速い．

平常時の密度流や潮汐流も生物移動・拡散に関係し，生物分布の制約条件となる．

d. 底質・基質 底質粒径は，植物にとっては水分条件や栄養塩の蓄積量，また，地盤の物理的安定性に作用する因子となる．ヨシは，低比高域の砂泥質の裸地部に侵入し，地下茎でその群落を拡大する．ハママツナ，ハマサジ，ウラギクは表層が細・中礫で覆われている所に分布している．これは，これら植物の種子や実生が潮汐や小・中規模の洪水によって流出するのを，礫が防いでいるからだと考えられている(鎌田他，2006)．また，礫で覆われている砂州表層は，洪水時にも動きにくいので，塩性湿地植物に安定した生育地を提供することにもなっていると思われる．

カニ類の中で，シオマネキとハクセンシオマネキは採餌において，口器の形態的違いによって体内に取り入れることのできる表層堆積物の大きさが異なっている．シオマネキは細粒のシルト質の干潟で，ハクセンシオマネキは砂質の干潟に分布することになる(Ono, 1965)．

固着性のフジツボ等は硬い基質の所に生息する．

e. 栄養塩 一次生産者である植物は，炭酸同化作用により有機物を生産する．有機物の生産には，栄養塩として炭素，無機態溶存窒素，リン等が必要であり，リン，窒素がその生産量制限因子となることがある．また，その濃度によって藻類の種が変わることがある．海性の珪藻や底生珪藻は，その殻の生成に珪酸が必要であり，生産量の制限因子となる．

f. 濁度 濁りは光の透過度を減少させ，植物の生育域と植物の種を規定する．濁りの原因となるものは，鉱物起源のものと浮遊プランクトン等の生物起源のものがある．

g. 溶存酸素 水塊の流動が小さな場では，底質への有機物蓄積等と合わさって，水中の溶存酸素濃度の低下が生じやすい．溶存酸素濃度の低下は酸素呼吸する生物の生息を阻害する．例えば，宍道湖のヤマトシジミは溶存酸素濃度 0.6 mg/L 以上の場に生息しており，4 mg/L 以上の場では 1 000 個体/m^2 以上の密度であった．ゴカイについては，溶存酸素濃度 2.5 mg/L 以下で摂餌量が著しく低下することなどが報告されている．また，無酸素状態になると，硫酸還元菌の働きで硫化水素が発生し，動物・植物の生息・生育環境が悪化する．

以上の因子のうち，底質，栄養塩，濁度，溶存酸素は，生物作用により変化することがある．

生息制限因子の複合作用

　水中の飽和溶存酸素量は水温が高いほど減少し，一方で生物の酸素消費量は水温が上昇すると増加するので，生物にとって，温度の変化は酸素濃度と複合的に生息条件を規定する．
　汽水域の生物にとって，温度は塩分や低酸素への耐性に複合的に作用し，特に温度が高い条件ほどそれらへの耐性が弱まることが報告されており，水質因子の生物への影響評価では注意が必要である．例えば，中村 (1997，1999) によるヤマトシジミを用いた実験では，32 PSU の高塩分濃度下での斃死は 10 ℃でわずかであったのに対し，30 ℃では著しい斃死個体の増加が見られた．なお，温度のみの生物生息への影響の検討事例は多い．ヤマトシジミの場合，25～30 ℃で稚貝の高い成長速度が見られたのに対し，12.5 ℃以下では成長しなかった例等が報告されている．中村のレビューによれば，アサリ等の二枚貝の短期間 (24 時間程度) における高温度耐性は，おおむね 35～41 ℃程度の限界値が報告されている．ゴカイについては，3.5～30 ℃では生存率が 100 ％であったが，43 ℃では生存率が 0 ％で，3.5 ℃では摂餌活動が停止したなどの報告がある．

6.1.2 塩分環境と底生動物の生理生態

(1) 生物体における恒常性の維持と汽水域の塩分環境

生物は一般に，体外の環境の変動に抗して体内の環境をある一定の範囲に維持する働き(恒常性の維持：ホメオスタシス)によって良好な生命活動を維持しており，塩分変動が大きい汽水域に生息する水棲生物は，その体液浸透圧をある一定の範囲に保つための強力な調節機構を具えることが要求される．浸透圧とは，半透膜(水分子は通過するが，スクロースのような分子は通過できない膜：細胞膜も類似の性質を持つ)を介して濃度の異なる溶液が接した時に生じる水の移動に抗する圧力である．モル濃度 C(溶液 1 L 中の物質の量を物質量 mol で表した濃度)の溶液が半透膜を介して水に接した時には水が溶液側に流入して浸透圧 P が生じ，その値は $P = CRT$ (R：気体定数，T：絶対温度)で近似される．その単位としては，オスモル濃度[1 オスモル(Osm)：1 mol 理想溶液と等しい浸透圧を示す濃度]，パスカル(Pa)，あるいは氷点降下度(Δ：1 kg の水に 1 mol の非イオン性物質が解けると氷点が 1.858 ℃降下することから，氷点の降下度で浸透圧を表す)等が使われる．海水の浸透圧はその塩分濃度の水域間の違いによって変動するものの，通常はオスモル濃度で 1 000 ～ 1 100 mOsm/L (= mOsm/kg)の範囲にある．ヒトの細胞内液の浸透圧はこれより低いので，海水中にヒトの血液を滴下すると，赤血球のような細胞からは水分が奪われ細胞が縮んでしまう．この場合，細胞内液を「低張液」，それよりも浸透圧が高い細胞外液—この場合は海水—を「高張液」と呼ぶ．赤血球をそれよりも低張な水に入れると，海水に入れた場合とは逆に，細胞内に水が流入して破裂してしまう(溶血)．このように，生物の身体を形成している細胞が良好な状態を維持するためには，細胞外液(多くの場合では体液)の浸透圧がある程度の範囲内に保たれる必要がある．環境塩分が潮汐や季節，あるいは人為的な活動によって大きく変動する汽水域は，体液浸透圧の調節の面からは，きわめて過酷な水域ということになる．

(2) 底生動物の体液浸透圧調節と塩分環境に応じた分布

硬骨魚類の体液浸透圧は海産種でも淡水種でも海水の 1/3 程度であるため(星, 1979)，海水中では鰓からの塩分の能動的排出と少量の等張尿の排出を行い，淡水では鰓で塩分を能動的に取り込むとともに体液よりも低張な尿を大量に排出して，体液浸透圧の恒常性を維持している(Lockwood, 1971)．一方，海産の無脊椎動物の体液浸透圧は海水と等張(浸透圧が等しいということ)であり，能動的な浸透調節の仕組みを持たないので，外液の浸透圧の変動とともに体液の浸透圧も変化する

6.1 河川汽水域内の生物の生息・生育を規定する因子と生物種

(菊池，1992)．この場合，細胞そのものの耐性範囲においてのみ生存が可能であり，生存可能な塩分環境のレンジは一般に狭い(こうした生物を「狭塩性」の生物と呼ぶ)．これに対して，汽水域に侵入した無脊椎動物には次の3つのレベルの適応が認められる(Lockwood，1971)．1つは，体表の透過性を低下させることであり，体表を通した水分の侵入や塩分の消失が海産種より低いレベルに抑えられている．2つめは細胞レベルでの耐性の増加であり，体液の浸透圧が外液のそれとほぼ同様に変化する「浸透順応型(osmoconformer)」の種類でも海産の浸透順応型よりも広い塩分耐性を示す．例えば，ムラサキイガイやタマシキゴカイはこうしたグループであり，塩分濃度が15～30‰まで低下する水域にも出現する場合がある．3つめは体液浸透圧の能動的な調節であり，これには低塩分環境で塩分を能動的に吸収して高い体液浸透圧を保つ「高浸透調節型(hyperregulator)」と，これに加えて高い塩分環境では塩分を能動的に排出し，より広い環境塩分の範囲で体液浸透圧を一定に保つ「高－低浸透調節型(hyper‐hyporegulator)」が認められる(図-6.1，6.2)．

いずれの調節型においても，外液の浸透圧と体液のそれが等しくなる塩分濃度が種類によって異なり，同じ分類群に属する種類を比較する限りでは，この等張点は河川の上流に生息する種類で低くなっていることから，塩分環境に対応する生物の生理的特性・指標として重要であると考えられる．例えば，図-6.2に示したように，河川の上流側に生息する高－低浸透調節型のスナガニ科カワスナガニでは外液と等張

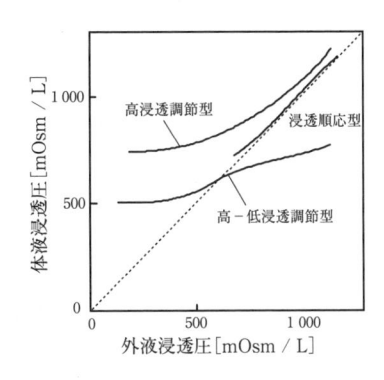

図-6.1 体液浸透圧調節の3つのタイプ

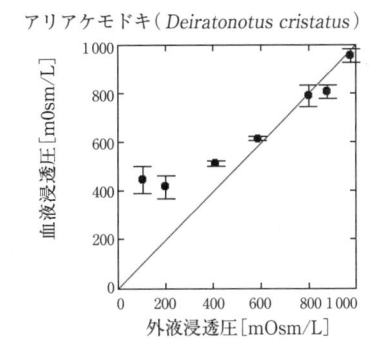

アリアケモドキ(*Deiratonotus cristatus*)

カワスナガニ(*Deiratonotus japonicus*)

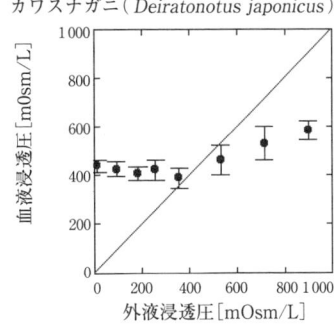

図-6.2 アリアケモドキ(上)とカワスナガニ(下)の体液浸透圧調節(未発表データ)．直線は等張線．バーは標準偏差

なる体液浸透圧は約 400 mOsm/L，それよりやや下流に生息する高浸透調節型で同科同属のアリアケモドキでは約 600 mOsm/L，さらに下流の河口付近に生息する同じく高浸透調節型のイワガニ科ケフサイソガニでは約 800 mOsm/L となっている（図-6.3）(Matsumasa *et al.*, 1993)．すなわち，体液の高浸透調節型と高－低浸透調節型の種類の場合には，外液との等張点が低い種類ほど淡水よりの生息環境に適した種類であると推定される．ただし，イオンのフラックスは体表の透過性や体表面積と体積の比に深く関係するため，対象とする生物の分類群や体サイズによって大きく異なる．したがって，異なる分類群に属する種類や，体サイズが大きく異なる種類の体液浸透圧を単純に比較することはできない．例えば，同じ淡水に生息する生物でも，体表の透過性の高い軟体動物の浸透圧は，体表がクチクラに覆われ透過性が比較的低い甲殻類よりも一般に低く，同じ甲殻類でも，体サイズの小さいヨコエビ類の浸透圧はサワガニやモクズガニよりも低い（Lockwood，1971）．また，等張点を低下させることによる低塩分環境への適応では，高塩分側への耐性範囲の減少が避けがたいようであり，多くの淡水産無脊椎動物では半海水よりも高い塩分における生存が難しい．同様なことは，感潮域に生息するベントスにも当てはまり，例えば，ヤマトシジミの個体群維持には塩水の遡上が不可欠であるものの，2/3 海水を超える塩分はその生存率を低下させてしまうことが知られており（中村他，1996），これが本種の分布を比較的塩分が低い貧鹹水域（p.182 の図-2 参照）に限定する主要因であると思われる．

河口域の干潟に生息するスナガニ類では，その流程分布に違いが認められ，しかもそれは低塩分に対する耐性の違いと対応していることが Ono(1965) により示されている．すなわち，最も下流寄りに分布するコメツキガニ，最も上流域まで分布するチゴガニ，そのほぼ中間域まで分布するヤマトオサガニでは，低塩分耐性がチゴガニで最も高く，コメツキガニで最も低い．Matsumasa *et al.*(2001) はマレーシアの干潟において，日本のチゴガニとコメツキガニ

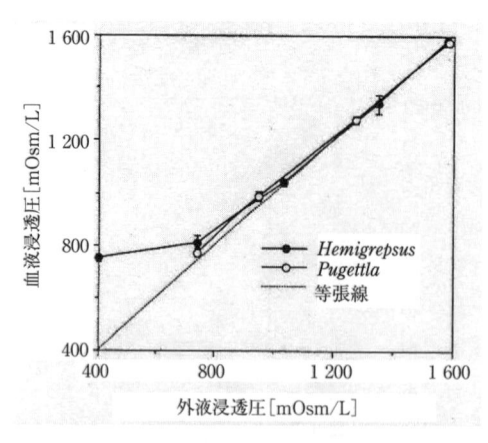

図-6.3 ケフサイソガニ（黒丸）の体液浸透圧調節 (Matsumasa *et al.*, 1993)．海産種の *Pugettia* sp.（白丸）との比較．バーは標準誤差

のそれぞれと同属の種類を対象とし，上記の低塩分耐性の種による違いをもたらす生理的基盤として，後述の鰓によるイオンの能動的取込み能力の相違に加えて，体表のイオン透過性の違いが重要であることを示した．

一方，生活史の一部を河口域で過ごす魚類やエビ類では，河口域利用期に低塩分耐性の強化や，成長に必要な適正塩分濃度の低下が生じることが知られている．例えば，イシガレイの稚仔魚は河口域を利用するが，その時期には低塩分への耐性が高くなっている(大森他，1988)．米国東岸に分布するクルマエビの1種 *Penaeus setifer* では，幼体が汽水域を利用するが，この幼体は通常の海水中でも生きられるものの，正常には成長できないことが知られている(Green, 1968)．

体液浸透圧調節の場としては呼吸器官，特に鰓が重要である．ガス交換を行う呼吸器官は物質の透過性が高いことが要求され，呼吸上皮は薄い単層扁平上皮であることが普通である．しかし，体液と外液の浸透圧が異なる状況では，こうした薄い単層扁平上皮は塩類あるいは水分の流出の場となってしまう(Matsumasa *et al.*, 2001)．汽水性および淡水性の水棲生物は，能動的なイオン輸送を行う上皮を鰓に発達させることによってこの問題を回避している．すなわち，彼らの鰓の上皮は複雑な膜構造と，生体エネルギーの通貨と呼ばれる ATP(アデノシン三リン酸)を産生する細胞小器官(オルガネラ：organelle)であるミトコンドリアを豊富に持ち，塩類の能動的な吸収／排出の場となっている(Matsumasa *et al.*, 1998)．ヨコエビ類を含む端脚類では塩分吸収型の上皮と塩分排出型と思われる上皮が見出されており(Kikuchi *et al.*, 1993)，塩分吸収型の上皮は沿岸性のものにも見られるが，汽水性，さらには淡水性の種類でよく発達している(Kikuchi *et al.*, 1993)．

汽水域生物の生活史における耐塩性の変化

汽水域において塩分は生物に特に大きな影響を及ぼす．汽水域に生息する生物は塩分耐性によって，淡水種，汽水種，海水種に分類することができる．汽水種の種数は海水種や淡水種に比べ少ないといわれている．汽水域に生息する種はさらに，広い塩分濃度変化に適応できる広塩性種と逆に適応できない狭塩性種が存在する．また一般に浮遊幼生期は塩分耐性が狭い種が多い．汽水域に生息する生物の多くは，生活史の過程において必要とする塩分濃度が変化する．例えばヤマトシジミ(*Corbicula japonica*)は，その発生においては30〜70％程度の海水混合率が必要であるが，成貝にとっては60％を超える海水混合率は生息に不適とされている．また，ゴカイ(*Neanthes japonica*)は，塩素濃度で受精には5 000 mg/L 以上，孵化には10 000〜17 000 mg/L 等，発生過程における各ステージでも必要とする塩分濃度が異なる．チゴガニでは，成体の方が幼体よりも低塩分耐性が高く(Ono, 1965)，汽水域に生息する等脚類のイワホリムシでも幼体は成体に比べて低塩分耐性が低いことが明らかになって

いる(村田他,2000).このように汽水域の代表的な種を見ても,その維持に必要とされる塩分濃度の場はきわめて多様であり注意を有する.

6.1.3 汽水域における生物間相互作用
(1) 捕食-被食関係

汽水域塩性湿地における食う-食われるの関係に基づいた生物間相互作用を見てみる.

米国東岸マサチューセッツ州にある塩性湿地において,湿地内のクリーク底表上の微小藻類の生息量の季節変化が調べられ,冬季の終りから春にかけて年間で最も高くなることが示された(Valiela, 1991).これは光照射量の季節的な増大と植物プランクトンの春季のブルームによるものとみられるが,この後,夏に向かって底生微小藻類の生息量は減少する.ところが,この春のピーク時から,魚類やカニ類の進入を妨げる操作実験を行うと,底生微小藻類の生産量の減少は見られなくなる.これは,春以降,魚類やカニ類の活動が活発になり,それによる微小藻類に対する摂食がもたらしたものとみられる.底表上の微小藻類のみならず,底土中のメイオベントスの生息量も,このような魚類やカニ類の季節的な進入によって抑えられていることがわかっている.

同じ塩性湿地内で,捕食者である魚類,鳥類,カニ類等の進入を除去した実験によると,クリーク底土中の大型底生動物の生息量は,その操作により明らかに増大することが明らかとなっている(Wlitse et al, 1984).すなわち,捕食者の存在は,底生動物の生息を強く制御しているといえる.捕食者の存在は,その餌生物を介して,系全体を大きく制御していることが,米国東岸の塩性湿地で最近示された.当該地の塩性湿地の主体を成す植物 *Spartina alterniflora* は,巻貝のタマキビ類の1種 *Littorina irrorata* による摂餌を受けることで,地上部の現存量を大きく減少することが野外実験より明らかにされた(Silliman et al., 2002).それはタマキビが高密度に生息する場合,8ヶ月で,植物体をすべて消失さえるほどの影響力とされている.しかし,このタマキビの捕食者になるアオガニ *Callinectes sapidus* の存在により,塩生植物へのタマキビの摂餌活動が抑えられることで,塩性湿地が維持されている.このことから,水産有用種であるアオガニの過剰な漁獲は,米国東岸の塩性湿地を消滅に導くおそれがあると警鐘されている.

(2) 種間競争

種間の競争的関係は,汽水性の巻貝で詳しい研究が知られている.北欧のフィヨ

6.1 河川汽水域内の生物の生息・生育を規定する因子と生物種

ルド汽水域には，ミズツボ科 Hydrobiidae の巻貝が複数種生息しているが，それらは，塩分濃度勾配に応じた分布の違いを持っている．しかし，種間での分布域の重複は大きく，重複域では競争による分布や体サイズさらには餌選択への影響が現れている(Fenchel, 1975)．*Hydrobia ventrosa* と *H.ulvae* の間で，分布が重複する地域では，種間での体サイズ差がより大きくなり，餌として摂取する砂粒の大きさも，それぞれが単独で分布する地域よりも種間差が大きくなるように変化している．この両種間での種間競争が，それぞれの種の生息密度に依存することが，両種の密度を操作した野外実験より明らかにされた(Gorbushin, 1996)．両種とも自身の密度が増加すると生長が低下するが，*H.ventorsa* は，自種による密度効果より，相手種である *H.ulave* による生長率低下の方が大きく，一方，*H.ulvae* は，その逆である．

在来種に対する外来種の競争的影響が米国西岸の塩性湿地に生息する巻貝で解析されている(Byers, 2000)．北部カリフォルニア州の塩性湿地においては，日本のカキ養殖に伴って非意図的に持ち込まれたホソウミニナが在来種 *C. californica* の生息域に侵入し，*Cerithidea california* 個体群が減少しつつある．両種の餌量に対する生長率は，外来種の方が明らかに高く，種内の密度に伴う生長率低下も，外来種の方が小さいことから，外来種の方が資源をより有効に占有することで，在来種に対して優位に立っている．実際に野外のケージに両種を共存させた場合の他種への生長率低下の効果は，外来種の方が在来種よりも大きかった(**図-6.4**)．

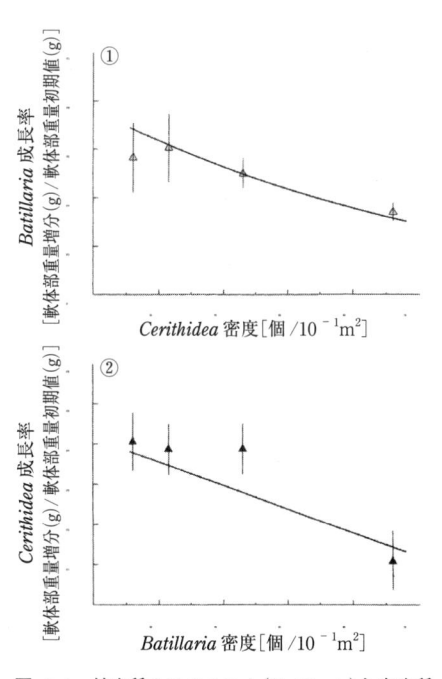

図-6.4 外来種ホソウミニナ(*Batillaria*)と在来種 *Cerithidea californica* の間での相手種に対する生長率への影響．両種とも，相手種の密度増加に伴って生長率は低下するが，ホソウミニナが *C.californica* に与える影響の①の方が，その逆の②よりも大きい(Byers, 2000)

巻貝と甲殻類という全く異なる分類群の2種間でも，同じ干潟表上を利用して共存するもの同士では競争的関係

が認められる．汽水域の潮間帯から潮下帯の泥表に生息するムシロガイ科巻貝 *Ilyanassa obsoleta* は，共存する端脚類 *Microdeutopus gryllotalpa* を追い出す効果を持っており，*Ilyanassa* の生息数が多い所では，*Microdeutopus* が少なくなることが野外実験より明らかになっている(DeWitt et al., 1985)．一方，同じように共存する巻貝と端脚類でも，全く相手種に影響を与えない場合もある．巻貝の *Hydrobia ulvae* と共存する端脚類 *Corophium arenarium* の間で，*Corophium* に対する *Hydrobia* の影響を見た研究(Morrisey, 1987)によると，*Hydrobia* は，同種の密度増加に伴い生長率低下と死亡率増大を示すのに対し，共存する *Corophium* の密度増加に対してほとんど生長率も死亡率も影響を受けないとされる．

異なる分類群の種間で，一方の種の生物攪拌作用(bioturbation)により，他方の種が生息域を失うという例は，日本でも，有明海周辺の干潟で，スナモグリ類(十脚甲殻類)を中心にした研究で明らかにされてきた(玉置他, 2003)．有明海富岡湾の砂質干潟においては，ハルマンスナモグリの個体群増大に伴う生息域拡大により，巻貝イボキサゴが絶滅するに至った．これは，ハルマンスナモグリによる基質改変作用により，巻貝の幼生加入や稚貝の生存率が低下するためである．1979年から1984年にかけて，ハルマンスナモグリの生息数が増大するのと反対に，イボキサゴは減少し続け，1986年以降姿を消すことになる．しかし1995年になると，ハルマンスナモグリの生息数は，アカエイの捕食により減少し始め，これと呼応するように，イボキサゴが1997年から出現し，生息数を増やし始めたのである．

(3) 住み込みと共生

一つの生物の存在が他種の生物の住み場を提供するという住み込みの関係は，植物が動物の生息場所となる場合から，動物のつくる巣穴に寄居する場合，さらに動物の体表や体内に寄生する場合まで，様々なレベルで認められる．汽水域では，塩性湿地やマングローブ湿地が，そこに固有の生物群集を形成していることに，その現象を見ることができる．植物への動物の住込みは，同時に植物に対しても利益を与えるという相利共生の関係にもなっている．米国東岸の塩性湿地に生息するシオマネキ類 *Uca pugnax* は，植生域内に巣穴を掘ることによって，土中の水はけをよくし，還元的条件を緩和し，植物の枯死体の分解を速めることにより，そこの塩生植物 *Spartina alterniflora* の生長，開花率，現存量を高めることが明らかになっている(Bertness, 1985)．同じく，米国東岸の塩性湿地内の植物 *Spartina alterniflora* の茎部に付着するイガイ科の二枚貝 *Geukensia demissa* は，付着基盤を提供する植物に対して，糞，擬糞の排出によってそこの生育土中に栄養塩を増大させ，植物の

生産量を高めている(Bertness, 1984).

熱帯・亜熱帯のマングローブ湿地においても，湿地内に生育する底生動物がマングローブ植物の生長に正の効果を持っていることが知られている．マングローブ林内に多産するベンケイガニ科のカニ類は，マングローブリッターの分解者として系内の物質循環に寄与するだけでなく，マングローブ植物の生産量を高める役割を持つことが，北オーストラリアでのマングローブ湿地でのベンケイガニ類を除去した野外実験より示された(Smith et al., 1991).和田他(未発表)は，米国フロリダ沿岸のマングローブ湿地内において，そこに生息するシオマネキ類を除去する野外実験を行った．この実験では，マングローブ植物1個体ごとに，周辺一帯からシオマネキ類を除去する区と，全く除去しない区を設け，これを比較のための1セットとし，場所を変えて8セット用意した．そして2年間にわたってマングローブ植物ゲルミナヒルギダマシの生育を追跡した．その結果，シオマネキ除去区の方が，対照区の非除去区に比べてマングローブ植物が枯死する割合が高く(シオマネキ除去区：6/8，対照区1：0/8，対照区2：1/8)，実験開始後3ヶ月間の新葉の生産もシオマネキ除去区で小さくなった(**図-6.5**).

マングローブ植物が地上にのばしている呼吸根の表面を生息基盤にしているカイメン類が，その付着によって，自身の生長にも，マングローブ植物の生長にも正の効果をもたらしていることがわかっている．カイメン類は，呼吸根上に付着すると，その中に細かい支根を貫通させ，それを通じて窒素源がカイメンから植物へ，また炭素源が植物からカイメンへ流れる(Ellison et al., 1996)．この物質の流れにより，カイメンは生長量が40〜100％増大し，一方，マングローブは，根の生長量が100〜300％も増大するという(Farnsworth et al., 1996).

底生動物のつくる巣穴に住み込

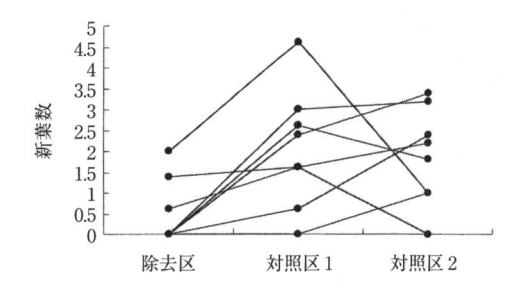

図-6.5 マングローブ植物(ゲルミナヒルギダマシ)の生育に対するシオマネキ類の影響を見た野外実験の結果(和田，未発表)．シオマネキ類の除去区(フェンスで仕切りることでカニ類の移入を防ぐとともに区内のカニ類をトラップにより採集して除去)と非除去区(対照区1，対照区2)を8セット設け，区内のマングローブ植物の新葉数を3ヶ月後に見たところ．シオマネキ類除去区では，対照区に比べて新葉生産量が少なかった．対照区1：シオマネキ類除去区と同様にフェンスの仕切りを設けるが，カニ類の区内への出入りは可能にした．対照区2：フェンスの仕切りなし．同じセットを線で結んで示した

第6章 汽水域の生物

むことでその生存を得ている動物は多い．中でも日本の干潟に生息するアナジャコの巣穴には多くの動物種が寄居する．伊谷（2001）によると，魚類のビリンゴ，ヒモハゼ，甲殻類のクボミテッポウエビ，トリウミアカイソモドキ，二枚貝類のクシケマスホ，さらに多毛類のアナジャコウロコムシ等がアナジャコの巣穴寄居性のものとしてあげられている．ほかにユムシ類のつくる巣穴も，多様な寄居性動物が香港の干潟から知られている（図-6.6）（Morton et al., 1983）．

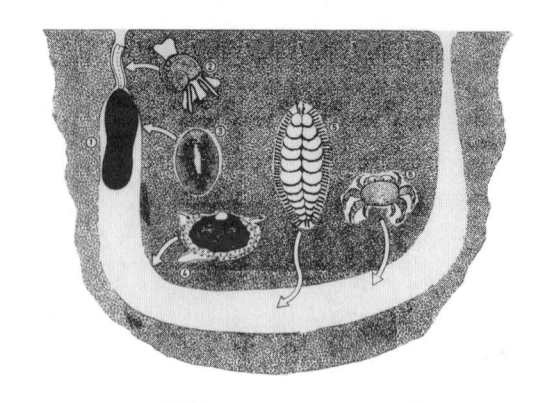

図-6.6 干潟（香港）に生息するスジユムシ（①）の巣穴に寄居する動物の例．②：腹足類のイソマイマイ．③：ヒラムシ類の1種．④：二枚貝の1種．⑤：ウロコムシ類（多毛類）の1種．⑥：ハサミカクレガニ（Morton et al., 1983）

また，棲管をつくって住む多毛類にも，その棲管に特異的に住み込む動物種がいる．ツバサゴカイにはオオヨコナガピンノが，チンチロフサゴカイにはオヨギピンノが，それぞれ寄居する．

　動物の体表を棲み家とする動物も干潟には数多い．それらは，宿主の動物種に特異的に結び付いた共生関係をつくっている．アナジャコの体表には，胸部腹面に付着する二枚貝マゴコロガイや，第2腹肢に付着するエビヤドリムシ類 *Phyllodurus* sp.（等脚甲殻類）がある（Itani et al., 2002）．体表共生者には，限られた地域にしか記録されないものが多い．最近，新種として報告されたミナミアナジャコに付くシマノハテマゴコロガイ（Kato et al., 2000）や，ミナミメナガオサガニの雌の甲側縁部に，はさみ脚のように付くエボシガイ類 *Octolamis unguisiformis*（Kobayashi et al., 2003）は，いずれも奄美大島の干潟に限定された分布を持つ稀少性の高い種である．

　生息場所が動物の体内になる寄生関係も，汽水域生態系をつくる重要な要素である．古賀（2002）は，干潟の生物多様性は，寄生虫の生息と結び付いているという仮説を提唱している．干潟に代表的な底生動物であるコメツキガニと腹足類のホソウミニナは，二生類吸虫 *Gynaecotyla squataroae* の寄生を受け，ホソウミニナが第一中間宿主で，コメツキガニが第二中間宿主となっている．コメツキガニとホソウミニナの生息状況と，この寄生虫の感染率を様々な河口域で比較したところ，ホソウ

ミニナの生息する地域のコメツキガニは，吸虫の感染が認められるのに対して，ホソウミニナの生息しない地域のコメツキガニには吸虫の感染は見られなかった．本吸虫は，ホソウミニナからコメツキガニ，そしてシギ，チドリ類という順に宿主を変えるが，ホソウミニナからコメツキガニへは，自力で泳いで移動し，コメツキガニからシギ，チドリ類へは，シギ，チドリ類による捕食により，宿主を変える．さらに干潟に餌を獲りにきたシギ，チドリ類の糞から，吸虫類の卵が干潟に落とされ，その卵をホソウミニナが食べるか，卵から孵化した幼生がホソウミニナに辿り着くことで，第一中間宿主に入る．

　寄生虫は，次の宿主に移るために，当面の宿主が，次の宿主と遭遇しやすいように，あるいは次の宿主に食べられやすいように，当面の宿主の行動や形態，生息場所選好性を変えるとされている．実際，米国西岸の汽水域に生息するタップミノー科の魚種は，吸虫類の寄生されている個体の方が，寄生されていない個体よりも25倍も水鳥に食われやすい(Lafferty et al., 1996)．ホソウミニナにおいても，吸虫の寄生を受けた個体は，体サイズが大型化し，生息場所がより低潮線寄りに片寄るように変化する(Miura et al., 2005)．水鳥の干潟利用が吸虫の第一中間宿主への感染源となっていることは，水鳥の来遊頻度が高く，脱糞数の多い場所の貝類ほど吸虫感染率が高いという事実(Smith, 2001)からも示唆されるところである．

6.1.4　河川汽水域の生物種

　河川汽水域では，塩水が淡水まで変化するために塩分の浸透圧に耐えられる生物が生息する．また，河川汽水域に生物が生息し続けたり，生活史のある時期においてそこで生息したりするためには，洪水のような激しい河川水流に流されないように対抗できる運動能力を有するか，そのような状態でもそこに止まれるように行動形態や生息場所を工夫しているものに限られる．さらにこのような激しい水理・水質環境条件のもとで底生動物が生活・増殖できるような底質となっていなければならない．このように生物にとって優しくない生息環境の河川汽水域に生息する生物種は，図-6.7に示すように，淡水域や海域に比べると多くない(Remane et al., 1958)．しかし，栄養塩が豊富であり生物の現存量は多く，汽水域特有の貴重種も多い．

　底生動物に限ると，生存する種は，塩分，堆積物粒度，堆積物の有機物質含有量，また河岸付近の潮間帯における乾湿条件の差異や塩分条件の差異(ニッチ)に依存している．とりわけ，底質に関わる因子であるシルト・粘土含有率，有機炭素量は，

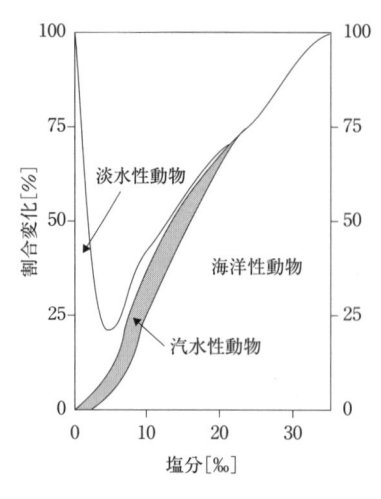

図-6.7 塩分濃度による海水性,汽水性,淡水性動物の割合変化.純淡水性生物および海水性生物の生息地の種数に対する割合で表示 (Remane *et al.*, 1958より作成)

底質の酸化還元電位(**3.1.6**)と関連し,底生生物の生息に大きな影響を及ぼす.既往の多くの研究では,そのような底質に関わる因子と生息する生物の種や現存量に明確な関係が見出されている(Lohrer *et al.*, 2004).とりわけ,底質中のシルト・泥分といった細粒分は,粗粒分よりも高い有機物を含有することから,その含有率は底質の化学的性状に大きな影響を与え,底生生物生息にとっての重要な指標となる.

福田(2000)は,干潟・河口域における57種の巻貝類の生息環境をまとめている.汽水域上部の生息地だけでも,流水中,ヨシ原内部の地表面,ヨシ原の水たまり,ヨシ原の岩礫地,ヨシ原近隣の草むら,川岸の石垣等に特有の貝類が出現することを示している.また,干潟上でも底質(粒度)だけでなく,細かい起伏や礫やカキ礁の有無で出現する種類が異なっていることを示している.汽水域の巻貝類は,オカミミガイ類,カワザンショウ類,ドロアワモチ類等の非常に限定された環境しか生息できない種類が多数いることを指摘している.甲殻類のスナガニ類については,粒度や潮位高により分布が決まっていることが知られている(小野,1995;和田他,1975).これらの種類の多くは浮遊幼生期を持ち,一定期間を水中で過ごし,適切なハビタットを選んで定着する.日本本土には3種のシジミ類がいるが,マシジミ,セタシジミは淡水産で,ヤマトシジミのみ汽水に適応している.ヤマトシジミは汽水域では最も重要な漁業資源となっている.

底生動物とその環境因子との関係は,おおよそ**図-6.8〜6.10**に示すようになっている.底生生物は,環境場の微妙な差異を利用して生息しているのである.

河川汽水域を生息場あるいは通過場として利用する魚類を見ると,マハゼのように河口域や内湾沿岸だけで全生涯を送るもの,イシガレイやクロダイのように幼稚魚期にのみ河口に近づき捕食を避けるもの,満潮時に一時的に侵入する海水性の種(ボラ等)や,増水時に上流から運ばれてきた淡水性の種等の他に,海水環境と淡水環境の広い範囲にかけて生活史の間に回遊する通し回遊性の種がいる(塚本,1994).通し回遊は,生活史のどの段階で移動を行うかで次のように分類されている.

6.1 河川汽水域内の生物の生息・生育を規定する因子と生物種

・遡河回遊(生活の大部分は海で過ごすが,産卵時に川を遡上するもの,サケ・マス類,シロウオ等).

　汽水域は,遡河性魚類の代表であるサケ科魚類にとって非常に重要な場である.特に,河川で孵化したサケの幼魚は,川から海へと下る過程で汽水域を摂餌,捕食者からの避難場,および塩水への生理的順化の場として利用する.サケが汽水域で過ごす時間は種によって大きく異なるが,例えばChinook salmonで30日程度,Coho salmonで4〜9日程度と見積もられた事例等がある(Thorpe, 1994).汽水域は,サケ科魚類の生活史の中での利用される時間は短いが,その生物資源の維持においては重要な役割を果たしている.

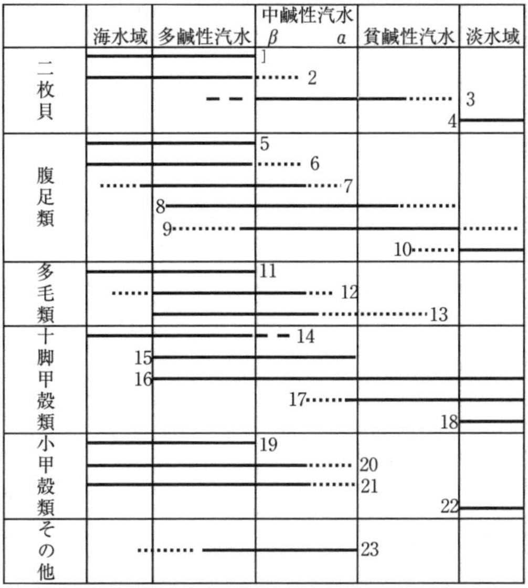

	海水域	多鹹性汽水	中鹹性汽水 β	中鹹性汽水 α	貧鹹性汽水	淡水域
二枚貝	1	ー ー		2	3	
					4	
腹足類			5	6		
				7		
		8				
		9			10	
多毛類			11	12	13	
十脚甲殻類				14		
		15				
		16		17	18	
小甲殻類			19	20		
				21	22	
その他				23		

1.マガキ, ソトオリガイ, ヒメシラトリ, イソシジミなど. 2.ホトトギス, ヒメマスオ. 3.ヤマトシジミ. 4.マシジミ, ヌマガイ類. 5.ウミニナ, カリアイ, ヘナタリ, アラムジロ. 6.マルウズラタマキビ. 7.フトヘナタリ, カリグチツボ, エドガワミズゴマツボ. 8.カリザンショウ, タケノコカワニナ. 9.イシマキガイ, ミズゴフツボ, 10.カリニナ, タニシ類. 11.ミズヒキゴカイ, ヤマトスビオ, Capitella capiteta 12.イトメ. 13.ゴカイ. 14.ケフサイソガニ, ハタセンシオマネキ, ヤマトオサガニ, コメツキガニ. 15.チゴガニ, アシハラガニ, ベンケイガニ. 16.モズクガニ. 17.テナガエビ. 18.サワガニ, スジエビ, ヌマエビ. 19.シロスジフジツボ, ドロフジツボ. 20.アメリカフジツボ. 21.ウミナナムシ, イソコツブムシ, アンナンデールヨコエビ, Corophium voltator. 22.ニッポンヨコエビ, ミズムシ. 23.ニダウミヒドラ(腔腸動物), チヤミドロモドキ(コケムシ類)

図-6.8 塩分環境に対するベントスの分布例(菊池, 1976)

・降河回遊(普段は川で生活しているが,海・汽水域で産卵し,子供が川を溯る,ウナギ,モクズガニ,ヤマノカミ,アユカケ等).

・両側回遊(産卵も生活の多くも川で行い,生活史の一部を海・汽水域で過ごすもの,アユ,カジカ,ウキゴリ,ジュズカケ,ヨシノボリ類,ヤマトヌマエビ,テナガエビ類,イシマキガイ等).

　リュウキュウアユは,アユと近縁で奄美大島と琉球列島のみに生息する両側回遊の種類である(沖縄県, 2005).河川の下流部で産卵・孵化したリュウキュ

第6章 汽水域の生物

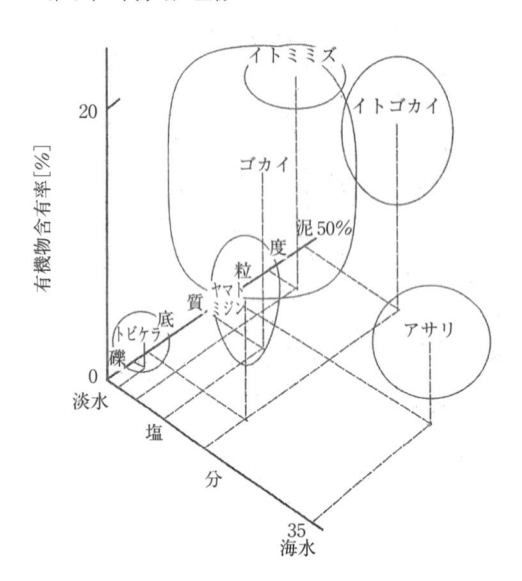

図-6.9 汽水域の塩分・有機物含有量・底質粒度と生物 (楠田, 2003)

ウアユの仔魚は，川の流れにのって海に下り冬を越し，3〜6月に河川を遡上し中流域に定住，秋になり成熟し下流で産卵する．産卵後は死亡する一年魚である．

エツ，アリアケヒメシラウオ（田北，2000）は，有明海に注ぐ筑後川を中心に見られるが，産卵時には干潮域上部で産卵する習性がある．いずれも産卵および幼生発育には好適な塩分範囲が決まっており，その範囲は成体の耐性幅より狭くなっており，高塩分，低塩分では成長阻害が出る．

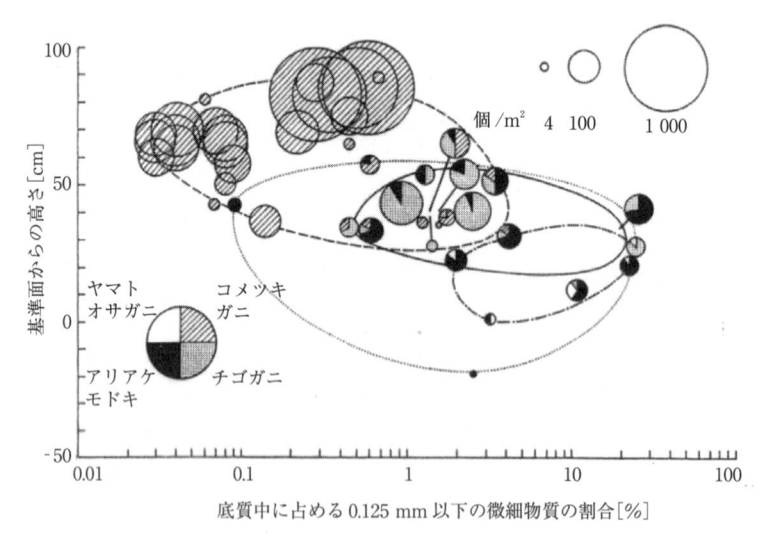

*基準面0cmは潮位表基準面で，ほぼ大潮の干潮位に相当し，平均海水面は+90cmにある．

図-6.10 潮位と底質から見たスナガニ類の分布域（和田他，1975）

6.1 河川汽水域内の生物の生息・生育を規定する因子と生物種

　一方，遊泳能力の高くないプランクトンが河川汽水域に生息し続けるためには，生息する水塊が海域に押し流されない間(その水塊の滞留時間内)に増殖できるものでなければならない．そこに存在する動物プランクトンは，植物プランクトンに比べて増殖速度が遅いために滞留時間を長くする工夫がなされている．例えば，カイアシ類は流速の遅い底部や岸辺の多く分布している．また，アミ類は下げ潮時に底部や岸辺におり，上げ潮時には流れの速い場所に移動し，潮に乗って上流に移動する習性を有している．カニ類の幼生やカイアシ類は塩分躍層より下側にいることが多い．緩・強混合型の場合には上げ潮時には流れに乗って上流に移動し，下げ潮時には流速の遅い方に移動し海域に流されないようにしている(**図-6.11**)．

図-6.11 動物プランクトンの上流輸送のための挙動(楠田，2003)

　河川汽水域に生育する代表的な植物としては，満潮位付近に生育するヨシ，シオグサ，アイアシ等の塩性植物，潮間帯を中心に生育するアナアオサ，アオノリ，アヤギヌ等の海藻類，干潮位付近から潮下帯に生育するアマモ，コアマモ等の顕花植物，さらには砂泥表上の珪藻や藍藻等の底生微小藻類がある．

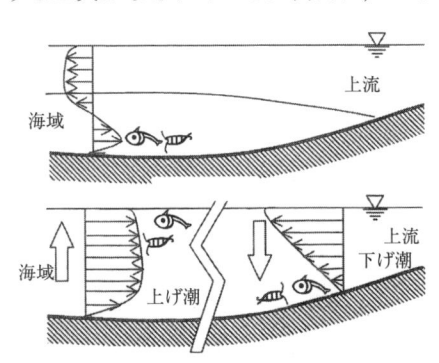

　塩性植物や底生動物は，潮間帯における乾湿，塩分濃度，底質の差異に応じて生息場所を微妙に棲み分けている．

　鳥類としては，干潟の底生動物を捕食するシギ・チドリ類が春と秋の渡りの時期に渡来する．ヨシ原にはオオヨシキリ，コヨシキリ，オオセッカ，バン，ヒナクイ等が繁殖し，ツバメ，ツグミ，ホオジロ，ムクドリ等は塒(ねぐら)に利用する．砂地にはコアジサシが営巣する．カモ類等の水面を利用する水鳥，カモメ，ウミウ等の海鳥，猛禽類等の多くの種が生息する．

　河川汽水域には，護岸，岸壁，橋梁等の人工構造物が多々設置されている．鋼矢板，コンクリート，捨石等の硬い基質の河口に近い潮間帯にはフジツボ，イガイ，カキ等が定着・生息する．

6.1.5　河口沿岸域の生物種

　河口沿岸域の生物は，河口から離れると，河川水の流れる表層を除けば淡水の影

響が弱くなり，通常の海浜生態系と似た生物相となる．生物種と群集・群落は，気候帯，海浜材料，海床材料，潮位変動，波浪そして水質の差異によって特徴ある相を示す．

　河口周辺沿岸域の地形の特徴については **4.1.4** に記したが，その形態は外海と内海そして海浜材料によって異なる．生物はその地形の特徴(底質と波と潮位変動という外力の現れである)に応じて気候帯ごとに特徴ある鉛直方向の分布を持つ．**図-6.12** に内湾の砂干潟に特徴的な生物種とそれらの生息場所を示す．なお河口が崖に沿って流出する場合は，その硬い基質に対応する潮間帯生物が生息する．

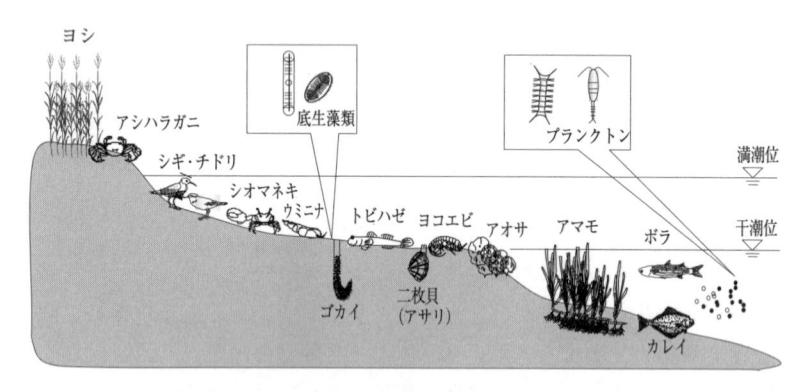

図−6.12　内湾の砂干潟に特徴的な生物種とその生息場所

　河口から流出する栄養塩が河口付近の生物に対する影響は，四万十川河口周辺の土佐湾西部沿岸域での栄養塩類の分布の季節変化から見ることができる(和, 2004)．それによると硝酸塩，リン酸塩，ケイ酸塩においていずれも四万十川の流量が増大する夏季に，湾内のこれらが，とりわけケイ酸塩が増加することが明らかになっている．沿岸域の一次(基礎)生産のもととなるこれら栄養塩が河川からの供給に強く依存しているといえる．植物プランクトンや海藻(草)等の一次生産量は高次栄養段階の生物の生産量・現存量の規定要因になり，河川からの栄養塩の供給が過剰でない場合は，一次生産量が増加すると高次段階の生物量は増加する(ノリ，カキ，アサリ，カレイ，シャコ)が，多くなると減少するものと増加するものとが生じ，群集構造が変化する．さらに栄養塩の供給が増えると，基礎生産量(浮遊プランクトン)の増加により富栄養化し赤潮発生が，内湾域では底層が貧酸素化し強風時に青潮発生が生じることがあり，有用価値のある魚貝類の死滅，生産量の減少が生じる．
　河川からの無機性微細物質の流出がその周辺の浅海域に与える影響を端的に示す

のは，琉球列島におけるサンゴ礁崩壊である．陸域での開発事業により，赤土が大量に河川から海域に流れ出し，結果として高い透明度が生存の基盤をなしていたサンゴと共生藻類に悪影響を与えた．赤土は海水の透明度を低下させ，結果として共生藻類の光合成を阻害するし，赤土自体がサンゴの触手に積もることでサンゴの濾過食も阻害する．さらに陸域から大量に供給される栄養塩類は，植物プランクトンの増殖を起こし，これがサンゴを捕食するオニヒトデの大発生を招いたとされる．

河川河口域とその周辺海域との連関性を示すものとして，熱帯・亜熱帯のサンゴ礁域の魚類の多様性が，周辺にある河川河口域に発達するマングローブ域や海草帯の存在に大きく依存していることがあげられる(Nagelkerken *et al.*, 2002)．これは多くのサンゴ礁域の魚類が，その稚仔魚期に河川河口域を主要な生息場所として利用していることによる．温帯・亜寒帯の河川においても，汽水域をその生活史の中で生息場，産卵場，通過場としている生物は多い．遡河回遊魚，降河回遊魚，両側回遊魚等の生物にとって，幼生期に海に下る汽水域生物（カワスナガニ）等の生物にとって海と河川は切っても切らない関係にあり，海と汽水域の環境の悪化は，それらの生物にとって致命的なのである．

泥・砂・硬い基質の生物

潮間帯の生物の基質，潮位，波浪との関係については，『潮間帯の生態学』(Raffaelli, D. *et al.*, 朝倉訳, 1999)が，泥干潟については，『The Biology of Soft Shores and Estuaries』(Little, C., 2000)が，砂浜海岸については，『砂浜海岸の生態学』(Brown, A.C. *et al.*, 須賀他訳, 2002)が詳しい．

有明海の生物については，『有明海の生きものたち』(佐藤正典編, 2000)が，砂・泥干潟のカニ類，巻貝類の生態については『干潟の自然史』(和田, 2000)が詳しい．

6.2 空間スケールの階層性に基づくハビタット類型

6.2.1 汽水域生態系を構成する生物群集の構造把握のための視点

生態系は生物的環境と非生物的環境からなる複雑なシステムである．ある空間スケールで抽出される個々の生態系はそれを特徴づける「構造」と「機能」を持つが，それらはその中の閉じたシステムによって形成されるのではない．個々の生態系は，周辺の生態系との相互作用を通して成立・存続する開放系のシステムであるという特徴を持つ．また，それぞれの生態系は，時空間の中で変動する．

そのような複雑系，開放系，変動系としての生態系を，それを構成する生物群集

と関連付けながら把握するためには，
① 対象とする生態系を空間の中に階層的に位置付けながら，その生態系を構成する要素，すなわち，生物の空間分布の特徴を見出す，
② 生態系構成要素である生物種や物質の分布を制限する要因を見出す，
③ 生物種と制限要因の応答特性を見出す，
④ 生態系構成要素間での種や物質の生産量や移動量，すなわちそれらの収支から生態系機能を見積もる(生態系機能の評価)，
⑤ 様々な規模や頻度で生じる攪乱によってこれら生態系の構造や機能がどのように変化し，また，攪乱後の時間とともにどのように回復するのかを見積り，観察・測定された時点の生態系を時間軸の中に位置付ける，

といったことが必要である．

ここでは，汽水域における生物群集の「構造」をどのように把握するかを，汽水域を特徴付ける生態系を構成する生物種の空間分布とその分布制限要因との関係に注目しながら，ハビタットをインターフェイスとして記していく．

6.2.2 異なった空間スケールにおけるハビタットの不均一性と環境要因の作用過程

生物の分布を制限する環境要因が作用する空間スケールは異なっており，また，それらは入れ子的に作用する(図-6.13)．任意の空間スケールで観測した時，ある環境要因がその空間に均一に作用する場合，それは生物に対する制限要因としては

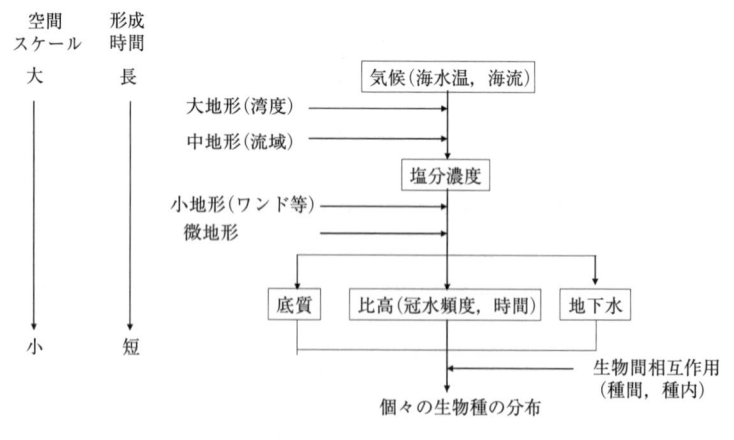

図-6.13 汽水域における生物分布の制限要因と空間スケール

6.2 空間スケールの階層性に基づくハビタット類型

働かず，空間的に不均一に作用する他の環境要因が，その空間スケールでの生物の分布に対する制限要因となる．以下では，個々の汽水域の構造を把握する際に必要な観点として，ある空間スケールでの環境要因が，ハビタット(**3.1.2 メモ**)を介して，生物の分布にどのように影響を与えるかについて述べておく．

(1) 流域スケールで把握可能な環境要因の作用過程

a. 汽水域に提供されるハビタットの物理的条件　河口周辺の汽水域は河川流域と海域の両者の影響を強く受ける．基本的には，流域の広がりが河川の規模を決める．流域内の地形・地質は，降雨パターンと相まって，上流域で生産され汽水域に供給される土砂の形態を規定する．そして，汽水域の地形や底質の空間分布を決定付ける因子として作用することになる．

河口まで運搬された土砂は，波浪の影響を強く受けながら河口の物理場を形成するが，波浪による影響度は河口周辺の地形の形状によって異なる．有明海に見られるように，外洋に対する閉鎖度の大きな内海や湾では波浪による影響は小さく，河口域にシルト成分が溜まりやすいであろう．一方，海域に対する開放度が大きく外洋の影響を受けやすい河口域では，シルト成分は溜まりにくいであろう．このように，河口域にどのようなハビタットが提供されるかは，流域特性に基づく土砂供給形態と，河口域の開放度等によって決定される．これらリージョナルな空間スケールで生物分布に作用する因子は，地史的過程によって長年月をかけて形成される．

b. 河床勾配と流呈に沿った塩分濃度の変化　流域特性は，河川汽水域の河床勾配も決定する．河川流量が類似していても，急勾配で河口に注ぐ河川では汽水域長は短く，単位河川長当りの塩分濃度の変化率は大きいであろう．一方，緩勾配で河口に注ぐ河川の汽水域長は長く，塩分濃度の変化率は低いであろう．このような勾配の異なる河川間で種の分布様式がどのように異なっているのかは明らかではないが，急勾配の河川では流呈に沿った種の置き換わりは大きく，また，汽水域内で生息・生育する種の数は少なくなると思われる．

(2) 個々の干潟・砂州の地形単位で把握可能な環境要因の作用過程

a. 洪水攪乱の空間的不均一性　個々の干潟・砂州は，大きくは流路側の領域とワンド側の領域に区分することができる．ワンドを有する干潟・砂州では，ワンドと流路側で洪水の影響の受けやすさが異なる．洪水時の水当たりの激しい流路側の領域では攪乱の程度が大きく，ワンド側では影響が小さい．そのため，ワンドは干潟・砂州に生息・生育する生物のレフュージ(避難場所)としての機能を持つことになる．徳島県那賀川の河口域干潟・砂州の塩生湿地植物群落の分布に関する調査結

果では，イソヤマテンツキ群落，ウラギク群落については流路領域に，ハママツナ群落，ナガミノオニシバ群落，ハマゼリ群落，ハマサジ群落，ヨシ群落はワンド領域に偏って分布していた．また，2004年に発生した大規模出水後には，ワンド領域では，ハマサジ群落，ウラギク群落，イソヤマテンツキ群落，ホウキギク群落，ナガミノオニシバ群落，ヨシ群落等が残存したのに対し，流路領域では，ナガミノオニシバ群落，ヨシ群落，チガヤ群落がわずかに残存するのみであった．ウラギク群落は洪水時の水当たりが強く，破壊作用を受けやすい流路側に分布する傾向があるが，これは，繰り返し生じる小中規模の洪水が競争種を排除することを通して，ウラギクに存続基盤を提供していることを示唆している（鎌田他，2006）．

b．底質の空間的不均一性　　洪水時に限らず，流路領域とワンド領域では流水の影響は異なる．流路領域では河川流の影響を強く受けるため，シルト等の細粒成分は堆積しにくい．一方，ワンド領域は，河川流の影響をほとんど受けず，上潮によって運搬されてくるシルト成分を捕捉し，堆積させやすい．

(3)　干潟・砂州領域内のマイクロスケールで把握可能な環境要因の作用過程

a．比高変化に伴う海水の影響の空間的不均一性　　一つの干潟・砂州内およびその同一地形単位内においても，塩分ストレスの受けやすさは異なっている．すなわち，干潟・砂州の低位領域では冠水時間は長く，潮の干満に伴う塩分ストレスを受ける時間が長くなる．一方，高位領域では塩分ストレスを受ける時間は短くなる．そのため，より高い塩分耐性を獲得した塩性湿地植物がより低位に，低い塩分耐性しか獲得できていない植物はより高位に分布することとなる．このような環境要因の作用を確認するためには，少なくとも数m以内の細かな空間解像度が必要となる．

b．生物間相互作用(6.1.3)　　生物の分布には，種内および種間の生物間相互作用，すなわち，捕食－被食関係，種間競争，住み込みや共生が大きく作用する．例えば，干潟底土中のメイオベントスの生息量は，魚類やカニ類の季節的な侵入によって変化する．また，ベントスを餌資源とするシギ・チドリ等の干潟内の空間利用は，ベントスの空間分布に影響される．

マングローブ湿地に生息するオキナワアナジャコによって形成される塚は，他の様々な生物の生息の場になっている．温帯域の干潟においても，体サイズの大きな動物，例えばカニ類による巣穴の形成は，干潟上に微小な凹凸を形成する．このような微地形による水の溜まりやすさの違いは，表在性の貝類等の空間利用に影響を及ぼすことになる．

6.2 空間スケールの階層性に基づくハビタット類型

　こうした生物間相互作用は，個々の個体の行動様式等の観察や，実験的な操作系をとおして確認することができる．これは，数m以内の細かな空間解像度に対応する．

　このように，生物の分布を規定する個々の制限要因は，それを抽出するに適した空間解像度を持つ．一方，個々の種にはこのような環境要因群が入れ子的に作用し，その分布を規定することになる（**3.3**）．そのため，個々の種の分布を規定する制限要因群を見出すためには，空間解像度を粗いものから細かいものへと変化させながら，それぞれの解像度で制限要因と種の分布との対応関係を見出していかなければならない．この時，より粗い解像度で検出される制限要因に対しては複数の種が抽出されることになるが，細かい解像度で検出される制限要因になるに従い，対応する種が絞り込まれるであろう（**図-6.14**）．地域的に隔たった汽水域の構造を比較する場合には，上記の視点に加えて，温度による生物相の違いを考慮に入れる必要がある．

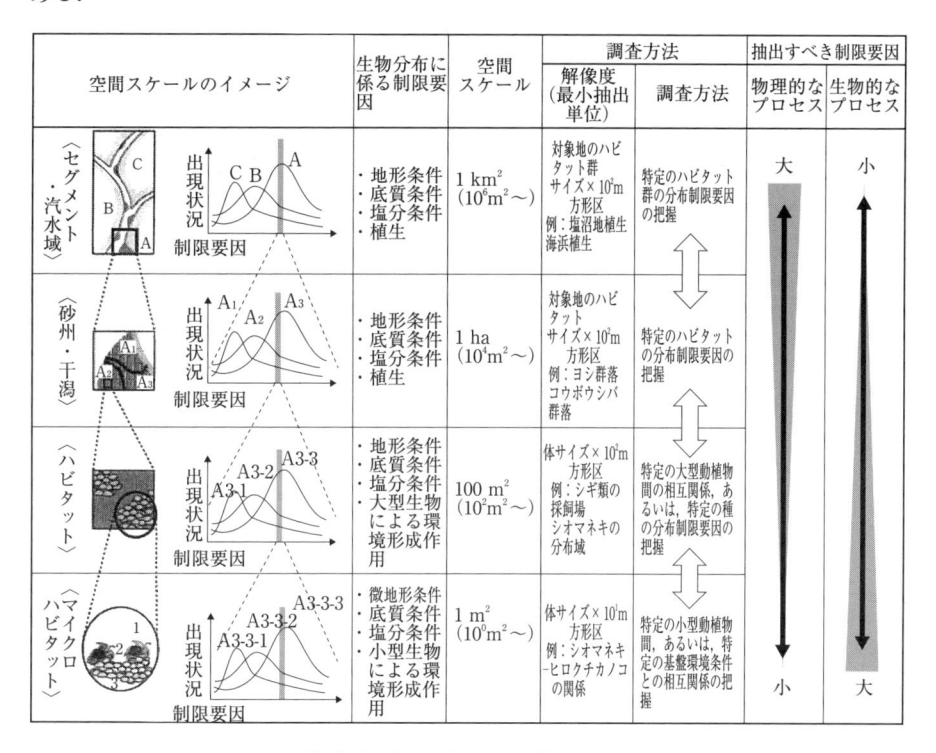

空間スケールのイメージ	生物分布に係る制限要因	空間スケール	調査方法		抽出すべき制限要因	
			解像度（最小抽出単位）	調査方法	物理的なプロセス	生物的なプロセス
〈セグメント・汽水域〉	・地形条件 ・底質条件 ・塩分条件 ・植生	1 km² (10^6m²～)	対象地のハビタット群サイズ×10^n方形区 例：塩沼地植生海浜植生	特定のハビタット群の分布制限要因の把握	大	小
〈砂州・干潟〉	・地形条件 ・底質条件 ・塩分条件 ・植生	1 ha (10^4m²～)	対象地のハビタットサイズ×10^n方形区 例：ヨシ群落コウボウシバ群落	特定のハビタットの分布制限要因の把握	↑	↑
〈ハビタット〉	・地形条件 ・底質条件 ・塩分条件 ・大型生物による環境形成作用	100 m² (10^2m²～)	体サイズ×10^nm方形区 例：シギ類の採餌場シオマネキの分布域	特定の大型動植物間の相互関係，あるいは，特定の種の分布制限要因の把握	↓	↓
〈マイクロハビタット〉	・微地形条件 ・底質条件 ・塩分条件 ・小型生物による環境形成作用	1 m² (10^0m²～)	体サイズ×10^nm方形区 例：シオマネキ-ヒロクチカノコの関係	特定の小型動植物間，あるいは，特定の基盤環境条件との相互関係の把握	小	大

図-6.14　空間解像度に応じた制限要因の抽出と生物の分布の把握

第6章 汽水域の生物

生理生態学的に見た汽水域生態系の空間構造

汽水域の底生動物は体液浸透調節のタイプによって「浸透順応型」,「高浸透調節型」および「高-低浸透調節型」に区別され(**6.1.2**),こうした浸透調節能の種による相違は,イオンの吸収／排出を担う器官の有無やその発達具合に関係する.このことは,汽水域を含む海－淡水域にかけての塩分環境と,底生動物の分布パターンとの間に一つの示唆を与える.

ある地域に生息する生物の集合である「群集」とそれに隣接する群集との境界の問題に関しては,「閉鎖群集(closed community)」,「開放群集(open community)」という両極に位置する概念がある.「閉鎖群集」では同一の群集に属する生物の空間分布は似通っており,それらの分布曲線の裾野で隣の群集と重なる.この重なり部分,つまり群集の境界部分を「エコトーン(ecotone)」と呼ぶ.一方,「開放群集」では空間的にまとまりを持つ生物の集合は認められず,群集は環境勾配に沿った個々の個体群の分布パターンの集合と捉えられる(図-1).

いずれの概念が実際的かという問題は,実は我々がどういった空間スケールで生態的現象を見るかによって答えが変わってしまうが,海域と淡水域に挟まれた汽水域という水域スケールを扱う場合には,上述の底生動物の生理的特性を考慮すれば「閉鎖群集」の概念がより適当であろうと判断される.すなわち,細胞レベルでの浸透調節のみを行う「浸透順応型」の種類が入り込める塩分環境は,体液レベルでの浸透調節能も具えた「浸透調節型」のそれとは画然と分けられると予想され,また,「浸透調節型」でも「高浸透調節型」と「高－低浸透調節型」とでは,生息できる塩分環境は質的に異なるものと推定される.さらに,これらの浸透調節能は塩分を吸収あるいは排出する器官の有無という質的な特性と,その発達程度という量的なものの両者とリンクすると考えられる.したがって,**図-2**のような汽水域の塩分による区分(例えば,McLusky,1989)は,底生生物の持つ生理的特性とも整合性を保つことになる.このことから,汽水域は単に海水と淡水が混合する水域と捉えるだけではなく,その中には少なくとも図-2に示されたような貧鹹水,中鹹水,多鹹水といった生物相の異なる水域を内包する空間的に構造化された生態系と捉えるべきことが理解される.

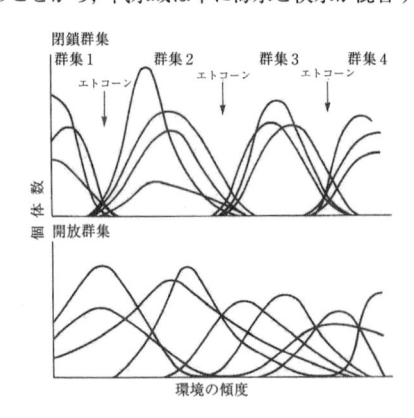

図-1 環境傾度に対する分布パターンの違いによる閉鎖群集と開放群集(木元,武田,1989)

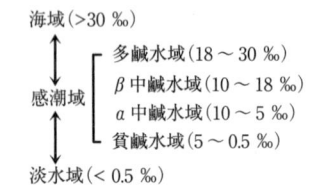

図-2 汽水域の塩分による区分

海域(>30 ‰)

感潮域
- 多鹹水域(18〜30 ‰)
- β中鹹水域(10〜18 ‰)
- α中鹹水域(10〜5 ‰)
- 貧鹹水域(5〜0.5 ‰)

淡水域(<0.5 ‰)

6.2.3 ハビタットの分類とネーミング

応用生態工学および土木工学の視点からは，リーチおよび小規模地形スケールから見た大分類の再小区分，すなわちリーチスケールのハビタット分類が必要であり有効である(**8.5**).

ハビタットスケールの分類法としては，以下のようなものが考えられよう.

a. 植物群落・生物群集の分布特性に応じて分類する方法　植生群落，生物群集による分類分けする方法である．一般に植生図，動物生息場所図のよう主題図として表出される.

調査時の生物環境の評価として利用価値は高い．なお動物種では，種ごとにそのハビタット空間のスケールと利用空間が異なること，またその生活史に中で生育場所が変わるものがあること，日時，季節により生育場が変化するものがあること，など主題図の描き方に工夫が必要である．また物理・化学要素の変化による各ハビタット空間の変動を表せないことにより，以下の**c.**の情報を必要とする.

b. ハビタットを小地形名称で表現する方法　たまり，ワンド，砂州，前浜干潟，河口干潟，前浜，外浜，淵，澪，氾濫原，湾曲部滑走斜面，崖地，人工地等の小地形名で分類する方法である.

c. 物理・化学的指標により表現する方法
① 洪水攪乱の頻度を表示する：標高で再区分.
② 水質で分類する方法：塩分濃度，栄養塩濃度，酸素濃度による方法.
③ 潮位変動による乾湿の程度関係で表現する方法：潮上帯，潮間帯，潮下帯等.
④ 生物の生息基盤材料で分類する方法：岩礁，玉石，砂，泥等.

以上のような分類指標が考えられるが，汽水域の生物は塩分濃度，底質，物理的攪乱の強さの違いにより生息環境が規定されるので，上述の分類指標の1つでその生息空間を規定できるものでない．すなわち，生物種ごとにその生息空間および生息条件が異なるので，検討の対象種ごとに，またその種を取り上げた技術的課題ごとに分類が異なることになろう.

河川汽水域の種々の環境要素を図-**6.15**(**口絵**)のようにGISベースに落としレイヤーを作成し，レイヤーの重なり具合の差異ごとに生息生物種との関係を分析していけば環境要素間と生物種との関わりが説明記載できるようになり(**6.3**)，さらには河川汽水域生態系ハビタット分類がより適切なものになろう.

見逃せない小ハビタット

空間が小さい日本の河口域の場合，見逃す可能性のある空間として以下の3点を考える必要がある．

① 塩分濃度の高い本流に流入する用水路や支流の汽水域．
② 支流合流部や水制周り等の攪乱の高い領域．
③ 土砂の分級や流れを支配する空間形状の変曲点付近．

①のハビタットは，ヒヌマイトトンボのハビタットとして重要である．ヒヌマイトトンボの幼生の生息条件は塩分濃度が 0.5 ‰以上になる汽水域で，ヨシの茎葉が折り重なって堆積し，ヨシ原は数十 m 規模の面積を有し，所々に水溜りが残る程度の平坦な場所で，干潮時には湧水や河川水の流入により底質が湿潤し，満潮時には流入河川水が流入し塩分濃度が低下する場所とされる（宮下，2000）．

本流の汽水域にもこのような場所が存在するが，汽水域の支川の流入や湧き水が見られるヨシ原（塩分濃度が高くない所）が重要である．これは横断方向の汽水域といってもよい存在であり，河口堰ができた利根川においても下流部でヒヌマイトトンボが見られるのは，用水や湧き水による横断的な汽水域の存在が大きい．マクロなハビタットの捉え方では落ちてしまう場所である．

②のハビタットは，攪乱頻度の高い場所として重要である．本流の攪乱頻度に比して流域面積が小さい支流の攪乱頻度は一般に大きい．例えば，六角川では支川合流部や水制周りにはヨシの他，ウラギク，シチメンソウ，ヒロハマツナ等の多様な塩性植物が見られる．これらの場所は攪乱頻度が大きく多様な外力が生じるためと考えられる（**写真-1**）．

③のハビタットは，土砂の分級により特異な小空間となっている．河道形状の折曲がり点等の空間の変曲点では，土砂の分級が生じやすく，底質環境に大きな影響を及ぼす．例えば，藤前干潟の底生動物は，淡水の影響および底質の粒径との関係が強く，庄内川・新川側では，ゴカイ，ヤマトスピオが，湾側ではアシナガゴカイ，ホトトギスガイ等が優占する．これは，庄内川・新川の右岸側は導流堤が海まで伸びているが，藤前干潟側は湾となっており，河川が開放され，川沿いに微高地が形成され土砂が分級されるためである．湾内の地形と庄内川・新川の流量，土砂供給量に支配されたハビタット区分になっているといえる．

同様に，守江湾におけるカブトガニの幼生のハビタットは，湾奥の泥干潟であり，湾の形状が流れや波等の強度を支配している空間と捉えることができる．以上のように土砂の分級や流れを支配する空間形状はハビタットを考える際に重要な視点である．

写真-1 ハママツナ，ヨシのハビタット．空間形状の折曲がり部にハママツナが生育する．直線的な所はすべてヨシである

6.3 異なった空間スケールを用いた生物分布の把握事例

本節では，徳島県の一級河川である吉野川(鎌田他，2002a)と那賀川(鎌田他，2006)における調査結果をもとに，汽水域の干潟における生物の分布と物理的環境や塩分濃度との対応関係の具体的な事例を紹介する．

6.3.1 吉野川汽水域の河川縦断方向での環境変化と生物分布の対応

徳島県を流れる一級河川である吉野川は，河口から約 14 km に位置する第十堰によって海水の遡上が止められており，この間が汽水域になっている．この区間内で河口から距離の異なる 4 つの干潟(干潟Ⅰ；河口から約 5〜5.4 km，干潟Ⅱ；河口から約 6.7〜7.6 km，干潟Ⅲ；河口から約 9.8〜11 km，干潟Ⅳ；河口から約 13.2〜14.2 km)で，底質の分布調査を行った．そして，干潟上に設けたライン上で採取した試料を用いて，ベントスの出現パターンと環境要因を対比して検討した(図-6.16)．

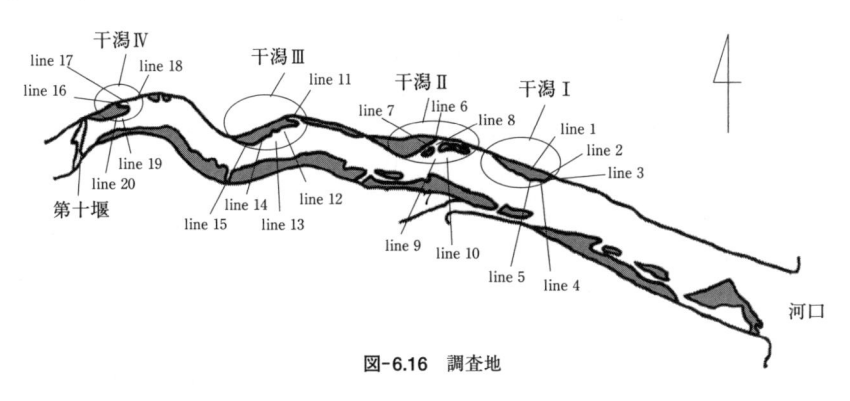

図-6.16 調査地

(1) 河川縦断方向の環境の不均一性

a. 底質　　図-6.17 に，各干潟でそれぞれの底質環境に区分された面積割合(%)を示す．干潟Ⅰは細砂環境および粗砂環境のみで構成されていた．細砂環境が約 70 %，粗砂環境が約 30 % を占めていた．干潟Ⅱは，シルト環境が出現し 29 % を占めていた．一方，細砂環境は約 23 % と出現頻度が小さくなっていた．逆に粗砂環境は 48 % と大きくなっていた．干潟Ⅲは，干潟Ⅱと同様にシルト，細砂および粗砂で構成されていた．干潟Ⅱと比較すると，シルトの占める面積割合は 7 % と小さくなり，細砂環境，粗砂環境はそれぞれ 43 %，50 % と大きくなっていた．干潟

Ⅳは，4つの底質すべてを含んでおり，礫環境が17％，粗砂環境が55％と粒度の粗い環境の出現頻度が大きくなっていた．全体的に見ると，上流側ほど粒度の小さいシルトおよび細砂環境は減少し，粒度の粗い底質の占める割合が増えていることがわかる．

b．間隙水の塩分濃度 各調査区の間隙水の塩分濃度を図-6.18に示す．河床勾配が緩やかな下流部の干潟Ⅰおよび干潟Ⅱの塩分濃度は17～29 PSUと高く，一方，河床勾配が急になる干潟Ⅲおよび Ⅳは0.2～12.5 PSUと低かった．

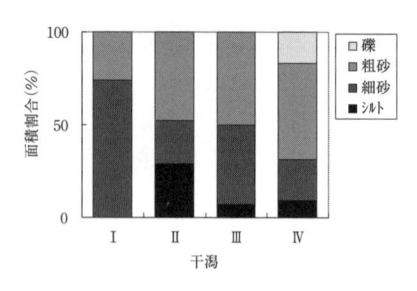

注）礫 2 mm 以上，砂 0.5～2 mm，細砂 0.074～0.5 mm，シルト 0.074 mm 以下

図-6.17 各砂州干潟部の底質区分別の面積割合

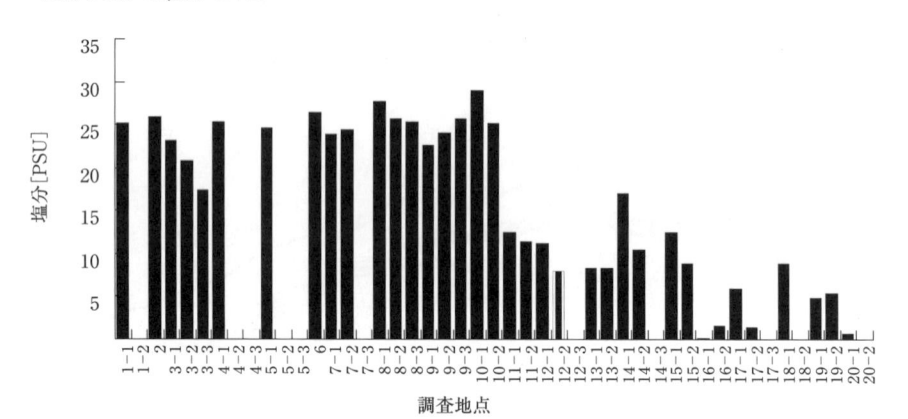

図-6.18 各調査地点の間隙水塩分濃度

(2) 河川縦断方向の環境の空間的不均一性とマクロベントスの分布特性

各ラインにおけるマクロベントス種別の6月の平均湿重量データを用いたクラスター解析の結果を図-6.19に示す．塩分の高い干潟Ⅰ，Ⅱのグループと，塩分の低い干潟Ⅲ，Ⅳのグループの2つのクラスターに分かれた．また，ワンドや流路沿いといった地形的な違いによるまとまりも認められた．

図-6.20に，それぞれの干潟について，各調査区で出現したマクロベントスの種別湿重量データを用いてクラスター解析を行った結果を示す．すべての干潟で，そ

6.3 異なった空間スケールを用いた生物分布の把握事例

れぞれ2つのクラスターが抽出された．干潟Ⅰでそれらが区分された要因については明らかにすることはできなかったが，干潟Ⅱでは，それぞれのクラスターは，ワンド環境と流路環境に対応していた．干潟Ⅲでも流路環境であるかワンド環境であるかに対応していた．また，流路環境の底質のほとんどは粗砂であり，ワンド環境は細かい底質のシルトまたは細砂であった．干潟Ⅳでも，大まかには流路環境であるかワンド環境であるかによって分かれていた．

吉野川汽水域の干潟部におけるマクロベントスには，下流側で間隙水の塩分濃度が高い範囲に分布する種群と，上流側の塩分濃度の低い範囲に分布する種群が存在することが示された．そして，類似した塩分環境の中では，地形構造に依存した種群が存在することが明らかになった．したがって，間隙水の塩分濃度に変化が生じた場合や，地形構造に大きな変化が生じた場合に，それら種群の分布がどのように変化するかを予想することが可能であろう．

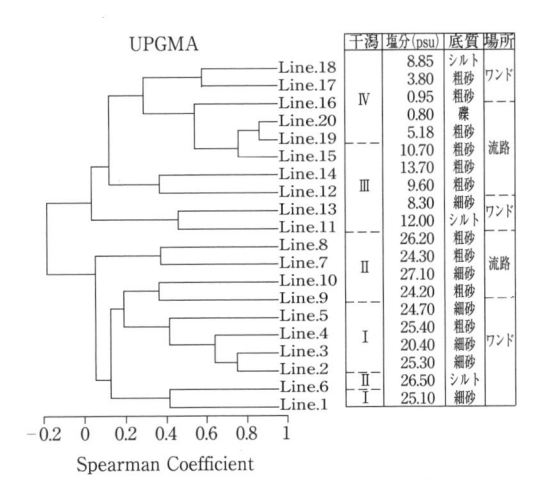

図-6.19 6月期の調査ライン間デンドログラムと各調査ラインの環境

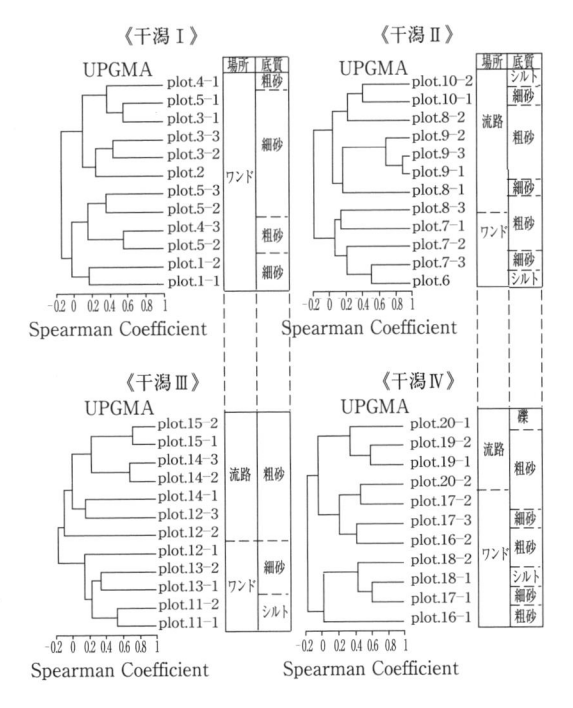

図-6.20 6月期の調査地点間デンドログラムと各調査地点の環境

クラスター解析とデンドログラム

　クラスター解析は多変量解析の一種で，いくつかの調査地点で取得された種の分布データを要約し，出現パターンを類型化して群集タイプを見出したい時や，似通った種構成を持つ地点群を見出したい場合に使用される(Jongman et al., 1987)．この手法が発達した背景には，生物群集は限定された不連続な単位からなっているため，明確に分類することができるという考え方がある(小林，1995)．
　類似した種構成を持つ地点群間での比較を通して，それらを特徴付ける環境要因を見出すことができる．それは，それぞれの生物群集の生息・生育環境，すなわち，ハビタットの把握につながる．
　個々の生物種の分布状況，例えば個体数は，在・不在の2値として認められるのではなく，環境傾度に沿って徐々に増減するのであり，群集を明確に区分できないとする「群集連続体説」もあり，それもまた真である．しかし，生物群集を類型化し，ハビタットの分布を地図で示そうとする時には，境界を設けるための閾値が必要となる．このような時には，クラスター解析のような「分類」を行うための手法が有効である．
　クラスター解析では，類似する傾向を持つサンプルをグループに化し，図化することができる．図-6.19の図はデンドログラム(樹形図)といい，階層が下にあるものほど類似度が高い関係にある．
　近年は，環境要因の閾値を求めるのに，選好度指数や，決定木解析等が用いられることが増えてきている(例えば，伊勢，三橋，2006)．選好度指数を用いたハビタット分類については6.3.2で例示することとする．
　なお，クラスター解析等については，Jongman et al.(1987)や小林(1995)等に詳しい．

6.3.2　那賀川汽水域の一砂州における環境の空間的不均一性と植物の分布特性

　徳島県那賀川の河口域の一砂州上およびその周辺の干潟(図-6.21)に発達している塩性湿地植物群落のハビタットの物理的構造を，比高および表層堆積物の粒径を

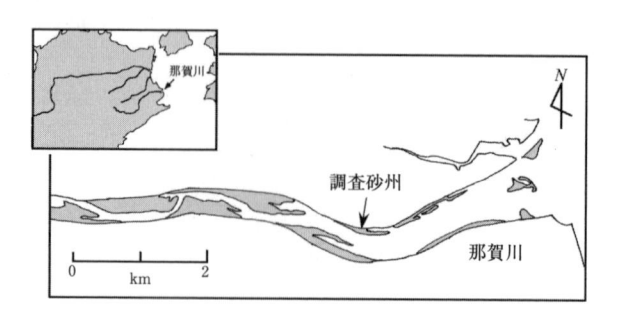

図-6.21　調査砂州

6.3 異なった空間スケールを用いた生物分布の把握事例

用いて記載し，評価した．

すなわち，低空撮影された空中写真を携行した2002，2004年の現地調査によって，植生図，比高階級図，表層堆積物の分布図を作成した[**図-6.22（口絵）**]．なお，表層堆積物の粒径は，『河川水辺の国勢調査マニュアル』（建設省河川局河川環境課，1997）や鎌田他（2002）を参考に，シルト（d[mm]＜0.074），砂（0.074≦d＜2），細・中礫（2≦d＜50），粗礫（d≧50）の4階級に区分した．そして，それらの図をGISに入力した上でマップオーバーレイ解析を行い，塩性湿地植物群落が選好して生育する立地特性や，洪水による分布変化の空間的不均一性を把握した．2002年は先に発生した大規模洪水から4年ほど経過した後の植生構造等が再生した状態であり，一方，2004年は，大規模洪水による破壊直後の状態であった．

(1) 地形単位（ワンド領域と流路側領域）による植物群落の分布の違い

図-6.23に流路領域およびワンド領域それぞれにおける各植物群落の面積，および選好度を示す．選好度とは，ある種が分布する立地環境と全範囲の存在比率の偏りから，その種の各立地環境に対する選択性を－1から1の範囲で表現する指標である（Jacobs, 1974；伊勢他，2006）．

カワラヨモギ群落，イソヤマテンツキ群落，ウラギク群落，ホウキギク群落については流路側領域を，ハママツナ群落，セイタカアワダチソウ群落，ナガミノオニシバ群落，ハマゼリ群落，チガヤ群落，ハマサジ群落，オギ群落，ヨシ群落，低木群落は，いずれもワンド領域を選好していた．ヨモギ群落については，流路側領域あるいはワンド領域どちらかへの選好性は認められなかった．

2002年の植物群落の分布状態と，大出水後の2004年の植物群落の分布状態を比較し，流路側領域とワンド領域での残存

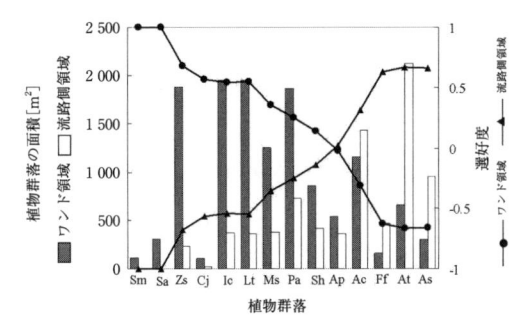

Sm：ハママツナ群落, Sa：セイタカアワダチソウ群落, Zs：ミノオニシバ群落, Cj：ハマサジ群落, Ic：チガヤ群落, Lt：ハマサジ群落, Ms：オギ群落, Pa：ヨシ群落, Sh：低木（アキグミ等）, Ap：ヨモギ群落, Ac：カワラヨモギ群落, Ff：イソヤマテンツキ群落, At：ウラギク群落, As：ホウキギク群落, 棒グラフ　2002年
■：ワンド領域での各植物群落の分布面積
□：流路側領域での各植物群落の分布面積
折れ線グラフ　選好度の算出はJacobs(1974)に基づく
●：ワンド領域での各植物群落の選好度
▲：流路側領域での各植物群落の選好度

図-6.23 ワンド領域と流路側領域での植物群落の立地選好性（2002年）

状態を図-6.24に示す.

ワンド領域では，ハマサジ群落，ウラギク群落，イソヤマテンツキ群落，ホウキギク群落，ナガミノオニシバ群落，ヨシ群落，チガヤ群落，オギ群落が残存していた．一方，流路側領域では，ナガミノオニシバ群落，ヨシ群落，チガヤ群落が残存するのみで，残存割合もワンド領域に比べて半分以下であった．ハママツナ群落，ハマゼリ群落，ヨモギ群落，カワラヨモギ群落，セイタカアワダチソウ群落，低木群落は，2004年にはワンド領域および流路側領域の両方で消失していた．このようにワンドは，塩性湿地植物，特にハママツナやハマサジのレフュージとして非常に重要な地形単位であると考えられる．

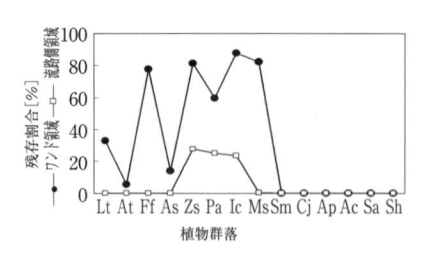

図-6.24 2004年の植物群落の残存割合．植物群落の凡例は図-6.23に同じ

一方，ウラギク群落は洪水時の水当たりが強く，破壊作用を受けやすい流路側に高い選好性を示し，そして，洪水後にはほとんど消失していた．このことは，繰り返し生じる洪水は，ウラギク自身も排除するよう作用するものの，同時に競争種をも排除することを通して，ウラギクの存続基盤を継続的に提供するよう作用していることを示唆している．

(2) 砂州・干潟内の環境の空間的不均一性と植物の選択的分布

2002年には，塩性湿地植物群落であるハママツナ群落，ハマサジ群落，ウラギク群落，ナガミノオニシバ群落，イソヤマテンツキ群落は，比較的高い比高領域にも分布しているものの，大潮満潮位よりも低い場所に対しての選好性が高かった．そして，礫が表層に堆積しているところに分布し，細・中礫の領域に対して最も高い選好性を示した(表-6.1)．

ハママツナ群落，ハマサジ群落，ウラギク群落等が低比高域に対して示した高い選好性は，これら群落が砂州・干潟に侵入した後の種間競争や，大規模洪水が発生する間に生じる小・中規模の洪水攪乱による影響の結果を反映し，また，これら群落が礫質領域にのみ分布することは，これら植物の種子や実生の潮汐・洪水による流出を礫が防御した結果を反映したものだと推察された．

ここでは，塩性湿地植物群落の空間分布パターンをハビタットの物理的構造を特徴付ける比高および底質粒径と対応付けながら把握した．この手法は，干潟に生息するベントスにも適用可能なように思われる．スナガニ類については，種の分布が

6.4 動物の生活史段階におけるハビタット利用

表-6.1 物群落の立地選好性

		底質区分		
		シルト	砂	細・中礫	大礫
比高階級	1				
	2				
	3			ハママツナ, ハマサジ	
	4				
	5		(ヨシ)	ウラギク, ナガミノオニシバ, イソヤマテンツキ	
	6		チガヤ, ヨモギ, オギ	ハマゼリ, ホウキギク	
	7		セイタカアワダチソウ		カワラヨモギ
	8		ヨシ, 低木(アキグミ)		

注）比高階級は図-6.22(b)と同じ．

底質粒度と平均潮位等からの比高によって特徴付けられることが明らかにされていて(和田他，1975；和田，1976；上月他，2000)，それらを説明因子としてある程度の分布予測が可能であるとされているからである(中野他，2001)．また，スナガニ類以外のマクロベントスのいくつかについても，底質粒径，比高，塩分濃度等を説明因子として分布予測が可能であることが示されている(鎌田他，2002b)．

6.4 動物の生活史段階におけるハビタット利用

汽水域の動物の保全・再生にあたっては，当該動物の生活史の段階において，どのような環境場に生息し，場を変えていくかについての知見が必要である．ここではカワスナガニ，モクズガニを取り上げる．

6.4.1 カワスナガニ

(1) カワスナガニとその生活史

カワスナガニ(*Deiratonotus japonicus*，写真-6.1)は，甲殻類十脚目短尾下目ムツハアリアケガニ科に分類され，本州の太平洋側から南西諸島にかけて分布している．甲幅は大きいものでも10 mm程度で，現在環境省のレッドデータブックの情報不足種(DD)に分類されており，いくつ

写真-6.1 カワスナガニ

第6章 汽水域の生物

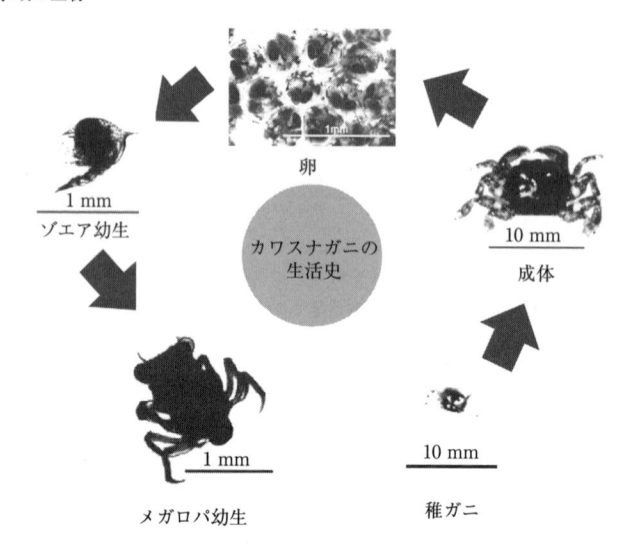

図-6.25 カワスナガニの生活史

かの自治体でも希少種に指定されている．

　一般にカニ類は，すべて卵生で，孵化までの間は親ガニの腹部で常に新鮮な水に曝されている．親ガニは卵を一定期間腹部で抱いて生活し，その後，水中にゾエアを一斉に放つ．ゾエアはプランクトン生活を送りながら5回程度脱皮を繰り返し，やや成体の形に近いメガロパへと変態する．メガロパは，はさみや歩脚を持ち，腹肢の毛を使って巧みに泳ぐ．メガロパ幼生は次の脱皮で稚ガニとなり，親ガニと同様の生活を始める．その後も脱皮を繰り返し成長し続けるが，大きくなるにつれて脱皮の間隔は遠のいていく．カワスナガニもこのような生活史を送っていると考えられる(**図-6.25**)．メガロパから成体への脱皮回数は確認されていない(小野，1995)．

(2) 成体の生息環境

　カワスナガニの生息数は夏季から秋にかけて減少し，春には回復し始めることから，その世代交代を1年周期で行っていると推測される．

　参考として，宮崎県北部にある五ヶ瀬川水系北川における調査結果を**図-6.26**に示す．2004年10月の減少は台風による出水によるものと推定される(楠田，2004；山西他，2000；山西他，2001；日宇他，2002；Hiu $et\ al.$, 2003；Yamanishi, 2001)

6.4 動物の生活史段階におけるハビタット利用

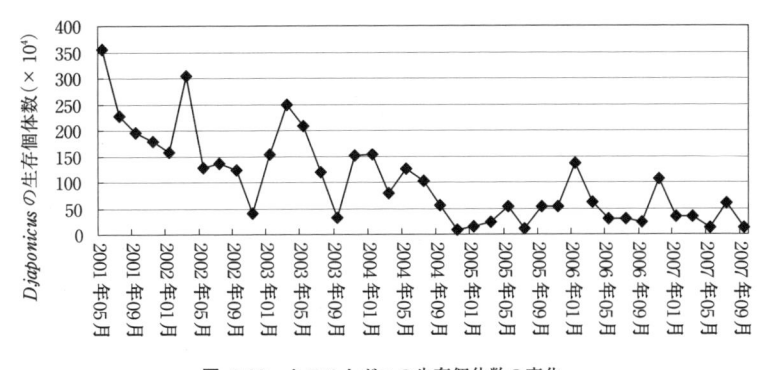

図-6.26 カワスナガニの生存個体数の変化

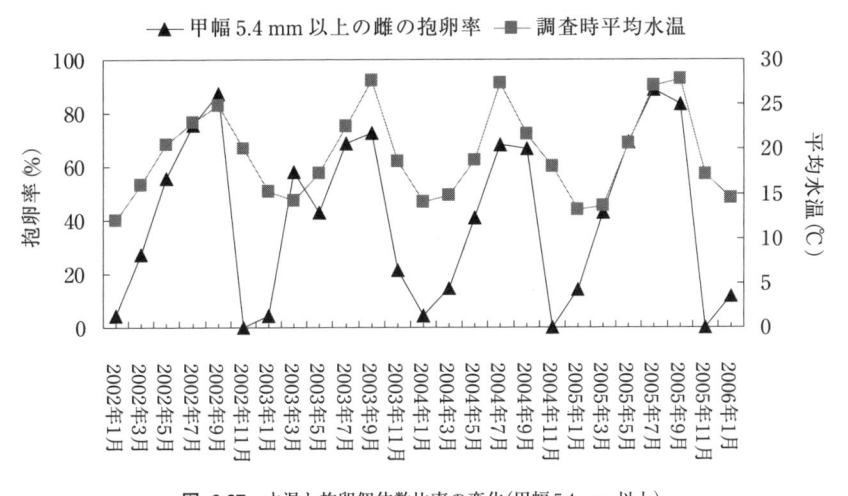

図-6.27 水温と抱卵個体数比率の変化（甲幅5.4 mm以上）

図-6.27に抱卵可能な雌の抱卵率の割合と平均水温との関係を示す．抱卵率は夏季に高く冬季に低くなり，水温の変動と連動している．なお，ここでの抱卵可能な雌とは，北川の調査において見られた抱卵している雌の最小サイズである5.4 mmとし，抱卵率とは5.4 mm以上の雌の個体数に対する抱卵している雌の割合である．

図-6.28に北川おけるカワスナガニの生息密度と河口からの距離との関係を示す．右岸では2.4〜4.0，5.2〜6.8 kmで，左岸では1.2，3.2，4.8〜6.4 kmで生息が確認され，4.8〜6.4 kmの感潮域上流端付近において高い生息密度を示している．図-6.29に示した各調査点の粒度組成と比べると，カワスナガニの生息が多く確認される場所は中礫，粗礫が多く存在している場所と一致しており，生息環境として

193

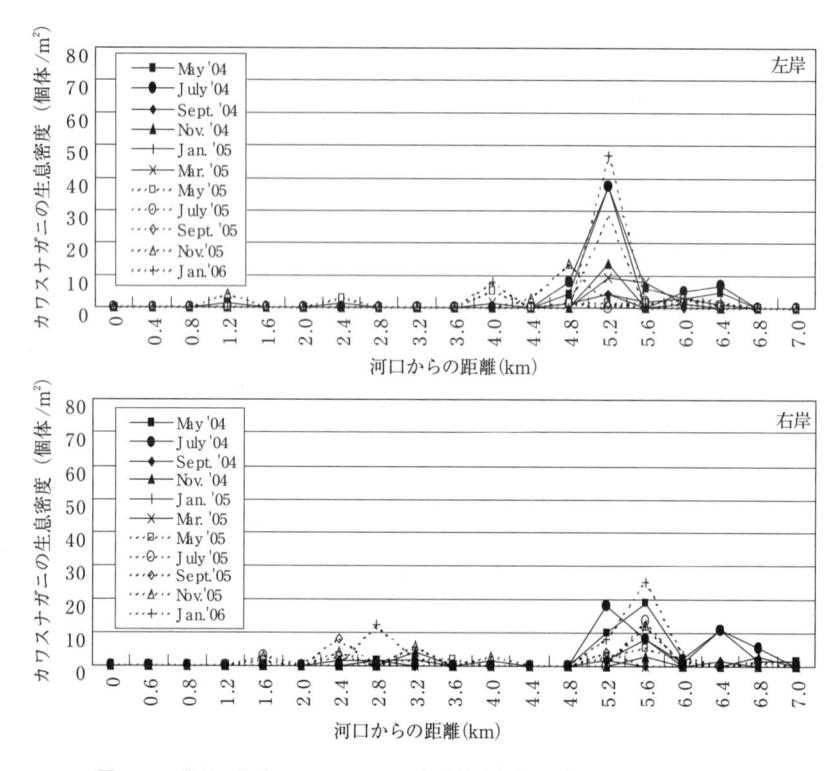

図-6.28 北川におけるカワスナガニの個体数分布(2004年5月～2006年1月)

5～10 mm 程度の粒度を好むようである．また，このような中礫，粗礫が多く存在するような場所でも，満潮線以高や塩分の影響のない所には生息が確認されない．
　なお，1回の孵化個体数は300～800個体，成体の雌雄比率はほぼ1である．
(3) 幼生の生息環境
　ゾエアの塩分に関する生存率試験によると他のカニのゾエア同様，比較的高い塩分を好む(図-6.30参照)．ゾエアの選好性試験によっても同様の結果が確認されている．塩分30の海水を用いた育成試験結果を図-6.31に示す．カワスナガニの幼生は約50日間(最短26日)のゾエア期を経てメガロパへ変態した．メガロパから稚ガニへの育成には成功していない．メガロパから稚ガニへの変態は河床条件や塩分環境等が影響している可能性もある．
(4) 幼生分布調査
　カワスナガニのゾエアの生育に適した高塩分環境は成体のものと大きく異なって

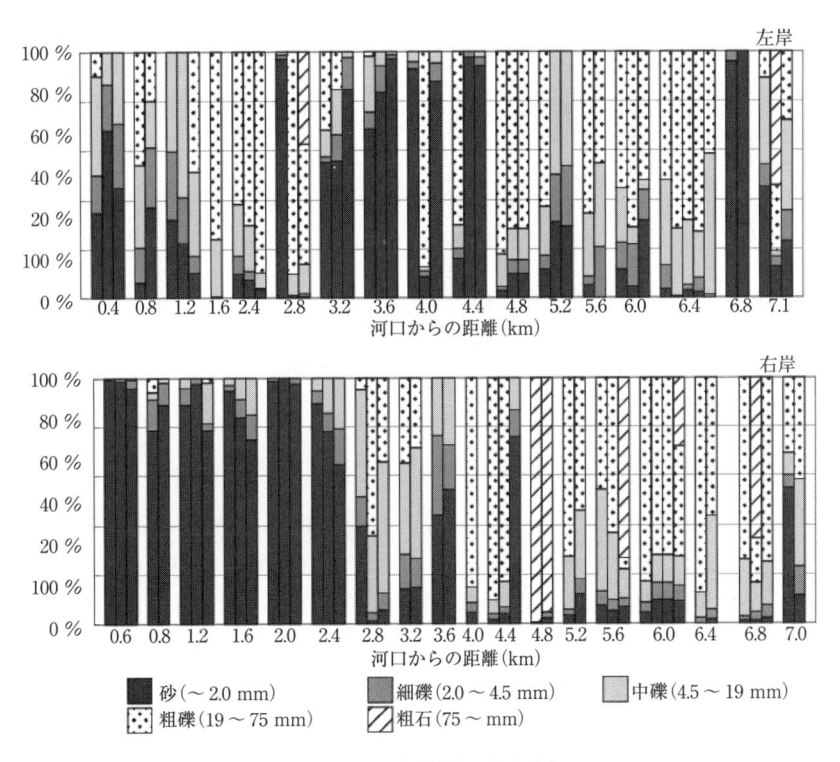

6.4 動物の生活史段階におけるハビタット利用

図-6.29 河床堆積物の粒度分布

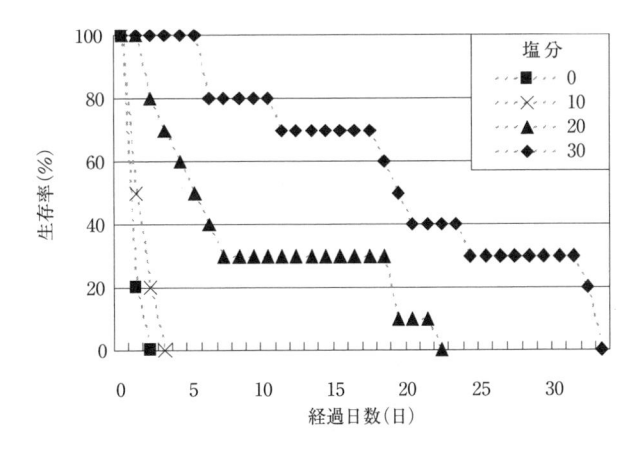

凡例:
- 砂（～2.0 mm）
- 細礫（2.0～4.5 mm）
- 中礫（4.5～19 mm）
- 粗礫（19～75 mm）
- 粗石（75～ mm）

図-6.30 塩分に関する生息試験（各初期数10個体）

第6章 汽水域の生物

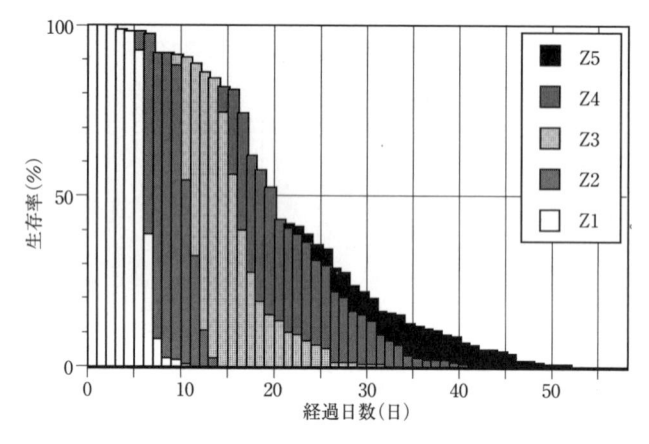

図-6.31 ゾエアの齢別生息数(塩分30の条件, Z5は5齢を示す)

いるので, 放出後何らかのメカニズムにより高塩分領域に移動する必要がある. この高塩分域は塩水くさびそのものであり, ゾエアは遠く海域へ運ばれるリスクの少ない塩水くさび内で選択的に生活している可能性がある. また, メガロパから稚ガニへと変態する段階では親ガニと同じ生息域へ回帰している必要があり, この浮遊養成期間をどこで送っているのかは明らかになっていない. 産卵期以降に河口域にてプランクトンを調査しているが海域に輸送されているか否かは確定されていない.

塩分選好性, 走光性を考慮したシミュレーションによってもゾエア期には塩水くさび内に存在する方が生残率が高くなることが確認されている(Suzuki, 1990 ; Conaugha, 1988).

6.4.2 モクズガニ

モクズガニ(**写真-6.2**)は日本全域に産する通し回遊性の種であり, 河川の淡水域と海岸域の他, 河口周辺の汽水域に多数出現する. 通し回遊性動物の具体例として紹介し, その生活史における汽水域環境の重要性を明らかにする.

モクズガニは, 台湾, 琉球から北海道に及ぶ日本全域, サハリン, ロシア沿海州, 朝鮮半島東岸域にかけての河川から海域にかけて分布する, 降河性の通し回遊種である(三宅, 1983). ほぼ日本

写真-6.2 モクズガニ成体. 雄甲幅54 mm(上), 雌甲幅50 mm(下)

6.4 動物の生活史段階におけるハビタット利用

全域の河川において，漁獲対象種として捕獲されている．

(1) 降河と産卵生態

図-6.32にモクズガニの回遊過程の模式図を示す．モクズガニは淡水域で成長した成体が川を降り，汽水域～海域にかけての高塩分域にて交尾産卵を行い，繁殖を終えた成体はそのまま河口から海域で死亡する．雌は産卵後，卵を腹肢に付着させて抱卵し，胚発生が完了し孵化するまで世話をする．胚発生(抱卵)の期間は水温変

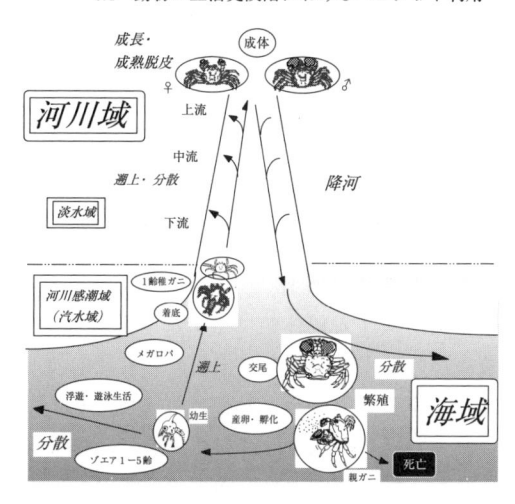

図-6.32 モクズガニの回遊プロセスの模式図

動に応じて2週間から3ヶ月近くまで大きく変動する(Kobayashi *et al.*, 1995). 1個体は最大3回産卵可能であるが，あとになるほど産卵数は減少する．甲幅40～70 mmの範囲では，体サイズに応じて産卵数も大きくなるが，1回目の産卵は12

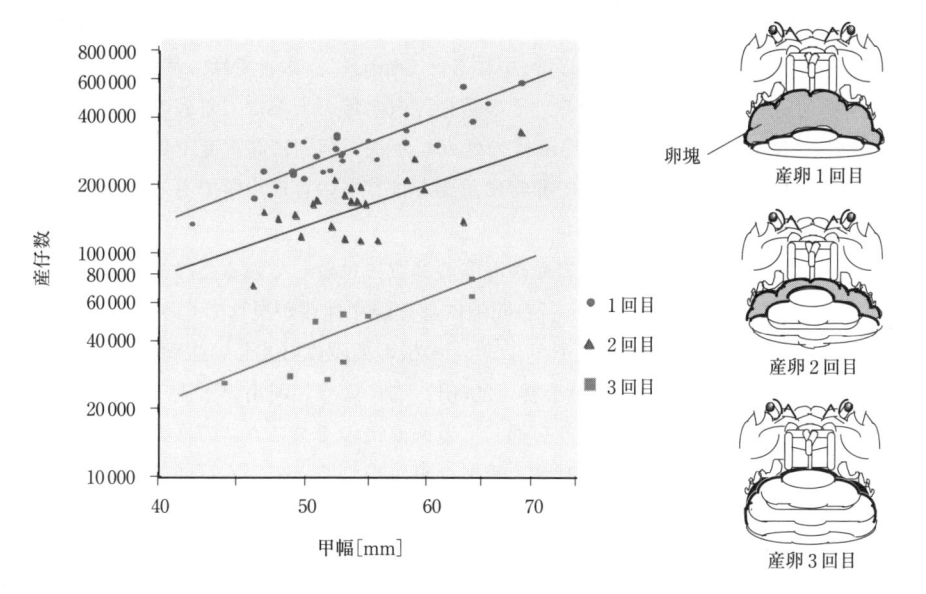

図-6.33 産卵回数によるモクズガニの産仔数と雌抱卵個体外見の変化の模式図．産仔数は甲幅－抱卵数関係のアロメトリー式回帰直線で表した．目盛りは対数目盛り．

万～60万，2回目が8万～30万，3回目で2万～8万のように変化する(図-**6.33**)．

(2) 浮遊幼生と定着

孵化したゾエア幼生は海域で浮遊生活を送り，5齢まで脱皮を繰り返した後，メガロパ幼生に変態する(森田，1974)．メガロパは主に大潮時に河口域に侵入し，汽水域を遡り感潮域の最上流部に達する．メガロパは汽水域の最上流から淡水域の最下流部にかけての水域に着底し，カニに変態し底棲生活に移行する．着底は日本の多くの地域で，秋10～11月と春5～6月頃に集中している(Kobayashi，1998)．また，着底する個体数は年により大きく変動が見られ，多い時と少ない時とでは，着底後の稚ガニの密度で少なくとも数倍の差が認められる．一般に汽水域－淡水域に生息する多くのカニ類は，浮遊幼生の行動を通じて個体群の維持を図っている．これらのゾエア幼生は浮力を調節し，体を維持する水深を調節することによって本来具わっていない水平方向の移動能力を獲得し，移動分散，あるいは位置を保持することが可能になる．

(3) 稚ガニのハビタット利用と淡水域への遡上

メガロパから変態し底棲生活に移行した後，稚ガニはしばらく着底場所である汽水域上部－淡水域下限にかけての場所で成長する．変態直後の稚ガニは歩脚が相対的に短く，成長に伴い，長い脚を持つ形態に変化していく(Kobayashi，2002)．長い脚をそなえるようになる5齢以降(甲幅5～6mm)になるまでは，移動性は弱く，着底場所付近に留まることになる．その結果，汽水域の上部は，着底の季節である5～6月と10～11月には，変態直後の稚ガニが狭い範囲に高密度で集積すると考えられ，個体群を維持するうえで非常に重要な稚ガニの育成場所であるといえよう(Kobayashi，1998)．

またメガロパ幼生の時期は，岩や砂泥等の基質に付着しているだけの表在性であるが，変態後は砂泥に潜ったり，石の間隙に身を隠す性質が現れてくる．そのため，転石の多い環境や，ヨシ類(ヨシやツルヨシ)の根の間隙は好ましい生育場所であり，稚ガニは高密度に分布している(小林，2006)．このように河川の下流－感潮域に分布するヨシ帯は，河川のつながりを通じて着底直後のモクズガニの稚ガニに生息場所を提供し，個体群の維持に貢献する重要な環境をつくっている可能性がある．

(4) 汽水域の環境とモクズガニの生活史

汽水域の環境は，下流域が親ガニの繁殖活動，上流域が幼生の着底と稚ガニの生育場所として，モクズガニの個体群の維持にきわめて重要な場所である．しかし，汽水域は上流から運ばれてきた有機物や，海域から運ばれてきた有機物等が沈積し，

塩分の激しい変動に限らず，有機的な汚染により水質環境の悪化を起こしやすい場所でもある．沖縄等では河川の水量が減少するなどして海水の流量とのバランスが崩れ，土砂の堆積作用が卓越し河口閉塞が生じている．その結果，汽水域の水循環が停滞し，水質環境も悪化して多くの通し回遊性の動物に影響が及んでいることが報告されている（大城，2003）．

(5) モクズガニの幼生分散とメタ個体群構造

以上の点をまとめると，モクズガニの河川個体群は海域からの幼生の供給によって維持されているサプライサイド（幼生を供給する側）から個体群動態が支配されている構造になっており，近接する河川個体群同士の間も各自独立しているわけではなく，海を通じて交流があり，遺伝的な繋がりも強いと考えられる．そのため，モクズガニの自然環境での個体群構造は，複数の近接する河川個体群を含めた，大きな個体群が存在するというメタ個体群構造をつくっていると考えられる（図-6.34）．実際に，日本各地の個体群でモクズガニの遺伝子レベルの差異を調べたところ，海洋で隔たれた沖縄・小笠原を除き，大きな差が認められなかったことが報告されている（Gao et al., 1998；Yamasaki et al., 2006）．なお，小笠原産については他地域産に比べ形態の特徴も異なっていたので，2006年に別種として記載された（Komai et al., 2006）．

モクズガニの幼生の供給は外海域からもたらされるため，着底場所の環境次第では絶滅寸前の河川個体群の回復も可能

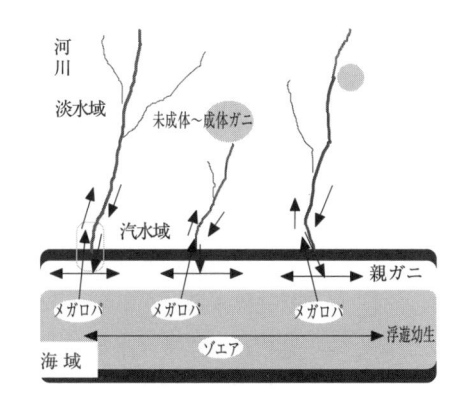

図-6.34 モクズガニのメタ個体群構造模式図

と考えられる．そのためモクズガニ個体群の保護育成を図るためにも，できるだけ川から海へのつながりを維持し，汽水域の水質環境に配慮することが重要である．

6.4.3 その他のベントスの生活史，特に繁殖様式とハビタット利用

河川汽水域に見られる生物の生活史と分布については，栗原他（1988）による好著が詳しく，特にベントスについては土屋（1988），二枚貝と鳥類については秋山（1988），底生魚類については大森，靍田（1998）による解説は参考になる．また，菊池（1976）による汽水域のベントス群集に関する解説もその生態的特性一般について

の好著であり，一読を勧められるべきものである．さらに，干潟に生息するカニ類については小野(1995)が詳しい．本項では，これらの好著でも扱われているトピックスの中で，特にベントスの繁殖様式とハビタット利用との関係について論じ，上記のモクズガニやカワスナガニの具体的な研究事例を補足する．

ベントスにおける幼生の発育パターンは，
① 浮遊幼生期を持つ「浮遊発生」，
② 卵内で初期発生が進行して底生性の幼稚体が卵から孵化する「直達発生」，
③ 幼生期の発生が親の体内で発生する「卵胎生」，
に大別され，さらに①の浮遊発生は，
ⅰ) 微小なプランクトンを捕食する成体とは全く異なる形態をした幼生が発生する「プランクトン栄養型発生」，
ⅱ) 卵黄を多量に含んだ卵から卵黄の栄養分に依存して発生し，浮遊期間が短い「卵栄養型発生」，
に分けられる(土屋，1988)．モクズガニやカワスナガニは，①のⅰのプランクトン栄養型発生型であり，このように浮遊幼生期を持つ種類が空間的に分散する範囲は一般に直達発生型よりも広いと予想され，かつ浮遊幼生期が長いほど遠くまで分散すると考えられている(表-6.2)(Crisp, 1978 ; Barnes, 1991)．卵胎生の種類とそのハビタットとの関連は興味深い問題であるが，ここでは汽水域に生息するベントスで最も多く見られる浮遊発生型種と，その対比としての直達発生型種の一般的特性を論じる．

浮遊幼生期を持つベントスおよび底生魚類の生活史とハビタットとの関係は一般に図-6.35のようになると考えられており，河川汽水域の浅瀬やラグーンは幼稚体の定着と生育の場として重要とされている(大森，鵠田，1988；Reise, 1985；McLusky, 1989)．すなわち，多くの浮遊発生型のベントスおよび底生魚類では，成熟個体による幼生放出および産卵の場と幼稚体の育つ

表-6.2 浮遊幼生期の長さと予想される移動距離との関係(Crisp, 1978)

浮遊幼生期の長さ	移動距離(km)
3～6時間	0.1
1～2日	1
1～2週	10
0.5～3月	100
1年	1 000

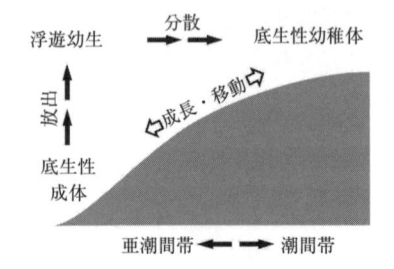

図-6.35 河口・沿岸域に生息する底生魚類および移動性十脚甲殻類の一般的な生活史と生息場所の関係(Reise, 1985)

場所は離れた場所にあり，放出された卵や幼生は潮汐流に乗って浅瀬へ運ばれて底生生活に入り，成長しながら成体の分布域へと移動する．ただし，モクズガニやカワスナガニの例に見られるように，浮遊幼生期から底生生活に至るまでの実体は決して単純なプロセスではなく，①発生に伴った幼生浮遊層の変更，および②変態直前の成熟幼生による好適な基質(substrate または substratum：生物の生息場所となる物質および物質表面)の探索・選択が種特異的になされるきわめて多様なものとなっている(菊池，1982a～c)．例えば，①の浮遊層の変更については，多くのベントスの初期幼生は正の走光性と負の走地性を持つことが知られており，これによって植物プランクトンの生産が盛んな表層付近に留まると同時に，表層流による輸送の機会が増加すると考えられている．しかし，幼生が成熟すると，走光性と走地性が逆転して底層まで沈降していく．こうした走光性・走地性の逆転の時期は生物によって異なり，その時期が遅い種類では潮間帯のより上部に接岸しやすいといわれている(菊池，1982b)．さらに，浮遊層の変更は幼生の発生と塩分濃度の変化に応じても生じ，河川汽水域に生息する種類は上げ潮時に遡上する塩水に乗って河川上流へと向かい，塩分への選好性を変えることでその種の変態に適した場所に留まると考えられている．この「変態に適した場所」をいかに認識するかという点もきわめて多様性に富んでおり，砂泥域に生息するベントスの場合は，底質の粒度組成への選好性，砂粒付着微生物ないしはその分泌物による誘因／忌避，同種成体の存在による誘因／忌避等が認められる．これらの選好性の程度を一般化することは難しいが，肉食者や腐肉食者，および特定の巣を構築しない懸濁物食性二枚貝等では，基質への選好性が比較的弱いといわれている(菊池，1982b)．岩や転石等の堅い基質に定着する固着性生物(カキ，フジツボ，藻類等)の場合も，光に反応して基質の裏側あるいは表側を好むもの，水流や基質表面の形状に反応して定着場所を選ぶ種類等様々である．また，砂泥域に住む種類と同様に，基質上の微生物皮膜の有無や構成，あるいは自種の存在によってもその基質選好性が左右される(菊池，1982c)．固着性のベントスの場合は，いったん定着場所を決めると移動が難しいことが多く，一般に強い基質選好性を示す．

以上のように浮遊発生型のベントスの場合は，浮遊幼生の初期から成熟期，変態を伴う底生生活への移行期から幼稚体，さらにはその後の成長に伴って生息場所を変えるが，その具体的なプロセスは多様で種に特異的である．したがって，ある浮遊発生型ベントスがその生活史を完結し得るハビタットを維持するためには，上記の各時期に「その種が」要求するハビタットの特性を明らかにする必要がある(**3.2，**

第6章 汽水域の生物

6.1.2）．この点に，モクズガニやカワスナガニの例で見たような種に特異的な生活史および環境要求を明らかにする意義がある．さて，それでは浮遊幼生期を持たず，移動分散能力が低いと予想される直達発生型のベントスの場合はどうであろうか．宮城県仙台市七北田川の汽水域に生息するフクロエビ上目・端脚類に属する底生小型甲殻類の例をあげて解説する．

フクロエビ上目に属する小型甲殻類の雌は腹部に保育嚢を持ち，卵はそこに産み付けられる．胚はこの保育嚢の卵殻内で発生し，親とほぼ同様な体制を持つ幼稚体が孵化する．このように浮遊幼生の時期を欠く底生小型甲殻類の移動・分散能力はかなり限定されると考えられるが，プランクトンサンプル中への底生小型甲殻類の出現頻度や水中に懸垂した人工基質中への移入パターン（図-6.36）を見ると，予想に反して彼らの移動・分散は海底を這ってというよりも水中を通して，かつきわめて頻繁に行われていることが理解される（松政，菊地，1993）．しかもプランクトンサンプルへの出現パターンを見ると，特に夜間に個体数が増加することや個体数が多い季節が存在することなどから，底生小型甲殻類は水の流れによって単に基質から巻き上げられるのみならず，積極的に水中に泳ぎ出す（あるいは基質との結びつきを弱める）時期を持つと推定される．さらに，プランクトンサンプル中に出現する個体の組成を見ると，多くは未成熟の幼稚体であるが，成熟個体や抱卵個体も出現する．これは浮遊発生型の種類と大きく異なる点であり，分散後の生息場所での幼稚体の放出や繁殖による速やかな個体数の増加（図-6.37参照）を保障するものと考えられる．移動・分散が底生小型甲殻類でも頻繁であれば，移動・

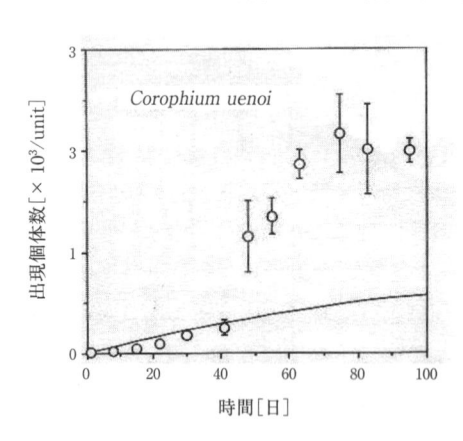

図-6.36　水中に懸垂された人工基質（スポンジ様物質）におけるウエノドロクダムシの出現個体数（平均±2SE；SEは標準誤差）の経時変化．実線は日当りの移入個体数より推定された移入曲線

図-6.37　1/2海水中におけるニホンドロソコエビの生活環（海水は塩分約35‰の人工海水を使用；本文参照）（水温25℃）

分散した先に留まるかどうかを決定する基質選好性が，浮遊発生型のベントスの成熟幼生における場合と同様に生態分布を決定する重要なファクターとなりうる．七北田川河口部に開口する蒲生潟に生息する5種の底生小型甲殻類の基質選好性を野外および室内実験で調べたところ，能動的な基質への選好性のみでは野外での分布を説明することはできず，水の流動による基質への定位の阻害や棲管形成種に対する懸濁粒子の供給状態が作用することによって5種の分布パターンが異なることが明らかとされた（Matsumasa, 1994）．すなわち，幼生発生型のベントスの成熟幼生と同様に，分散後の棲み場所選択がきわめて重要なプロセスとなって種特異的な分布パターンをもたらしており，多くの種類が共存するためにはそれに応じた多様な生息場所が提供される必要がある．

　直達発生型のベントスが要求する環境は，浮遊発生型のそれに比べると発生・成長に伴う変化が少ないと予想される．例えば，底生小型甲殻類のニホンドロソコエビは棲管形成のための砂泥と餌が供給されれば1/2海水[(有)ヤシマの人工海水アクアマリンを2倍に希釈したもの：塩分約17.5‰]で世代を繰り返すことができる（図-6.37）．こういった意味では，塩分環境に多様性をもたらす浅瀬やラグーンの存在は浮遊発生型の種類に比べると重要ではないと判断されかねないが，少なくとも物理的な攪乱からのレフュージとしての浅瀬・ラグーンの機能は，直達発生型のベントスにとっても重要である．例えば，図-6.38はある年の7月における宮城県七北田川河口におけるニホンドロソコエビの分布状況であるが，翌8月の大雨による増水後の分布を見ると，河川部における

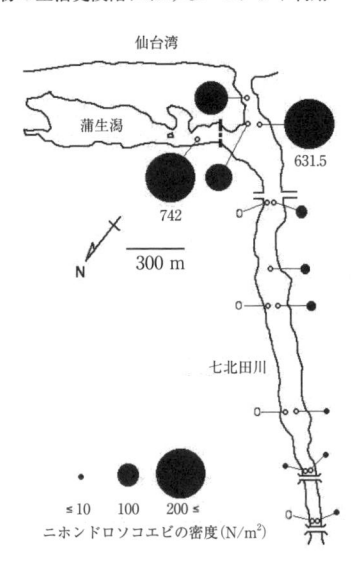

図-6.38 ある年7月の七北田川河口域におけるニホンドロソコエビの分布

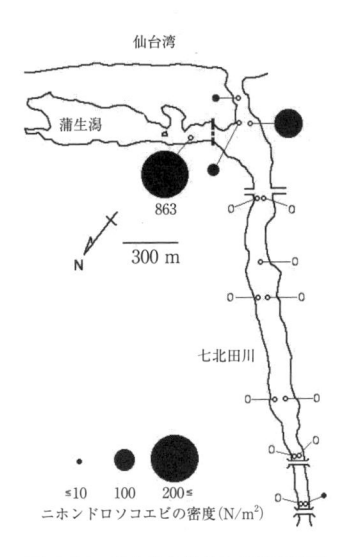

図-6.39 増水後8月の七北田川河口域におけるニホンドロソコエビの分布

個体数の減少が顕著であることが理解される(図-6.39)．一方，河口近くに開口している蒲生潟内の個体数は8月までに増加している．大きな死亡要因が働かない場合，本種の密度は8月に最大となるので，8月における河川部での密度の減少は増水による個体の掃流の結果と考えられる．これに対して，蒲生潟内での個体数は8月まで順調に増加しており，蒲生潟は河川の増水時におけるレフュージ，ないしは個体群密度の回復のためのソースとして需要な機能を果たしていると考えられる．直接発生型の生物の個体群維持に関しても，こうした水域の存在意義はきわめて大きいことが推察される．

6.5 底生動物の分布に与える植物の影響

本節では底生動物が汽水性植物とどのような関係性にあるか記述し，動物の保全・再生を図るには植生の保全・再生も同時に考慮する必要があることを示す．

6.5.1 ヨシが底生生物に与える影響
(1) カワザンショウガイ

カワザンショウガイ(*Assiminea japonica*)は日本の汽水域，特にヨシ原が発達した干潟に普通に見られる小型の巻貝(腹足類)である．その殻高は高々7～8mmときわめて小型であるが，高密度に生息することが多いため，干潟とヨシ原を内包する汽水域生態系の物質循環において重要な役割を持つコンポーネントの1つと考えられる(木村他，1999；Kurata *et al.*，1999)．ここでは，岩手県を南流して宮城県北部で太平洋に注ぐ北上川の河口域において本種の密度の季節変動を調べ(冬季を除く)，その二次生産量(植物等を摂食する消費者，すなわち二次生産者の生産量)に影響を及ぼす因子の推定を試みた研究を紹介する[*1]．

北上川に発達するヨシ原とその周囲の干潟にはカワザンショウガイの他にも数種の巻貝が認められるが，それらの密度はいずれもきわめて低く，北上川のヨシ原-干潟系における腹足類の二次生産のほとんどはカワザンショウガイによると考えられる．また，本種は餌に対する選択性が低い表層堆積物食者であり，北上川においえては，底生珪藻の生産が活発な河口近くの干潟では珪藻が，ヨシが密生して底生藻類の生産が低い河口域中・上流域では堆積物中の有機物(SOM)が主な餌資源と

[*1] **6.5.1(1)**は，岩手大学人文社会科学部の牧陽之助教授，同研究室の孫莉莉女史と岩手医科大学松政正俊の共同研究であり，孫女史の卒業研究となったものである．

6.5 底生動物の分布に与える植物の影響

なっていることが安定同位体比解析の結果からわかっている(Doi *et al.*, 2005)．

a. 方法　河口から 1.2 km 上流の地点にヨシ原と干潟を含むようにトランゼクトを設け(図-6.40)，2002年の4月29日の干潮時に砂地，ヨシ原周囲の泥地，およびヨシ原の3箇所(底質のシルト・粘土含量：それぞれ 8.4, 26.2, 33.8 %)で 20 × 20 cm² のコードラート(方形区)をそれぞれ4つ設置し，地表から深さ約 1 cm までの泥や枯葉等をすべて回収した．また，ヨシ原では高さ 20 cm までのヨシの茎も回収した．これらはすべてポリ袋に入れてローズベンガルを添加した 10 % 中性ホルマリンで固定して実験室に持ち帰り，500 μm の篩で処理して篩上のカワザンショウガイをすべて選別・計数した．ヨシ原においては同様な採集を毎月1回干潮時に11月まで実施し，その個体数と殻長組成，総湿重量，AFDW(ash free dry weight)としての総軟組織乾重を求めた．さらに，殻長組成をもとにコホート(年級群)分析[(水野他，1972)参照]を行うとともに，試料中から任意に選んだ136個体について殻長と湿重との関係を求めた．これらのデータをもとにコホートごとの平均軟組織乾重(X)と月間二次生産量(ΔP)を次のようにして求めた (Crisp, 1971)．

$$X = B(a/A)$$
$$\Delta P_{t+1} = (W_{t+1} - W_t)(N_{t+1} + N_t)/2$$

ここで，B：各月の総軟組織乾重，a：各コホートの平均殻長に対応する湿重，A：各月の総湿重量，W_t：t 月における平均軟組織乾重，N_t：t 月における個体密度，ΔP_t：t 月における月間二次生産量．

b. 結果　図-6.40 は調査地点の砂地，泥地，およびヨシ原におけるカワザンショウガイの密度($\pm$ SE) (SE：標準誤差)を示したものである．砂地と泥地の密度はそれぞれ 244 個体/m²，881 個体/m² であり，ヨシ原でのそれは 4 325 個体/m² であった．カワザンショウガイは底質表面のみならず，はまり石やはまり木，ヨシ原内ではヨシの茎にも多数付着していた．

図-6.41 はヨシ原における密度の季節変動である．4月の調査開始後徐々に密度は低下したが，9月に急激に増加し，その後また減少した．

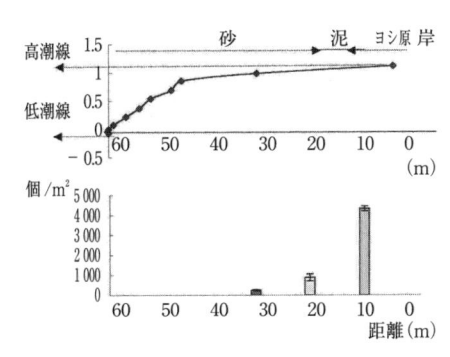

図-6.40　調査地の横断面図(上)と砂地，泥地，およびヨシ原におけるカワザンショウガイの密度

第6章 汽水域の生物

図-6.42, 6.43 はそれぞれヨシ原におけるカワザンショウガイの総湿重量とAFDW としての総軟組織乾重の変動を示したものである。4月から6月にかけて個体数は減少していたものの、湿重量は6月で高い値を示し、この間に顕著な成長が見られることが示唆された。しかし、7, 8月には再び湿重量が減少し、個体数の減少とともに大型個体の死滅や成長の停止も想定された。総軟組織乾重の変動(図-6.43)も同様のパターンを示したが、7, 8月における落込みはさらに顕著であった。殻長と湿重との間には図-6.44 に示したような関係が得られた。

カワザンショウガイのサイズ組成の月別変動とコホート分析の結果を図-6.45 に示した。調査を開始した4月から7月までは1齢と2齢と思われる2つのコホートが認められ、7～8月にはこれに新規加入(0齢)のコホートが加わった。その後、11月には2齢のコホートが消失した。各コホートの平均殻長は0齢のカワザンショウガ

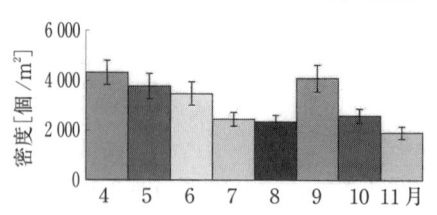

図-6.41 ヨシ原におけるカワザンショウガイの密度の消長

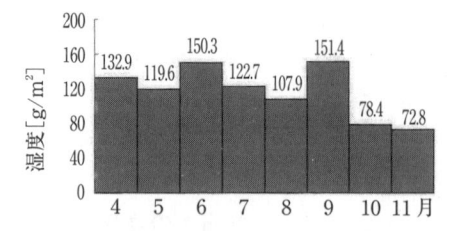

図-6.42 ヨシ原におけるカワザンショウガイの総湿重量の変動

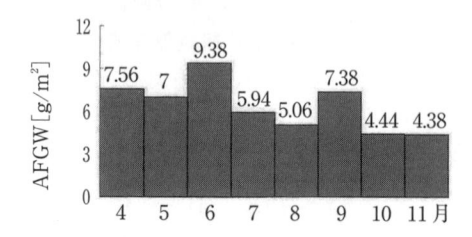

図-6.43 ヨシ原におけるカワザンショウガイの総軟組織乾重の変動

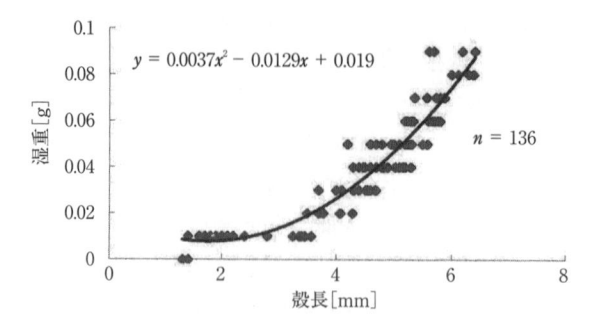

$y = 0.0037x^2 - 0.0129x + 0.019$

$n = 136$

図-6.44 カワザンショウガイの殻長と湿重との関係

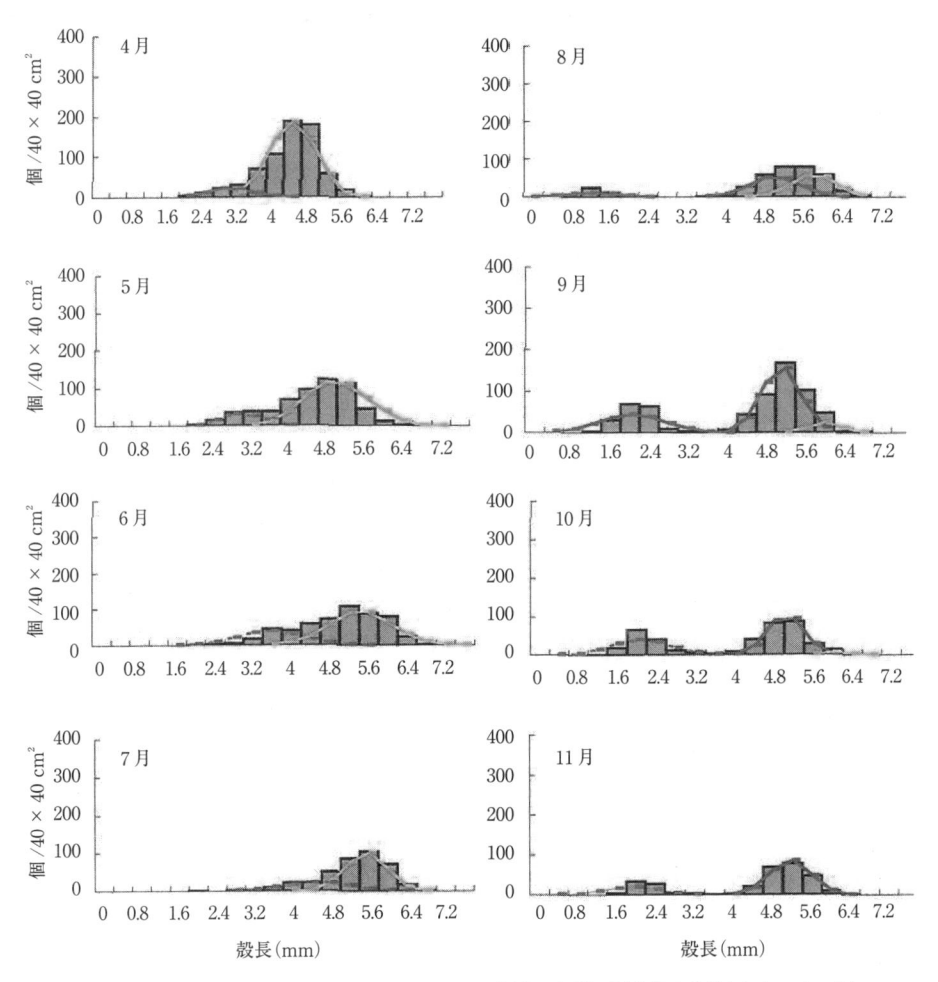

6.5 底生動物の分布に与える植物の影響

図-6.45 ヨシ原におけるカワザンショウガイの月別サイズ組成（曲線は分離されたコホート）

イでは 8 月から 11 月にかけて 1.2 mm から 2.0 mm まで，1 齢と 2 齢はそれぞれ 4 月から 11 月と 10 月までに 2.8 mm から 5.2 mm までと 4.4 mm から 6.0 mm まで成長した．また，今回調査した際の 2 齢の加入時期を 2002 年 8 月とし，その消失を 2004 年の 11 月とすると，北上川におけるカワザンショウガイの生命周期は約 28 ヶ月と推定された．7 月には交尾中と思われるペアが観察され，それらの 5 ペアについて殻長を測定したところ，平均 ± SD（単位 mm）は雌で 5.8 ± 0.1，雄で 5.0 ± 0.4 であった．

図-6.46 は各コホートの平均軟組織乾重の季節変化を示したものである．0齢のカワザンショウガイの成長は8月から11月までほとんど認められなかったが，1齢と2齢の平均軟組織乾重はそれぞれ4月から11月までの間に順調に増加した．た

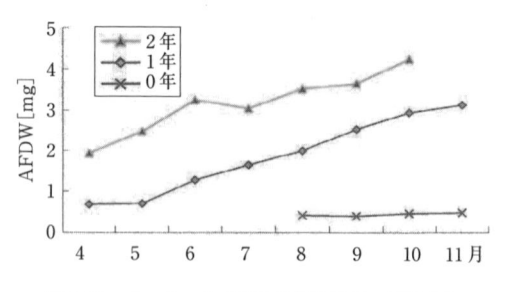

図-6.46　各コホートの平均軟組織乾重の季節変化

だし，1齢では4月から5月にかけての増加はわずかであり，2齢では6月から7月にかけてわずかな減少が認められた．

以上の結果に基づいて北上川のヨシ原におけるカワザンショウガイの年間二次生産量を推定すると，14.7 g - AFDW/(m^2·年) となった．ただし，この値は冬季を除く4月から11月までの調査結果に基づくので，過大評価となっている．仮に12月から翌年の3月までの生産を0とすると，その場合の年間生産量は 8.577 g - AFDW/(m^2·年) と推定された．

c. 考察　ヨシ原においてカワザンショウガイは底泥上のみならずヨシの茎の上にも多数認められたことから，このようなヨシの提供する立体構造も彼らの採餌，付着場所として重要であり，その個体群維持や二次生産に大きく影響すると考えられる．

図-6.46 に示したように，北上川のカワザンショウガイの平均軟組織乾重は1齢では5月から11月まで増加したが，2齢では6月から7月にかけて一時減少することが明らかになった．これは新規加入個体が7～8月に見られること，交尾個体の殻長が最小で5mm程度であり，2齢のそれに対応することから，2齢個体の繁殖によるものと考えられる．

北上川のヨシ原におけるカワザンショウガイの二次生産量は4月から11月のデータに単純に基づくと 14.7 g - AFDW/(m^2·年) と推定されたが，より現実的に冬季(12月から3月)の生産が正味0と仮定するならば，約 8.6 g - AFDW/(m^2·年) となった．この値は，Kurata *et al.*(1999) による宮城県蒲生干潟でのカワザンショウガイとクリイロカワザンショウの2種についての推定値 2.73 g - AFDW/(m^2·年) よりもかなり高い値である．さらに厳密に比較するため，Kurata *et al.*(1999) と本研究の結果を5月から10月の5ヶ月間における月間平均生産量に換算すると**表-6.3**のようになり，やはり北上川のカワザンショウガイの生産量は蒲生干潟の2種

表-6.3 北上川と蒲生潟におけるカワザンショウガイの生態的特性の比較

場　　所	北上川河口域	浦生干潟
種　　類	カワザンショウガイ (*Assiminea japonica*)	カワザンショウガイ (*Assiminea japonica*) クリイロカワザンショウ (*Angustassiminea castanea*)
密度 [個/m^2]	3 113	1 800
5〜10月の生産量 [g - AFDW/m^2・月]	6.53	3.30
殻長 [mm]	28ヶ月平均殻長 6.12	29ヶ月平均殻長 8.15
交尾個体殻長 [mm]	♂5.0 ± 0.4　♀5.8 ± 0.1	♂7.01 ± 0.37　♀8.20 ± 0.37
交尾季節のピーク	7月頃	4月頃
寿　　命	28ヶ月	32〜36ヶ月

を合わせた生産量の2倍ほどであることが明らかになった．このように高い二次生産をもたらす要因は不明であるが，ひとつには北上川の生物相が蒲生のそれよりも単純であることが関係すると推定される．すなわち，蒲生干潟のヨシ原内に見られるフトヘナタリガイやハマガニは北上川には見られず，またアシハラガニやチゴガニといったカニ類の密度も北上川で低い．このように，本種と競合すると思われるグループが少ないため，カワザンショウガイが餌資源や生息空間を十分に利用できている可能性がある．

二次生産量の他にも，北上川のカワザンショウガイは蒲生干潟のそれに比べると小型で寿命が短い可能性がある(**表-6.3**)．これらの生態的特性の相違がどのようにしてもたらされるかを明らかにすることは，今後干潟－ヨシ原生態系の生産構造を考えるうえできわめて重要であろう．

(2)　シオマネキ

スナガニ科のシオマネキ *Uca arcuata* は，内湾や河口域に発達する塩性湿地周辺の干潟に生息し，日本国内では伊豆半島，三重県，和歌山県，徳島県，香川県，山口県，岡山県，福岡県，宮崎県，有明海周辺，沖縄県でその生息が確認されている(細谷他, 1993；山口, 1995；和田他, 1996；白藤他, 2002；田中他, 2004)．これまで，各地でその分布や個体数の調査が行われ(山口他, 2001)，本種がヨシ原周辺の泥干潟に生息していることが知られている(Ono, 1965；井口他, 1997；宇野他, 2003)．ここでは，ヨシの存在が本種の分布の形成・維持にどのように寄与しているかを徳島県勝浦川河口域にある塩性湿地(34°5'N, 134°35'E)(**図-6.47**)で行った研究例を紹介する．

第6章　汽水域の生物

a. ヨシ植被と生息数　シオマネキの生息地後背部のヨシの有無により，シオマネキの成ガニの生息数ならびに新規定着個体の生息数に違いが見られるかを調べるため，ヨシ地上部を刈り取る野外実験を行った．連続的なヨシ原の縁辺部を幅1mごとに区切り，ヨシ原の縁から陸方向に向かって3mの範囲を対象に刈取り区と非刈取り区を各区画間幅が1mになるようにランダムに6区画ずつ（平均水面に対する高さ：46～134 cm）設けた［図-6.47(c)］．2004年7月18日に刈取りを行った後，2004年8月16日，9月1日，15日，10月13日の計4回，刈取り区と非刈取り区について，各区内の下方1mの範囲内［図-6.47(d)］で地上活動しているシオマネキの性とサ

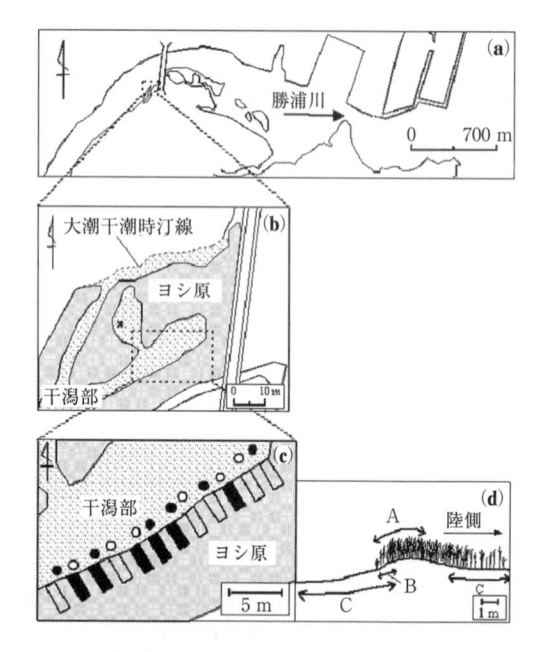

図-6.47　(a)調査地の模式図．矢印は川の流れの方向を示す．(b)野外実験を行った場所の模式図．×印は稚ガニ生残数を調べるための木箱を設置した場所を示す．(c)野外実験を行った場所の詳しい模式図．黒塗りの四角はヨシ刈り取り区を示す．黒丸はヨシを植え込んだ円筒を，白丸は泥のみの円筒を設置した場所を示す．(d)ヨシ刈取り区の模式図．Aは刈取りを行った場所を，Bはシオマネキの観察を行った範囲を，Cはシオマネキが生息している場所を示す

イズを目視により記録し，実験開始時の2004年7月16日の値と比較した．

その結果，成ガニについては，雌雄ともに個体数は減少したが，刈取り区と非刈取り区の間で減少数に違いは見られなかった（分散分析，$p > 0.05$）．一方，甲幅5 mm未満の稚ガニの生息数は，非刈取り区よりも刈取り区で有意に多かった（分散分析，$p = 0.02$，図-6.48）．

この結果より，シオマネキの成ガニでは，植被による生息数の影響はないものとみられる．一方，稚ガニは，植被の存在により負の影響を受けており，ヨシ植被のない条件を好んで生息場所としているといえる．

b. 植生と新規定着　植生の有無によってシオマネキの稚ガニの定着量に違いが見られるかをみるための野外実験を行った．2005年7月4日に，本調査地におけ

るシオマネキの生息する地盤高(大野他，2006)よりも低く，ヨシが生えていない干潟(平均水面に対する高さ：34〜40 cm)に，シオマネキの生息可能な地盤高になるように円筒(直径32 cm，高さ32 cm)を用いて泥を盛り，ヨシを植え込む区と泥のみを入れる区の2つの区で1組(間隔53〜79 cm)として，6組を65〜108 cmの間隔をあけて一列に設置[図-6.47(c)]した．なお，各組内のそれぞれの区の配列順序はランダムになるようにした．設置から3ヶ月後，シオマネキの生息数を記録した．

その結果，各円筒内のシオマネキの新規定着数は，ヨシを植え込んだ区(Mean ± SD = 0.67 ± 1.21，Range：0〜3)と泥のみを入れた区 (Mean ± SD = 1.17 ± 1.47，Range：0〜3)の間で有意な違いは見られなかった(1標本 t 検定，$t = 1.47$，$d_f = 5$，$p > 0.05$)．この結果から，シオマネキの稚ガニは，ヨシの有無で定着する場所を選択しているわけではないといえる．

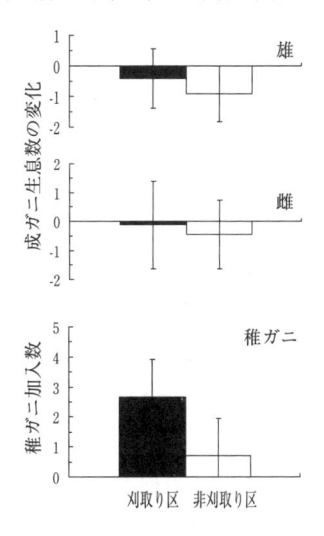

図-6.48 刈取り区と非刈取り区の間おけるシオマネキ成ガニの生息数変化と新規定着稚ガニ数

c. 植生と生残数 新規に定着した稚ガニの生残数がヨシの有無により違いが見られるかを調べるため，稚ガニの移植実験を行った．ヨシを植え込む区と泥のみを入れる区の2つに仕切った木箱(89 × 42 ×高さ29 cm)を，2004年8月7日にシオマネキの生息する地盤高にある干潟(平均水面に対する高さ：48 cm)に20 cmの間隔をあけて3つ設置した[図-6.47(b)]．なお，木箱の中に入れる泥にはカニ類・貝類が混入しないようにし，木箱中の泥表面は木箱上端より約5 cm下方になるようにした．2004年9月15日に，設置した木箱の1つに周辺の干潟で採集したシオマネキの稚ガニ(甲幅1.5〜2.5 mm)60個体をそれぞれの区に30個体ずつ移植した．移植後44日目に，木箱内で地上活動を行っていたシオマネキの稚ガニの個体数を記録した．また，シオマネキ以外のカニ類・貝類は，木箱設置から約1ヵ月経過後の9月3日から，9〜17日おきに5回，3つの木箱内で見られた個体数を記録した．

その結果，稚ガニを移植してから44日後(2004年10月29日)の木箱内に移植した稚ガニ各30個体に対する地上活動個体数の割合は，ヨシを植え込んだ区では7個体，泥のみを入れた区では17個体で，泥のみを入れた区の方で有意に多かった

(χ^2検定, $p < 0.01$). シオマネキの稚ガニを移植した木箱におけるイワガニ上科カニ類の5回の調査の平均地上活動個体数は, 泥のみを入れた区で1.8 ± 0.8個体 (Mean ± SD), ヨシを植え込んだ区で5.6 ± 2.6個体 (Mean ± SD) であった. また, 設置した3つの木箱におけるイワガニ上科カニ類 *Grapsoidea* spp. (アシハラガニ *Helice tridens*, クシテガニ *Parasesarma plicatum*), カワザンショウ類 Assimineidae spp., フトヘナタリ *Cerithidea rhizophorarum* のそれぞれの個体数は, 泥のみを入れた区よりもヨシを植え込んだ区の方が有意に多かった (イワガニ上科カニ類: 分散分析, $p < 0.01$, カワザンショウ類: 分散分析, $p < 0.01$, フトヘナタリ: 分散分析, $p < 0.0001$). 一方で, チゴガニでは, それぞれの区の個体数に有意な違いは見られなかった (分散分析, $p > 0.05$).

すなわち, 稚ガニの生残率は, ヨシのある区よりも, ない区で高いという結果となった. その理由としては, 稚ガニの捕食者になりうるイワガニ上科カニ類がヨシのある区の方が多かったため, 捕食圧が高くなったことで, シオマネキの稚ガニの残存数が低くなったと考えることができる.

以上3つの野外実験より, シオマネキの生息地内におけるヨシの存在は, 稚ガニにとっては, 負の影響を持ち, 成ガニには正負いずれの影響もないことが示された. しかしながら, より広域的に捉えると, シオマネキの分布は, ヨシの分布とよく対応していることが知られており (井口他, 1997; 宇野他, 2003), 今回の調査で対象とした地域もまた, ヨシ原の発達した塩性湿地内であった. すなわち, 本種の生息域は河口域のヨシ原域にできるが, ヨシ原域での本種の分布を規定しているのは, 干潟上部に発達する植生域縁辺部の持つ潮位高と泥の底質であり, ヨシ体の存在が必須であるわけではないと考えられる.

6.5.2 海草コアマモが底生動物・魚類に与える影響

(1) 海草の危機

'かいそう' という発音でも海藻 (seaweed) と海草 (seagrass) が存在している. この2つは混同されがちであるが, 海草とは海産性顕花植物 (marine phanerogam) のことで, 葉, 茎, 根の分化がはっきりしている点において海藻と異なる (山田, 2001; 川井, 2002). 世界中の熱帯から温帯の沿岸域に生育している海草類だが, 生育量の減少が指摘されており, その減少要因としては人間活動, 中でも水質悪化による所が大きいとされている. 日本の沿岸域も例外ではなく, かつて一般的に見ることのできた海草藻場は高度経済成長に伴う活発な人間活動によって大幅に減少

表-6.4 海草類の危機(相生, 1998と生物多様性情報システム Web Page より)

目	科	種	日本近海の分布域	危惧
トチカガミ目 (Hydrocharitace)	トチカガミ科 (Hydrocharitaceae)	ウミショウブ (Enhalus acoroides)	琉球地方	絶滅危惧種
		リュウキュウスガモ (Thalassia hemprichii)	琉球地方	準絶滅危惧種
		ヒメウミヒルモ (Halophila decipiens)	琉球地方	絶滅危惧種
		ウミヒルモ (Halophila ovalis)	琉球地方〜関東地方沿岸	準絶滅危惧種
イバラモ目 (Najadales)	ヒルムシロ科 (Potamogetonaceae)	ベニアマモ (Cymodocea rotundata)	琉球地方	準絶滅危惧種
		リュウキュウアマモ (Cymodocea serrulata)	琉球地方	準絶滅危惧種
		マツバウミジグ (Halodule piniforlia)	琉球地方	準絶滅危惧種
		ウミジグサ (Halodule uninerivis)	琉球地方	準絶滅危惧種
	アマモ科 (Zosteraceae)	ボウアマモ (Syringodium isoetifolium)	琉球地方	
		スガモ (Phyllospadix iwatensis)	日本列島北岸沿い	
		エビアマモ (Phyllospadix japonica)	日本列島南岸沿い	準絶滅危惧種
		オオアマモ (Zostera asiatia)	北海道厚岸湾 岩手県船越湾	絶滅危惧種
		スゲアマモ (Zostera caespitosa)	本州北部〜北海道	準絶滅危惧種
		タチアマモ (Zostera caulescens)	本州北部	絶滅危惧種
		コアマモ (Zostera japonica)	琉球地方〜北海道	情報不足種
		アマモ (Zostera marina)	北半球温帯〜亜熱帯全域	

絶滅危惧種(VU)：絶滅の危険が増大している種(危急種)
準絶滅危惧種(NT)：絶滅危惧に移行する可能性ある種(希少種)
情報不足種(DD)：評価するだけの情報が不足している種

した．自然沿岸域の埋立てや護岸工事は海草類の生育場を減少させ，人口増加や沿岸域周辺での人間活動の集積に伴う汚濁負荷の増大は沿岸水質の悪化をもたらした．これらの結果，1973年以降，20年の間に約1万haもの藻場が失われた(相生，2000)．現在では日本近海に生育する16種の海草類のうち13種がレッドデータブ

ックに記載され，その中の4種は危急種として登録されるという，非常に危機的な状況にある(**表-6.4**)．

(2) 海草の機能

近年，これら海草類の持つ様々な機能が着目されつつある．海草群落は熱帯林や牧草地に匹敵する生産力を持つとされ，沿岸域においては生態系の物質循環における有機物の貯蔵庫としての役割があり，食物連鎖の基盤である．これら海草の持つ機能は3つに大別できる(川崎，2003)．

a. 生物生息場としての機能　海草類の葉には珪藻類や小型の海藻類が付着し，ヨコエビ類，ワレカラ類，小型の巻貝類等が生息しており，葉間にはカイアシ類やアミ類などの動物が生息している．海草類と付着藻類，葉上動物には相互関係があると考えられている(Fong et al., 2000；豊原他，2000)．また，海草群落内堆積物中の有機物含有量は高く，それらを餌とする堆積物食の多毛類や二枚貝等が多く生息している．これらの状況は，稚仔魚の索餌場としての重要性を付加している．四万十川コアマモ場では，スズキ，シマイサキ，クロサギ，クロダイ，キヌチ，マハゼ，アカメの稚仔魚の成育・餌場となっている(藤田，2005；内田，2005)．また，小魚の隠れ場や，遊泳力の少ない幼魚の高波浪時の避難場所としても有効であると考えられる．また，アマモは底質と比較して比較的安定した付着基盤であるため産卵場としても有効である(相生，1996)．

b. 水質浄化機能　海草藻場は栄養塩を吸収し，酸素を供給することで水質を浄化し，沿岸環境の維持・保全に大きな役割を果たしている(Larned, 2003；前川，2005；伊予田他，2002)．底質中には光合成に伴って根から酸素が供給され，バクテリアの有機物分解が活発になり，水質浄化機能が高まっていると推測される．また，藻場の存在により流れが緩やかになり微細粒子がトラップされるため，透明度を保つ効果がある．さらに，草体に蓄積された窒素やリン等の栄養物質が流出して沿岸から除去される，もしくは食物連鎖を通じて除去されるなどの栄養物質除去効果も保持している．

c. 物理的機能　沿岸域に密な群落を形成する海草藻場は，沖合からの波の力を減衰させ，海底を覆うことや根を張ることで底質を安定させ，一時的な高波浪に対して堆積物の移動を抑制する効果がある(川崎，2003；Tsujimoto, 1996；林他，2002；林他，2004)．

(3) 海草コアマモの特徴

海草藻場という観点で最も有名であり，また研究が進んでいるのは，世界各国の

温帯海域で一般に見られるアマモ (*Zostera marina*)である．一方で，アジア沿岸の干出砂浜に生育する同じ *Zostera* 属のコアマモ(*Z. japonica*)は，その特異な生育環境にもかかわらず知名度が低く，レッドデータブックにも『情報不足』との記載がある．コアマモとアマモの形態と生育環境における差異を，日本における既往の研究や文献からまとめた(前川, 2005；島他, 2004；田中他, 1987；田井野, 2004；矢野, 2003；新崎, 1950；輪島他, 2003；田村他, 2000；北林他, 1992；田井野他, 1999；島村他, 1998；佐藤他, 2005；國井, 2003；輪島他, 2004；林田, 1999)．

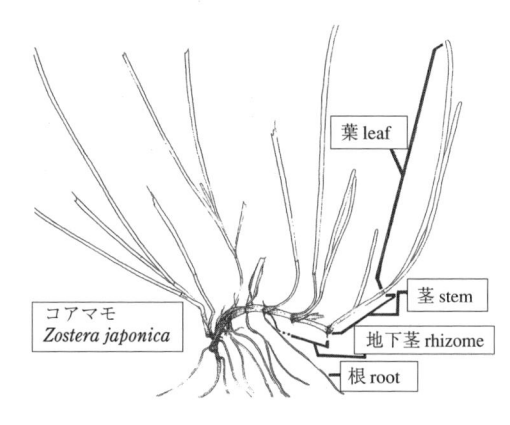

図-6.49 コアマモの形態

a. 形態 他の海草の例に漏れず，コアマモも根，地下茎，葉の分化がはっきりしている(図-6.49)．太さ2〜3mmの地下茎を持ち，その節部分からは太さ1mm程度の細い根が生えていて，これらの地下部で栄養塩を吸収するとともに底質に着生し，流出を防いでいる．葉は幅5mm程度，長さは15〜30cmで，アマモと比較して草体部が短い．文献調査によれば，コアマモの草体部の平均草長は約18cmであるのに対し，アマモは約67cmと，3.5倍以上の長さであった．草幅もコアマモの方が狭い．これら地上部の形態の差異からアマモでは，1株当りの地上部バイオマス(g-wet/Shoot)がコアマモの2倍以上である．しかし実際，1区画当りのバイオマス(g-wet/m^2)の差は地上部の形態の差異と比較してそれほど著しくない．その理由としては，1区画当りの株数があげられる．コアマモは，1m^2当りに平均して1500株以上存在しているのに対し，アマモは100株に満たない．つまり，コアマモ1株当りのバイオマスはアマモより小さいが，コアマモの方がアマモより密に生育しているという特徴がわかる．しかしながら，もちろんこれらのサイズにはいずれも個体差や季節変化，地域特性等があり，一概に決定できるものではない．

b. 生活史 コアマモは草体部のみからなる栄養株と，花を咲かせ実をつける花枝を持つ生殖株の2種類を持つ．6月から7月にかけての初夏に草体や地下茎が伸長し，群落を拡大させ，バイオマスを増加させていく．8月から9月にかけて花枝では花を咲かせ，結実する．その後，水温の低下とともに10月から2月にかけて

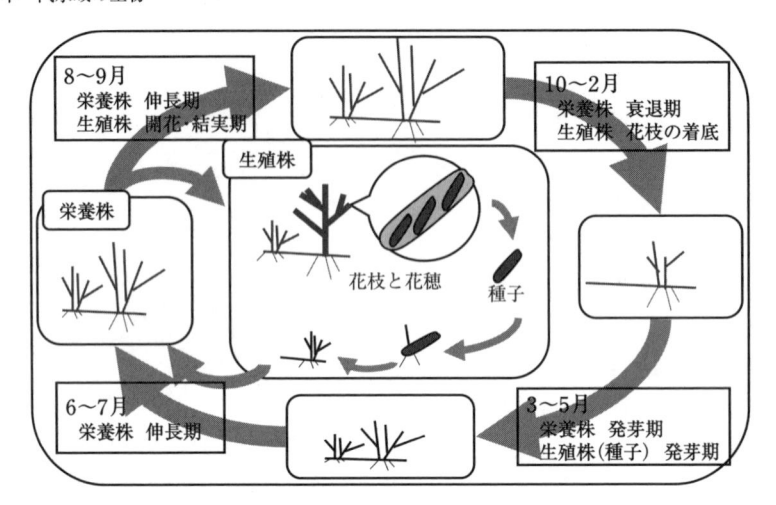

図-6.50　コアマモの生活史

草体部は枯死・衰退し，種は花枝ごと流出する．群落も縮小するが，3月から5月の水温の上昇につれ地下茎や種子から発芽するとともに残った草体部が増殖を始めるというサイクルを送る(**図-6.50**)(新崎，1950)．

c. ハビタット　　海草の生育制限因子は種々考えられるが(渡辺他，2000)，その中でも重要と考えられているのが海底日射量，シールズ数Ψ_c(無次元移動限界掃流力に相当するもので，$= \tau_{bc}/sgd$，ここで，τ_{bc}：移動限界掃流力，s：底質粒子の水中比重，g：重力加速度，d：粒子径)，水深，水温，塩分等である(高山他，2003)．コアマモとアマモには生育環境に大きな違いがある．

第一の違いは水深である．コアマモは地盤高T.P.＋0.5～＋1.0 mや水深0.5 m付近，下限水深1.5 m等の報告例があることから，干出のある浅い地点に生育していることがわかる．一方，アマモは，上限水深が2 m，下限では12 mとやや深い地点に生育している．これにはコアマモの形態から得られる乾燥耐性が関与しているとされるが(田中他，2004)，しかし，同様に潮間帯に生育し遺伝的にも類似性の高いコアマモ近縁種 *Zostera noltii* を用いたアマモとの比較実験の結果からは(Tanaka *et al.*, 2003)，*Z. noltii* の方が強光下で生育が良くアマモは弱光下で生育が良いことが明らかとなっているため，このような生理的メカニズムが影響している可能性もある(Leuschner, 1998)．

第二の違いは底質である．コアマモ場の底質はシルト・粘土分が70％ぐらいという報告が最も多く，細粒化しすぎないことが生育のための条件として考えられる

6.5 底生動物の分布に与える植物の影響

が，アマモ場では 90 ％以上である．アマモについては静穏ならばシルト状態の底質でも生育が可能である．しかし，底質が嫌気状態になり硫化水素のレベルが高くなった場合には葉の成長速度に差が現れ

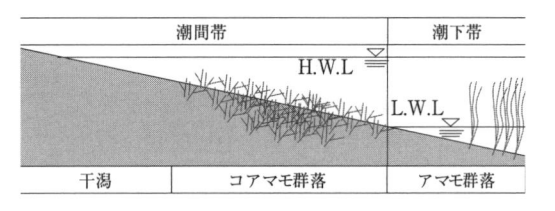

図-6.51 アマモとコアマモのハビタットマップ

る．また，シルト分が多い場合，アマモの根が絡み付けるような小石，牡蠣殻の存在が分布を左右する場合もある．一方，コアマモは底質環境の影響を大きく受け，さらにはある程度の底面攪乱がある地点を好む(島谷他，2004)．また塩分濃度にも差がある．コアマモは 0.9 ‰の塩分濃度でも生育が確認されていることから，塩分濃度が低い淡水に近い場所でも生育が可能であると推測されるが，アマモはあまり淡水の影響が強いと生育できないと考えられている．コアマモは比較的河口域での報告例が多いことも以上の結果を裏付けている．

これらのことから，コアマモとアマモの分布は一般的にコアマモが汀線付近の粒径のやや粗い所や河口域へ生育し，アマモはある程度の水深のある沖寄りへ生育するという分布になる場合が多いと考えられ(**図-6.51**)，実際に，宮城県松島湾内の桂島に存在する海草藻場でも同様の分布になっている．

(4) 底生動物の分布に与えるコアマモ場の影響

近年は，自然沿岸域の保全，修復活動が活発化しつつある．しかし，修復された場が高いバイオマスと多様な生物相を保持したまま長期安定した例は僅かであり，このような沿岸生態系の再生，創出が課題となっている．コアマモは潮間帯にパッチ状，帯状に群生するという特徴が知られている．生物多様性の高い生態系の創出には物理的に多様な環境が必要であることを踏まえると，コアマモは潮間帯における生物多様性の増加機能を保持していると考えられる．海草類と底生動物には関係があるといわれており(松政，2000)，コアマモ群落内で底生動物が多いことも明らかとなっているが(Lee *et al.*, 2001；Fong *et al.*, 2000；Posey, 1988)，その詳しい分布は明らかになっていない．

そこで，コアマモバイオマスと底生動物バイオマス，生物多様性の関係を明らかにする目的でコアマモ群落とその周辺においてコアマモと底生動物の平面分布状況の調査を行い，コアマモが底生動物に与える影響について考察した．

a. 調査法　コアマモの成熟期である 2005 年 8 月に，宮城県松島湾内中央部に

位置する桂島において底生生物のサンプリングを行った．図-6.52に調査地の概念図を示す．低潮帯に群生している約9×6 m コアマモ群落を中心として放射状に測線を設け，測線上の各19測点について23×23 cm の枠内を30 cm 深さ程度まで掘り取った後，現地にて1 mm メッシュでふるい，メッシュ上の底生動物とコアマモを10％中性ホルマリンで固定し持ち帰

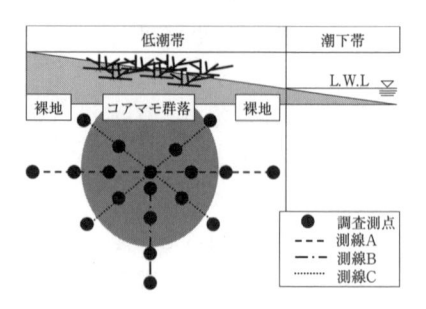

図-6.52 調査地概念図

った．底生動物は個体数，種類数，バイオマスの計測を行い，それをもとにShannon-Wiener の式を用いて多様度指数 H' を求めた．また，コアマモは地上部と地下部に分離し，株数密度，草長，地上部バイオマス，地下部バイオマスを計測した．さらに，二枚貝のカガミガイ *Phacosoma japonicum* について殻長，殻高，殻幅，軟体部バイオマスを計測した．

b. 底生動物量　　裸地からコアマモ群落を通り潮下帯へ伸びる測線A上のコアマモ群落下で，底生動物バイオマスと多様度指数が高い値を示した（図-6.53）．また，コアマモ群落中心部から汀線方向へ伸びる測線B上でも，コアマモ群落下で底生動物バイオマスと多様度指数が高い値を示したことから，地盤高やそれに基づく干出時間ではなく，コアマモの存在によって底生動物バイオマスと多様度指数が増加していることが明らかとなった．

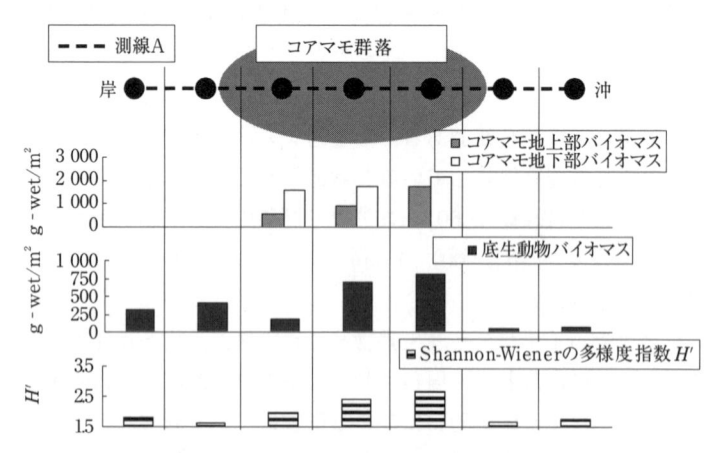

図-6.53 コアマモと底生動物の岸沖方向の分布

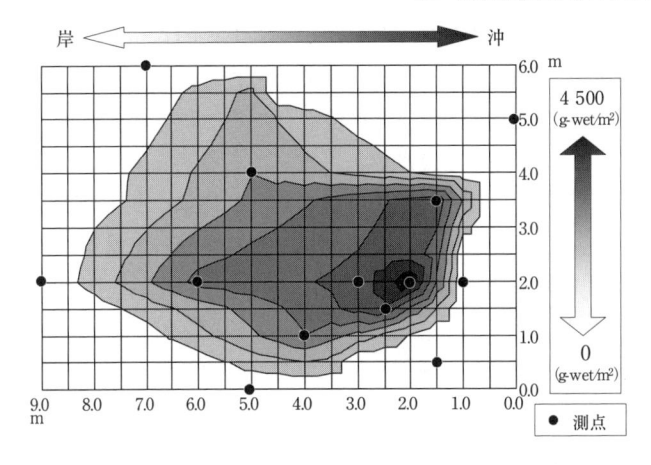

6.5 底生動物の分布に与える植物の影響

図-6.54 パッチ状群落内のコアマモ総バイオマスの分布

　さらに，コアマモ群落内でのコアマモ総バイオマスの平面分布を測点におけるデータを補間して図-6.54に示した．その結果，地盤高と反比例してコアマモ総バイオマスが増加する分布傾向を示した．草長と株数密度の平面分布図も同じ傾向を示したことから，これはコアマモの草長と株数密度に依存した結果であることがわかった．同群落下で底生動物バイオマスと多様度指数の平面分布を検討した結果，いずれもコアマモ総バイオマスと同様の分布状況を示し，コアマモ総バイオマスと有意な正の相関が認められたことから（**図-6.55，6.56**），コアマモ群落が底生動物の

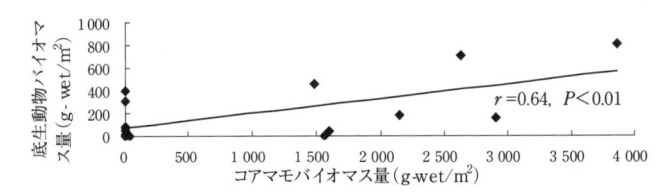

図-6.55 コアマモ総バイオマスと底生動物バイオマスの相関

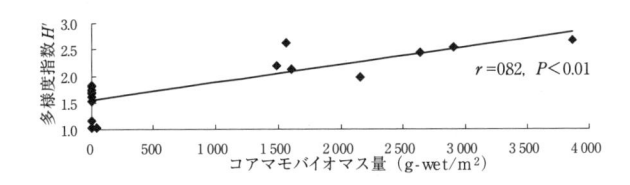

図-6.56 コアマモ総バイオマスと多様度指数の相関

219

第6章 汽水域の生物

バイオマスと多様度指数の増加に寄与していることが明らかとなった.

底生動物の多様度指数がコアマモ場で高くなった要因の1つには, 裸地と比較してコアマモ群落内の出現種類数が1.3倍多かったことがあげられた. これは, コアマモの存在が空間的に多様な場を形成し, 生息できる底生動物の種類数が増加した結果であると推測された. 特に甲殻類で種類数, 個体数ともに有意な差が見られたことを踏まえると, コアマモ場がヨコエビやヤドカリ等の甲殻類の生息場として重要な役割を有していることが示唆された.

底生動物のバイオマスは主に二枚貝に依存していたため, コアマモが二枚貝バイオマスの増加を促しているのではないかと推測された. そこで, 二枚貝の中で最も高いバイオマス寄与率を示したカガミガイを用いてコアマモ群落内部と裸地のもので個体数, バイオマス, 貝サイズ(=殻長×殻高×殻幅), 軟体部バイオマスの比較を行った. その結果, 出現個体数が群落内で裸地の2倍近くあったことに加え, カガミガイの貝サイズ, バイオマス, 軟体部バイオマスのいずれも群落内平均で高い値を示し, また, 裸地と比較して大きな個体が群落内部で多く採取された. このことから, コアマモ群落が二枚貝の成長促進機能, あるいは減耗防止機能を有していると推察された. 成長促進機能としては, コアマモ草体部による懸濁態有機物のトラップ, 沈降作用によって二枚貝への餌料供給が促進される(田井野, 2004)というメカニズムが, 減耗防止機能としてはコアマモの根部による底質安定化が流出や被捕食を防止するというメカニズムが考えられる.

6.6 安定同位体比解析による食物網構造の推定

6.6.1 食物網解析における動的同位体効果の利用

元素, 特に炭素と窒素の安定同位体比($^{12}C/^{13}C$ と $^{14}N/^{15}N$)の解析は生態系における物質循環や, 特定の生物の餌資源の推定に欠かせないツールとなってきている. こうした状況は, 生態学や環境科学に安定同位体比の変動(餌資源が消費者に取り込まれることによる安定同位体比の変化)を応用した先駆的な研究 (例えば, Fry and Sherr, 1984; Wada et al., 1991) と, 最近の測定機器の発達および低価格化によってもたらされたと思われる. 安定同位体比は, 同位体組成のわずかな変動をわかりやすく表すために, 標準試料の同位体比に対する試料のそれの千分率偏差(‰, パーミル)で表される. すなわち, 炭素を例にするならば, ある試料 A の炭素安定同位体比 $\delta^{13}C$ は,

6.6 安定同位体比解析による食物網構造の推定

$$\delta^{13}C = [(RA / RS) - 1] \times 1\,000 (‰)$$

で表される.ただし,RAとRSはそれぞれ試料Aと標準試料Sの同位体比である.なお,同位体が3種以上ある元素では,最も存在度が高い同位体がRSとなる.国際的に認められたRS試料として,炭素はPDB－米国南カロライナ州ピーディー層産のCaCO$_3$,窒素は大気を精製して得たN$_2$,硫黄はCTD－Canon Diabloの隕鉄中のトロイライト(FeS)が使われる(酒井他,1999,等を参照).

食物連鎖のような生物過程における安定同位体比解析のエッセンスは,物質代謝における安定同位体比の「ゆらぎ」の利用である.すなわち,同化(物質を取り込んで別の物質を合成する過程)や異化(取り入れた物質を分解して他の物質やエネルギーを得る過程)の際に「軽い」元素と「重い」元素の分別が生じること(「動的同位体効果」または「速度論的同位体効果」)にある.これに解析対象とする元素の大気や海水,淡水,あるいは岩石中での安定同位体比の相違を組み合わせて利用される(和田他,1994;酒井他,1999).一般に,炭素の安定同位体比(栄養段階が1つ上がった時の変動は0～+2程度)が食物連鎖の起点(C$_3$植物かC$_4$植物,陸上植物か植物プランクトンか,等)の特定には有効と考えられており(和田他,1994),次いで硫黄,窒素の分離が良いという報告がある.これは主に生食食物連鎖についての研究を総合して得られた知見であるが,潜在的な餌資源についての分析を注意深く行えば腐食食物連鎖にも適用可能であり,もちろんそのような例も見受けられる(Kwak *et al.*, 1997;栗原他,1988;溝田他,2003,等).一方,それぞれの食物連鎖における栄養段階の推定には窒素の安定同位体比(栄養段階が1つ上がった時の変動は+3～+5程度)が有効な指標となり,炭素や硫黄の分析結果と合わせて解析することによって,食物連鎖の様式をより具体的に把握できるようになる(図-6.57).汽水域は,海からの無機物・有機物と淡水域あるいは陸起源の物質が混合する場所であり,またその内部では植物プランクトンや塩性植物による内部での生産も行われるので,その食物網の解析には安定同位体比に関する知見が特に有効な場所と考えられる(松政他,2002;Doi *et al.*, 2005).ただし,測定が可能となったからといって,対象とする水域に生息する生物を闇雲に採集すれば良いと

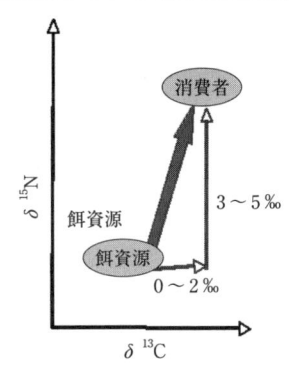

図-6.57 餌資源とその消費者における炭素および窒素の安定同位体比の変動.炭素安定同位体比は餌資源の推定に,窒素安定同位体比は栄養段階の推定に用いられることが多い

いうわけではない．まず，欠落しがちなデータとして，潜在的な餌資源に関するものがある．これには測定が難しいものも含まれるが，測定可能なものについてはできる限り採集しておかないとデータを解釈する際に後悔することになる．生物の採集方法も慣れないと難しいが，この問題をクリアした後に犯すミスとしては，生物試料の作成方法がある．動物の消化管には相当量の餌が残っているので，これらを糞として排出させるか，あるいは解剖によって器官別に試料を作成しないと，対象としている動物の安定同位体を測っているのか餌資源や消化管内容物のそれを測定しているのかわからなくなる．また，硫黄は海水中に豊富に含まれるため，硫黄の分析の場合は試料を脱塩水中に十分曝すなどして海水硫黄を除去する必要がある．

6.6.2 北上川河口域における解析例

河口域生態系の成立は，河口から上流にかけて，あるいは河川の横断方向に認められる塩分や底質等の環境勾配と密接に関連するが，それらに応じた生態系の生物的要素，すなわち群集の構造と生態系機能との関連を検討した研究は少ない．そこで，北上川河口域(**図-6.58**)において，①河川の縦断方向，ならびに②河川の横断方向のベントス群集の構造的変化と塩分勾配との関係(**3.1**参照)を調査し，これに加えて，③食物連鎖を通した物質循環経路を知るための炭素，窒素，および硫黄の安定同位体比解析を実施することによって，食物網構造の空間変異と河口域生態系全体の物質循環との関わりを検討した(松政他，2002；Doi *et al.*, 2005)．

その結果，北上川河口域のベントス群集は，河川の縦断方向に沿って海側の2地

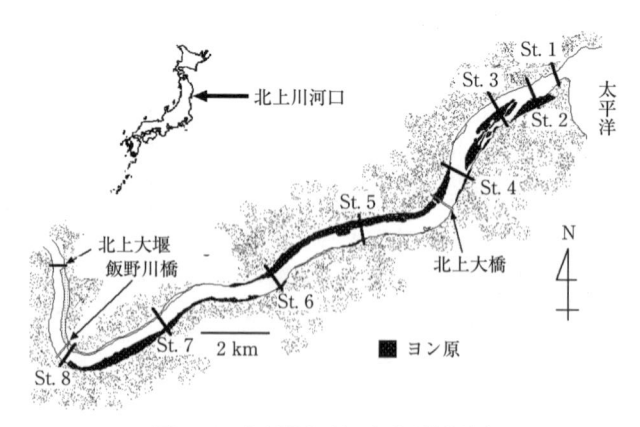

図-6.58 北上川河口域における調査地点

点(ヤマトシジミ非出現域)と上流側の5地点(ヤマトシジミ優占域)に2分され，後者はさらに最上流の地点(イトメ出現域)とその他の4地点に区別された(図-6.59).さらに，河口から上流にかけての5地点で，河川を横断する3つの深度(D：最深部，M：中間部，S：最浅部)でベントス相を調査したところ，海側の浅瀬にもヤマトシジミ優占域が存在することが明らかとなった(図-6.60).すなわち，塩水よりも比重が軽い淡水の影響は浅瀬で大きく，北上川河口域全体の高塩分化が問題になる場合は，浅瀬環境の保全が特に重要になると思われる．このように，河川の縦断すなわち上下流方向に横断方向を加えると群集構造の空間的変化の様相は複雑になるものの，基本的には図-6.59で示されたように河口近くではアサリ，イソシジミ，ヤマトスピオといったベントスが優占する多鹹水域，その上流にはヤマトシジミが優占する中鹹水域および最上流ではイト

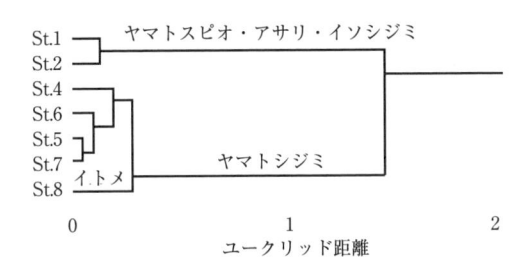

図-6.59 河川の上下流方向におけるベントス群集のクラスター解析．ベントス各種の平均密度をもとに，ユークリッド距離による平均連結法を使用．優占種が異なる3つのクラスターが確認された

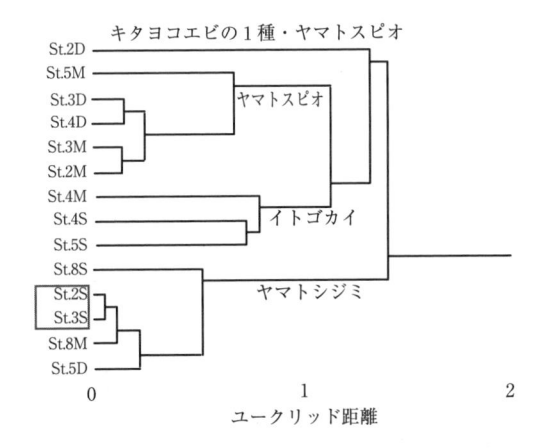

図-6.60 河川の上下流および横断方向におけるベントス群集のクラスター解析．ベントス各種の平均密度をもとに，ユークリッド距離による平均連結法を使用．Sは浅瀬，Dは最深部，Mはそれらの中間部の水深を示す

メも見られる貧鹹水域が形成されていると判断され，これは塩水の遡上を妨げると予想される河床の突部(マウンド)に符号していると考えられる(図-6.61).

以上のように区分された3つの水域のうち，下流のSt.2の潮間帯(St.A)，中流のSt.5近くの潮間帯(St.B)および上流のSt.8近くの潮間帯(St.C)からベントスおよびその潜在的な餌資源を採集し，それらの炭素および窒素の安定同位体比解析を行った結果が図-6.62である．北上川河口域に生息するベントスには底生珪藻(堆積

第6章 汽水域の生物

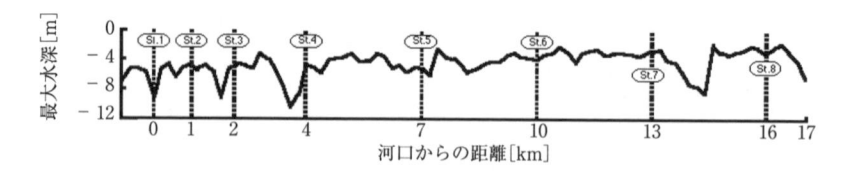

図-6.61 北上川の上下流方向の河床地形

物表層から走光性を利用して分離・分析)の生産に依存するものと，堆積物中の有機物（深さ5cmまでを採集・分析），SS（懸濁物質：グラスフィルターで集めて分析）ないしはヨシ（葉を分析）に依存すると思われるものが認められたが，底生珪藻に依存するベントスは下流のSt.Aに限られ，堆積物／ヨシに依存するものは中上流域で多く認められることが明らかとなった．ただし，巻貝のカワザンショウガイや十脚甲殻類のアリアケモドキは下流の地点では底生珪藻を，中上流域では堆積物中の有機物を主な餌としていると推定され，同じ種でも場所によって餌資源を変えている場合があると考えられた．これらの種類は口に運んだものをあまり選別せず消化管に送り込むと考えられており，彼らの安定同位体比における空間変異は，それぞれの場において量的に豊富で利用しやすい餌のそれを反映したものと考えられる．一方，チゴガニ等の安定同位体比は場所が変わっても変化せず，これは本種や

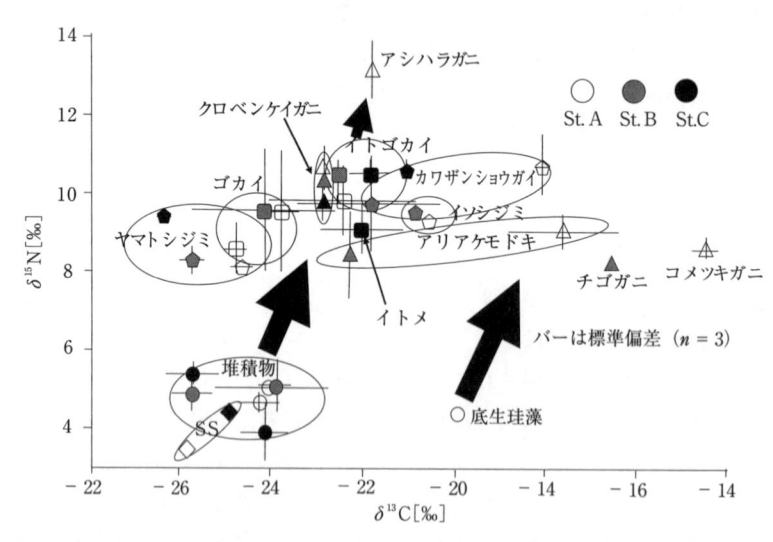

図-6.62 北上川河口域の下流部(St.A)，中流部(St.B)および上流部(St.C)に生息するベントス，その潜在的餌資源である底生珪藻．堆積物，SSおよびヨシの炭素および窒素安定同位体比

同じスナガニ科のコメツキガニ等は鋏脚で堆積物のごく表層をすくい採って口器に運び，口器に発達したスプーン状の剛毛で堆積物の粒子表面の珪藻等を剥ぎ取るという，特殊化した採餌様式を有することに関連すると考えられた．これらのことから Doi et al.(2005)は，安定同位体比解析の際にも種に特異的な採餌様式を考慮すべきであり，特に餌への選択性が低い生物の安定同位体比を固定的に捉えることは危険であることを指摘している．なお，北上川河口域のヤマトシジミは下流の地点においても底生珪藻を主な餌としているとは推定されなかったものの，炭素安定同位体比の空間的な変異は大きく（図-6.62），これは硫黄の安定同位体比解析の結果にも読み取られた（図-6.63）．脂肪酸分析による検討（松政他，未発表）によると，ヤマトシジミの軟体部からはバクテリアマーカー，特に硫酸還元菌や硫黄酸化細菌のマーカーが無視できないレベルで検出されるが，珪藻をはじめとした植物プランクトンのマーカーはトレースレベルであることが明らかにされた．したがって，本種における炭素や硫黄の安定同位体比の空間変異には硫酸還元菌による分別が大きく関与していると考えられ，北上川におけるヤマトシジミ個体群の維持にはバクテリアの活動を介した腐食食物連鎖が重要な役割を担っていると推定された．硫酸還元菌が要求する有機物源としては本水域に豊富に生育するヨシによる生産が重要と推定されるが，この点については今後詳細に検討する必要がある．なお，後述のアサリと同様に，底生珪藻が豊富な環境ではヤマトシジミも底生珪藻を多く摂食すると予想され，北上川河口域のヤマトシジミにおける底生珪藻への依存度の低さは，それ自体が本河口域の生産構造（ヨシ原の発達による底質表面における光量不足に起因する底生藻類の生産量の少なさ）が汽水湖等とは異なることを示唆するものと思われる．

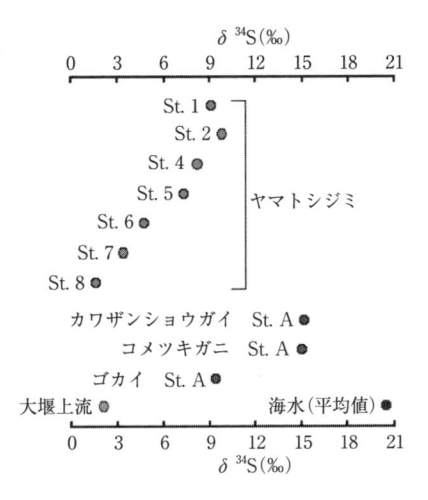

図-6.63 数種のベントスの硫黄安定同位体比

6.6.3 混合モデルによる食物源の寄与率に関する推定

6.6.2 の北上川河口域の例ではグラフィカルな手法で餌資源を推定したが，対象

とする生物が複数の食物資源に依存していると思われる場合，それぞれの食物源の寄与率を推定することも必要となる．その方法としては，炭素や硫黄等の安定同位体比が異なる2ないし3種類の餌資源の寄与率を推定する混合モデルが考案されており，最近では汽水域にも適用されてきて

$\Delta X\text{consumer} = p \Delta X\text{producer}_1 + (1-p) X\text{producer}_2$
$\Delta X\text{consumer} = p \Delta X\text{producer}_1 + (1-p-q) X\text{producer}_2 + q X\text{producer}_3$

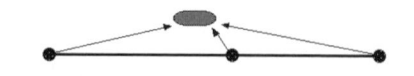

図-6.64　一般化された2資源，および3資源混合モデル．ΔX は消費者(consumer)または生産者(producer)の炭素，硫黄等の安定同位体比(Kwak and Zedler, 1997)．なお安定同位体比の変動(図-6.58参照)の実測値(ΔC, ΔN または ΔS とする) が既知の場合は，図中の $\Delta X\text{producer}$ を $\Delta X\text{producer} + \Delta C$, $\Delta X\text{producer} + \Delta N$ あるいは $\Delta X\text{producer} + \Delta S$ とすることにより，さらに正確な推定が可能となる

いる(Fry and Sherr, 1984；Kwak and Zedler, 1997) (図-6.64)．

　国内では Kanaya *et al.* (2005) が宮城県の七北田川河口域に開口する蒲生潟において，二枚貝で表層堆積物食者のサビシラトリガイとイソシジミ，および同じく二枚貝で懸濁物食者のアサリの餌資源を炭素の2資源混合モデルを用いて解析している[想定された餌資源は底生珪藻および SS(無機物も含むが，普通は有機物の割合がきわめて高い)]．その結果，表層堆積物食者のサビシラトリガイとイソシジミは，自然状態でも囲い込み実験においても，その69％以上の炭素を底生珪藻から得ていることが明らかになった．一方，懸濁物食者のアサリは囲い込み実験では62％の炭素を底生珪藻から得ていたが，自然状態では61％の炭素を SS から得ていることが明らかにされた．このことからアサリの餌資源は SS の供給および堆積物の再懸濁の量に依存して変化すると考えられ，これは前述の北上川におけるヤマトシジミの炭素および硫黄の安定同位体比の空間変異と同様な現象と考えられる．これらの懸濁物食性二枚貝のように，汽水域に生息する動物には餌に対する選択性が低いものが多く見られるため，安定同位体比による餌資源解析では，こうした定量的な評価手法を併用した研究の重要性が増すと考えられる．既に述べたように，解析の対象とする生物のみならず，その潜在的な餌資源の安定同位体比についての検討を十分に行うことが肝要である．

参考文献

・相生啓子：海草藻場の機能—沿岸生態系の連続性を中心に—, *Science and Technology*, Vol.19, No.2, pp.8-13, 1996.
・相生啓子：生物の減少絶滅 日本の海草 植物版レッドリストより, 海洋と生物, Vol.20, No.1, pp.7-12, 1998.

6.6 安定同位体比解析による食物網構造の推定

- 相生啓子：アマモ場研究の夜明け，海洋と生物，Vol.22, No.6, pp.516-523, 2000.
- 秋山章夫：第2章 生物の生態と環境，2.環境要求と適応，2.1 二枚貝を中心に河口・沿岸域の生態学とエコテクノロジー（栗原康編著），pp.85-98, 東海大学出版会，1988.
- Barnes, R.S.K.: Reproduction, life histories and dispersal, In, Fundamentals of Aquatic Ecology (Barnes, R.S.K. and Mann, K.H., eds.), Blackwell Scientific Publication, London, 2nd edition, pp.145-171, 1991.
- Bertness, M.D.: Ribbed mussels and *Spartina alterrniflora* production in a New England salt marsh, *Ecology*, Vol.65, pp.1794-1807, 1984.
- Bertness, M.D.: Fiddler crab regulation of *Spartina alterniflora* production on a New England salt marsh, *Ecology*, Vol.66, pp.1042-1055, 1985.
- Brouwn, A.C. and Mclacblan, A., 須田有輔, 早川康弘訳：海浜海岸の生態学, 東海大学出版会, 2002.
- Byers, J.: Competition between two estuarine snails: implications for invasions of exotic species, *Ecology*, Vol.81, pp.1225-1239, 2000. .
- Conaugha, Mc.J.R: Export and reinvasion of larbae as regulators of estuarine decapod populations, Am.Fish.Soc.Symp., pp.90-103, 1988.
- Crain, C.M., Silliman, B.R., Bertness, S.L. and Bertness, M.D.: Physical and biotic drivers of plant distribution across estuarine salinity gradients, *Ecology*, Vol.85, pp.2539-2549, 2004.
- Crisp, D.J.: Energy flow measurements, In, Methods for the study of marine benthos (Holme, N.A. and McIntyre A.D., eds.), pp.197-279, Blackwell, Oxford, 1971.
- Crisp, D.J.: Genetic consequences of different reproductive strategies in marine invertebrates, In, Marine Organisms: Genetics, Ecology and Evolution (Battaglia, B. and Beardmore J.A., eds.), Plenum Press, New York, pp.257-273, 1978.
- デイヴィット・ラファエリ, スティーブン・ホーキンズ, 朝倉彰訳：潮間帯の生態学(上・下), 文一総合出版, 1999.
- DeWitt, T.H. and Levinton, J.S.: Disturbance, emigration, and refugia: how the mud snail, *Ilyanassa obsolete* (Say), affects the habitat distribution of an epifaunal amphipod, *Microdeutopus gryllotalpa* (Costa), *Journal of Experimental Marine Biology and Ecology*, Vol.92, pp.97-113, 1985.
- Doi, H., Matsumasa, M., Toya, T., Satoh, N., Mizota, C., Maki, Y. and Kikuchi, E.; Spatial sifts in food sources for macrozoobenthos in an estuarine ecosystem: carbon and nitrogen stable isotope analyses, *Estuarine Coastal and Shelf Sciences*, Vol.64, pp.316-322, 2005.
- Ellison, A.M., Farnsworth, E.J. and Twilley, R.R.: Facultative mutualism between red mangroves and root-fouling sponges in Belizean mangal, *Ecology*, Vol.77, pp.2431-2444, 1996.
- Farnsworth, E.J. and Ellison, A.M.: Scale-dependent spatial and temporal variability in biogeography of mangrove root epibiont communities, *Ecological Monographs*, Vol.66, pp.45-66, 1996.
- Fenchel, T.: Character displacement and coexistence in mud snails (Hydrobiidae), *Oecologia*, 20, pp.19-32, 1975.
- Fong Ching Wai, Lee Shing Yip, Wu Rudolf S.S.: The effects of epiphytic algae and their grazers on the intertidal seagrass *Zostera japonica*, *Aquatic Botany*, Vol.67, pp.251-261, 2000.
- Fry, B. and Sherr, E.B.: $\delta^{13}C$ measurements as indicators of carbon flow in marine and freshwater ecosystems, *Contributions in Marine Science*, Vol.27, pp.13-47, 1984.
- 福田宏：主な生物の分類・生態・分布, 5.巻貝類Ⅰ-総論, 有明海の生き物たち-干潟・河口域の生物多様性（佐藤正典編），pp.100-137, 海游舎, 2000.
- 藤田真二：沿岸魚類の大生育場, 海洋と生物, 156, Vol.27, No.1, pp.10-23, 2005.
- Gao, T and Watanabe, S.: Genetic variation among local populations of the Japanese mitten crab *Eriocheir japonica* De Haan, *Fisheries Science*, Vol.64, pp.198-205, 1998.
- Gorbushin, A.M.: The enigma of mud snail shell growth: asymmetrical competition or character displacement?, *Oikos*, Vol.77, pp.85-92, 1996.
- Green, J.: The Biolgy of Estuarine Animals, p.40, Sidgwich & Jackson, London, 1968.
- 林健二郎, 高橋祐, 重村利幸：湖岸や海岸に生育している水辺植生に作用する波力と消波機能の評価法に

第6章　汽水域の生物

関する研究，海岸工学論文集，Vol.49, pp.721‐725, 2002.
・林健二郎，今野政則，重村利幸：沈水模型植物(コアマモ)が有する消波特性に関する研究，水工学論文集，48巻, pp.883‐888, 2004
・堀越増興，菊池泰二：海藻・ベントス，海洋科学基礎講座5, p.451, 東海大学出版会, 1976.
・林田文郎：西伊豆・岩地湾におけるアマモ群落について，日本水産学会大会講演要旨集，Vol.1999, 春季, p.17, 1999.
・Hiu, Y.: Natural change in number and habitat characteristics of *Deiratonotus japonicus* in the Kita River, Japan, Proceedings of Asian Waterqual, CD‐ROM, 1Q5A07, 2003.
・堀越増興，菊池泰二：第II編 ベントス，海藻・ベントス，海洋科学基礎講座5, pp.326‐345, 東海大学出版会, 1976.
・星元紀：魚類および無脊椎動物の成分，生化学データブックⅠ(日本生化学会編), pp.1850‐1873, 1979.
・細谷誠一，鹿谷法一，土屋誠：シオマネキ *Uca arcuata* の沖縄島からの記録，沖縄生物学会誌, 31, pp.41‐45, 1993.
・井口利恵子，田島正子，和田恵次：吉野川河口域周辺におけるシオマネキとハクセンシオマネキの分布，徳島県立博物館研究報告, 7, pp.69‐79, 1997.
・伊勢紀，三橋弘宗：モリアオガエルの広域的な生息適地推定と保全計画への適用，応用生態工学, 8, pp.221‐232, 2006.
・伊予田紀子，佐々木淳，磯部雅彦：アマモ場における酸素に着目した物質循環過程の定量化，海岸工学論文集，Vol.49, No.2, pp.1166‐1170, 2002.
・石塚和雄：海岸，群落の分布と環境(石塚和雄編著), pp.261‐290, 朝倉書店, 1977.
・伊谷行：巣穴の中のひそやかな多様性－アナジャコ類と共に生きる生物から－，日本ベントス学会誌，Vol.56, pp.50‐53, 2001.
・Itani, G., Kato, M. and Shirayama, Y.: Behaviour of the shrimp ectosymbionts, *Peregrinamor ohshimai*(Mollusca: Bivalvia)and *Phyllodurus* sp.(Crustacea: Isopoda)through host ecdyses, *Journal of the Marine Biological Association of the United Kingdom*, Vol.82, pp.69‐78, 2002.
・Jacobs, J.: Quantitative measurement of food selection; Modification of the forage ratio and Ivlev's electivity index, *Oecologia*, 14, pp.413‐417, 1974.
・Jongman, R.H.G., ter Braak, C.J.F. and van Tongeren, O.F.R.: Data Analysis in Community and Landscape Ecology, Pudoc Wageningen, Wageningen, the Netherlands, 1987.
・鎌田磨人，小倉洋平：那賀川汽水域における塩性湿地植物群落のハビタット評価，応用生態工学, Vol.8, pp.245‐261, 2006.
・鎌田磨人，川角良太：吉野川汽水域の干潟におけるマクロベントス群集の分布特性，空間的階層概念に基づく河川生態系の構造と機能の把握，及び環境影響評価方法の確立(鎌田磨人編著)，科学研究費補助金基盤研究(B2)研究成果報告書(課題番号11480143), pp.33‐39, 2002a.
・鎌田磨人，川角良太：ロジスティック回帰分析を用いたマクロベントスの出現予測，空間的階層概念に基づく河川生態系の構造と機能の把握，及び環境影響評価方法の確立(鎌田磨人編著)，科学研究費補助金基盤研究(B2)研究成果報告書(課題番号11480143), pp.69‐79, 2002b.
・鎌田磨人，小島桃太郎，吉田竜二，浅井拳介，岡部健士：ダム下流域における河相変化が砂礫堆上の植物群落の分布に及ぼす影響，応用生態工学, Vol.5, pp.103‐114, 2002.
・Kanaya, G., Nobata, E., Toya, T. and Kikuchi, E.: Effects of different feeding habits of three bivalve species on sediment characteristics and benthic diatom abundance, *Marine Ecology Progress Series*, Vol.299, pp.67‐78, 2005.
・Kato, M. and Itani, G.: *Peregrinamor gastrochaenans*(Bivalvia: Mollusca), a new species symbiotic with the thalassinidean shrimp *Upogebia carinicauda*(Decapoda: Crustacea), *Species Diversity*, Vol.5, pp.309‐316, 2000.
・川井浩史：海藻と海草－豊かな海の森を作るものたち－，瀬戸内海研究フォーラム in わかやま, pp.16‐19, 2002.
・川崎保夫：海草群落(アマモ場)の機能と修復・創生，海洋と生物，Vol.25, No.2, pp.85‐89, 2003.
・和吾郎：四万十川流域の栄養塩類－源流域から沿岸域まで，海洋と生物，Vol.26, pp.501‐507, 2004.

6.6 安定同位体比解析による食物網構造の推定

- 建設省河川局河川環境課:平成9年度版・河川水辺の国勢調査マニュアル,河川版(生物調査編), p.493, リバーフロント整備センター, 1997.
- Kikuchi, S. and Matsumasa, M.: The osmoregulatory tissue around the afferent blood vessels of the coxal gills in the estuarine amphipods, *Grandidierella japonica* and *Melita setiflagella* (Crustacea), *Tissue and Cell*, Vol.27, pp.627-638, 1993.
- Kikuchi, S., Matsumasa, M. and Yashima, Y.: The ultrastructure of the sternal gills forming a striking contrast with the coxal gills in a fresh-water amphipods (Crustacea), *Tissue and Cell*, Vol.25, pp.915-928, 1993.
- 菊池進:甲殻類鰓上皮の微細構造と生息環境の塩分濃度, 比較生理生化学会誌, 9, pp.129-140, 1992.
- 菊池泰二:第Ⅱ編 ベントス, 第10章 汽水域のベントス群集, 海藻・ベントス, 海洋科学基礎講座5(元田繁編), pp.326-345, 東海大学出版会, 1976.
- 菊池泰二:海産無脊椎動物の繁殖生態と生活史Ⅴ, 幼生定着時のすみ場所選択(1), 海洋と生物, Vol.20, pp.171-177, 1982a.
- 菊池泰二:海産無脊椎動物の繁殖生態と生活史Ⅵ, 幼生定着時のすみ場所選択(2), 海洋と生物, Vol.21, pp.280-284, 1982b.
- 菊池泰二:海産無脊椎動物の繁殖生態と生活史Ⅶ, 幼生定着時のすみ場所選択(3), 海洋と生物, Vol.22, pp.358-363, 1982c.
- 木元新作, 武田博清:群集生態学入門, p.198, 共立出版, 1989.
- 木村昭一, 木村妙子:三河湾および伊勢湾河口域におけるアシ原湿地の原足類相, 日本ベントス学会誌, Vol.54, pp.44-56, 1999.
- 北林興二, 林正康, 鷲見栄一, 松尾信, 森本研吾:汀線環境の構造とその浄化機能の評価手法に関する研究, 環境保全研究成果集, Vol.1991, No.Pt2, pp.1-49, 1992.
- Kobayashi, C. and Kato, M.: Sex-biased ectosymbiosis of a unique cirripede, *Octolamis unguisiformis* sp.nov., that resembles the chelipeds of its host crab, *Macrophthalmus milloti*, *Journal of the Marine Biological Association of the United Kingdom*, Vol.83, pp.925-930, 2003.
- Kobayashi, S.: Settlement and upstream migration of the Japanese mitten crab *Eriocheir japonica* (De Haan), *Ecology and Civil Engineering*, Vol.1, pp.21-31, 1998.
- Kobayashi, S.: Relative growth pattern of walking legs of the Japanese mitten crab *Eriocheir japonica* (de Haan), *Journal of Crustacean Biology*, Vol.22, pp.601-606, 2002.
- 小林哲:河川感潮域におけるモクズガニ Eriocheir japonica (de Haan) の着底場所と生育場所の環境条件, 応用生態工学, Vol.8, pp.133-146, 2006.
- Kobayashi, S. and Matsuura, S.: Reproductive ecology of the Japanese mitten crab *Eriocheir japonicus* (De Haan) in its marine phase, *Benthos Research*, Vol.49, pp.15-28, 1995.
- 小林四郎:生物群集の多変量解析, 蒼樹書房, 1995.
- 古賀庸憲:寄生虫と種の豊富さ:コメツキガニとホソウミニナ, 吸虫の関係, 日本ベントス学会誌, Vol.57, pp.67-70, 2002.
- Komai, T., Yamasaki, I., Kobayashi, S., Yamamoto, T. and Watanabe, S.: *Eriocheir ogasawaraensis* Komai, a new species of mitten crab (Crustacea: Decapoda: Brachyura: Varunidae) from the Ogasawara Islands, Japan, with notes on the systematics of Eriocheir De Haan, 1835, *Zootaxa*, Vol.1168, pp.1-20, 2006.
- 上月康則, 倉田健悟, 村上仁士, 鎌田磨人, 上田薫利, 福崎亮:スナガニ類の生息場からみた吉野川汽水域干潟・ワンドの環境評価, 海岸工学論文集, Vol.47, pp.1116-1120, 2000.
- 國井秀伸:閉鎖性沿岸域の生態系と物質循環, 海洋と生物, Vol.25, No.2, pp.116-122, 2003.
- 栗原康編著:河口・沿岸域の生態学とエコテクノロジー, p.335, 東海大学出版会, 1988.
- Kurata, K. and Kikuchi, E.: Life cycle and production of *Assiminea japonica* v. Martens and *Angustassiminea castanea* (Westerlund) (Gastropoda: Assimineidae) at a reed marsh in Gamo Lagoon, northern Japan, *Ophelia*, Vol.50, pp.191-214, 1999.
- 楠田哲也:河口域における水環境について, 河川, pp.20-26, 2003.2.
- 楠田哲也:生物絶滅確率を指標とする水域環境保全手法の確立に関する基礎的研究, 平成13-15年度科

第6章 汽水域の生物

学研究費補助金[基盤研究(B)(2)], 2004.
- Kwak, T.J. and Zedler, J.B.: Food web analysis of southern California coastal wetlands using multiple stable isotopes, *Oecologia*, Vol.110, pp.262-277, 1997.
- Lafferty, K.D. and Morris, A.K.: Altered behavior of parasitized killifish increases susceptibility to predation by bird final hosts, *Ecology*, Vol.77, pp.1390-1397, 1996.
- Larned Scott, T.: Effects of the invasive nonindigenous seagrass *Zostera japonica* on nutrient fluxes between the water column and benthos in a NE pacific estuary, *Marine Ecology Progress Series*, Vol.254, pp.69-80, 2003.
- Lee, S.Y., Fong, C.W., Wu, R.S.S.: The effects of seagrass(*Zostera japonica*)canopy structure on associated fauna a study using artificial seagrass units and sampling of natural beds, *Journal of Experimental Marine Biology and Ecology*, Vol.259, pp.23-50, 2001.
- Leuschner, C., Landwehr, S. and mehlig, U.: Limitation of carbon assimilation of intertidal *Zostera noltii* and *Z.marina* by desiccation at low tide, *Aquat.Bot.*, Vol.62, pp.171-176, 1998.
- Little, C.: The Biology of Soft Shores and Estuaries, Oxford Universitu Press, 2000.
- Lockwood, A.P.M.: Animal Body Fluids and Their Regulation, Heinemann Education Books Ltd., p.177, London, 1971(大出浩訳:動物の体液, 新生物学シリーズ7, 河出書房新社).
- Lohrer, A.M., Thrush, S.M., Hewitt, J.E., Berkenbusch, K., Ahrens, M., Cummings, V.J.: Terrestrially derived sediment: response of marine macrobenthic communities to thin terrigenous deposits, *Marine Ecology Progress Series*, Vol.273, pp.121-138, 2004.
- 前川行幸:アマモによる閉鎖性海域の浄化, 水, Vol.47, pp.19-23, 2005.
- 松政正俊:海草による環境改変と底生動物, 海洋と生物, Vol.22, No.6, pp.550-556, 2000.
- Matsumasa, M.: Effect of secondary substrates on associated small crustaceans in a brackish lagoon, *Journal of Experimental Marine Biology and Ecology*, Vol.176, pp.245-256, 1994.
- Matsumasa, M. and Kikuchi, S.: Blood osmoregulatory type and gill ultrastructure of an estuarine crab *Hemigrapsus penicillatus*(de Haan)(Crustacea ; Brachyura), *Annual Report of Iwate Medical University, School of Liberal Arts & Sciences*, Vol.28, pp.37-45, 1993.
- Matsumasa, M., Kikuchi, S. and Takeuchi, I.: Specialized ion-transporting epithe-lium around the blood bessel of the coxal gills in a deep-sea amphipod, *Eurythenes gryllus*, *Journal of Crustacean Biology*, Vol.18, pp.686-694, 1998.
- Matsumasa, M., Kikuchi, S., Takeda, S., Poovachiranon, S., Yong, H.S. and Murai, M.: Blood osmoregulation and ultrastructure of the gas windows ('tympana')of intertidal ocypodid crabs : *Dotilla* vs. *Scopimera*, *Benthos Research*, Vol.56, pp.47-55, 2001.
- 松政正俊, 菊地永祐:底生小型甲殻類の分布と流れ―直接作用と住み込み関係を介した間接作用―, 月刊海洋, Vol.25, pp.269-276, 1993.
- 松政正俊, 菊地永祐, 溝田智俊:北上川の感潮域における塩分環境とベントス群集との関係解析, 平成13年度 河川整備基金助成事業 報告書, 2002.
- McLusky, D.S.: The estuarine ecosystem, 2nd edition, p.215, Chapman & Hall, New York, 1989.
- Miura, O., Kuris, A.M., Torchin, M.E., Hechinger, R.F. and Chiba, S.: Parasites alter host phenotype and may create a new ecological niche for snail hosts, *Proceedings of the Royal Society B*, Vol.273, pp.1323-1328, 2005.
- 三宅貞祥:モクズガニ, 原色日本大型甲殻類図鑑(Ⅱ), p.174, 1983.
- 宮下衛:ヒヌマイトトンボ生息地の立地条件とその復元に関する研究, 環境システム研究, Vol.27, pp.293-304, 2000.
- 溝田智俊, 山中寿朗:深海化学合成生物群集から出現するベントスのエネルギー獲得戦略:軟体部の炭素, 窒素および硫黄の安定同位体組成による解析, 日本ベントス学会誌, Vol.58, pp.56-69, 2003.
- 水野伸彦, 御勢久右衛門編:河川の生態学, 生態学研究シリーズ2, 築地書館, 1972.
- 森田豊彦:モクズガニ *Eriocheir japonica* De Haan の発生学的考察, 動物学雑誌, Vol.83, pp.24-81, 1974.
- Morrisey, D.J.: Effect of population density and presence of a potential competitor on the growth rate

of the mud snail *Hydrobia ulvae*(Pennant), *Journal of Experimental Marine Biology and Ecology*, Vol.108, pp.275‐295, 1987.
- Morton, B and Morton, J.：The Sea Shore Ecology of Hong Kong, p.350, Hong Kong University Press, Hong Kong, 1983.
- 村田優子，和田恵次：潮間帯に生息するコツブムシ科穿孔性等脚類の分布に関係する要因，日本ベントス学会誌，Vol.55, pp.25‐33, 2000.
- Nagelkerken, I., Roberts, C.M., van der Velde, G., Dorenbosch, M., van Riel, M.C., Cocheret de la Moriniere, E. and Nienhuis, P.H.：How important are mangroves and seagrass beds for coral-reef fish?, The nursery hypothesis tested on an island scale, *Marine Ecology Progress Series*, Vol.244, pp.299‐305, 2002.
- 中村幹夫，安木茂，高橋文子，品川明，中尾繁：ヤマトシジミの塩分耐性．水産増殖，Vol.44, pp.31‐35, 1996.
- 中村幹夫：宍道湖におけるヤマトシジミと環境との相互関係に関する生理生態学的研究，北海道大学博士論文，1997.
- 中村幹雄：生物と環境－宍道湖の環境とヤマトシジミの相互作用について－，月刊水，Vol.41, No.3, pp.16‐30, 1999.
- 中野雅美，上月康則，鎌田磨人，福崎亮：河口域におけるスナガニ類の分布予測モデルの検討．水工学論文集，45, pp.1027‐1032, 2001.
- 日宇洋平，呉一権，楠田哲也，平田将彦：北川感潮域におけるカワスナガニの分布特性と個体数変動および環境条件，環境工学研究論文集，Vol.39, pp.467‐47, 2002.
- Noe, G.B. & Zedler, J.B.：Spatio-temporal variation of salt marsh seedling establishment in relation to the abiotic and biotic environment, *Journal of Vegetation Science*, Vol.12, pp.61‐74, 2001.
- Norkko, A., Thrush, S.F., Hewitt, J.E., Cummings, V.J., Norkko, J., Ellis, J.I., Funnell, G.A., Schultz, D., MacDonald, I.：Smothering of estuarine sandflats by terrigenous clay：the role of wind-wave disturbance and bioturbation in site-dependent macrofaunal recovery, *Marine Ecology Progress Series*, Vol.234, pp.23‐41, 2002.
- 沖縄県環境保健部自然保護課：改訂版レッドデータおきなわ―動物編―，2005.
- Ono, Y.：On the ecological distribution of ocypodid crabs in the estuary, Memories of the Faculty of Science, Kyushu University, Series E, 4, pp.1‐60, 1965.
- 小野勇一：干潟のカニの自然史，p.271, 平凡社，1995.
- 大森迪夫，雷田義成：第2章 生物の生態と環境，2.3 河口域の魚，河口・沿岸域の生態学とエコテクノロジー(栗原康編), pp.108‐118, 東海大学出版会，1988.
- 大野恭子，和田恵次，鎌田磨人：河口域塩性湿地に生息する希少カニ類：シオマネキの生息場所利用，日本ベントス学会誌，Vol.61, pp.8‐15, 2006.
- 大城勝：人工構造物の河川生物への影響，琉球列島の陸水生物(西島信昇監修，西田睦，鹿谷法一，諸喜田茂充編著), pp.65‐72, 東海大学出版会，2003.
- 大谷崇，野村宗弘，千葉信男，中野和典，西村修：コアマモと二枚貝の共存する場の特徴について，日本水処理生物学会誌，No.24, p.50, 2004.
- Posey Martin, H.：Community Changes Associated with the Spread of an Introduced Seagrass, *Zostera japonica, Ecology*, Vol.69, No.4, pp.974‐983, 1988.
- Reise, K.：Tidal Flat Ecology：An Experimental Approach, p.191, Springer-Verlag, Heidelberg, 1985.
- Remane, A and Schlieper, C.：Die biologie des Brackwassers, E.Schwiezerbart'sche verlagsbuchhandlung, p.348, Stuttgart, 1958.
- 酒井均，松久幸敬：安定同位体地球化学，p.403, 東京大学出版会，1999.
- 佐藤正典：有明海の生きものたち，海游舎，2000.
- 佐藤智則，近藤伸一：「魚の森づくり」調査，b.植生，葉上生物およびベントス調査，新潟県水産海洋研究所年報，Vol.2003, pp.97‐104, 2005.
- Seagrass：http//www.botany.hawaii.edu/seagrass/

第6章 汽水域の生物

- 島村京子, 中村幹雄：汽水湖中海における海藻・海草類の分布と現存量, 水産増殖, Vol.46, No.2, pp.219‐224, 1998.
- Silliman, B.R. and Bertness, M.D.：A trophic cascade regulates salt marsh primary production, *Proceedings of the National Academy of Science*(USA), Vol.99, pp.10500‐10505, 2002.
- 新崎盛敏：アマモ, コアマモの生態(Ⅰ), 日本水産学会誌, Vol.15, No.10, pp.567‐573, 1950.
- 白藤淳一, 鈴木田亘平, 福田宏：山口・岡山両県からのシオマネキ(スナガニ科)の新産地, 日本ベントス学会誌, Vol.57, pp.38‐42, 2002.
- 島谷学, 佐藤喜一郎, 中瀬浩太, 桑江朝比呂, 中村由行：コアマモの生育に適した物理環境について, 海岸工学論文集, Vol51, pp.1031‐1035, 2004.
- Smith, N.F.：Spatial heterogeneity in recruitment of larval trematodes to snail intermediate hosts, *Oecologia*, Vol.127, pp.115‐122, 2001.
- Smith Ⅲ, T.J., Boto, K.G., Frusher, S.D. and Giddins, R.L.：Keystone species and mangrove forest dynamics：the influence of burrowing by crabs on soil nutrient status and forest productivity, *Estuarine, Coastal and Shelf Science*, Vol.33, pp.419‐432, 1991.
- Suzuki, H.：Spatial distribution and recruitment of pelagic larvae of sand bubbler crab, *Scopimera globosa. La mer*, Vol.28, pp.172‐179, 1990.
- 田北徹：主な生物の分類・生態・分布, 9.魚類, 有明海の生き物たち－干潟・河口域の生物多様性(佐藤正典編), pp.213‐252, 海游舎, 2000.
- 高山百合子, 上野成三, 勝井秀博, 林文慶, 山木克則, 田中昌宏：江奈湾の藻場分布データに基づいたアマモのHISモデル, 海岸工学論文集, Vol.50, pp.1136‐1140, 2003.
- 玉置昭夫, 小山一騎：砂質干潟ベントス個体群・群集の安定性－とくにスナモグリ類(甲殻十脚目)・貝類に関連して(予報), 月刊海洋, Vol.35, pp.226‐234, 2003.
- 田井野清也：河口域の密林〜コアマモ群落の生態, 海洋と生物, Vol.26, No.6, pp.535‐539, 2004..
- 田井野清也, 平賀洋之：四万十川産コアマモの形態と環境条件との関係, 日本水産学会大会講演要旨集, Vol.1999, 春季, p.17, 1999.
- 田村徹, 国井秀伸：宍道湖・中海水系における異なった塩分環境下でのコアマモの光合成特性, 日本陸水学会大会講演要旨集, Vol.65th, p.129, 2000.
- 田中義幸, 向井宏, 仲岡雅裕, 小池勲夫：温帯性海草の種ごとの分布上限は乾燥耐性が決めているか？, 第51回日本生態学会大会, 2004..
- Tanaka, N., Omori Kuo, J., Nakaoka, Y.M. and Aioi, K.：Phylogenetic relationships in the genera *Zostera* and *Heterozostera*(Zosteraceae)based on matK sequence data, *J.Plant Res.*, Vol.116, pp.273‐279, 2003.
- 田中信彦, 飯倉敏弘, 杜多哲, 北村章二：汽水域におけるコアマモおよび人工基質上の付着珪藻, 養殖研究所研究報告, 11号, pp.41‐50, 1987.
- 田中宏典, 柴垣和弘, 池澤広美, 金澤礼雄, 和田恵次：伊豆半島, 青野川で出現したシオマネキ類2種について, 日本ベントス学会誌, Vol.59, pp.8‐12, 2004.
- Tessier, M., Gloaguen, J.C. and Lefeuvre, J.C.：Factors affecting the population dynamics of *Suaeda maritima* at initial stages of development, *Plant Ecology*, Vol.147, pp.193‐203, 2000.
- Thorpe, J.E.：Salmonid fishes and the estuarine environment, *Estuaries*, Vol.17, pp.76‐93, 1994.
- 土屋誠：第2章 生物の生態と環境, 1.食物関係と環境特性, 1.1 生活様式から見た環境—生息場所と摂食様式—, 河口・沿岸域の生態学とエコテクノロジー(栗原康編), pp.43‐54, 東海大学出版会, 1988.
- 豊原哲彦, 河内直子, 仲岡雅裕：海草藻場における葉上動物の生態, 海洋と生物, Vol.22, No.6, pp.557‐565, 2000.
- Tsujimoto, G.：A Study on flow structure and suspended sediment concentartion over seaweed bed, *Coastal Engineering*, pp.3935‐3947, 1996.
- 塚本勝巳：通し回遊魚の起源と回遊メカニズム, 川と海を回遊する淡水魚－生活史と進化(後藤晃, 塚本勝巳, 前川光司編), pp.2‐17, 東海大学出版会, 1994.
- 宇野宏司, 中野晋, 古川忠司：重み付き評価指標を用いた稀少種シオマネキ生息地適性評価方法, 水工学論文集, Vol.47, pp.1075‐1080, 2003.

- 内田喜隆:四万十の怪魚アカメの生活史,海洋と生物,Vol.27,No.1,pp.24‐29,2005.
- Valiela, I.: Ecology of Coastal Ecosystems, In Fundamentals of Aquatic Ecology, Barnes, R.S.K. and Mann, K.H.(eds.), pp.57‐76, Blackwell Scientific Publications, London, 1991.
- Wada, E., Mizutani, H. and Minagawa, M.: The use of stable isotopes for food web analysis, *Critical Reviews in Food Science and Nutrition*, Vol.30, pp.361‐371, 1991.
- 輪島毅,福島朋彦,有松健,伊藤永徳,豊原哲彦,吉澤忍:東京湾藻場分布調査-盤州干潟・富津干潟-,日本海洋生物研究所年報,pp.7‐20,2003.
- 輪島毅,有松健,伊藤永徳,豊原哲彦,吉澤忍,福島朋彦:東京湾藻場分布調査-アマモ場調査のまとめ-,日本海洋生物研究所年報,pp.31‐37,2004.
- 和田英太郎,半場祐子:生元素安定同位体比自然存在比:その研究の現状と展望,生化学,Vol.66,pp.15‐28,1994.
- 和田恵次:和歌川河口におけるスナガニ科3種の分布-底質の粒度との関係を中心として,生理生態,Vol.17,pp.321‐326,1976.
- 和田恵次:干潟の自然史,京都大学出版会,2000.
- 和田恵次,西平守孝,風呂田利夫,野島哲,山西良平,西川輝昭,五嶋聖治,鈴木孝男,加藤真,島村賢正,福田宏:日本における干潟海岸とそこに生息する底生生物の現状,WWF Japan Science Report, 3, pp.1‐182, 1996.
- 和田恵次,土屋誠:蒲生干潟における潮位高と底質からみたスナガニ類の分布,日本生態学会誌,Vol.25,pp.235‐238,1975.
- 渡辺雅子,仲岡雅裕:海草の分布と生産に影響を与える環境要因・生物学的要因,海洋と生物,Vol.22,No.6,pp.533‐541,2000.
- Wiltse, W.I., Foreman, K.H., Teal, J.M. and Valiela, I.: Effects of predator and food resources on the macrobenthos of salt marsh creeks, *Journal of Marine Research*, Vol.42, pp.923‐942, 1984.
- 山田信夫:海草利用の科学,成山堂書店,2001.
- 山口隆男:10.シオマネキ,日本の希少な野生水生生物に関する基礎資料(Ⅱ)(日本水産資源保護協会編),pp.657‐661,1995.
- 山口隆男,末吉俊哉:八代海ならびに有明海におけるシオマネキ,*Uca arcuata* の分布と生息個体数,Calanus, 13, pp.5‐25, 2001.
- 山西博幸,楠田哲也,季昇潤,原浅黄,村上啓介:北川干潮部における水理・水質変動とカワスナガニの生息環境に関する研究,環境工学研究論文集,Vol.37,pp.173‐180,2000.
- 山西博幸,楠田哲也,平田将彦,呉一権,季昇潤:カワスナガニ *Deiratonotus japonicus* の現地生息横断分布と生息選好性に関する研究,環境工学研究論文集,Vol.38,pp.1‐11,2001.
- Yamanisi, H.: Study on the habitat of Deiratonotus japonicus and aquatic environment in the Kita River, Japan, Proc.First IWA Asia-Pacific Regional Conference, pp.357‐362, 2001.
- Yamasaki, I., Yoshizaki, M., Yokota, M., Struessmann, C.A. and Watanabe, S.: Mitochondrial DNA variation and population structure of the Japanese mitten crab *Eriocheir japonica*, *Fisheries Science*, Vol.72, pp.299‐309, 2006.
- 矢野米生:絶滅危惧種コアマモの移植に関する試み,土木施工,Vol.44,No.7,pp.8‐14,2003.

第7章　自然的攪乱・人為的作用による河川汽水域環境の応答

7.1　汽水域環境に影響を及ぼす自然的攪乱・人為的作用

　自然攪乱を,「動物の棲み場所あるいは植物の生育場所の構造を不連続に変えてしまう時間的に短い物理的・化学的作用」と定義する．ここでは，生物自身および生物の相互作用により棲み場所・生育場所を改変する事象は含めない．なお「短い」の定義はかなり漠然としたものであり,「変化したその結果」に応じて設定せざるを得ないが，洪水が河川生態系にとって最も生起頻度の高い攪乱であるので，日本の河川汽水域ではイメージとして時間から週の時間スケールとなろう．また検討の対象としている対象および空間の大きさ（スケール）により，認知される「攪乱」の量と質は異なる．例えば，動物・植物種ごとに攪乱として認知される攪乱限界外力は異なる．ところで日本の河川において本来の意味での自然攪乱はもう存在しない．自然攪乱とみなされているのは，人間の手垢のついた擬似自然攪乱でしかないので，以下，自然的攪乱という．

　植物生態学では，Tüxen(1956)によって潜在自然植生という概念が提唱されている．潜在自然植生とは，ある一定の地域に存在していた自然植生が，人為的影響のもとに置き換えられて存続するする様々な代償植生によって構成されている状態において，人為的影響を一切停止した場合にそれぞれの植生域が支えられる潜在的な能力を理論的に推定し，それを自然植生で表現したものと定義している（奥田，2000）．潜在自然植生の概念は，攪乱の少ない場で適用されてきたが，現在では河川のように攪乱の多い場においても検討が進んでいる．洪水による攪乱現象を含む場で生じると考えられる理念型の植生であり，攪乱というイベントの累積積分を時間平均値化した状態量としてイメージされている．すなわち，河川生態系は攪乱を伴う動的な平衡系（年変動および中規模洪水という自然攪乱による変動を平均化し

第7章　自然的攪乱・人為的作用による河川汽水域環境の応答

たもの，恒常機構を持つシステム）として捉えられている．

　ところで，大規模攪乱により河川生態系がカタストロフィックに変わり，動的平衡系（理念的雛型）が崩壊してしまうこと（回復安定性の破壊）がある．攪乱規模として，動的平衡系を特徴付ける定常攪乱（中規模攪乱）とカタストロフィックな変化を伴う大規模攪乱を分けて考えていく必要があろう．例えば，火山噴火活動，山地崩壊を伴う大規模洪水（山地崩壊により土砂供給量が急増）等である．なお，広い空間スケールおよび長時間スケールから見れば，狭い空間および短い時間スケールでのカタストロフィックの事象は，単なるエピソードにしかすぎず動的平衡系に組み込まれてしまう．すなわち，検討の対象としている空間と時間のスケールによりカタストロフィックの意味・内容は変わるものである．

　河川汽水域生態系へ影響を及ぼす人為作用を以下では人為的インパクトということにする．人為的インパクトとしては，自然的攪乱に影響を与え擬似自然攪乱としてしまう河川汽水域生態系に対して媒介的な作用を及ぼす要因（例えば，森林の伐採）と河川汽水域生態系に直接的に作用する要因（例えば，河床掘削）の2つに区分し得る．

　自然的攪乱・人為インパクトに対する応答現象を検討するにあたっては，応答現象の時間スケールについての考察が必要である．社会が求めているのは，攪乱（河道整正，河川構造物の建設）に対する即時・短時間スケールの応答のみならず，攪乱が時間的経過の中でいかに河道特性の変化として現れ，ひいては河川汽水域の生物にどのような変化を与えるかであり，また流域における土地利用の変化が河川汽水域生態系に及ぼす変化や地球環境の変化が河川生態系にどのような変化をもたらすかである．工業化社会以前では，流域改変速度はゆっくりとしたものであり，河川生態系はこの変化に動的に追従しながら変わり，人為的インパクトとして意識（認知）化されなかったが，現代では河川汽水域生態系が流域環境，地球環境の変化に追随できず，人為がもたらしたストレスをインパクトとして意識化し，それに対処せざるを得なくなっている．それ故，学問として研究調査し技術の対象としていくことが要請されている．数十年の長期のストレスが及ぼす生態系に与える影響を問題とせざるを得ないのである．例をあげれば，上流山地域における大ダム貯水池の建設に伴う河川汽水域生態系の変化等があげられよう．

　河川汽水域生態系に及ぼす自然攪乱と人為的インパクト要因について整理する．

　自然的攪乱としては，火山活動，地震等の大規模攪乱があるが，本章では100年確率洪水規模以上の大洪水についてのみ取り上げる．すなわち，降雨現象に伴う流

量変化(位況変化),それに伴う地形変化,および水質変化(水温,塩分)である.

人為的作用については,河川汽水域に直接的にインパクトとを与えるものと,流域の土地利用の改変や水利用に伴って河川汽水域の環境を変化させるような間接的にインパクトを与えるものに2分される.

直接的インパクトとしては,
・河道の掘削,
・河口導流堤あるいは海岸構造物の建設,
・河口付近沿岸域の埋立て,
・河口域での海砂採取,
・塩水浸入の防止のための潮止堰,河口堰の建設,
・河岸侵食防止工(護岸・水制)の設置,
・高水敷の整備,
・橋梁の建設,
・舟運,
・漁撈活動,

間接的インパクトとしては,
・流域の水利用・土地利用の変化による河川汽水域流入水質の変化,
・ダム貯留,取水による河川汽水域流入流量の変化,
・流域の改変および貯留施設建設による河川汽水域流入土砂量と粒径の変化,
・内湾あるいは沿岸域の水質の変化,

があげられる.前者は河川汽水域への直接インパクトであり,後者は河川汽水域を取り巻く環境界に対するインパクトである.

ところで,自然的攪乱・人為的作用により汽水域環境がどのように変わるかを的確に予測することは,河川汽水域の保全・再生のために当然なさなければならない技術的行為である.以下においては,起こるであろう反応について過去の事例解析に基づき整理し,考慮しなければならない応答項目を明確にする.

7.2 自然的攪乱(大洪水)

自然的攪乱として,流水量の増減(洪水,渇水)およびそれに伴う土砂・有機物・化学物質の量と濃度の変化を取り上げる.流量の増減による攪乱は,直接攪乱される場のみならず周辺に対してもストレスとなり,河川汽水域周辺の動植物にも影響

を与える．

　沖積河川の河岸満杯流量は，セグメント3を除けば，概ね平均年最大流量に近い（河岸高は，河道の側方移動，氾濫原の土砂堆積速度，河床上昇速度の関数であり，概ね動的平衡状態にある）．平均年最大流量は，年第1位流量を平均化したもので，年確率で1/2.3年程度である．100年確率洪水流量は，地域および流域面積によって異なるが，平均年最大流量の5〜10倍程度である．この程度以上の洪水を大洪水という．生じる可能性としてある最大洪水流量は，流域面積の小さいほど可能最大洪水流量と100年確率洪水流量との比が大きくなる．雨量観測点での日降雨量の観測実績（花籠，1973）から，日本の小流域河川（県管理河川）ではこの比が3程度になる可能性があるが，流域面積5 000 km²以上の河川では1.5倍程度以下である．

　大洪水時の水深は谷幅が大きく開ける沖積地河川では，堤防がなければ氾濫してしまうので，平均年最大流量時の水深のせいぜい1.5倍程度であろう．堤防で洪水を閉じ込めてしまうと，潮位の影響を受ける河口付近を除き，大洪水時の低水路部の水深は平均年最大流量時の2〜3倍程度となる．

　河床に働く掃流力は水深に比例するので，大洪水時の低水路部の平均掃流力は，平均年最大流量時の1.5〜3倍に，氾濫原部は平均年最大流量時の低水路河床平均掃流力の0.5〜2倍にもなる．ただし直轄河川では，1960年代から1970年代にかけての河床掘削により低水路部が2〜3m程度低下し，可能性としてある大洪水時の氾濫原部（高水敷）の水深は以前より小さくなり0.5〜1倍程度であろう（河床掘削により掘り残された所が高水敷化した所は除く）．このような大きな掃流力によって河道の変化と洪水に伴う河川水質の急変（濁度の増加，淡水環境の出現，水

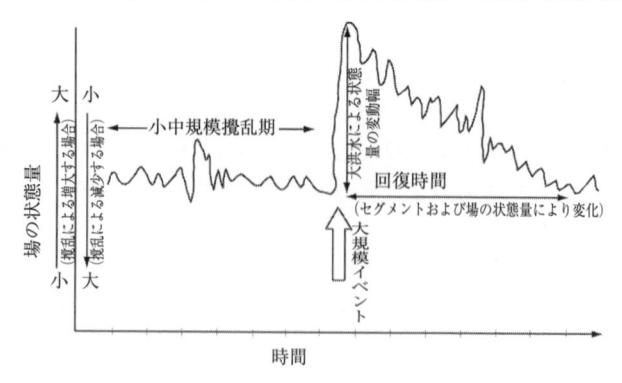

図-7.1　大規模洪水後の場の状態の変化のイメージ（状態量またセグメントにより変動幅，回復時間，増減の方向が異なる）

温の低下，溶存態物質濃度の急変，懸濁態有機物の急増）は，河川汽水域に生息する動植物にとって大きな攪乱，物理・化学的ストレスである．河川汽水域に住む動植物はこのような物理・化学的ストレス，攪乱にそのバイオマスを激変させながら，ストレス，攪乱に対応する形態（河床に潜る，貝殻を閉じる，退避する）や生活史を進化させてきた．**図-7.1**に大規模洪水による場の状態量の変化とその後の応答のイメージを示す．

以下においては主に生物の存在場である河川汽水域の地形が大洪水によって，どの程度変化するのか，セグメントごと（**2.1.1**）にとりまとめる．

a. セグメント1（ただし河床勾配1/80以下） 河口直上流の河道がセグメント1の特性を持つ汽水域区間は短い．河口砂州はフラッシュされる．河床はたとえ砂州がフラッシュされても，フラッシュされた土砂が河口前面に堆積し，また河口付近は河床が上流に比べ緩いことが多いので，通常，河口砂州上流河床は平均的に上昇する．黒部川（河床勾配1/150）の昭和44年(1969)洪水（平均年最大流量の約4倍のピーク流量）において河口〜1 kmの平均河床高は約0.6 m程度上昇した．姫川（河床勾配1/120）の平成7年(1995)洪水（平均年最大流量の約2.4倍のピーク流量）では河口砂州が洪水でフラッシュされ，そこの平均河床高は低下したが，その上流0.2〜0.8 kmは上昇した．

大洪水時の川幅水深比は年最大流量時の1/2〜1/3であるので，うろこ状砂州（第**4**章 p.70）は統合され，砂州の列数が減少し，スケールの大きな砂州になろうとするが，洪水時間が長くないので，砂州の統合化と拡大は，通常，河道が湾曲しているような所を除けば生じないようである(山本，2004)．

しかしながら砂州の移動と変形が生じ洪水前とは河床の状態が大きく変わる．河岸侵食量は砂州の発達と移動によって生じる．今までの観測によると100 m程度の河岸侵食の例がある．大洪水時には高水敷に流水が乗り，その流速が速いので，高水敷侵食が生じる．人為的に高水敷を造成し，その河岸高が平均年最大流量程度の水位相当以下であり，かつ樹林でなければ，大洪水時には侵食破壊され河原状となる．

低水路部分に生育している草本，柳等は倒伏・流出する．高水敷化された所に生える樹木は，河岸侵食が生じると根本が洗われ流出する．また河岸侵食がなくても高水敷上の流速が速いので，倒伏・流出する可能性がある．高水敷上の流速が3 m/sを超えると，細砂・シルトからなる表層材料は侵食され，樹木回りが洗掘され倒伏する可能性が高くなる．代表粒径（第**3**章 p.10）が2〜3 cm程度である場合

は，大洪水時の低水路の平均流速が 3〜4 m/s 程度であるので，高水敷に樹木が群生していれば洪水流に耐えられよう．

少ないながら存在していた河川汽水域生物は，河床の全面的な攪乱および高流速により壊滅的な破壊を受ける．底生動物の種多様性や存在量が回復するには 1 年以上かかるようである．なお小河川ほど回復が早く，大河川ほど遅い（加賀屋，2005）．地上植生は，洪水後，まず風，流水による種子散布により水際の湿った砂質のマトリックを基質にパイロット植生が帯状に進入する．

b．セグメント 2-1　　大洪水時には，河床に砂堆（図-4.1）が発生し，洪水流量の大きさにもかかわらず粗度が大きくなるため，低水路部分の平均流速は 2.5〜4 m/s 程度である．蛇行河川であれば，洪水時水衝部の河床高は低下するので，河岸が崩壊する．崩壊の幅はそれほど大きくなく，河岸高の 2〜5 倍程度である．なお平均年最大流量時の川幅水深比が 60 を超えると，砂州が複列的配置となるため，澪筋が 2 列となり両岸侵食されることがある．そのような所では川幅が前後より広くなる．

自然河道であれば侵食部は崖状となり，河岸の樹木は根本をすくわれ，倒伏・流出する．人為的に河岸を固定し河岸崩壊が発生しないようにすれば，河岸および氾濫原の樹木は倒伏することはあっても，何とか流水に耐えられる．樹林が孤立したような所では，樹林の先頭部周辺の河床が洗掘され，樹木が倒伏する．草本類は倒伏してしまうが，表層材料が侵食されない限り破壊されない．樹林でなく，かつ低水路が掘削されていなければ，高水敷上の流速が 2〜3 m/s 程度となるので，裸地，畑地等では侵食される可能性が高い．低水路内の砂州上に生えた柳は倒伏し，砂州上流部の侵食部は流出する可能性が高い．

ポイントバー（湾曲部に生じる固定砂州）の上流側は侵食され，中央から下流にかけては堆積傾向となる．そこでは上流から下流方向にまた河岸方向に粒径が小さくなる．中砂が堆積することもある．

汽水域の河床は上昇するようである．常願寺川 0〜5 km（河床勾配 1/800，河床材料は 4〜5 cm の砂利と中砂の混合物で，中砂の供給が多いと中砂の割合が増加し，平常時には河口近くを除き砂利となる）では，昭和 44 年（1969）洪水（平均年最大流量 700 m³/s の約 3 倍のピーク流量，この洪水では中砂が増加）において河床高が平均 0.3〜0.4 m 程度上昇した．ただし，河口付近は水面勾配が低下排水曲線となるので，掃流力が上流より大きくなる可能性があり，河床が低下する可能性が大である．

大洪水においても河道が大きく変わることはない．ただし従来の河床（砂州の頂部付近が草地化し高水敷化しつつある所），あるいはポイントバーを人為的に整正し高水敷化した所は，大洪水時にその上流部が侵食され，中下流部が砂利や中砂の堆積が生じ，砂利州が回復する．

汽水域の河道がセグメント2-1の特徴を持つ河口部には，砂質の基質からなる河口砂州が存在し，その直上流も砂質となっている例が多い．大洪水時には河口砂州が飛び，直上流の砂質の河床は礫質に変わる可能性が高い．低水路部分に生えていた植生は破壊流出する．底生動物は河床の攪乱により大部分が流出しよう．

c. セグメント2-2　河床材料のA集団粒径が2mm以下では，大洪水時河床が砂堆からフラットとなり，低水路部分の流速が3〜4m/sにもなる．しかしながら河岸斜面に生えた柳・竹等が群生している場合は，河岸の根部が侵食されなければほとんど倒伏しない．ただし，一本立ちだと倒伏する．河岸近くの草本類は倒伏するが，破壊されない．

水衝部では河床低下により河岸が崩れ侵食されるが，侵食幅はせいぜい河岸高の2〜3倍程度である．高水敷は植生が生育していれば侵食されない．むしろ流水の高水敷への乗りあげ部に細砂・中砂を河畔堆積物（20〜30cmにも達することあり）として堆積する．その背後には細砂混じりのシルトが堆積（10〜20cmにも達することあり）する．

平均年最大流量時の川幅水深比が50以上の直線状の河川では，低水路川幅水深比が小さくなるので，小出水に対応してできた砂州が統合され，大きな砂州となり，河床の凹凸は大きくなる．ただし，川幅水深比の小さい直線状河川（平均年最大流量時の川幅水深比が40程度以下）では砂州が消滅の方向に向かうので，横断方向の凹凸は小さくなる．蛇行河川では，大洪水ほど流水が直進し，深掘れ部が少し下流へ移動する．

河口付近の水面勾配が急になるので，河口付近の河床は低下する．潮汐流あるいは小洪水で運ばれ堆積していたシルト・細砂（B集団）は流出し，粒径が粗くなる（A集団に戻る）．一般に，河道が大きく変わるということはない．

d. セグメント3　河床材料のA集団が細砂である河川では，大洪水時，河床材料のA集団は浮遊砂となり，河岸近くに薄く堆積する．氾濫原（高水敷）の植生（ヨシ，マコモ）は，河岸近くを除けば，流下物の堆積が生じない限り倒伏しないようである（山本，2004）．氾濫原には細砂混じり，シルトが堆積する．低水路幅の大きな変化は生じない．上流のセグメント2-2で浮遊砂あるいはワッシュロードとし

て運ばれてきたA集団物質の流入量は急増するが，一方で流送能力も急増するので，河床が上昇するか，低下するかは上流からの供給量と流送能力の差異による．米国ミシシッピ川では，大洪水時河床が低下する(Meade, 1990)．

潮汐流あるいは小洪水で運ばれたシルト・粘土が汽水域に堆積している場合，通常，吐き出されるが，水裏部等の流速の速い所にはシルト・粘土が堆積しよう．河床掘削や埋立てにより河道距離が伸び河積が大幅に拡大した区間では，シルト・粘土が堆積することがある(例：鶴見川－2～0km)．

7.3 流入水質の変化

60年代から70年代において都市化の影響の強い河川では，工業排水，家庭排水，畜産排水等の有機物濃度の高い排水が河川に流入し，微生物活動による酸素消費による溶存酸素量の低下や有機物汚泥の堆積により河川の水質は劣化し，悪水環境にしか生息できない生物を除いて生息しなくなった河川があった．隅田川，大和川，綾瀬川では河床が嫌気化し，河床からメタンガス，硫化水素等により悪臭が立ちこめた．現在，水質改善事業（下水道の整備，浄化用水の導入等）により，以前生息していた生物が回復しつつある．しかし図-2.11の多摩川の1960年からの水質指標の変化図に示したように河川水中に占める下水道排水量の割合の増加等により硝酸態窒素等は減少しておらず，さらなる水質改善技術の導入（高度処理）が模索されている（河川環境管理財団，2005）．

河川水中の物質には，有機物や窒素，リン等ほど濃度が高くないが，河川汽水域の生物生産の制限要素となるケイ酸，鉄等の微量物質の濃度・量が流域の土地利用や水利用の変化により変わり生物生産量が変化することがある．人間活動による残留性有機物質(PCB，ダイオキシン等)，さらに工業・鉱業活動に伴う鉛，カドミウム，水銀等の重金属類も河川水の乗って流出し，これが微細物質に吸着し，汽水域でフロキュレーションを起こし，泥質の堆積物層となり，高い濃度となると，それが溶出等により微生物に取り込まれ，食物連鎖により高次消費者に食われ濃縮され，生物の異常(性転換等)や病変となり，また有用魚種に濃縮し，それを多量に食用した人間に中毒や病変(水銀中毒等)をもたらす．

水質は，汽水域に棲む底生生物・魚種とその生産量を規定する重要な要素であり，水質の変化に応じて一次生産者，底生生物，魚類の量と種が変化し，それにより鳥類等の高次消費者も変わり，生物相が変化する．なお地上植生に対しての影響は水

生動物に比べて大きくない.

7.4 地形改変

　現実の河川汽水域に対する人為的作用による河川汽水域生態系の応答は，**7.1**で記した種々の人為的作用の複合作用によるものであり，個々のインパクト要因が河川汽水域生態系にどのような変化を与えたかを要因別に分析することは簡単ではない．ここでは事例をあげつつ，既存知見により組み立てられた理論により，人為的インパクトに対する河川汽水域生態系の反応を地形改変の形態別に述べる．
　河川汽水域に生息する生物は，気象条件（光条件，気温），塩分濃度，洪水，潮汐流，波，底質材料，水温，濁度，栄養塩濃度，デトリタスの供給量と質，生物間相互作用等により種数とそのバイオマスが規制されている．汽水域の地形を改変すると水域の物理化学的環境が変化するので，それに応じて生物相とバイオマスが変化する．なお地形が改変される場所は，そこに存在する生物の直接的破壊である．本節においては，それについては自明であるので取り扱わない．

7.4.1 河道掘削
　河川汽水域において河道掘削を行うと，河積や水深が増加し，海水が河道内により進入する，洪水時の流速が低減するなどにより，河川汽水域に種々の物理・化学環境の変化が生じる．**図-7.2**は，河川汽水域河道掘削により生じると考えられる河川汽水域の物理・化学環境の変化の応答を示した．この物理・化学環境の変化に追従して河川汽水域生物が変化する（生物による栄養塩の吸収や生物の分解，生物相互作用により流水の化学環境が変化するという過程を通して生物相が変化，安定化していく）．なお河道掘削による河川汽水域の変化は，**3.5**に示した河川汽水域の大分類ごとに，また掘削の程度により応答現象とその変化程度・速度に差異がある．
　以下に，河川汽水域に生じる応答現象ごとに共通性と差異性を述べる．
　(1) 河川地形の変化
　1960年代から1980年代前半の高度経済成長期に，治水対策として，また建設骨材として河床が掘削された．一級河川の指定区間外（国が直接管理している河道区間）では，平均河床高で2m程度低下した河川が多い．この期間はまた上流の防砂工事やダム建設も進んだ時代でもあり，これらの影響が複合的に河道に現れ，河床

第7章 自然的攪乱・人為的作用による河川汽水域環境の応答

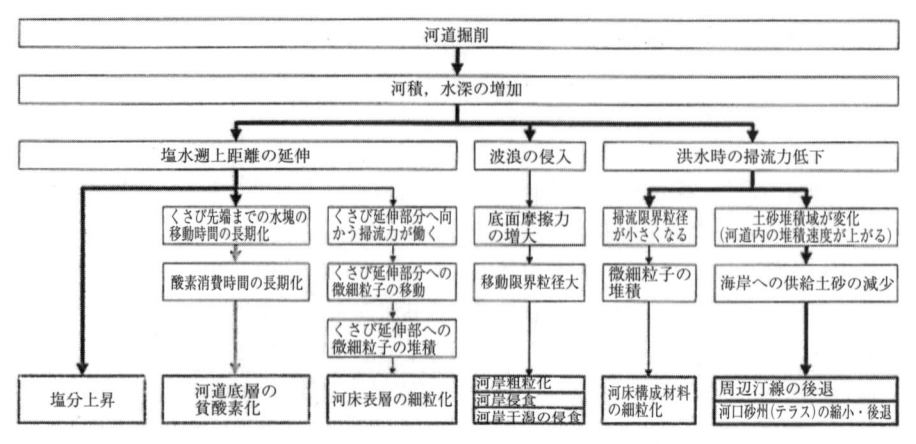

```
┌─────────────────────────────────────────┐
│              河道掘削                    │
└─────────────────────────────────────────┘
┌─────────────────────────────────────────┐
│         河積，水深の増加                 │
└─────────────────────────────────────────┘
     │              │              │
┌─────────┐   ┌─────────┐   ┌─────────────┐
│塩水遡上  │   │波浪の侵入│   │洪水時の掃流力│
│距離の延伸│   │         │   │低下         │
└─────────┘   └─────────┘   └─────────────┘
```

図-7.2 河川汽水域の河道掘削による物理・水理・化学環境の変化応答図(汽水域の河川環境の捉え方に関する研究会，2004)

掘削が汽水域環境にどのような影響を与えたかを実証的・分析的に検証することは難しいが，次のことは理論的に予測できることである．

　河川汽水域より上流の河道で，ほぼ同一勾配を持つ一つのセグメントの河床高を，低水路幅を変えることなくほぼ同じように低下させた場合には，セグメント内の勾配も変わらず，したがって，平均年最大流量程度の洪水時の河床に働く掃流力も変わらないので，低水路の河道特性を大きく変えるものではない(ただし，高水敷の冠水頻度が低下し高水敷の植生が変化する)が，河川汽水域では海水面の影響を受け水面が低下しないので，河口部の河道掘削は，**図-7.3**に示すように河床勾配の逆数$1/I_b$と掘削高ΔZの積の長さlの堆積域が生じ，掘削前の河床材料の主モードであるA粒径集団の河口からの流出土砂量が減少する．河口からの流出土砂量が掘削前と同じ量だけ出ていくためには，河床高が掘削前の高さまで戻らなければならず，その回復にはかなり長期の年月がかかる(概略年数：河川汽水域の掘削土砂量／掘削前河床材料の主モードの年供給土砂量)．

　河口が外海に面しているセグメント1の河川である手取川，黒部川では，河口の河床高が波浪による土砂の打上げにより堆積(河口

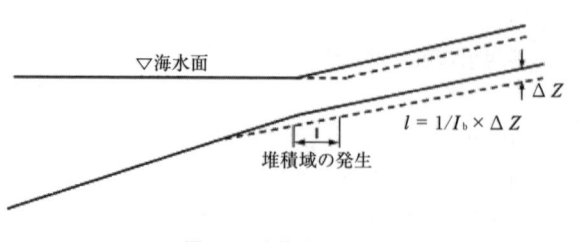

図-7.3 堆積域の発生

$l = 1/I_b \times \Delta Z$

砂州の形成)するため，ほとんど変化しないので，ほぼ1の長さの河床勾配の緩い新しい小セグメントが生じた(河床材料も小粒径化した).

河川汽水域の河床掘削は，セグメント2-2とセグメント2-1の接合部の位置，セグメント3とセグメント2-2の接合部の位置を上流に移動させる．例えば前者の例として吉野川(1～2km移動)，紀ノ川(2km移動)があり，後者の例として筑後川ではセグメント3とセグメント2-2の接合部が10km程度上流に移動した．これは河川汽水域区間の河道内への延伸である．筑後川では潮汐流によりシルト・粘土が上流に運ばれ，河床材料も変化した(**4.2**).

航路維持のため長い水制が存在した木曽川汽水域では水制域が掘り残された．河口から上流ほど水制域の標高が高くなるので，河川汽水域上流ほど水制域が空中に出る機会が多く，そこに植生が進入し洪水で運ばれたワッシュロードがトラップされ，**写真-7.1**のように上流ほど陸域化が進行したが，下流では水制域が水面を持つワンド状地形として残った．水制域陸域化の程度の差異により上流から下流に向けて河岸風景(植生)が変わり，多様なハビタットが形成され，生物多様性は増加した．

写真7.1 木曽川15.5～20kmの水制とワンド(木曽川下流工事事務所, 1998)

(2) 塩分上昇

河川汽水域において砂川の河道掘削を行うと，河積や水深が増すので海水が侵入しやすくなり，塩水遡上距離が伸びる．外海に面した砂利河川で河口砂州の形成される場合，以前においては，上流側が淡水域であったものが，河道掘削により河口付近河床勾配が緩くなり，海水が侵入し，短い河川汽水域区間が生じることがある．

掘削による塩分上昇のプロセスは，以下のようである．

① 河口部の河道掘削により河積および水深が増加する．
② 河床の標高が低くなるので塩水遡上距離が伸びるとともに，塩水遡上量が増加する．

　弱混合型，緩混合型の河川では塩水くさびが上流に向かって伸びるが，感潮区間長が延びるので，塩水混合形態が弱混合型から緩混合型に，緩混合型から強混合型に変化する可能性がある（**図-3.4**）．

③ 塩水遡上距離が伸びると，海水と淡水が接触する長さが伸び混合度も上るので，上層の塩分濃度が上昇する．

塩水の遡上距離が増した区間に取水口が設けられていると，取水障害が生じ，地下水の塩水化区間の増大により塩害が生じることもある．取水障害に対しては，取水口位置の上流への移動や潮止め堰の設置を図った事例は多い（**2.1.1**）．

(3) 河床表層への微細物質堆積位置の変化

弱混合型〜緩混合型の混合形態型の河川汽水域では，上流から運ばれた微細な土粒子および粒子状有機物（POM）が塩水に触れることでフロック化し沈降速度が増加する．沈降した微細粒子は，エスチャリー循環による塩水くさび先端への流れにより，上流へ向けて輸送される．その結果，塩水くさびの上流端付近に微細粒子が集積しやすい．掘削により塩水くさびの先端が上流に移動するので，微細粒子の堆積域も移動する（**4.2.1**）．

なお，砂河川で潮位変動の大きい強混合型の河川汽水域では，平水時の潮位変動による流水の移動に伴い，泥干潟海岸と同様な機構により微細物質が上流に移動するので，掘削すると微細物質の堆積位置が上流に延伸する．これらは，通常，洪水時に吐き出される．

(4) 底層水塊の貧酸素化の増加

弱混合型〜緩混合型の混合形態型の河川汽水域において，河道掘削を行うと，塩水くさび長が長くなり，低層高塩分水の河道内滞留時間が増加するので，河床および浮遊性の粒子状有機物（POM）の分解を行う細菌による酸素消費によって塩水く

さび上流部に貧酸素水塊が形成されやすくなる．

貧酸素化の現象を生じやすい河川は，シルト・細砂ないし中砂の河川で，塩水くさびを生じやすい弱混合型〜緩混合型の河川である．

(5) 河床構成材料の細粒化

掘削深が大きいと，河積や水深が増大するため，洪水時の流速および掃流力が低下し，細粒物質が堆積できる環境に変わると，河床材料が細粒化し，従前と異なった河道特性を持つ環境に変化してしまうことがある(**4.2**)．

砂利川の河道掘削による河積の大幅な増大は，従前であれば海に出て行ってしまっていたB粒径集団(シルト・粘土)が堆積しえる水理環境となることがあり，その堆積量も大きい．シルト・粘土が堆積する環境では，浮遊性粒子状有機物(POM)も堆積し，有機物成分が3〜10％ほど含まれるようになる．また砂利河道であったものが砂河道に変わることもある．関川では激甚災害事業で掘削し，以前，砂利川であった3〜6kmが砂川に変化した(山本，2004)．

(6) 河口近傍汀線の後退，河口テラスの縮小

河道掘削を行うと，河積や水深が増大するため，洪水時の流速および掃流力が低下し，海に流出す土砂量の減少，特にA集団材料の減少が生じる．

河口砂州や河口テラスが形成されている河川では，河道掘削により海岸への土砂供給量が減少し，砂州やテラスが縮小するとともに，周辺汀線の後退あるいは前進速度の減少が生じる．大河川周辺の海岸は，河川からの供給土砂を供給源として成立している場合がほとんどであり，供給土砂量の増減が汀線変化をコントロールする．波浪の強い外海に面した河川ほど影響が出やすい．

河口近くのセグメント1の河床掘削は，河床勾配が緩くなるので，河口上流の川幅を減少させる[**4.1.2(1)**]．河口に形成される河口砂州の打上げに使われる材料は，河口付近の海浜材料と河口テラスの材料である．河床掘削による河口部の水深増加は，河口テラスの形成材料の供給量を減少させ，河口砂州形成材料としての海浜材料の割合を多くし河口付近の海浜を侵食する．また河口前面の水深を深くし，したがって波高が高くなり，河口砂州の越波により砂が河道内に押し込まれ，河口砂州位置の陸側への後退が生じる．このような河口砂州の陸側へ後退は，**写真-4.4**に示したセグメント2-1の相模川河口(河口砂州および海岸の構成材料は河口付近の河床材料のB集団である中砂である．相模ダム，城山ダムによる砂分供給量減少，航路維持のための掘削の影響が加わっている)，**図-7.4**に示すセグメント2-2の阿賀野川，大淀川，鳴瀬川，阿武隈川河口等の多くの河川で生じている．

内湾に面している河川ではデルタフロント（河口干潟）の前進速度が低下する．

(7) 水際材料の粗粒化

河川で河道掘削を行うと，河口部の水深が増大することにより海からの波浪の河道内への進入エネルギーが増大する．この結果，波浪による河岸の侵食や水際付近の河床材料の粗粒化，河道内干潟の侵食が生じることがある．

波浪の侵入形態は，河口沖合からの波高・波向・周期，河口地形，水深分布等に支配される．外海に面した河川では波高が大きく，河口砂州を掘削すると河岸侵食や波浪による河川構造物の被災が生じることがある．内湾の場合には波の高さが大きくないので，侵食量は小さいが，波浪侵入で河岸や河道内干潟が変形する可能性がある．

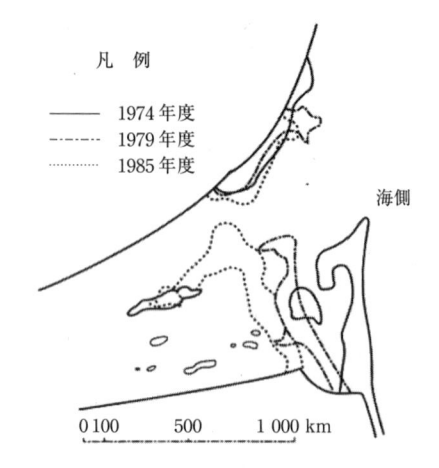

凡　例
—— 1974年度
---- 1979年度
······ 1985年度

図-7.4 阿賀野川河口部の砂州位置および海岸線の変化

(8) 生物相の変化

(1)〜(7)の現象による物理・化学環境の変化は，生物の生育・生息環境を変え，生物に対するインパクト・ストレスとなり，生物相が変化する．

塩水遡上距離の増加は，淡水性生物の生育場の縮小であり，河川汽水域を利用する汽水性，海水性の生物にとってはその空間の拡大である．基本的には河川汽水域の延伸と塩分濃度の増加に伴う生物相パターン分布の上流への移動であるが，掘削に伴う河岸形態の改変等に伴う水際域の環境改変量も大きく，抽水植物帯の減少やそこに棲むヒヌマイトトンボやヨシキリ等の動物生息空間の減少となる．

また河床材料の細粒化，水深の増大による河床に到達する光条件の変化，底質の有機物量の増大は，底生生物の生息環境を変え，底生生物種とそのバイオマスを変える．特に砂質からシルト・粘土質に底質が変わる環境となると，底生生物の種構成が大きく変わる．なお汽水域生物相は，生物によるエネルギーの摂取，消費（呼吸，糞・尿），生産と食物網を通じて，汽水域水質を変化させ，それが，また生物相を変化させるという複雑な連関系であるが，汽水域は流水の移流系であり，洪水という攪乱もあり，複雑な連関性の影響は貧酸素水塊が生じるような停滞域でなければそれほど強くないようである．

7.4.2 河口域での海砂採取および掘削

1960年代後半,河川砂利採取による河床低下により橋梁,護岸・水制等の浮上がり,取水困難,河道の不安定等の障害が生じるようになり,砂利採取の規制が強化された.1966年の2億7000万tから1983年には約1億1000万tに減少し,1997年には3800万tと急減している.全骨材供給量における河川砂利のシェアは急減したのである(河川行政研究会,1995).そのため海からの砂利採取が増加した.

外海に面した河川では河口テラスの掘削もなされた.河口テラスでの海砂採取により掘削穴が形成されると,掘削穴での土砂捕捉が生じる.この結果,河口テラスの縮小等の変化が生じ,波浪の変形,打上げ高の上昇等から河口砂州形状が変化する(図-7.5).図-7.6に仁淀川の例を示す(宇多他,1994;宇多,2003).

河口テラスからの土砂の採取は,河口から土砂を奪うことであり,河口周辺海岸への土砂供給量の減少となる.したがって,河口付近海岸汀線の後退が生じる.また河口テラスの縮小は波浪の河口へのエネルギー到達量を増加させ,河口砂州高の上昇と砂州位置の後退を生じさせる.

内海に流出する河川の河口干潟を掘削しその掘削穴が深いと,海水が滞留し,酸素が奪われ,貧酸素水塊が形成されるとともに硫酸イオンが還元され硫化水素が発生することがある.内湾等の閉鎖的な海では密度成層,セイシュ,潮汐流の影響が

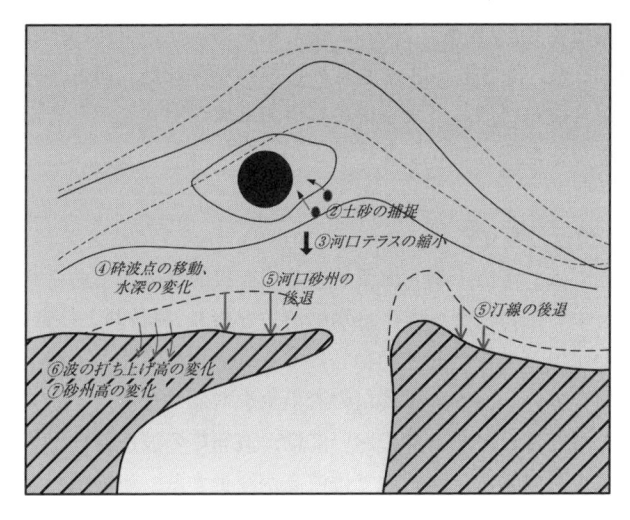

図-7.5 河口テラスの掘削とその後の変化(汽水域の河川環境の捉え方に関する検討会,2004)

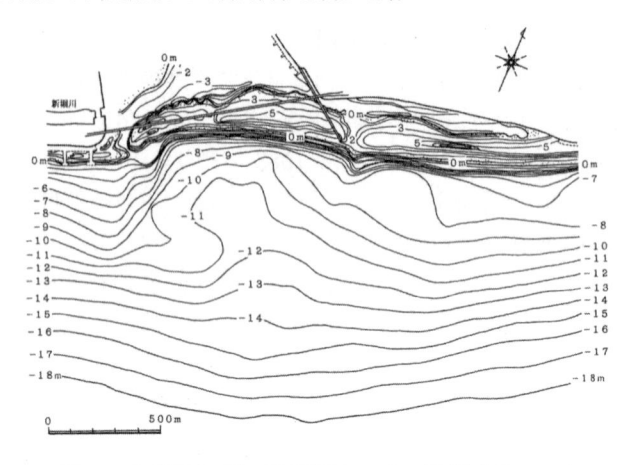

第7章　自然的攪乱・人為的作用による河川汽水域環境の応答

図-7.6　仁淀川河口部の等深浅図(1993年3月)(宇多他，1994)

あり，水の動きが複雑である．また海部でのプランクトンの発生とその沈降等の酸素を消費する物質量が気温や陸域からの栄養塩量等によって変化し，掘削穴で貧酸素水塊が生じるかどうかの判定は難しいが，掘削穴内の海水がほとんど流動しない条件となると，貧酸素水塊が発生する．これらの貧酸素水塊が波浪や風の影響によって湧昇すると，底生生物等の斃死や青潮の原因となる．三河湾では埋立てのための土砂掘削による掘削穴に貧酸素水塊が生じ，台風時表層に流出し青潮となり，アサリの稚貝を斃死させた(西條，2002)．また東京湾，江戸川河口干潟において航路掘削のため幅800m，深さ6～8m程度の掘削がなされた．西方からの強風が吹く時の吹寄せにより航路に沿って東京湾の貧酸素水塊が沸き上がり青潮となり，干潟の生物に被害を与えた．

7.4.3　河口付近の埋立て

　河口部の埋立ては，河口干潟・海浜生態系の直接的な破壊である．干潟や海岸付近を生息環境とする生物にとって生息場の消失であり，種数および量の減少である．また干潟・海浜が担ってきた底生動物等による有機物濾過能力や微生物による有機物の無機化作用を奪い，海への栄養塩の流出量を増加させる．

　外海に面した河口付近の埋立てにおいては，波向等の波浪特性が変化して新たな遮蔽域や反射域を形成する．遮蔽域では波高が減少する．河口域で埋立て地により波の遮蔽域が形成されると波高が埋立て前に比べて低下し，かつ河川流により運ばれる土砂が洪水時の主流部でないでない所に堆積し，干潟の形成を見ることがある．

埋立て地の護岸・水制が直立壁であると，斜め入射した波が反射され沿い波が発生し，護岸に沿って侵食し，侵食された土砂が河道内に運ばれ堆積する．また波の変形により波高が埋立て前に比べて増大する地点の河岸付近では，干潟の侵食と河岸材料の粗粒化が生じる．

内湾での河口付近の埋立ては，一般に波浪が小さいので，波浪の変化による大きな堆積や河岸の侵食等は生じる可能性は少ないが，波浪の減少による水際帯の攪乱が減り，干潟材料の微細化，植生の単調化（ヨシ原化）が生じる可能性がある．

河口両岸が埋め立てられた場合（通常，11度以上に河口幅を広げる）は，河口部に狭い堆積環境が生じたことになり，以前より堆積速度が速くなる．そこの水深が深く平均年最大流量時の速度が1 m/s以下となるような場合には，細砂，シルト・粘土の堆積するセグメントが形成される．埋立てを従来の川幅に合わせてしまうと，実質的に河道が延長したことになり，洪水時河川汽水域水位の上昇，塩水楔先端位置の下流側への移動が生じる．

埋立て地は臨海工場地域となることが多かったため，住民の河口域や海岸域へのアクセスが不可能あるいは不便となり，親水機能を奪った例が多い．地形および底質材料の変化は，河川汽水域の生物種とバイオマスを変動させる．

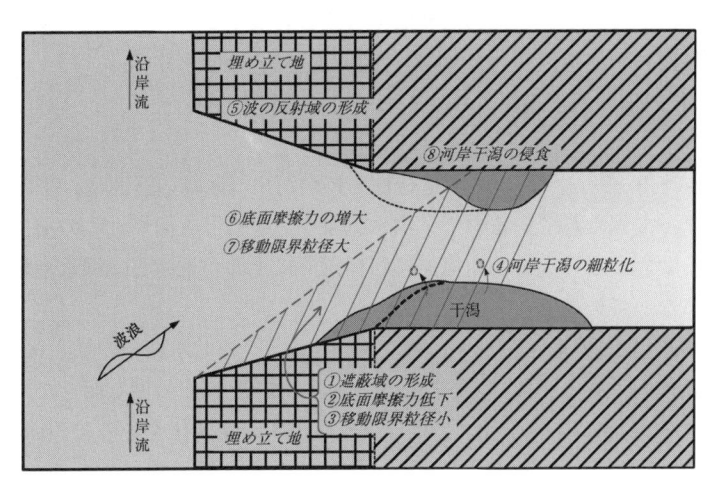

図-7.7 埋立てによる河川汽水域環境の変化（汽水域の河川環境の捉え方に関する検討会，2004）

7.4.4 河道の直線化

中小河川の大災害後の復旧工事にあたっては，低水路幅の拡大，蛇行部の直線化，

河床掘削が計画・実施される例が多い．治水安全性の確保のための投資額が少ないからである．汽水域では河積が増加するため，**7.4.1** で記述したのと同様な現象が生じる．蛇行部の直線化は瀬と淵という生物にとって種多様性の基礎となるハビタットの劣化・消滅となる．通常，直線化すると護岸・水制が設置されるため，水際植生態の破壊を伴う．汽水域景観も大きく変わる．

河積の増大は，汽水域に堆積空間を造成したことになり，河床材料の細粒化と河床堆積を生じさせる．河道維持のための掘削を行わなければ，感潮区間上流部から土砂の堆積と河岸形成により(10年〜100年の時間スケール)，掘削低水路幅の縮小，高水敷の形成(草本類の侵入と樹木の侵入)が生じ，計画低水路幅内での再蛇行化が生じる(ただし，セグメント3の河川は除く)．

7.5 流況改変

大ダムの建設は，下流の洪水流量を低下させるが，日本のダムは貯留量が大きくないので，平均年最大流量を大幅には変化させず，また沖積河川の河川改修が活発に行われたこともあり，洪水流量の減少により河川汽水域の河道地形がどのように変わったか確実に，かつ定量的に判断できる資料は少ない．しかしながら，一級河川の指定区間外の河道区間(大河川の沖積河道区間)の低水路幅は，種々の要因により 1960 年代以前の低水路幅より狭くなっている河川が多い(山本，2004；山本他，2005)．

セグメント3，2-2，2-1の河道特性を持つ河川汽水域の区間は，平常時の水位が潮位によって保たれているので，洪水流量が減少しても河岸近くの植生域が急速に拡大する要因とならないが，徐々に河岸近くに土砂が堆積し，洪水流量低減に応じた川幅になっていこう．

多摩川河川汽水域(4〜5.5 km，セグメント2-2)の低水路幅の拡大後(洪水流量が減少した後の反応と相似)の変化については，**2.1.1** にその例を記した．細砂・シルト・粘土の堆積により河床が上昇し，ヨシが生え陸域化するのに50年を要している．

7.6 供給土砂量の減少

上流山地流域に供給土砂のほとんどを堆積し得るような堰止め湖，ダム貯水池が

出現した場合，その上流流域から土砂の供給が失われる．

　日本のダムは山地上流部に建設されるものが多く，途中に支川が入ることや，山間部から出た河道区間で人工的砂利採取があることより，ダム建設による供給土砂の減少によって河川汽水域の河道特性がどう変わったかについて実証的に述べることは難しい．

　ダムによる供給土砂量の変化の影響が河川汽水域に伝わる最も速い反応は，ワッシュロードといわれるシルト・粘土集団であるが，その大部分は海に流出する．この集団は河川汽水域河道で氾濫原堆積物となるが，堆積速度が大きくないので，河川汽水域地形の変化としては認知されないことが多い．砂の供給量の減少はかなり速く伝わるが，河川汽水域上流に砂区間のセグメントが存在すると，そこから砂分が供給されるため，河川汽水域の地形変化に対するダム建設による砂分供給量の減少の影響は小さい．海に流出する量も大きくは変わらない(洪水流量の低減分だけ減少する)．セグメント2-1および1の河道が直接海の接する場合は，砂分の供給量減少の影響がかなり早い時期に生じ，外海に流出する河川では河口から少し離れた砂海岸の汀線後退の原因となる．砂利分の供給分は，汽水域上流の河道区間からの供給土砂があるので，供給量の減少は小さい(洪水流量の低減分だけ減少する)．

　供給土砂量の減少による下流河川汽水域および河口近傍の海浜の変化を評価する場合には，流送される土砂のうちどの粒径成分のものが減少あるいは増加するのか，それが考察の対象にしている地点の河床・海床材料のどの成分(粒径集団)に当たるのか，河床材料はどの成分がどのくらいの割合であるのか，また，その地点が河川汽水域あるいは前浜干潟のどこに位置するのか，さらに土砂環境を変化させる他の要因についての考察が必要である．

7.7　河川・海岸構造物の建設

7.7.1　河口導流堤の建設

　河口導流堤は，洪水時および高波浪時の水位の低下や河口航路維持の目的のため，河口位置移動の制限，河口砂州の縮小，河口水深の増加を図る施設である．河口導流堤の配置形態，構造形態は，設置される場の特徴・特性，設置目的によって種々異なり，河口導流堤の建設による河川汽水域の応答特性も種々異なる．

　(1)　航路維持のための導流堤
　航路維持のための河口導流堤は，2本の導流堤間の水深を航路機能が確保される

ように計画される．水深を維持するためには洪水時の流水を導流堤間に導き河床を洗掘させ，その後の波浪によって埋まらないことが設計の基本である．山本(1978)によると，成功している航路用の河口導流堤は，上流河口幅より狭い導流堤間幅で，平均年最大流量時の導流堤間水深が4m以上となるように絞り込まれており，導流堤先端位置の水深も同程度以上ある所まで海に突出している．なお導流堤間の河床高は，平均年最大流量相当の流れにおいて河口上流と導流堤間の河床が流砂の連続条件となる動的平衡河床高程度である．

河口導流堤により沿岸漂砂の遮断，波の変形等が生じるため，周辺汀線が変化する．特に一方向に卓越した漂砂がある場合には**図-7.8**（上図）のように漂砂の上手側堆積，下手側の侵食を見る．このような場合の海岸線の変化は，汀線方向の一次元の汀線変化形計算で比較的容易に評価できる．漂砂の一方向への卓越がない場合は，**図-7.8**（下図）のように汀線が導流堤沿に多少前進する．その影響範囲は**表-7.1**のように導流堤の突出長さぐらいである（記号の意味は**図-7.8**参照）．汀線が多少前に前進するのは，波が直角方向を中心として斜めに入射することがあり，回折波が生じ，その時間集積の結果である．

河口導流堤間の水深が深くなるので，あまり高くない波（水深の1/1.5程度以下）は砕波せずに河道内に侵入する（以前は河口テラスや河口砂州により砕波等により低減されていた波浪が河道内へと侵入しやすくなる）．その結果，河岸侵食や河道内波浪被害が生じる場合がある．

塩水くさびの長さは，導流堤間幅と河口上流の川幅によって変わり，長くなることも短くなることもある．

生物への影響は比確的小さいが，海から河川に入る魚類や河川汽水域を生息環境とする甲殻類の幼生等の河川への進入機会の減少となろう．

(2) 導流堤の長さが汀線付近までしかない場合

河口開口部位置を固定するため導流堤を設置する場合には，通常，汀線付近までしかない短い導流堤を設置する．導流堤間

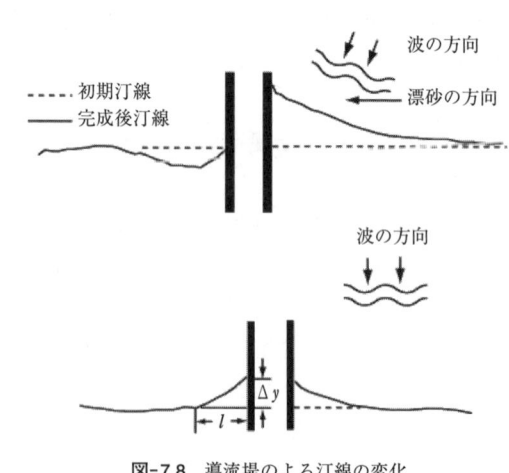

図-7.8 導流堤のよる汀線の変化

表-7.1 ほぼ汀線に直角に突き出た場合の影響範囲の事例(山本，1978)

	L^* [m]	l(右) [m]	l(左) [m]	Δy(右) [m]	Δy(左) [m]
大淀川	500	450	500		
五ヶ瀬川	700	1000〜700			
赤羽漁港	130		130		
浜名港	140		280	40	
	170	160			50
片貝漁港	180		220		
石巻漁港	195	195	0		
荒浜漁港	120		110		
湧別川	120	100		28	
釧路川	500	350		90	
岩木川	150	150		40	
馬淵川(左)	200	200		30	
米代川	160		90	20	
名取川	110		100	30	
真野川	85	70		10	
那珂川	350		300		70
利根川	350		300	70	
梯川	70	30		20	
九頭竜川	160		140		65
狩野川	380	400		100	

* L：突出長さ

で開口位置は移動変化し河口砂州高は以前と変わらない．それでも河口位置の固定による河川長の減少による洪水時水位の低下効果，海浜利用の高度化が期待でき，また完全閉塞する期間が減少するので，中小河川で多く実施された．

海岸線の変化，生物に対する影響は比較的小さい．

7.7.2 護岸・水制

護岸・水制は河岸の侵食および航路維持のために設置される．

水制は河岸から直角方向に設置され，水制周辺に多様な水環境をつくり出す．過去に設置された水制がワンド状となり，河川汽水域生態系における生物の多様性が増し，景観としても優れた資源となった淀川ではワンドの保全・復元がなされ，木曽川でなされようとしている．

護岸は侵食の恐れのある河岸に沿って設置される．通常のコンクリートブロック張り護岸は，①貴重なエコトーンである水際部をコンクリートで切断する，②コンクリートの急斜面で動物の移動を妨げる，③水際部の地形が単調となり生態系の多様性を低減させる，④水際部の植生生息域を奪い産卵等に利用する生物の空間を奪

う，など生物生息環境の劣化要因となる．近年，生物に対する影響がより少ない多自然型護岸や水制の設置がなされるようになった．

7.7.3 堰

河川汽水域に設置する河川横断構造物である堰は，塩水侵入を防止し，取水に障害を与えないようにするものが大部分である．

堰を設置すると塩水環境の変化，水理環境の変化が生じる．その変化の程度は堰の構造形式，潮位，河床材料，河床勾配，水深により異なる．

一般に堰上流は淡水の湛水域に変化し，生物の生息環境は大きく変わる．また平水時は堰による堰上げにより流水速度の減少が生じる．湛水域が大きく流水の滞留時間が2週間を超えると，浮遊性植物プランクトンが増殖し水質障害が生じ可能性が高くなる．長良川では，汽水域に設置(距離標5.4 km 地点)した河口堰建設後(湛水開始1994年)，堰上流において浮遊性プランクトンの発生が認められている(中村，2002)．

下流側は堰位置で海水の侵入が止められ，かつタイダルプリズム量が減少するため，塩水の移動速度，混合度の減少となる．弱混合型〜緩混合型の河川では塩水くさび内の循環流の流速が弱くなり，二層流的性格がより強くなり，貧酸素化が生じることがある．利根川では 18.5 km に設置された河口堰の下流に貧酸素水塊が生じたことがある(鈴木他，1998)．

また，汽水域に造られる堰は，淡水と海水の移行帯を分断(塩分濃度・水温等の急変)することになり，魚道がない，あるいは構造が不適切であると，海と淡水の間を生活史のなかで移動する動物，アユやウナギ，それにモクズガニ等の移動を妨げることになる．汽水域の中で塩分濃度が薄い領域が少なくなると，低塩分寄りに生息適性を持つ動物，例えばカワスナガニ，タイワンヒライソモドキ，イシマキガイ，タケノコカワニナ等の生息域を狭める．

7.7.4 海岸構造物

河口付近に建設された漁港や港湾の影響は，長い導流堤の場合と同様である．河口付近の海岸侵食防止のために建設される突堤や離岸堤は，波の強さや向きを変え漂砂移動量を制限し，それにより汀線位置および汀線の変化速度をコントロールする．

7.7.5 橋梁の建設

汽水域における橋梁の設置が汽水域生態系に及ぼす影響としては2つある．一つは橋脚を設置することにより，洪水時その周辺の流速が接近流速の1.8倍程度となる所があり，周辺の洗掘が生じることである．橋脚が高水敷にあれば，その周辺に洗掘が生じる恐れがある．また橋脚が低水路河岸近くにある場合は河岸が侵食される．橋脚の側方に橋脚の流水に対する遮蔽幅（円柱の場合は直径）の3倍付近まで，流速の増加，洗掘の生じる範囲となる（須賀他，1982）．

二つめは橋梁の架設により橋梁下および周辺に日射の遮蔽域が生じ入射光エネルギー量の減少となり，植生の成長が阻害され，既存植生の劣化や隠花植物の侵入が生じる．また道路橋での騒音，夜間における照明は，鳥類の飛翔阻害，生息環境の悪化である．

橋梁架設地点に貴重種や絶滅危惧種等の生物種が存在した利根川，勝浦川，汽水域河川ではないが小貝川，宇治川では，ミチゲーション措置がなされた（戸谷他，2004；有馬，2005）．

7.8 地盤沈下

沖積低地での水溶性ガスの採取，都市用水，工業用水のための地下水の汲上げは，沖積層および洪積層の圧密沈下をもたらす．高度経済成長時代，図-4.3に見るように，地下水の汲上げにより沖積平野で地盤沈下を起こした例が多い（国土庁，1999）．地盤沈下現象は広域的なものであり，淀川河口付近では，高水敷が水面下に沈み，江戸川では高水敷に乗る洪水回数が増加し，また河口付近にある行徳堰では，高水敷の低下により海水が高水敷上を流れ，堰の設置目的である潮止め機能に障害が生じた．河口に接するセグメント2-2および3の河道での年間数cmを超える地盤沈下（水位上昇）は，河川による高水敷上の土砂堆積上昇速度，河床堆積速度を上回る．

地盤沈下による河川汽水域の応答は，河道部分については河床掘削による応答とほぼ似たようなものとなるが，高水敷については地下水面の実質的な上昇であり，植生がより湿地性および耐塩性のものに遷移し，また植生域の後退を招く．

IPPCの地球温暖化第三次レポートによると1990年から2100年までに海面上昇の予測は0.11〜0.88mである．この海水面上昇速度は，土砂の堆積速度を上回る可能性がある．また気温の上昇も1.5〜4.5℃の範囲にあるとしている．温度依存

性の高い生物では，北方系生物種の北への退行，南方系生物種の北進となる．

7.9 船舶の航走

河川汽水域のセグメントが3あるいは2-2では水深が深く舟運が行われている．河川汽水域の自然河岸や河岸植生は，船舶の航走により生じる波により侵食・破壊されることがある．

船舶の航走により生じる波の高さ，波形は，河川の幾何学的形状（水深，幅，平面形）と船舶の大きさ，速度，航走位置により規定される．**図-7.9**は船舶の航走により生じる水の動きを示したものであり，波は第1次波と第2次波の2つに区分し得る．第1次波は，船舶の航走と船舶による河積減少により生じるものである．船舶の速度V_sが限界速度V_c［フルード数$V_s/(gh)^{1/2}=1$に相当する速度］より小さければ，船舶の周囲には戻り流れと水位低下が生じ，水面形は**図-7.9**の上下に示したようになる．船のへさきに生じるものをフロントウェーヴ（front wave），船尾に生じるものをスターンウェーヴ（stern wave）という．第2次波は，いわゆる航走波であり，「へさき」と「とも」から生じるものである．生じる個々の波のピーク位置の伝播方向βは，船舶の速度V_sが限界速度V_cより小さければ航走方向に対して35°であり，大きければ35°より小さい（Przedwojski *et al*., 1995）．

この第1次波および第2次波の波高，波形勾配，戻り流れの流速の評価法については，Przedwojski *et al*.(1995)に詳しい．なお山本(2003)に概略が翻訳されている．なおHemphill(1989)によると英国の典型的な運河あるいは航行可能河川では，**表-**

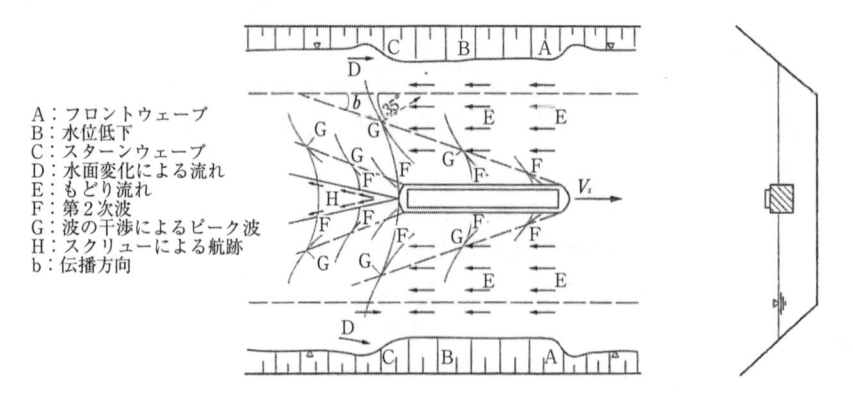

A：フロントウェーヴ
B：水位低下
C：スターンウェーヴ
D：水面変化による流れ
E：もどり流れ
F：第2次波
G：波の干渉によるピーク波
H：スクリューによる航跡
b：伝播方向

図-7.9 船舶の航走により生じる波の成分（Przedwojski *et al*., 1995に付加）

7.2 に示す程度の波高および流速を護岸設計の基準としている．英国の事例をそのまま適用することはできないが，航走波による河岸侵食侵食が生じるに十分な水理量である．

表-7.2　英国における護岸設計のための外力標準値(Hemphill, *et al.*, 1989)

水路タイプ	船の大きさ [英国トン]	波高[m]	流速[m/s]
大運河	＜ 400	＜ 0.5	＜ 1.5
小運河	＜ 80	＜ 0.3	＜ 1.0
航行可能河川	＜ 40	＜ 0.4	2.8(洪水に対して)

参考文献

・有馬忠雄：4.4.1 宇治川向島地区ヨシ原の保全・復元，河川整備基金事業　流水・土砂の管理と河川環境の保全復元に関する研究(改訂版)，河川環境管理財団，pp.93‐97，2005.
・Hemphill, R.W., Bramley, M.E.：Protection of River and Canal Banks, CIRIA Water Engineering Report, Butterworths, pp.8‐22, 1989.
・加賀谷隆：7. 自然的攪乱・人為的インパクトに対する底生動物の応答特性，自然的攪乱・人為的インパクトと河川生態系(小倉紀雄，山本晃一編著)，pp.259‐279，技報堂出版，2005.
・河川環境管理財団編，大垣眞一郎監修：河川と栄養塩類，pp.46‐53，技報堂出版，2005.
・河川行政研究会編：日本の河川，pp.514‐518，建設広報協議会，1995.
・汽水域の河川環境の捉え方に関する検討会：汽水域の河川環境の捉え方に関する手引書，河川環境管理財団，pp.4 の 4, 4 の 41, 4 の 59, 2004.
・国土庁長官水資源部：日本の水資源，p.225，1999.
・村上哲生：長良川河口堰建設後の浮遊藻類発生とその環境影響，応用生態工学，5(1)，pp.41‐51，2002.
・奥田重俊：河川生態環境評価法　第2章河川生態環境を規定する基礎概念，pp.18‐27，東京大学出版会，2000.
・Przedwojski, B., Blazejewski, R., and Pilarczyk, K.W.：River Training Techniques, A.A.Balkema, pp.364‐388, 1995.
・西條八束：内湾の自然史，pp.60‐61，あるむ，2002.
・末次忠司，藤田光一，諏訪義雄，横山勝英：沖積河川の河口域における土砂動態と地形・底質変化に関する研究，国土政策総合研究所資料，第32号，pp.148‐168，2002.
・須賀堯三，高橋晃，坂野章：橋脚による局所洗掘深の予測と対策に関する水理的検討，土木研究所資料，第1795号，1982.
・鈴木判征，若岡圭子，石川忠晴：利根川河口堰下流部における嫌気水塊の運動について，水工学論集，42，pp.769‐774，1998.
・戸谷英雄，谷村大三郎，石橋祥宏，宮脇成生：個体群存続可能性分析(PVA)による絶滅危惧植物へのミティゲーションの評価，河川環境総合研究所報告，第10号，河川環境管理財団，pp.41‐53，2004.
・Tüxen, R.：Die heutige potentielle natürliche Vegetation als Gegenstand der Vegetation-skartierung, Angewandte Pflanzensoziologie, 13, Stolzenau/Weser, pp.5‐45, 1956.
・宇多高明：海岸侵食の実態と解決策，pp.141‐161，山海堂，2003.
・宇多高明，高橋晃，松田英યᳬ：河口地形特性と河口処理の全国実態，土木研究所資料，第3281号，1994.
・山本晃一：河口処理論[1]，土木研究所資料，第1394号，1978.
・山本晃一：構造沖積河川学，pp.81‐100, 189‐216, 401‐414, 424, 429‐446，山海堂，2004.
・山本晃一編著：護岸・水制の計画・設計，pp.335‐338，山海堂，2003.
・山本晃一編著：流量変動と流送土砂量の変化が沖積河川生態系に及ぼす影響とその緩和技術，河川環境総合研究所資料，第16号，河川環境管理財団，pp.111‐157，2005.

第8章 河川汽水域生態系変化の分析と予測

8.1 分析・予測の必要性と手順

　本章で対象としているのは，河川汽水域の境界を通して加えられる外力（人為インパクト）により河川汽水域生態系がどのように変化するかを分析・予測する手法である．技術行為としての分析・予測手法は科学的探究と異なり，人為インパクトの大きさとその影響度，人為インパクトという働きかけの目的，経験的知見と科学的知見の量，分析・予測のためのコスト，分析予測に取れる時間，予測・分析手法に対する社会的信頼度，法令・技術基準等の種々の社会的・経済的制約要因下にある．要は判断行為に対応できる確度を持つ手法であればよい．

　河川汽水域に対して働きかけるという人為インパクトによる河川汽水域生態系の反応・変化を評価し，働きかけ行為を確定していく手順は，行為目的の発生因から2つに分けられる．

a. **河川管理の内在的目的（治水，利水，環境）から生じたもの**　働きかけの実行可能性と効果を探るため，①現状の環境条件把握，②問題点の把握，③計画素案の策定，④計画案による環境変化の予測，⑤効果評価，⑥計画案の練り直し，⑦計画案の策定，⑧実施，⑨モニタリング，⑩事業の評価，⑪補修・修正，という循環的プロセスである．

b. **流域からの働きかけという外在的目的（埋立て，橋梁の建設等）から生じたもの**　計画案の河川への影響度の把握および保全措置をとらせるため，①計画案による汽水域環境（環境，治水，利水）への影響度の把握，②保全措置対策の検討，③保全措置対策案の効果判定，④計画案の変更あるいは認可，というプロセスである．

　分析・予測にあたっての検討フローは，以下のようになろう．
　① 人為インパクトの量・質の把握：河川汽水域を取り巻く自然的攪乱要因およ

び検討対象人為インパクト以外の人為インパクト要因を，空間(場所，形)と時間軸(量・質の時間変化)上で分析したうえに，検討対象人為インパクトの量と質を空間(場所)と時間軸の上に確定する．

ⅱ 生じる可能性のある河川汽水域のレスポンスの抽出：人為インパクトに対する河川汽水域の物理・化学環境，生物環境の反応・応答関係を抽出する．すなわち，人為インパクトに対する河川汽水域というシステムの構造と機能がどのように応答・変化するか検討し，抽出されたインパクトと応答関係を図-8.1のようなインパクト・レスポンス関連図にまとめる．関連性の強弱も表現(線の色，太さを変える)すると考えるべき応答項目が明確になり，分析・予測にあたっての手法の選択が適切になる．この段階において汽水域の応答による影響程度が小さいと判断される項目については，高度な分析・予測を実施する必要性は少ない．例えば，汽水域のヨシ原の再生という行為に対して塩分濃度の変化や水質の変化について予測する必要性は低く，ヨシの定着可能性評価や新たなヨシ原域に生息する動物の予測が主な分析・予測行為となろう．

インパクト・レスポンス関連図の的確性は，対象汽水域の環境情報と既存汽水域の関する知見の量・質に依存する．すなわち，経験知と理論がなければ応答図は作成できない．河川汽水域に関する科学・技術的知見の習得，対象河川汽水域の過去の人為作用と環境の応答の分析(歴史から学ぶ)，汽水域の大分類による類似河川汽水域の応答に関する情報の収集，専門家へのヒヤリングを実施し，関連図の的確性の向上を図る．

ⅲ 分析・予測手法の選択：インパクト・レスポンス関連図より抽出された応答と生態系および人間の生活・生産・健康に対する影響の大きさ，求められる予測精度，各種分析・予測手法の予測精度，評価コストを勘案し，分析・予測手法を選択する．利用目的に合ったアウトプットが生じる手法を選び，むやみに高度な手段を選ぶことは避ける．

ⅳ 分析・予測のための調査：分析・予測手法によっては，パラメータの推定や入力・境界条件設定のため，新たな現地調査や既存知見が少ないため基礎実験が必要なことがある．例えば，汽水域における貴重種の保護等を目的とする技術行為においては，その生活史と生息環境調査から始まらなければならないこともある．

ⅴ 分析・予測の実行と評価：分析・予測結果を用いて働きかけ行為の影響・効果評価を行う．

8.1 分析・予測の必要性と手順

人為的改変	河道の掘削

泥・砂河川と砂利河川でレスポンスが異なる

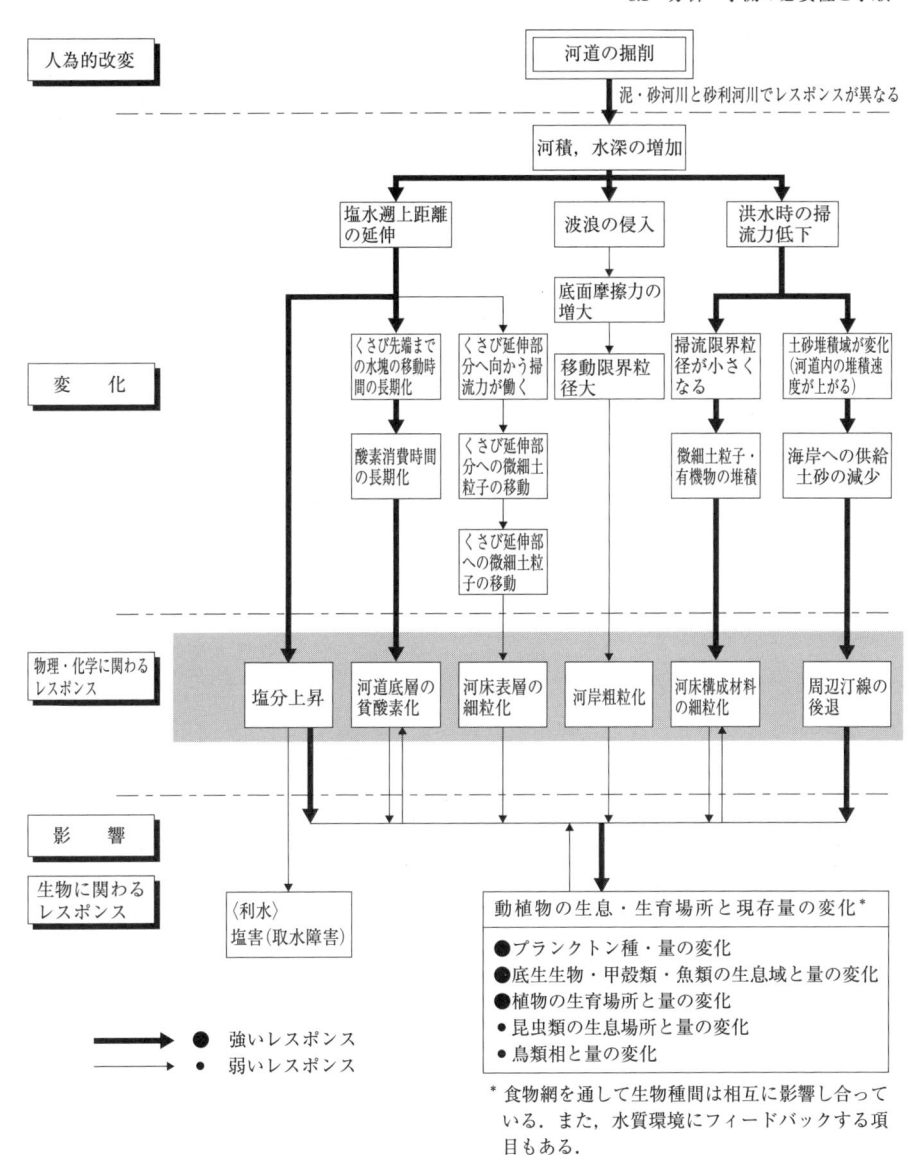

河積，水深の増加

変化

- 塩水遡上距離の延伸
  - くさび先端までの水塊の移動時間の長期化
    - 酸素消費時間の長期化
- 波浪の侵入
  - 底面摩擦力の増大
    - くさび延伸部分へ向かう掃流力が働く
      - くさび延伸部分への微細土粒子の移動
      - くさび延伸部への微細土粒子の移動
    - 移動限界粒径大
- 洪水時の掃流力低下
  - 掃流限界粒径が小さくなる
    - 微細土粒子・有機物の堆積
  - 土砂堆積域が変化（河道内の堆積速度が上がる）
    - 海岸への供給土砂の減少

物理・化学に関わるレスポンス

塩分上昇 ／ 河道底層の貧酸素化 ／ 河床表層の細粒化 ／ 河岸粗粒化 ／ 河床構成材料の細粒化 ／ 周辺汀線の後退

影響

生物に関わるレスポンス

〈利水〉塩害（取水障害）

動植物の生息・生育場所と現存量の変化*
- ●プランクトン種・量の変化
- ●底生生物・甲殻類・魚類の生息域と量の変化
- ●植物の生育場所と量の変化
- •昆虫類の生息場所と量の変化
- •鳥類相と量の変化

→● 強いレスポンス
→• 弱いレスポンス

* 食物網を通して生物種間は相互に影響し合っている．また，水質環境にフィードバックする項目もある．

図-8.1 河道掘削のインパクト・レスポンス関連図

8.2 分析・予測とモデル化

8.2.1 分析・予測の前に行うべき調査

　河川汽水域に働きかける人為インパクトによる河川汽水域生態系の反応・変化の分析・予測の確度と精度を上げるには，まず対象河川汽水域の変化特性を的確に把握することである．

　対象河川汽水域の河道・環境特性調査および河口周辺域の海浜・環境調査を行い，河道特性量（平均年最大流量時の河道のスケール，掃流力，底質材料等）および海浜特性量（地形，海床材料等），海象特性量（波浪，潮位変動，風，水温，塩分濃度）を説明因子した河道・河口・河口沿岸域の地形・環境特性の把握である．これにより，河川汽水域の地形形状，河床・海床材料，水質特性，動物特性，植生特性の相互関連性を分析できる．必要とされる調査項目の例を**表-8.1**示す．

　次に，対象河川汽水域が時間軸に沿ってどどのように変化してきたのか調査し，その変化を促した自然的撹乱（洪水）・人為インパクト要因との関連性と影響度を分析するべきである．これにより人為的インパクトによる河川汽水域の地形，土砂，生態がどの程度変化してきたかが明確になり，インパクトに対する応答関係，応答速度を把握できるので，新たに河川汽水域に加える働きかけが，河川汽水域にどのような変化を与えるかの参考となる．また河川汽水域の大分類（**3.5**）の観点から類似な河川汽水域のインパクトに対する応答特性に関する情報を収集することにより，インパクト・レスポンス関連図の作成が容易になり，確度もあがる．これは河川汽水域に働きかける行為（人為的インパクト）による汽水域生態系の変化予測の一手法でもある．過去の変化を説明できれば未来も見えるのである．近世からの汽水域の環境変遷を自然史および人文地理的に捉えておくことも必要である．過去の汽水域に関係する資料（地図・写真，治水史，水利史，産業史，土地利用史，生物情報）を集め，その関係性を分析すべきである．自ずから対象河川汽水域のあり方（計画目標）や技術的対応方針も明確になってこよう．

　インパクト・レスポンス関連図等により分析・予測手法が定まれば，分析・予測に必要な既存情報の整理・抽出を行い，不足する情報項目があれば現地調査や文献調査を行う．また高度な分析・予測手法においては，現象を模擬するパラメータが多く，パラメータの同定・適合性の判断のため，さらには手法の妥当性検証のため，データセットを必要とするので，その取得のための現地調査が必要である．

8.2.2 分析・予測のためのモデル化の方向

　河川汽水域は，自然・人為インパクトに応答する一つのシステムである．分析予測するとは，そのシステム内部において分節・構造化されたコンパートメント間の物質の流れと質の変化を記述することである．3.3においてこのシステムは，物理・化学系，生物系，人間系からなる相互連関（依存）系であることを述べ，人間系は外的要因として位置付けた．

　河川汽水域に対して何らかの技術的働きかけを実行しようと企画する場合，働きかけ（人為インパクト）による河川汽水域生態系の反応・変化を分析し，意図が実現できるのか予測・評価することは，必須なプロセスである．しかしながら，河川汽水域における動植物の種や量，水質は，流体力学や化学反応のような単純な系とは異なり，生物の相互作用という複雑な系に媒介されており，その予測の定式化と予測精度は物理系と異なるものとならざるを得ないものである．

　分析・予測という観点からインパクトに対する物理・化学系と生物系の特徴を記せば以下のようになろう．

a. 物理環境を対象とするもの　　水，塩分等の保存性の物質（5.1.1），砂や砂利，熱等は，流体力学，物理学として系の構造が定式化されており，近年の計算機の能力向上により予測制度が向上し，二次元，三次元の数値シミュレーションができるようになった．具体的には流体の流速・流向，塩分濃度，水温，土砂濃度，地形変化等である．なお草本類は，土砂のトラップや流速変化により地形の変化に影響を，また流体の作用と土砂の堆積は植物の現存量に影響を与え，図-8.2のように相互連関の関係にある．この現象に加え植生の生育・破壊モデルを組み込むことにより地形変化（物理環境）として評価することは可能であるが，技術としてまだ完成の域に達していない（藤田他，2003；末次他，2004；山本他，2005）（メモ　礫床河川における植生消長モデル）．

　相似測を基本原理とした水理模型実験（固定床と移動床）により，河川・海岸構造物や地形改変による流況変化，地形変化を把握できる．近年，河口域の水理模型実験は少なくなったが，1960〜80年代にかけて多くの実験がなされた．数値シミュレーションより確度の高い情報が得られることも多く，分析・予測手段の一つとして位置

図-8.2　河川地形と植生の相互関連（山本，2005）

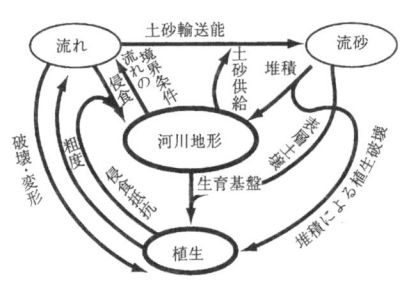

第8章 河川汽水域生態系変化の分析と予測

表-8.1 必要な現地調査,1級河川をイメージ(河川汽水域の

調査項目	調査目的,把握する事象	調査場所
河道縦横断形状	・出水,波浪,潮汐流による土砂移動 ・経年的な変化傾向とともに急激な,あるいは大規模な変化が生じていないかどうか確認	・感潮区間内,縦断方向200 mピッチ程度 ・河口海域[*4]の地形(深浅測量)
河床材料,海床材料,海浜材料	・出水,波浪,潮汐流による土砂移動による底質・海浜材料の経年的な変化の把握 ・ハビタットの概況の把握	感潮区間内,縦断方向1kmピッチ程度.河口海域[*4]の範囲で分布のわかる程度のメッシュを組む.横断方向には,低水路内の中央および左右岸1点ずつの計3地点程度.低水路幅が広い場合等,横断方向の河床材料が大きく変わる場合はさらに追加.鉛直方向は,表層.ただし,河床表層に出水時にフラッシュされる層のある場合には,下層についても調査
河口水位	・出水による土砂移動	河口部,代表1地点,感潮区域内の縦断的な水位が観測できればベター(最低限,大規模出水時の痕跡水位).既設観測所があれば,それを利用
流量(水位観測とH〜Q関係作成のための流量観測)	・出水,潮汐流による土砂移動	感潮区間の上流側地点(なお,汽水域流量に大きく関与する途中流入地点があれば,それも含む).既設観測所があれば,それを活用
潮位	・波浪による土砂移動(海岸,河道内) ・潮間帯の把握	河口海域[*4].代表1地点.近傍に既設観測所があれば,代用可
波浪(波高,波向,周期)	・波浪による土砂移動(海岸,河道内)	河口海域[*4]および感潮区間内で波浪の影響を受けやすい代表1地点ずつ.近傍に既設観測地点があれば省略可だが,地形により波浪は大きく異なることから,河口部の波浪を代表できること
風向風速	・波浪による土砂移動(海岸,河道内)	河口域.代表1地点.近傍に既設観測所があれば,代用可
塩分濃度分布[*1]	・塩水遡上,貧酸素水塊の形成,土砂移動(凝集沈殿)	感潮区域内,縦断的には分布形状がわかる程度で,少なくとも5〜15断面程度.濃度変化の大きい河口付近や塩水遡上先端は密に測定.横断的には,主流線上1地点.横断的に濃度変化の大きい場合は,複数地点.鉛直方向は,濃度変化の大きい河口付近や塩水遡上先端は密に測定

8.2 分析・予測とモデル化

河川環境の捉え方に関する研究会，2004 に微修正，付加）

調査頻度	備　考
数年に1回程度，および河床が大きく変化するような大規模な洪水の後	定期縦横断測量として実施．ただし，水深の測定にソナーを用いるなど，精度がややおとるもののコストが安く，短時間で測定できる簡便な方法を用いてもよい（「ソナーを利用した河道横断形状の測定」および「ビデオ撮影による砂州動態観測」）．『河川砂防技術基準』（第9章河口調査2.9河川・海岸地形調査）参照
河道縦横断形状と同様	『河川砂防技術基準』（第9章河口調査2.6底質材料調査）参照
連続観測を行う	『河川砂防技術基準』（第9章河口調査）参照．縦断的に水位を観測するためには，多数の観測地点が必要であり，コストも考慮して簡易な水位計を用いてもよい（「セパレート型の圧力計による水位の測定」）．
従来どおりの水位流量観測	『河川砂防技術基準』（第2章水位調査，第3章流量調査）参照
平均潮位，遡上平均干満潮位，気象偏差を求める	『河川砂防技術基準』（第9章河口調査）参照
連続観察を行い，有義波高，波向，周期の頻度分布を求める．1度求めれば，毎年行う必要はなく，波浪に大きく影響するような地形の改変が生じた場合に行う	『河川砂防技術基準』（第9章河口調査）参照．水位，波高，波向を同一地点で観測（波高は，水位計の電気的平滑化をしないことで観測可能）するなどコスト削減に留意する
1時間ごと．最低限1年間の特性を見る	
大潮時，中潮時，小潮時の1潮時2時間おき程度で求めれば，毎年行う必要はなく，入退潮に大きく影響するような地形等の改変が生じた場合に行う．また，塩水くさびが深く侵入するような場合は，連続的な観測を行う．風の特に強い日は避ける	『河川砂防技術基準』（第9章河口調査2.7水質調査）参照．右図に示すように月齢，潮差による塩分分布型の変化があることから，半月周期（約15日間）の塩水挙動を捉えるのが望ましい．短時間に詳細な塩分濃度を測定する必要がある　月齢，潮差による塩分分布型の変化と取水Cl⁻濃度　出典：「北伊勢工業用水道長良川水源に対する塩分楔の遡上機構とその防止工法」嶋祐之1963東大工学部水理研究室報告

第8章 河川汽水域生態系変化の分析と予測

調査項目	調査目的，把握する事象	調査場所
水温，溶存酸素濃度分布[*1, 2]	・貧酸素水塊の形成	塩分濃度分布と同様
濁度分布[*1, 2]	・波浪，潮汐流，凝集沈殿による土砂移動	塩分濃度分布と同様
底質（酸素消費に係る有機汚濁，硫化物等）[*2]	・貧酸素水塊の形成	感潮区間内，縦断方向1kmピッチ程度
ハビタットの状況[*3]	・ハビタットの把握（植生，地形，河床材料等）	地形，河床材料や植生について細かく調査することが望ましく，浅場に広がるアマモ場，砂嘴の背後に発達する湿地，小水路の合流点やその澪等を調査対象
生物（動植物）[*3]	・生物生息状況	感潮区域内，河口海域[*4]およびその周辺．河床材料の変化を目安に選定
生物（底生生物）[*3]	・生物生息状況	感潮区域内，河口海域[*4]およびその周辺．河床材料の変化を目安に選定．横断方向左右岸（あれば中州も）について，潮上帯，潮間帯の上端付近，中間付近，下端付近，亜潮間帯の中央，河床最深部

[*1] 塩分，水温，溶存酸素，濁度を同時に測定するなど効率的な調査を行う．
[*2] 貧酸素水塊や濁質の凝集沈殿を生じやすい泥・砂河川で行う．
[*3] 環境に関する保全対象を把握するための調査．
[*4] 沖合方向前置斜面の先端まで，沿岸方向河口河川幅の3倍ぐらいまで．

付けるべきである（山本他，1989）．

b. 化学環境を対象とするもの 非保存性の化学物質は，汽水域内における塩分作用により変化するもの（塩析，凝集沈殿），化学反応により存在形態が変わるもの，生物作用によりその存在形態が変わるものがある．化学物質のうち生物の生息に関わる重要な化学物質は，酸素，炭素，窒素，リン，ケイ素，鉄，硫黄である．これらは生物作用によりその存在形態が変化する．

その量と質の変化を分析・予測する手法は，対象物質の収支式に水平・鉛直方向への移流および拡散現象と，生物作用および物理・化学作用により生成・消滅する現象を取り込んだものを基本とするもので，この30年間において欧米での研究が進展，実用化され(Baretta, J.W. et al., 1988 ; Dominic, M.D., 2001)，日本においても内湾域の水質や生物現存量の予測に応用利用されるようになった（安岡他，2005）．考慮される生物は図-8.3に示すようなプランクトン，付着藻類，底生動物（メイオベントス，カニ類，貝類，底生魚類，鳥類等）である．細菌等の微生物はその繁殖速度が速く，式の中に陽の形で定式化されず反応速度を規定するパラメータ

8.2 分析・予測とモデル化

調査頻度	備　考
塩分濃度分布と同様	弱混合で塩水くさびが生じやすく,感潮区間の長い河川で行う.塩分濃度と同時に水温や溶存酸素濃度の分布を測定するため,多項目水質計の利用が考えられる
塩分濃度分布と同様	塩分濃度と同時に濁度を測定するため,多項目水質計の利用が考えられる
数年に1回,春夏秋冬各1回	弱混合で塩水くさびが生じやすく,感潮区間の長い河川で行う.底質調査を行う時は,必ず溶存酸素濃度分布の調査も同時に行う
数年に1回程度,および河床が大きく変化するような大規模な洪水の後	『水辺の国勢調査』等の生物調査と同時に行う.ハビタットは,生物にとって非常に小さなスケールの場合がある.このため,当該区域の着目種等を考慮し,地形,河床材料や食性についても細かく調査することが望ましい
春夏秋冬	『水辺の国勢調査』等
春夏秋冬	汽水域は,環境傾度が大きいことから,通常の河川区間よりも密に行う必要がある

に繰り込まれている.生物の現存量が栄養塩収支を通じて規定される形式となっている.

　これらの研究は,面積の広大なオランダ・エルムエスチャアリー,米国チェサピーク湾(Chesapeake Bay),有明海を対象に開発・応用されたもので,日本の河川汽水域のように流水の循環速度が大きく滞留時間の短い,また攪乱頻度の高い場に適用するのは,種々の問題がある.また河川汽水域の水質予測に対する社会的要請も内湾域,汽水性湖沼に比べ大きなものではない.分析・予測目的と場の特性に応じて考えなければならない要素を絞り込み,例えば微生物反応と堆積浮遊現象のみを取り込むなど,簡略化したものにするべきである.

　日本の河川汽水域で水質問題としてなるのは貧酸素水塊の発生であり,酸素消費速度を規定する要素との関係を調査し,その情報を分析・予測に使用することになろう.なおシルト・粘土と一体となって沈降する有機物の挙動を定式化する物理モデルの高度化が必要である.

c. 生物の量・質に関わる現象に関わるもの　　物質収支を取り込んだ化学環境の

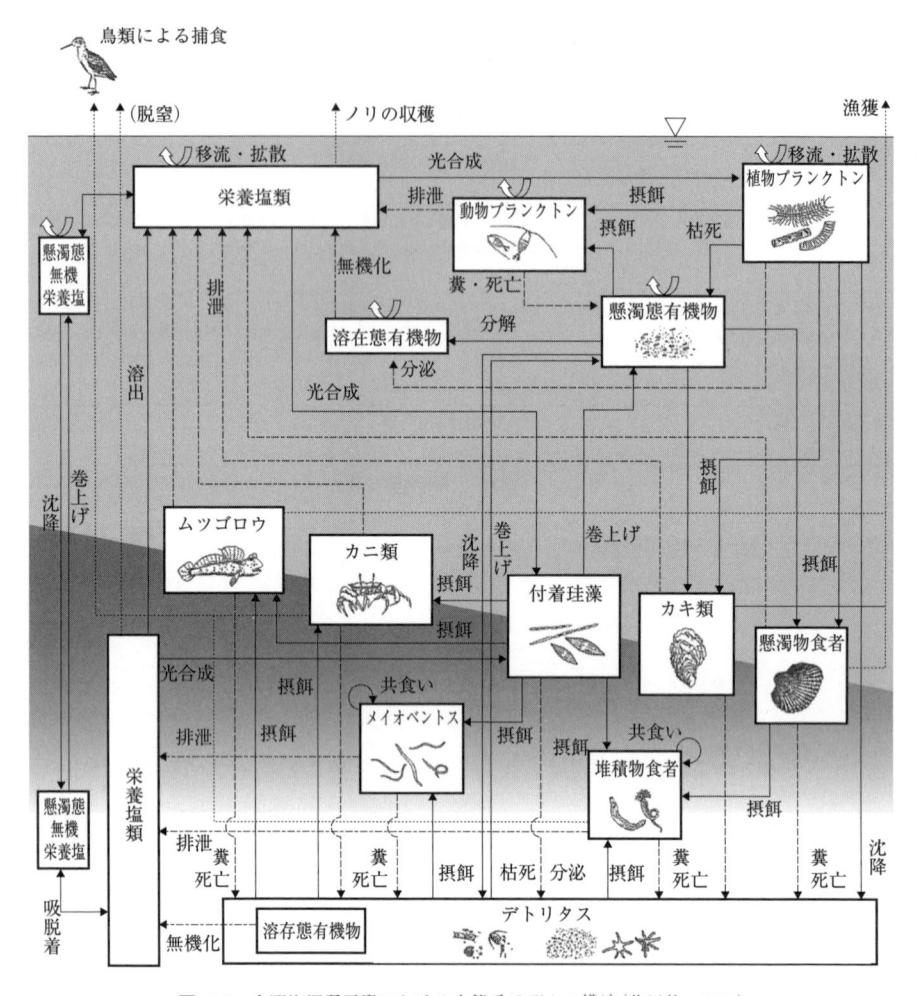

第 8 章　河川汽水域生態系変化の分析と予測

図-8.3　有明海泥質干潟における生態系モデルの構造(芳川他，2005)

分析・予測においては，物質の収支の関わる生物の現存量が取り込まれ，量の変化を評価できる形式になっている．しかしながら中型，大型の動物は，その生活史において，汽水域を一時期しか使用せず，検討対象区間外の環境要素を取り込めない，寿命が長く成長過程における環境要素の蓄積の影響を被っている，など生物の量・質を物質収支に基づいて数学モデルで定式化するのには困難がある．当面，米国で開発された生物の生息・生育場としての適性度の変化を予測する habitat evaluation procedures（HEP：ハビタット評価手続き）を援用するのが現実的であろう（**8.5**）．

8.3 水理・地形の数値シミュレーションモデルとその構成

8.3.1 河川汽水域の流水と土砂動態のモデル
(1) 現象の構造とモデルの空間次元

　河川汽水域の物理現象は，大まかに考えて海域の潮汐（混合型），河川流量（平水・洪水），河道の地形と河床材料によって規定されるので，モデルもそれによって使い分けることとなる．

　河川流量が平常的な場合においては，流水の運動は淡水と塩水の相互作用によって支配され，運動は弱混合型，緩混合型，強混合型に分類される．弱混合では塩水が密度流となって河床上を侵入し，上層が淡水，下層が塩水という鉛直方向の層構造を形成する．強混合型では河口側が塩水領域，上流側が淡水領域となり，縦断的な濃度分布が生ずる．そのため，混合型によってモデル化の方向性が異なり，弱混合型では海洋・貯水池のような鉛直密度成層を取り扱う二次元ないし三次元の乱流モデルが必要となる．強混合型では縦断的な現象が支配的なので河川のような一次元不定流計算でも対応が可能である．緩混合型は両者の中間的な性質を有するが，塩淡境界面においては塩分濃度の鉛直分布があるため，弱混合型と同様の扱いをすることが望ましい．

　土砂の動きは主にシルト・粘土から構成される泥質材料が高濁度水塊（turbidity maximum）を形成する過程について考慮することとなる．河口内部では潮汐が非対称となり，上げ潮の方が下げ潮に比べて継続時間が短いものの流速が速くなる．そのため底質に対して巻上げの限界剪断応力が作用する時間は上げ潮の方が長くなり，底質の浮上と移流は主に塩水遡上時に卓越する．さらに，移流に伴うフロッキュレーション，粒子の沈降と堆積過程，堆積底質の経時的な圧密過程等が存在し，これらの諸現象をモデルに組み込むこととなる．

　底質の移動は概ね潮汐の大小に比例し，弱混合型の汽水域よりも強混合型の方が挙動が活発である．弱混合型では底質の水平移動は小さく，短期的には浅い湖沼と同様に鉛直一次元的な現象として考えることができるが，強混合型の場合は縦断方向の移流が大きく，底質はポンピング運動をしながら上流へと移動していく．砂質もしくは礫床河川の平常時の土砂移動は基本的には考えなくてよいが，河床材料が横断方向に変化して，砂とシルト・粘土が混在する河道がある．例えば多摩川では，

河道中央部は砂質であるが，河岸にはシルト・粘土が堆積しており，この状況を再現するには高濁度水塊によって運ばれたシルト・粘土が水平分級して河岸に堆積する様子をモデル化する必要がある．

次に洪水時についてであるが，河川流量が増大すると塩水は河口から押し出されるため，通常の河川と同様の不定流計算と流砂量式による河床変動計算で対応が可能である．実際の河道では蛇行によって地形・底質が平面的に変化する場合があり，湾曲の内岸側に形成される浅瀬やヨシ原等の植生を考慮する場合には，水深積分された平面二次元計算や三次元計算が必要となる．ここで，泥質河床の場合にはシルト・粘土が粘着性を有するため，砂礫等の非粘着性土砂に関する浮遊・沈降式では現象を表現できず，剪断浸食式とフロックの沈降式を別途用意する必要がある．

表-8.2 河川汽水域における流水と土砂動態モデルの分類

流量	混合型	弱混合型	緩混合型	強混合型
平水	水	・鉛直2層構造もしくは連続成層となる ・湖沼・貯水池のような鉛直2次元もしくは3次元乱流モデル		・継続的な濃度勾配が生じ，往復流となる河道の1次元不定流計算，平面2次元モデル
平水	土砂	・その場の浮上・沈降 ・鉛直1次元的な現象が卓越する		・巻上げ，移流，ブロック化，沈降により上流へのポンピング輸送が生じる
洪水	水	・淡水がフラッシュされて通常の河川流となる ・断続的な現象は，1次元不定流計算で表現可能 ・蛇行等の地形の効果を考慮するには，平面2次元計算や3次元計算が必要		
洪水	土砂	・砂礫については，流砂量関数で対応 ・シルト・粘土については，粘着性土に関する侵食式とフロックの沈降式が必要		

(2) 流水モデルの計算手法

流体運動の基礎方程式は Navier‐Stokes の運動方程式と連続式から構成され，さらに塩分，水温，浮遊土砂等の輸送方程式が組み合わさる．モデル化を進めるうえで考慮すべき点は，空間の次元，格子スタイル，離散化手法，乱流モデルの形式等であり，これらによって計算精度と計算負荷が左右される．空間の次元については前述のように混合型や現象の再現精度に応じて使い分けることとなるが，次元が高くなるほど計算負荷は大幅に増大する．

計算格子は図-8.4に示すように構造格子と非構造格子に分類され，構造格子はさらに直交格子と境界適合格子に分かれる．河道の鉛直二次元計算の場合は，単純な直交格子か一種の境界適合座標系であるσ座標系(全領域で水深を相対水深に基

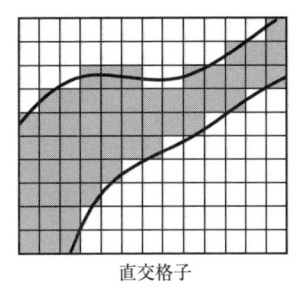

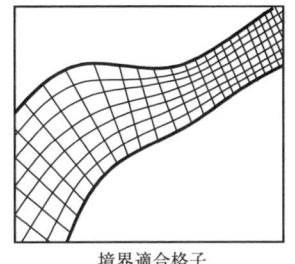

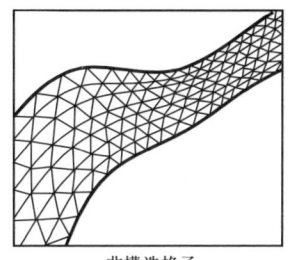

8.3 水理・地形の数値シュミレーションモデルとその構成

|直交格子|境界適合格子|非構造格子|

図-8.4 水平方向の格子形状

準化し鉛直分割数を一定にすることで，浅水域の鉛直解像度を向上させる）が用いられる．水深平均された平面二次元計算の場合は境界適合格子か非構造格子が用いられる．三次元計算の場合には，水平面に境界適合格子が，鉛直方向にはσ座標系が用いられることが多い．

日本の河口域のスケールは，一級河川であれば川幅が 100〜1 000 m，感潮区間距離が 5〜30 km，水深が 1〜10 m であり，「細長く薄い」地形をしている．流体の数値計算は正方・立方格子において高い精度が出せるが，現実の河川を正方・立方格子で区切ると，格子数が膨大になる．例えば，川幅 500 m，縦断距離 20 km，水深 5 m の感潮河道を考える（利根川程度の規模）と，塩水・淡水の密度境界面をある程度の精度で表現しようと思えば，鉛直方向に 0.5 m 程度の分割が必要となる．空間をすべて 0.5 m で分割すると鉛直二次元では格子数が 40 万，三次元では 40 億となり，実務で使用するパソコン（並列化処理）・ワークステーションでは数日程度の塩水運動ですら計算することが不可能である．実用上は格子数 15 万程度が限界である（2006 年時点）．そのため，河口域において鉛直二次元以上の計算を行う場合には，水深方向に 10〜20 層（格子間隔 0.2〜0.5 m），横断方向に 10 分割程度（格子間隔 10〜50 m），縦断方向は横断格子の 1〜5 倍にとることが多い．つまり，平面格子に比べて鉛直格子が非常に薄く，扁平な格子となる．

微分方程式の離散化手法には，主に有限差分法，有限体積法，有限要素法の 3 種類があり，水域の計算では有限差分法と有限体積法が用いられることが多い．差分法は，微分方程式に現れる微分項をテイラー級数展開を利用して近似的に表す方法であり，式形が簡単であるため広く利用されているが，打切り誤差や運動量等の保存性に関して注意を要する．有限体積法は，運動量や質量の保存則を満たしやすいように積分で基礎方程式を離散化する手法である（荒川，1994）．近年，移流相の計

273

算には CIP 法(Yabe, et al., 2001)が用いられる事例が多くなっている．CIP 法は，拡散の著しい場においても移流による波形の数値減衰が生じない特徴を有しており，物理量の高精度な評価が可能である．

自然環境における水流は，通常，乱流となっており，乱流場を数値シミュレーションで取り扱うためには乱流モデルを導入する方法か直接的な数値解析法がとられる．乱流モデルは時間平均モデルである RANS(Reynolds averaged Navier-Stokes simulation)，空間平均モデルである LES(Large eddy simulation)に区分され，これらが水域の計算では一般的に使用される．河川の計算には RANS が現時点において実用的であるが，LES の適用に関する研究も盛んに行われている．RANS は渦粘性モデルとレイノルズ応力方程式モデルに大別され，渦粘性モデルでは 0 方程式モデルや k-ε 二方程式モデルが，応力方程式モデルでは Mellor and Yamada の二方程式乱流モデル Level 2.5 モデル(Mellor, et al., 1982)が用いられる．直接法である DNS(Direct numerical simulation)は乱流の数値実験分野で近年発達してきているが，実河川ではレイノルズ数が高いために適用が不可能である．

(3) 流水・土砂動態モデルの実例

河川汽水域の流水モデルの例としては k-ε 乱流モデルを用いた鉛直二次元シミュレーションがある(工藤他，2000，2001；鈴木他，2000)．本モデルは三次元の運動方程式，連続式，乱れエネルギー k とエネルギー逸散率 ε の輸送方程式，および塩分の輸送方程式から構成され，これらの三次元方程式を河道横断方向に積分して川幅と側岸部におけるフラックス項を含む鉛直二次元の基礎方程式を得ている．これを有限体積法で離散化し，計算格子にはスタガード格子を使用し，圧力補正(運動方程式と連続式のカップリング)は SIMPLE 法で行っている．このモデルは弱混合型の利根川河口域や旧北上川河口域，弱～緩混合型の相模川河口域に適用され，現地観測結果の再現性が高いことが示されている．

高濁度水塊の挙動をモデル化した例としては，鉛直二次元の流動シミュレーションに粒子の凝集・沈降式を加味したモデルがある(伊福他，2004)．この計算では乱流モデルに LES を用いており，SS のフロック成長過程や沈降速度には小田他(1999)の提案式を用いている．フロック粒径は塩分，SS 濃度と攪拌強度(鉛直速度勾配)の関数で表現され，フロックの有効密度は粒径の -1.66 乗に比例し，沈降速度はフロック粒径の 0.34 乗に比例する．計算結果は観測結果と定性的・定量的に一致するとされているが，本モデルでは SS が上流からの移流によって与えられており，河床底泥からの巻上げ作用が抜けている．

さらに，汎用の三次元高濁度水塊モデルとしては ECOMSED(Estuary and Coastal Ocean Model with Sediment Transport)が代表的である．ECOMSED は HydroQual 社によって開発され，海洋流体モデルである POM(Princeton Ocean Model)をベースとして粘着性底質の浮上・沈降・圧密のモデルを組み込んでいる．POM は計算格子に σ 座標系を用い，乱流モデルには Mellor and Yamada の二方程式乱流モデル Level 2.5 を用いており，また運動方程式に静水圧近似を用いた準三次元モデルである．底質動態は，堆積時間と底面剪断応力を考慮した侵食式，懸濁土砂の移流拡散方程式，土砂濃度と剪断応力の関数で表されるフロック沈降速度式等から構成される．

川西，荒木(2006)は ECOMSED の底質侵食式に若干の改良を加えて太田川放水路を対象にした数値解析を行い，観測された流速，土砂濃度，土砂輸送量を再現できたことを示した．ただし，太田川放水路では高濁度水塊の濃度が $20 \sim 50 \text{ mg/L}$ の範囲にあるため，河床表面に存在するごく薄い浮泥層の再懸濁が現象を支配していると考えられる．

Fitri，山下(2005)は ECOMSED の土砂輸送モデルを高度化することを目的として，底泥・流動相互作用モデルと圧密モデルの組込みを提案している．前者は，底質と乱流の相互作用，フロックの凝集・成長に及ぼす流れの剪断応力と濃度の関係，沈降抑制効果による高密度界面の形成に関する各モデルであり，後者は，高濃度浮泥層・流泥層・圧密層から構成される堆積層のモデル，圧密過程モデルであり，いずれも COSINUS(欧州連合で行われた MAST プログラム)の研究成果を応用している．現時点で考え得るすべての過程を組み込んだ統合型モデルであるが，現地データによる定量的な検証は行われていないため，今後の進展が期待される．

ECOMSED は三次元モデルであるが，感潮河道における懸濁土砂輸送の横断方向輸送や堆積状況を検証した例は見あたらず(そもそも観測例があまりない)，三次元モデルとしての実力は不明である．

(4) 今後の発展性

モデルを高度化していく，あるいは実用的なものにしていく方向性について考えてみる．

汽水域の流水モデルは，流れや塩分分布の特徴を再現するという目的において一定の精度を達成できている．したがって今後必要とされることは，塩淡境界面付近の再現性の向上である．密度流現象では境界面において流れ・濃度の勾配が急であり，懸濁土砂のフロック化も顕著であることから，境界面付近の解像度が重要とな

る.しかし,境界面の解像度を上げるために格子間隔を狭くすると,現象の変化が緩やかな領域まで細かく分割してしまい,計算負荷が増大する.このような境界面付近の問題を取り扱う方法の一つとして,中村他(2006)はCIP-Soroban法を提案している.Soroban格子法は,鉛直方向の計算格子を自由に移動させる手法であり,格子点を濃度変化が緩やかな層から密度境界面へと移動・集中させることにより,従来と同じ格子数でも境界面における塩分分布の再現性を飛躍的に向上させている.

また,計算時間の短縮も実用上は非常に重要な課題である.生態系管理を目指す上では,従来のような鉛直・縦断方向の二次元的な視点だけではなく,横断方向の物質輸送や地形・底質分布を考慮する必要がある.また,地形・底質は洪水時だけでなく高濁度水塊の挙動により季節的にも変動するため,長期的な計算が必要である.しかし,高精度な三次元流動モデルを長期的に動かすという贅沢な要求は,計算負荷の大幅な増大をもたらし,実用的な運用が困難である.

このような問題に対して,例えば二瓶他(2005)はモードスプリット法と並列化処理を組み込んだ計算効率性の高い三次元河川流モデルを提案している.このモードスプリット法は,三次元流動場を平面二次元場と三次元場に分離して計算し,相対的に計算負荷の大きい三次元計算の計算時間間隔Δtを平面二次元計算よりも大きくとることで計算負荷を減らす手法である.計算を実行する際には,複数のCPUに同時処理を行わせる並列計算を用いており,これらの工夫により通常の三次元計算の250倍の速度向上率を達成している.近年はパソコンの性能が向上し価格は安くなったことから,パソコンをネットワークにより複数台連結して仮想的に一台の並列コンピューターとする「PCクラスタ」が急速に普及しつつあり,高価なワークステーションや大型計算機を使用しなくても三次元計算が可能になってきた.

次に,土砂に関する課題であるが,粘着性を有するシルト・粘土の挙動は電気的・化学的・生物的な要素の影響を受けるため,現在のところ汎用的なモデルあるいはパラメータがない.多くの研究者によって様々なモデルが提案されているが,室内・水路実験の結果から定式化されており,現地の現象との比較検討が十分に行われていない.現地データによる実験式の妥当性を検討した例として,横山他(2007)は筑後川感潮河道において洪水時に底泥の侵食過程を計測し,得られた侵食速度を関根他(2003)の侵食速度式と比較した.侵食速度式は摩擦速度と含水比の関数で表されており,状態係数を調整することで筑後川の侵食速度が再現された.しかしながら,状態係数はS.A.クレーやT.A.カオリンによる実験値と1オーダー異

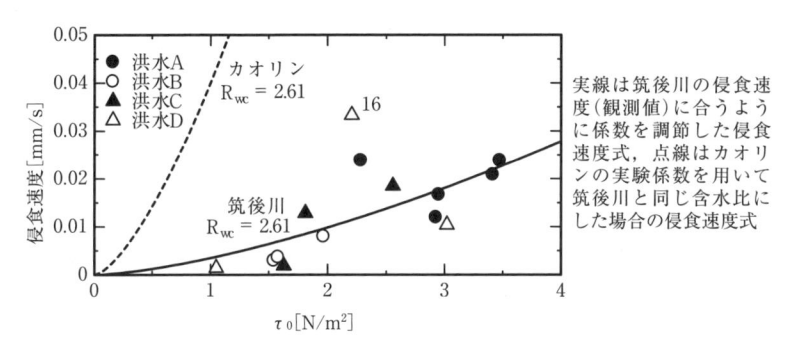

図-8.5 侵食速度の実験式と観測値の比較(横山他,2007)

なっており,その差は粘土鉱物,有機物含有量,圧密期間,塩分等の違いに起因すると考察されている.結局,モデルの利用者は現地の状況を再現できるように係数を調節することとなり,厳密性に欠ける.フロック化,沈降等も同様の状況であり,今後は観測データの充実により各種モデルの妥当性を検討し,標準パラメータを構築することが必要である.

8.3.2 河口周辺沿岸域の堆積物と地形変化モデルについて

河口域や沿岸域の砂移動を支配しているのは波や流れによる底面摩擦力や乱れの発達であるため,物理現象に即した地形変化モデルを構築するためには,まずは波や流れのモデル化が必要である.汽水域では淡塩水の混合と懸濁物質の凝集・沈殿が見られるため,土砂の輸送や堆積・再浮遊が特徴的な現象となる.これらは流れの成層構造を含めて三次元的に扱う必要があるが,浅海域で複雑に変形する波浪を合理的かつ精度良く推定する必要から,地形変化予測に用いる波浪モデルは主として平面二次元モデルであるのが現状である.流れのモデルとしては様々な三次元流動モデルが開発されているので,これらと波浪モデルを結合して,合理的な地形変化予測モデルを構成することが必要となる.

河口周辺沿岸域では,河川から供給される様々な粒径の底質成分が混在するため,沿岸域の土砂動態のモデリングでは混合粒径底質を対象としたモデル化が重要となる.外洋に面した沿岸域では,砂礫が地形変化の主要成分となる.混合粒径砂礫に対する水理実験は,縮尺効果のため実施が困難であったが,近年,振動流装置や大型造波水路を用いた実験が精力的に実施され,混合粒径底質の粒径別漂砂量が議論できるようになった(田中他,2000;佐藤他,2000).これらに基づいて,例えば,

粒径比をパラメタとする漂砂量公式が提案されており，これを組み込んだ三次元海浜変形モデルも提案されている(小林他，2003)．一方，実務で用いられる汀線変化モデルにおいても，沿岸漂砂量公式に粒径の効果を取り入れることにより，混合粒径底質海浜の沿岸漂砂による変形機構を底質変化を含めて予測できるようになってきた(田中，鈴木，1998；熊田他，2002；佐藤他，2004)．これらは，沿岸域の生物生息環境の把握に重要となるばかりでなく，流域における総合的な土砂管理計画の検討に欠かせない予測技術となる．

　一方，内湾の汽水性沿岸域では，粘土・シルト質の微細粒径成分の堆積・移動による地形変化が問題となる所が多い．微細粒径成分のモデル化では，前節で詳述されたように，沈降フラックスと巻上げフラックスのモデル化が本質的となる．これらは，沈降速度と主として波による底面摩擦応力を評価することにより，微細粒径物質の濃度を介してモデル化されることになる．したがって，内湾の汽水性沿岸域の地形変化予測では，①σ座標系等を導入した三次元湾水流動モデル，②SS移流拡散モデル，③波浪推算モデル，④堆積・侵食モデルを組み合わせることによりモデルが構成されることになる(例えば，稲垣他，2001；小野澤他，2006)．ここでは，近年の研究成果の一例として，最近10年間で汽水域環境が大きく変化した韓国始華湖を取り上げ，現地調査と数値実験により地形・底質環境の変化を検討した小野澤他(2006)の研究を紹介する．

　韓国始華湖は，韓国ソウル市から約40 km西南に位置し，図-8.6に示すような流域面積476.5 km^2，湖面積61 km^2 規模の広大な人工湖である．始華湖は水資源確保のための淡水湖や農地・工業用地の造成を目的として計画され，1994年に12.7 kmの閉切り堤防竣工により完成した．しかし，始華湖周辺の工場排水による水質悪化やそれに伴う魚介類の死滅・岩のりの不漁等の漁業被害が深刻化し，完成から3年後の1997年には水門を開放，2000年12月には韓国政府が始華湖の淡水化を正式に断念し，海水湖として維持することを決めた．このような水門開放と並行して，潮力発電所の建設によりさらなる海水交換の促進を見込む水質改善策も計画されている．

　小野澤他(2006)は，今後の始華湖および周辺流域の環境問題(水質，底質)に対し，数値モデルを用いた地形変化予測を実施した．地形変化モデルでは，波浪の発達・伝播モデルとしてSWAN型モデルが用いられ，これを三次元湾水流動モデルおよびSSの沈降・再浮遊モデルと組み合わせることにより地形変化が予測される．図-8.7は，防潮堤建設後の条件で計算した湖内の堆積・侵食速度の分布である．

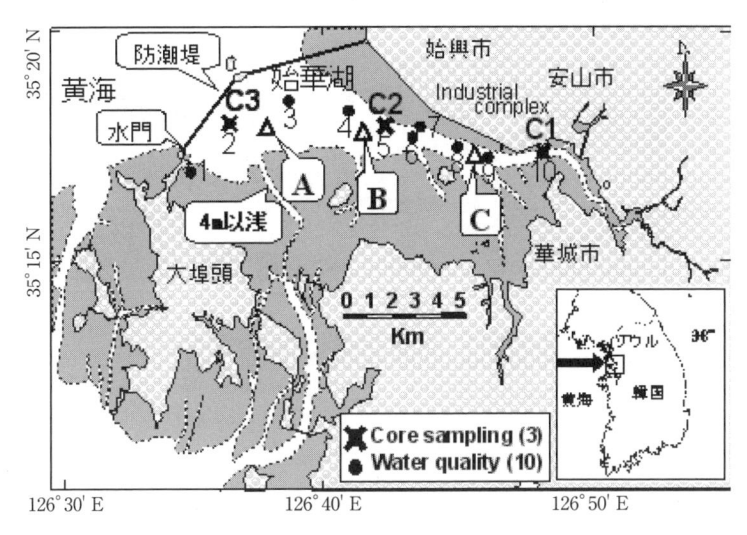

8.3 水理・地形の数値シュミレーションモデルとその構成

図-8.6 韓国始華湖の干潟域と防潮堤(防潮堤西端部に水門が設置されている.記号は澪筋に沿って水質・堆積物調査を実施した調査地点.詳細は呉他(2005)を参照.

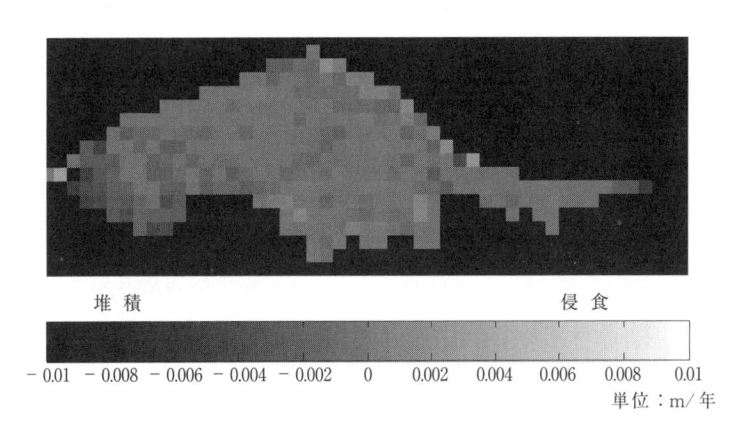

図-8.7 SWAN型波浪予測に基づく堆積侵食分布再現結果

同モデルにより計算された**図-8.6**中のC1地点の堆積速度は53 mm/年,C2地点は35 mm/年であり,実際に現地で採取したコアの分析結果から推測した堆積速度(C1:70 mm/年,C2:2 mm/年)とオーダーとしては整合する値が得られている.防潮堤で閉め切る前の条件と比較すると,特に河口付近において閉切前よりも土砂が堆積しやすくなっていることが確認されている.潮力発電所建設後の堆積侵食分布予測結果を**図-8.8**に示す.現状の再現計算とは異なり,潮流による侵食の影響

第8章 河川汽水域生態系変化の分析と予測

潮力発電所建設地

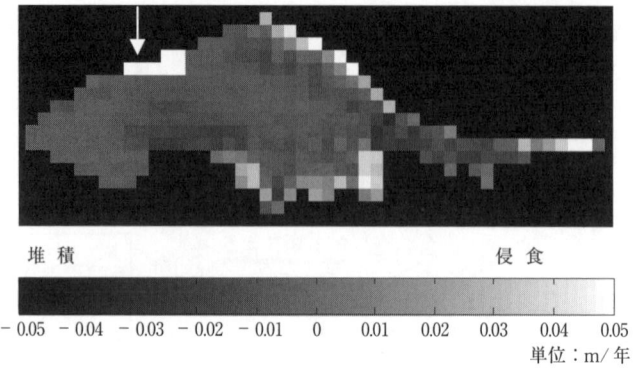

堆積　　　　　　　　　　　侵食

-0.05 -0.04 -0.03 -0.02 -0.01　0　0.01　0.02　0.03　0.04　0.05
単位：m/年

図-8.8 潮力発電所建設後の堆積侵食分布予測

が発電所付近と湖岸付近にて著しい．このように数値モデルを適用することによって微細粒径から砂礫までの混合粒径底質の移動をモデル化でき，様々なインパクトに対する地形変化を予測することができる．

8.4　汽水域化学環境動態モデルについて

保存性の化学物質，例えば塩分濃度については **8.3** で記したように水理モデルによりかなり的確に予測ができるようになった．ここでは生物および底質を媒介として変化する水質を取り上げる．これは河川汽水域の生態系モデルでもある．

河川汽水域生態系をシステムとして捉え，その構造および生物群の機能を数値モデル化し，生物群の物質量の変化を予測するもので，欧米の内湾域を対象に汽水域の水質予測のために開発されたものである．日本では内湾域で検討された事例があるが，河川汽水域で適用あるいは研究された事例は少ない．

このモデルでは生物は機能群ごとのにまとめられて，その量の変化(生物を構成する元素である炭素，窒素，リンを指標として評価される)がアウトプットとして出力される．モデルに取り込まれる生物としては，**図-8.3** の事例に示したように浮遊系の植物プランクトン，動物プランクトン，底生系の付着藻類，メイオベントス，懸濁物食者(貝類)，堆積物食者(カニ，エビ，魚類)等で，河川汽水域をその生活史の一時期に利用する中型・大型の生物は物質収支に及ぼす影響が小さいとしてほとんど考慮の対象となっていない．ただし，人間や鳥による持出し量については

8.4 汽水域化学環境動態モデルについて

評価される．どの生物を機能群とするかは，検討対象河川の物理化学特性，生物的特性の分析により水質に大きな影響を及ぼす機能群を選択することになり，あらかじめ生物の機能特性の量・質を知っていなければならない．モデルの基礎的な考え方は，各構成要素の濃度の変化を，流れによる移流と拡散，生物の食物網を通じた生成と消滅，および化学反応による生成と消滅，沈降・堆積・再浮遊を定式化(対象要素の量に及ぼす因子群の関係を関数化すること)し，評価するのもである．

基礎方程式は，汽水域の形状，流れの特性により，断面平均化した一次元の基礎方程式とするもの(強混合型)，川幅方向に関する物理・化学量を平均化した鉛直二次元の基礎方程式とするもの(弱混合型および緩混合型)，三次元の基礎方程式とするもの(内湾の現象の解析)があるが，河川汽水域では鉛直二次元を基礎方程式とするのが普通である．基礎方程式を離散化して数値シミュレーションする方法は種々の方法が開発されている(**8.3.1**)．生成消滅項については，植物プランクトン量 PPHY を例にとると，

$$d\text{PPHY} / dt = 光合成 - 呼吸 - 細胞外分泌 - 枯死 - 沈降 - 被食 \quad (8.1)$$

のような項を考える．さらに各項の生成消滅に係る因子を関数化する．光合成では水温，光量，栄養塩(N，P)を影響因子とし関数化するのが普通である．同様に動物プランクトン，溶存酸素，懸濁態有機物，リン酸態リン，付着藻類，底生生物，魚類等を食物網を通じた物質移動と変換を関数化する．さらに底質の間隙水中の各種物質の濃度と質の変化，底質の沈降・巻上げを関数化する．実際の数値シミュレーションにあたっては，影響の少ない構成要素は省略し，また関数化にあたっても影響の少ない要素は無視し，簡略化を図るのが普通である．

ところで，日本の汽水域は，長さが短く流水の滞在時間が短いので，湖沼やダム湖のように淡水性の浮遊プランクトンの発生等による生物を媒介とした富栄養化現象は起こりにくく，生態系モデルを用いた化学環境の予測まで行う必要性のある河川汽水域は少ない．ただし，汽水域長の長い砂川・泥川で弱・緩混合型の河川において，上流からの有機物が汽水域に堆積し，それが分解して貧酸素水塊が生じる恐れがある場合，また内海に流下する緩勾配河川において河川からの流出栄養塩で増殖した海洋性浮遊プランクトンが，密度流に乗り河川内に進入する恐れのある場合には，予測モデルを用いた検討が必要とされることがあろう．この場合でも，多数の機能群を持った生態系モデルを通じて予測する必要はなく，検討対象河川の実体に合わせ数種程度の生物機能群をモデルに取り込めば十分であろう．

鈴木他(2000)は利根川汽水域における貧酸素水塊の発生と流動をシミュレーショ

ンするため，三次元の連続式，ブシネスク近似した運動量輸送式，乱れエネルギーkとエネルギー逸散率εの輸送方程式，および塩分，酸素濃度DOの輸送方程式を基礎方程式とし，これらの三次元方程式を河道横断方向に積分して，川幅Bと側岸部におけるフラックス項を含む鉛直二次元の基礎方程式に変換し，有限体積法を用いて離散化し数値計算を行った．酸素の消費速度については現地底泥を用いて静的状態での脱酸素係数を測定し，また底層の河川水を用いて河川水の酸素消費速度を測定し，その結果を参考にして脱酸素係数を定め，モデルに組み込んでいる．数値計算結果は，現地観測結果と良い対応結果を得ている．なお，脱酸素係数は，水温，デトリタス量，栄養塩量等により変化するものであるので，現地の水を用いた実験より求めた値を使う方法は，地形改変量が少なく，かつ流入水質が大きく変化しない場合に適用できるものである．

岡田他(2004)は荒川河口域におけるクロロフィルaの分布(主に海洋性植物プランクトンの分布)を図-8.9の物質循環の概念に沿ってモデル化し，植物プランクトン量については光合成による増殖による付加，枯死による減少，沈降による減少を，デトリタス量については植物プランクトンの枯死による付加，細菌による分解による減少，沈降による減少を，栄養塩については東京湾の栄養塩律則を考慮してPO_4-P(オルトリン酸)のみを対象とし，光合成による植物プランクトンの増殖による減少，デトリタスの細菌による分解に付加，流入付加量を定式化し，鈴木他(2000)と同様，鉛直二次元の方程式を有限体積法に基づいて離散化し，数値計算を実施している．これにより荒川河口域の塩分濃度，クロロフィルa濃度の分布，変動をある程度評価しえることを示している．なお本モデルでは底質からの物質の浮遊，再溶出は考慮されておらず，また酸素濃度は一定値としている．

河川汽水域を大きく変えるような人為インパクトによる河川汽水域の化学環境を少ない生物機能群でモデル化することでさえ，まだまだ調査研究が必要なのである．

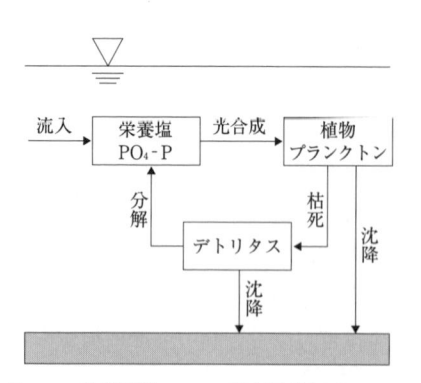

図-8.9 物質循環モデルの概念図(岡田他，2004を微修正)

8.5 生物の環境変化に対する応答予測モデルに向けて

河川汽水域環境の変化に対する生物の応答予測モデルの特徴に基づいて分類すると，以下のようである．

① 構造・機能評価型：ある空間場におけるある種の個体数の消長を物理・化学環境と食物網を通した生物相互作用関係を関数化して評価するもの．

② 生息環境空間評価型：ある種の生息適応度を物理化学環境因子を用いて数量化し，空間の物理化学環境の変化による生息適応度の量的・空間的変化を評価するもの．

③ ハビタット評価型：ある群集が生息あるいは群落が立地するハビタットを規定する物理・化学環境との関係を用いてハビタット空間配置の変化を評価するもの．

④ 移流・分散・定着・評価型：ある動物・植物種の分散・移住が物理・化学環境の変化によりどのように変わるかモデルにより評価するもの．

⑤ 専門家評価型：ある種あるいは群集が物理化学環境の変化によりどのように変わるかを河川汽水域における物理・化学環境および生態学的知見を持つ専門家によりワークショップを実施し，専門家の知見・経験を取り入れ，各専門家が合意できる合理的な結論を抽出して評価するもの．

以下，予測手法の概説と今後の方向性について論じよう．

(1) 構造・機能評価型

河川汽水域生態系をシステムとして捉え，その構造および生物群の機能を数値モデル化し，生物群の物質量の変化を予測するもので，欧米の内湾域を対象に汽水域の水質予測のために開発されたものである．日本では内湾域で検討された事例があるが，河川汽水域で適用あるいは研究された事例はない．

このモデルでは，生物は機能群ごとにまとめられ，その量の変化がアウトプットとして出力される．本方法を日本の河川汽水域において適用することは原理的に可能であるが，攪乱頻度の高い（時間変動が大きい）日本の河川汽水域の適用するのは躊躇するところがある．河川汽水域をその生活史の一時期に利用する中型・大型の生物は物質収支に及ぼす影響が小さいとして大部分は考慮の対象となっていないこと，日本の狭い河川汽水域内のおいて中型・大型の生物が河川汽水域の内在的要因（例えば，餌の量）で規定されると考えられないこと，また生物群の機能を数値化す

るのは，多くの現地資料の収集と実験室での基礎研究が必要であること，攪乱頻度が高く底質の移動と構成材料の変化が激しいので，底生生物においてはそれによる死滅・成長変化モデルを繰り込む必要と考えられること，河川汽水域の上流および下流の外力条件を設定手法の考え方等，今後の調査研究に待たなければならないことが多いのである．

(2) 生息環境空間評価型

河川生態系を構成する個別要素，例えば，米国では，人為作用による改変前と後でのハビタットの量・質の変化により環境の質を推定する HEP（ハビタット評価手続き）が開発されている．これは生物相の変化を評価するものではなく，ある選択された種が利用するハビタットの量・質に焦点を当て環境の質を評価するものである（日本生態系協会，2001）．そこではハビタット適正指数(HSI：habitat suitability index)が生息場の評価に用いられている．

HIS は，評価するべき指標種の生息・生育に大きく影響する環境因子を，指標種の生息条件の調査結果や，その因子ごとに適性指数(SI：suitability index)を評価し，それらを結合させることによって評価するものである．生息・生育に大きく関わるある環境因子を x_i とし，SI を生息・生育環境としてふさわしくない環境で 0，好ましい環境を 1 とした $SI_i = f_i(x_i)$ の関数を用いて，これらを相乗算や加算を行って結合して，例えば，HIS $= SI_1 \times SI_2 \times \cdots\cdots \times SI_n$ のように評価する．ここで，n は環境因子の数である．x_i としては水深，塩分，底質粒径等，指標種の生息・生育に大きな影響を与える因子が選択される．この HIS の値が評価対象空間の物理・化学環境の変化により，空間的にどのように分布域が変わるか，ある空間面積における HIS の面積積分値がどの程度変わるかを計算することにより，生物環境の質の変化を評価するのである．

魚類に対するストレスが及ぼす評価については，同様に魚類生息場評価法である IFIM(流量増分式生息域評価法)，PHABSIM(物理指標を用いた生息域評価法)が開発されている(Stalnaker, et al., 1994；中村，ワドゥル，1999)．PHABSIM は，IFIM に中で重要な役割を果たすマイクロハビッタトモデルで，①河道構造モデル化された対象河道内における水深，流速，底質，カバー(魚の隠れ場所)等の物理量の分布状態を各種流量に対して計算・出力する「水理モデル」，②対象魚の物理量に対する選好特性を示す「適正指数」，③両者を用いて重み付き利用可能面積を算出し，流量と重み付き利用可能面積を提示する「利用可能マイクロ生息場算出モデル」，の3つからなっている(玉井他，2000)．

8.5 生物の環境変化に対する応答予測モデルに向けて

　この手法は河川汽水域においても適用可能であるが，洪水という大攪乱後の生物の遷移や回復の時間評価はできないし，また食物連鎖を通した生物間相互作用の影響も評価し得ない．

　国土政策総合研究所(藤田他，2006)では，東京湾を対象にアマモ，アサリ，多摩川汽水域を対象にモクズガニ，チゴガニを指標種としてSI曲線を作成し，各種環境改善施策による生態環境の改善効果を評価している．ちなみに作成されたアサリのSI曲線を図-8.10に示す．

　環境因子 x_i および SI_i は，指標種に関する生活史，環境因子と生息密度等に関す

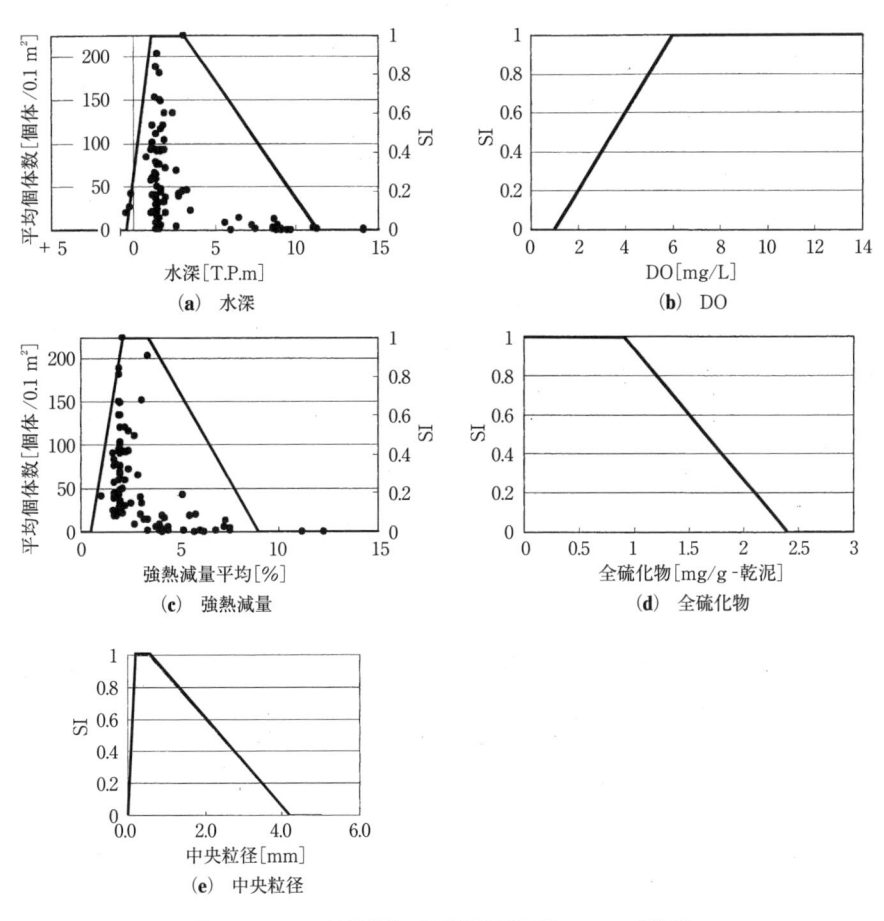

(a) 水深

(b) DO

(c) 強熱減量

(d) 全硫化物

(e) 中央粒径

図-8.10　アサリ適性指数の検討結果(藤田他，2005，微修正)

る既存の文献および現地調査結果により分析し，作成することになる．汽水域生物の適正基準の作成例が少ないので，今後の事例を増やす必要がある．

(3) ハビタット評価型

ここでのハビタットは，生物の群落(集)構造が似たようなものからなる環境条件がほぼ同一な空間ととする(**3.2**コラム)．

河川汽水域における物理・化学環境の変化，つまり，河川汽水域におけるネーミングされた(分別された)ハビタットの配置および面積がどの程度変化するかを評価することにより，生物環境の質を評価するものである．ここにおいては，分別されたハビタット H_i とその群落(集)構造が密接な関係があり，かつ他のハビタットの群落(集)構造と差異があること，また各ネーミングされたハビタット H_i の群集構造に差異を生じさせる環境因子 X_j およびハビタットの境界を規定するものとして環境因子 X_j の値が設定できるという前提が必要である．

環境因子 X_j の設定およびその群落(集)構造の把握には，**6.2**のような調査や，既往の調査事例の分析が有効である．潮上帯においては，植生群落の差異によりハビタットを分別し(植物群落と動物群集は密接な関係にある)，群落(集)構造の差異を生じさせる環境因子 X_j として標高，低水路表層塩分濃度，光を用いるのが適切であろう(表層材料は細粒物質でありあまり差異がない，また地下水位は潮位で規定されると仮定した．当然，特殊性があれば環境因子を付加する)．潮間帯においては，底生生物群集の差異によりハビタットを分別し，群集構造の差異を生じさせる環境因子 X_j として標高，表層材料，表層塩分濃度，光を用いるのが適切であろう．潮下帯においては，水深，底質材料，塩分濃度(分布)，濁度，酸素濃度(貧酸素水塊の生じる場合)を環境因子 X_j として用いるのが適切であろう．

なお，ハビタットを利用する生物おいて，縄張りを持つ鳥類，移動する哺乳類の生息環境を評価するためには，利用ハビタットの特定と利用するに必要な空間の大きさ，さらには移動にあたっての各ハビタット間のつながり，人間活動からの距離(警戒行動)を，別途，評価する必要がある．

要は評価の目的，生物環境の質変化が生じると考えられる空間の大きさによりハビタットの分別，ネーミングするべきである．なお，本方法の実施例を知らないが，河川汽水域環境の質の評価に植生群落ごとの面積変化とその空間配置変化を生物環境の評価に使用したり，また一級河川の大臣管理区間においては河川環境情報図(植生図を基図としている)の作成がなされ，生態系の質の評価に使用している．実用面からも本方法の実現化が急務である．

8.5 生物の環境変化に対する応答予測モデルに向けて

礫床河川における植生消長モデル

礫床河道においては，「植生消長の予測モデル」が開発されている(藤田他，2003；末次ほか，2004)．本モデルは，ハビタット評価と植生の成長モデルを組み合わせ，扇状地礫床河道における安定植生域の消長を大局的に予測するモデルである．以下に概説する(山本他，2005)．

a. モデルの構成　モデルの構成は，安定植生域の消長に関わる現象を次の4つの過程に分け，それぞれについて定量的記述化し，統合化したものである．

① 河床変動と礫床裸地(植生タイプⅠ)の形成：洪水により有意な河床変動が起こり，以前と異なる形状を持つ河床が形成される．河床表面は礫床で裸地である．

② パイオニア的植物(植生タイプⅡ)の繁茂：裸地の礫床面に立地条件の変化をほとんど伴わず発芽・定着できる植物が先駆的に繁茂する．これは「パイオニア的植物の繁茂」と呼ばれている．ここでの「パイオニア的植物」は，来るべき表層細粒土層の堆積に寄与できる植物だけを対象にしている．礫床の裸地が形成されてから(①あるいは後述の④)，①，④のいずれも起こらない条件で時間 T_{pr} が経過した後にパイオニア的植物が繁茂し始める．

③ 表層細粒土層の堆積と安定植生域(植生タイプⅢ)の形成：洪水が作用し，表層細粒土層(粒径 d_{ts})が堆積する過程である．表層細粒土層の厚さ D_{ts} が D_c (安定植生域の形成に必要な表層細粒土層厚の最低値)を上回った時にすぐに安定植生域が形成されるとする．実際には，表層細粒土層の形成と安定植生域の形成には時差があるが，安定植生域の持続期間に比べ小さいとして無視されている．表層細粒土層を形成する材料は，上流から浮遊砂(ウォッシュロード)あるいは浮遊砂の挙動をする土砂として供給されることを前提とし，その量は，流量に比例した濃度で上流から無制限に供給されるものとしている．

④ 洪水による植物の流失：植物の基盤を構成する河床表面の礫(粒径 d_R)に関する無次元掃流力 τ_* が τ_{*c} (植生が立地への有意な撹乱となるための域値)を超えた場合に④が起こり，植物が全面的に(表層細粒土層がある場合にはそれも一緒に)流失し，再び礫床裸地に戻るとする．このように，本モデルでは，立地条件の撹乱による植物の流失が河床主材料である礫の移動に支配されるという考えが基本となっている．なお，本過程では河床形状は概ね変わらないとする．有意な河床変動を伴う場合は，①に戻る．

なお上記の植生タイプの分類は，

・植生タイプⅠ；礫床裸地に生育できる植物，

・植生タイプⅡ；パイオニア的植物．表層の細粒土砂を必要とせずに繁茂できる植物，薄い表層土層があれば繁茂できる植物，

・植生タイプⅢ；安定植生域を構成する植物，

である．

本モデルの対象地域となった多摩川では，それぞれの植生タイプに相当する植生として，下記の植物があげられている．

・植生タイプⅠ；裸地，カワラノギク，コセンダングサを優先種とする群落，

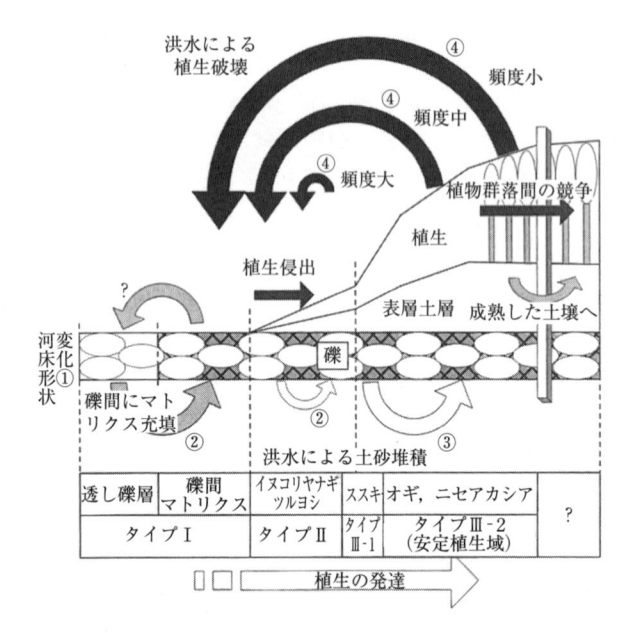

図-1 植生モデルにおける植生消長現象の捉え方(藤田他, 2003)

・植生タイプⅡ；ツルヨシ，イヌコリヤナギ群落，
・植生タイプⅢ；ススキ，オギ，オオブタクサ，ハリエンジュ．

b. モデルにおける各過程の具体的取扱い

① 安定植生域拡大条件とその判定：安定植生域の拡大に大きく関与した植物種は，オギ，ハリエンジュ，オオブタクサ，ススキ，ギシギシ，ヨモギ等であるが，これらの繁茂している場所の共通点として以下があげられている．

・表層細粒土層厚が0cmの所には繁茂していない．
・礫床裸地→ツルヨシが定着・発達(細粒土砂が堆積)→比高が変化→安定植生域の形成，というプロセスを経ている．

上記から求められた「安定植生域の拡大の条件」とその判定材料は**表-1**のとおりである．

② 初期条件：初期の河道の状況は，洪水後の植生や細粒土砂がすべてフラッシュされた状態とする．河床表面は，礫床裸地である．

実際の計算は，ある横断面を対象として行う．対象断面を横断方向にあるピッチで分割し(この分割した区間の一つひとつを以下「スプリット」と記述する)，各スプリット間の平均高さを算定して階段状の横断形状にモデル化し，スプリットごとに計算を行う(**図-8.3**参照)．

③ パイオニア的植物の繁茂：洪水による河床変動による横断形状の変化や植生の流出(**a.**

8.5 生物の環境変化に対する応答予測モデルに向けて

表-1 安定植生域拡大の条件とその判定材料

	条　　件	判定材料
条件1	表層細粒土層がなく，礫が露出した河床面に，比較的早くパイオニア的植物(表層の細粒土砂を必要とせずに繁茂できる植物，薄い表層土層があれば繁茂できる植物)が定着すること	礫床表面の状態(透かし礫層の有無，マトリクス*の存在状態，マトリクス中のシルト含有率)
条件2	条件1の植物群落が当該地点で細砂粒径以下を堆積させる水理条件をつくり出すこと	代表地点における植物群落と河床勾配の関係
条件3	条件2の水理条件のもとで有意な表層細粒土層が形成されるに見合った細砂を中心とする材料が上流からウォッシュロードあるいはウォッシュロード的挙動をする土砂として供給されること	ウォッシュロードあるいはウォッシュロード的挙動をする土砂の供給量，該当箇所での沈降速度等
条件4	対象期間中に条件1の植生が流出するような礫床の大規模な移動が起こらないこと	洪水流量の頻度分布，当該地点に作用する無次元掃流力の頻度分布

＊ 図-2 参照

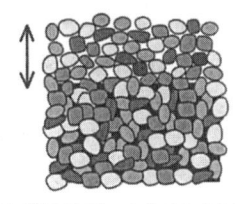

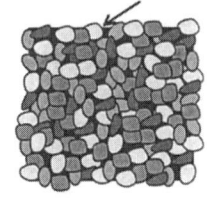

①透し礫層(矢印マトリスクなし)
・礫間に細粒分が入り込んでない層を持つ

②礫間にマトリスク(矢印)
・礫間に細粒分が入り込んでいる

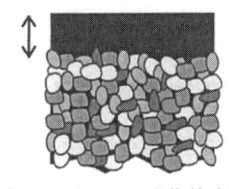

③表層細粒土層の堆積(矢印)
・表層に細粒分のみの層を持つ

図-2 礫床表面状態の分類区分

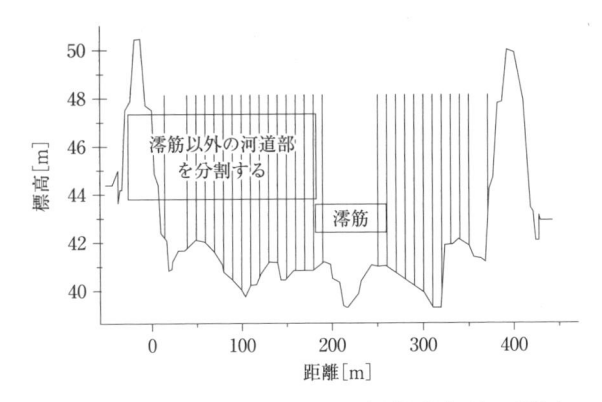

階段状にモデル化…おのおののスプリット(分割区間)ごとに計算する.

図-3 対象河道断面の分割

で示した①あるいは④)が起こらない状態がある期間継続すると,パイオニア的植物が繁茂する.このパイオニア的植物の繁茂が開始するまでに必要な植生の立地条件の攪乱が発生しない状態の継続期間を,ここではT_{pr}(年)で表す.

シミュレーション上は,スプリットごとに前回の立地条件の攪乱からの経過日数を数えていくことになる.立地条件の攪乱の発生からT_{pr}が経過しないうちに再度立地条件の攪乱が発生した場合には,それまでの継続期間は初期化され,再度0から継続期間を累積していくことになる.したがって,植生の流出が発生するような掃流力を持つ洪水が頻繁に発生する場合には,パイオニア的植物は長期にわたって繁茂しない.なお,現段階ではT_{pr}を予測するための確立された手法がないため,本モデルではT_{pr}を所与の条件としている.

④ 表層細粒土層の堆積と安定植生域の形成:本モデルでは,安定植生が繁茂するためには,表層細粒土層がある程度以上の厚さを持つことが条件となっている.

表層細粒土層の堆積厚の算定にあたっては,上流からの供給量を規定する浮遊砂濃度と流量の関係を規定する定数a,細粒土層の粒径d_{ts},安定植生域の形成に必要な細粒土層の堆積厚の最低値D_{ts}を所与の条件として設定する.

表層土層厚の堆積は,パイオニア的植物が持つ底面付近の流速低減効果により$u_*/w_0<1$の条件が満たされ,対象としている細粒土砂の河床からの巻上がり量が0とみなせる時に発生する.ここで,u_*は河床に作用する摩擦速度で,流量Qから等流計算により得られる水深hを用いて,$u_*=\sqrt{g\,h_s\,I_b}$により求める.h_s:対象スプリットの水深,I_b:河床勾配,w_0:表層細粒土層となりうる粒径の沈降速度.

堆積厚D_tは,$D_t=\int R_D\,dt$より求める.ここで,R_D:堆積速度[$R_D=(C_b\,\sigma\,w_0)/(1-\lambda)$で求められる],$C_b$:底面濃度,$\sigma$:植生による細粒土砂の補足効率,$\lambda$:堆積土砂の空隙率.

上流から供給された細粒土砂の層厚D_tが$D_t\geq D_{ts}$となると同時に安定植生域が形成されるとする.D_{ts}の値は,多摩川の例では2〜3cmとされている.

⑤ 洪水による植物の流出:植生および植生の繁茂する立地条件である細粒土層は,その下部にある礫層が移動しうる掃流力で破壊されるものとする.すなわち,各スプリットにおける代表粒径d_Rの移動しうる限界掃流力τ_{*ce}が,植生がフラッシュされ裸地に戻るかどうかの判定材料となる.したがって,$\tau_*=u_*^2/(s\,g\,d_R)\geq\tau_{*ce}$となった時に植物が全面的に(表層細粒土層がある場合にはそれも一緒に)流失する.ここで,τ_*:各スプリットにおける代表粒径に関する無次元掃流力,s:水中比重.

c. 今後の方向　なお本モデルでは,計算期間中の河道形状の大規模な変化,大規模な洪水による澪筋の変化,側方侵食堆積等の礫床河床形状の変化は考慮されていない.地形変化の予測を高度化し,二次元河床高変動と表層材料の変化を評価すれば,面的な植生群落(ハビタット)の変化を予測しえる.ただし,セグメント1においては砂州の発生・消滅という不確定性があり,的確に二次元河床変動を評価することは難しい.セグメント2-1では砂州の変形速度が遅いので,二次元河床変動の評価精度は高くなる.河川汽水域のセグメント2-2および3においては洪水による陸上植生の破壊がほとんど生じないので(山本,2004),

8.5 生物の環境変化に対する応答予測モデルに向けて

破壊現象をモデル化する必要は少ないが，水生植物群落に対しては予測する必要性があろう．

この植生消長モデルは，植生の遷移および破壊という現象，すなわち，時間に関する情報を取り込んだハビタット評価型のモデルの一種といえよう．今後，木本類にまで，またセグメント1以外まで植生消長モデルを拡大することが望まれる．

(4) 移流・分散・定着・評価型

多毛類，貝類，カニ類等のゾエアは，河川水および潮汐流により移流，分散して新しい定着場所を見つける．河口付近において大規模な海浜構造物，港湾，埋立て，河川横断工作物の工事や浚渫等を行うと，移流・拡散経路が変化し，これらの生物の再生産に影響を与える．既にシオマネキ(中野他，1998，2001)，カブトガニ(清野他，2000，2002)，カワスナガニ(楠田，2006)の保全のため，ゾエアの移流・拡散のシミュレーションが実施されている．ここでは楠田のモデルの概要を示す．

a. 概要 カワスナガニを含め多産多死型の繁殖方法を取っている生物は，一般的にその幼少期の個体数減少が大きい．つまり，この幼少期の個体数減少を小さく抑えることができれば，その種の保存に大きく近づく．ゾエア幼生が親ガニから放たれた後の河川での挙動を明らかにすることは，カワスナガニの保存への足がかりになる．ここでは現地観測・実験によりに得られたゾエアに関する知見(日宇他，2001；山西他，2000，2001)をもとに，これまでに得られている北川での流動モデル(山西他，2000，2001)を用いLagrange的手法によりゾエアの移動分布状況をシミュレーションした．その際，ゾエア幼生の浮遊・沈降はStokesの沈降速度式で表現できるものとした．カワスナガニのゾエア幼生には正の走光性があることが明らかにされているが，本シミュレーションでは移流・沈降と併せて，日射時にゾエアに鉛直上向きの移動速度を与えることにより，12時間周期での日周運動を考慮した．また，7月，9月のカニ類ゾエア幼生分布調査のゾエアが塩分選好性を持つ可能性があるという結果から，塩分の選好性を持つ場合も考慮した．

b. 流動モデルの概要 ここで使用する流動モデルでは，密度の非一様性や流れの三次元性を考慮する．基礎式は質量保存式，運動方程式，および塩分の保存式からなる．なお，これらの基礎式を導く際の仮定は次のとおりである．①流れの鉛直方向加速度は重力加速度に比して小さく，鉛直方向の運動方程式は圧力の静水圧分布により近似できる．②重力項以外には密度の非一様性を無視するブーシネスク近似を適用する．差分化にはスタッガード格子を用いた有限体積法を用いる．各項の離散化に際し，時間項には原則的に中央差分を，移流項には一次精度の風上差分を，粘性・拡散項にはオイラーの前進差分を適用する．

c. **ゾエア移動の基礎式** 水平方向の移動は，流れに支配されると仮定すると，時刻 t_0 から t_1 までのゾエアの移動距離 Δx，Δy は次式で表せる．

$$\Delta x = \int_{t_0}^{t_1} U[x(t), \ y(t), \ z(t)] dt \tag{8.2}$$

$$\Delta y = \int_{t_0}^{t_1} V[x(t), \ y(t), \ z(t)] dt \tag{8.3}$$

これから，分散を考慮した1ステップ（Δt）当りの水平方向の移動距離は，式(8.4)，(8.5)のように表せる．

$$\Delta x = \left[\frac{U(t_n)(1 - \frac{1}{2}\frac{\partial V}{\partial y}\Delta t) + \frac{1}{2}V(t_n)\frac{\partial U}{\partial y}\Delta t}{(1 - \frac{1}{2}\frac{\partial U}{\partial x}\Delta t)(1 - \frac{1}{2}\frac{\partial V}{\partial y}\Delta t) - \frac{1}{4}\frac{\partial U}{\partial y}\frac{\partial V}{\partial x}(\Delta t)^2} \right] \Delta t$$

$$+ \gamma \sqrt{2K\Delta t} \tag{8.4}$$

$$\Delta y = \left[\frac{V(t_n)(1 - \frac{1}{2}\frac{\partial U}{\partial x}\Delta t) + \frac{1}{2}U(t_n)\frac{\partial V}{\partial x}\Delta t}{(1 - \frac{1}{2}\frac{\partial U}{\partial x}\Delta t)(1 - \frac{1}{2}\frac{\partial V}{\partial y}\Delta t) - \frac{1}{4}\frac{\partial U}{\partial y}\frac{\partial V}{\partial x}(\Delta t)^2} \right] \Delta t$$

$$+ \gamma \sqrt{2K\Delta t} \tag{8.5}$$

ここで，γ：標準正規分布をとる乱数，K：ゾエアの拡散係数，t_n：n ステップ目の時刻．

一方，鉛直方向についての1ステップ当りの移動量 Δz は次のように表せる．

$$\Delta z = [w(t_n) + w_s + w_m] \Delta t \tag{8.6}$$

ここで，$w(t_n)$：粒子に働く鉛直方向流速，w_s：Stokes の沈降速度式で求められる沈降速度，w_m：ゾエア自身の鉛直方向遊泳速度．

12時間周期で明・暗条件を与え，明条件ではゾエアに走光性による鉛直上向きの移動速度を与え，暗条件では0として算定した．塩分の選好性は，指定した塩分以下の塩分になると，ゾエアの走光性による上向きの移動を0とする単純なものとしたが，この方法は日中にゾエアが特定の塩分領域に多く存在するという条件を満足させることができる．

d. **計算条件** カワスナガニからのゾエア放出のタイミングは，いまだ解明され

てない．そのため今回は，他のスナガニ類が大潮の満潮時前後でゾエアを放出するということが知られていることから，満潮時に，これまでカワスナガニの生息が比較的多く確認されている 5.75 km 右岸から各 1 000 個体放出しその軌跡を追った．また，河口 0 km より下流，もしくは 7 km より上流に移動したゾエアは海域に放出され解析対象域内に帰ってくることが困難，または生息条件が適さないため死亡するとみなし計算を停止している．

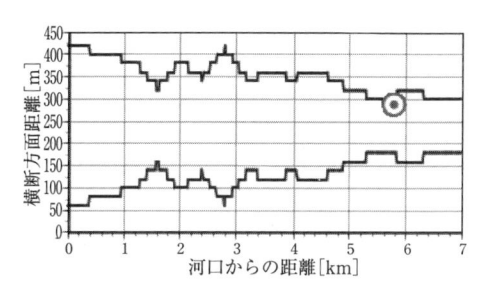

図-8.11 モデルにおけるゾエア幼生の放出位置

表-8.3 に計算時の条件を示す．塩分選好性に関してはいまだ定量的に明確にされていないため，下記 3 ケースを想定してシミュレーションした．

表-8.3 水理モデルに用いたパラメータ

	記 号	値	単 位
流下方向格子数	id	26	−
横断方向格子数	jd	351	−
鉛直方向格子数	ke	23	−
水平方向格子間隔	dx, dy	20	m
鉛直方向格子間隔	$dz(1) \sim dz(8)$	1	m
	$dz(9) \sim dz(11)$	0.5	m
	$dz(12) \sim dz(22)$	0.25	m
	$dz(23)$	0.75	m
底面摩擦係数	γ_b^2	0.0026	−
水平方向渦動粘性係数	Ah_0	10	m^2/s
鉛直方向渦動粘性係数	Av_0	0.001	m^2/s
タイムステップ	dt	2.5	s
流量	Q	4	m^3/s
流入水温	T_R	18.35	℃
流入塩分	S_R	0	−

・Case 1；塩分選好性を考慮しない，

・Case 2；塩分 15 以下で $w_m = 0$，

・Case 3；塩分 20 以下で $w_m = 0$．

e. 計算結果・考察　図-8.12 〜 8.14 にそれぞれ Case 1，2，3 のゾエア移流・拡散シミュレーションの計算結果を示す．塩分選好性を考慮しない Case 1 では，

第 8 章　河川汽水域生態系変化の分析と予測

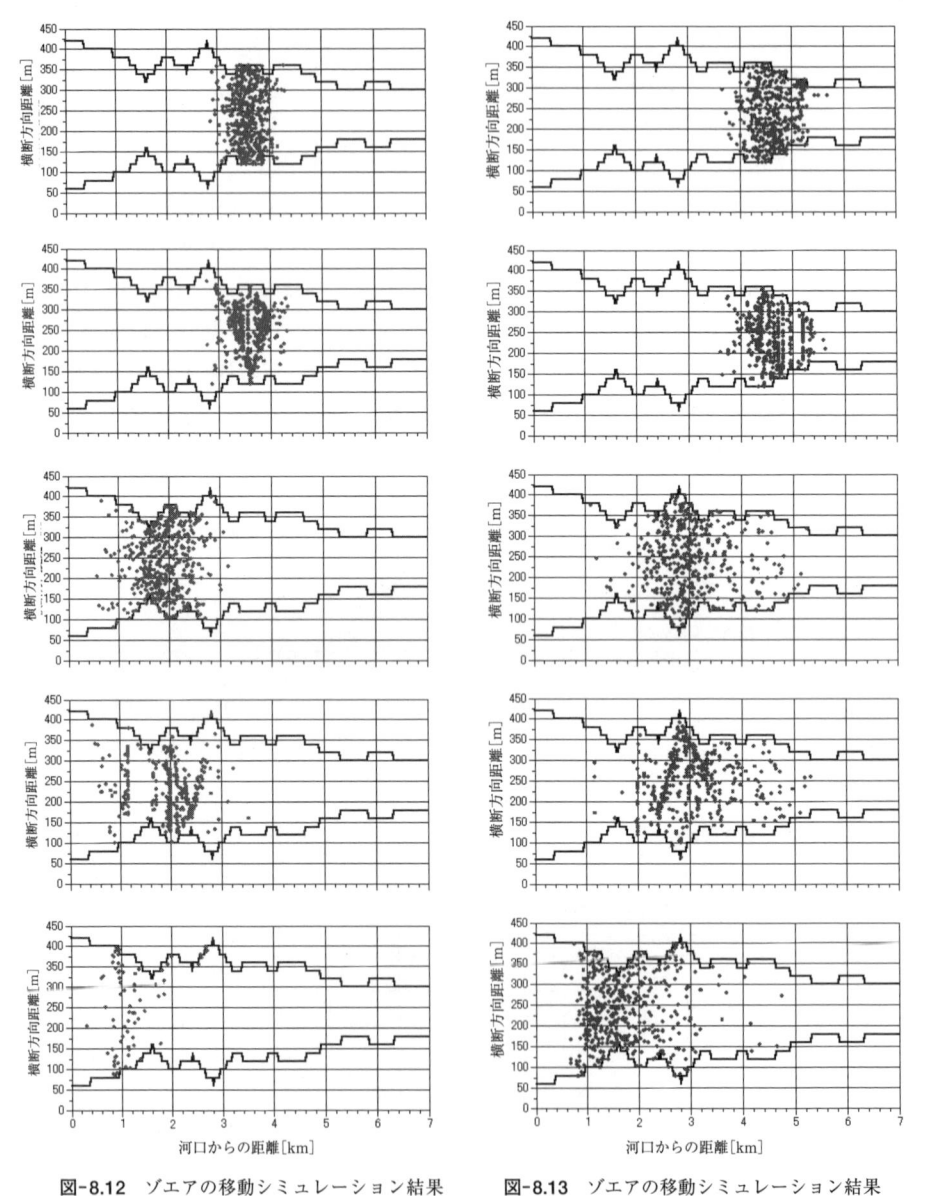

図-8.12　ゾエアの移動シミュレーション結果（Case1）

図-8.13　ゾエアの移動シミュレーション結果（Case2）

8.5 生物の環境変化に対する応答予測モデルに向けて

日中ゾエアは水表面近くまで移動してくることになり，わずか数潮汐で海域に流されてしまう．塩分15に選好性を持たせたCase 2では，上潮時に上流へ戻される傾向がうかがえるが，最終的に海域まで流される．塩分20に選好性を持たせたCase 3では，ゾエアは塩水くさび内の上流向きの流れに乗って海域に流されることなく，塩水くさびの上端付近にとどまることができる．また，この上流付近の分布は塩分の遡上する限界点付近にカワスナガニの成体が多く分布するという現地調査結果ともよく一致した．

以上の結果から，幼生は塩水くさびの内部にとどまることにより自身の遊泳能力に頼らずとも容易に親と同じ生息域に戻ってくることが可能であることが示された．上流にとどまるという可能性は塩分20で示されたが，現状の水理モデルでは，鉛直方向の塩分勾配が実測値よりも滑らかに算定されており，塩分躍層の明瞭な現地では，もう少し低い塩分の選好性でも同様の結果を得ることが可能であると推測された．

このような選好性の変化が浮遊生活期のゾエア幼生の分布特性に大きく関与しているのは間違いない．今後は，カワスナガニの一生における移動形態をシミュレーションに組み

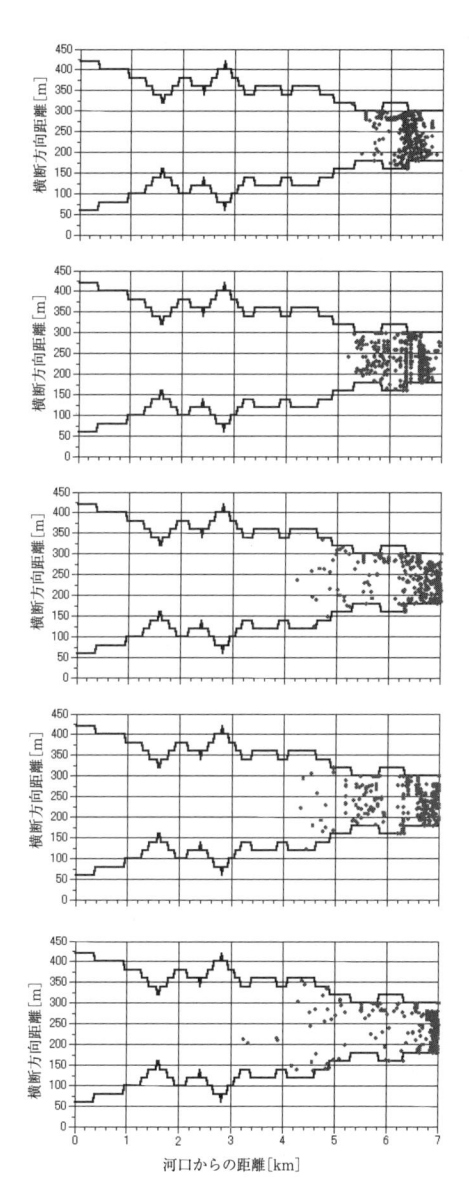

図-8.14 ゾエアの移動シミュレーション結果（Case3）

込むため，ゾエア幼生の齢別移動特性の変化，メガロパの移動特性を明らかにする必要がある．

(5) 専門家評価型

河川汽水域の生息・立地する動植物への人為的インパクト量が大きくなくコストと時間のかかる数値モデルによる生態系変化の評価を行うまでもないような場合，検討の対象とする生物種の生態特性が明確でなく，モデル構成の開発が難しいような場合，河川水理，河川地形，水環境，生物の専門家(技術者，学者)で，対話能力に優れ応用的センスのある人が集まり，課題の整理の後，生じるであろう変化を抽出し，インパクトとレスポンス関連図を作成し，かつ関連性の強弱を評価することは，分析・予測の一種である．これはより高度な分析・予想を行うための調査計画策定にも役立つ．

参考文献

- 荒川忠一：数値流体工学，東京大学出版会，1994．
- Baretta, J.W. and Ruardij, P.：Tidal Flat Estuaries, Simulation and Analysis of the Elms Estuary, Ecological Studies 71, Springer‐Verlag, 1988[中田喜三郎訳：干潟の生態系モデル，生物研究社，1995]．
- DiToro, D.M.：Sediment Flux Modeling, John Wiley and Sons, 2001．
- Fitri Riandini, 山下隆男：高濃度底泥の沈降・輸送モデルと移流・拡散型圧密方程式のECOMSEDへの導入，海岸工学論文集，第52巻，pp.991‐995, 2005．
- 藤田光一，伊藤弘之，藤井都弥子：自然共生圏・都市の再生, 3.2.3生態系予測モデルの開発(B)水域生態系，国土技術政策総合研究所プロジェクト研究報告，No.2, pp.286‐305, 2005．
- 藤田光一，季參熙，渡辺敏，塚原隆夫，山本晃一，望月達也：扇状地礫床河道における安定植性域消長の機構とシミュレーション，土木学会論文集，No.747/Ⅱ‐65, pp.41‐60, 2003．
- 呉海鍾，齋藤雅彦，佐藤愼司，鯉渕幸生，安熙道，鄭importantly，趙珍亨：韓国始華湖における排水門開門後の水質・底質変化の現地観測，海岸工学論文集，第52巻，pp.976‐980, 2005．
- 日宇洋平，呉一権，楠田哲也，平田将彦：北川感潮域におけるカワスナガニの分布特性と個体数変動および環境条件，環境工学研究論文集，vol.39, pp.467‐475, 2002．
- 芳川忍，畑恭子，安岡澄人，中野拓治：有明海の泥質干潟・浅海域の水質浄化機能の定量化，ヘドロ，No.94, pp.58‐65, 2005．
- 伊福誠，坂田健治，玉井秀子：肱川感潮域における懸濁物質の二次元数値解析，水工学論文集，第48巻，pp.1195‐1200, 2004．
- 稲垣聡, Stephen, G., Monismith, Jeffery, R., Koseff, Jeremy, D., Bricker：南サンフランシスコ湾における底泥輸送解析，海岸工学論文集，第48巻，pp.641‐645, 2001．
- 石川忠晴：河川下流部の塩水遡上とそれに伴うエスチュアリー循環の数値解析，河川整備基金事業 感潮河川の水理特性に関する研究，河川環境管理財団, pp.27‐49, 2000．
- 川西遼，荒木大志：感潮域における潮汐流と土砂輸送の数値解析，水工学論文集，第50巻，CD‐ROM, 2006．
- 汽水域の河川環境の捉え方に関する検討会：汽水域の河川環境の捉え方に関する手引書，河川環境管理財団, pp.3の16, 2004．
- 小林博，本田隆英，佐藤愼司，渡辺晃，磯部雅彦，石井雅敏：波の前傾化と混合粒径底質の分級を考慮した3次元海浜変形シミュレーション，土木学会論文集，No.740/Ⅱ‐64, pp.157‐169, 2003．

8.5 生物の環境変化に対する応答予測モデルに向けて

- 工藤健太郎, 鈴木伴征, 石川忠晴：瀬と淵が交互に形成された河道における塩水遡上と底質の縦断的特性, 水工学論文集, 第44巻, pp.1023‐1028, 2000.
- 工藤健太郎, 鈴木伴征, 石川忠晴：鉛直二次元モデルによる相模川感潮域の塩水流動解析, 水工学論文集, 第45巻, pp.949‐954, 2001.
- 熊田貴之, 小林昭男, 宇多高明, 芹沢真澄, 星上幸良, 増田光一：混合粒径砂の分級過程を考慮した海浜変形予測モデルの開発, 海岸工学論文集, 第49巻, pp.476‐480, 2002.
- 楠田哲也：河川汽水域の水環境と生物環境に関する研究, 個別編, 河川整備基金自主研究事業, 河川環境管理財団, pp.33‐52, 2006.
- Mellor, G.L. and Yamada, T.: Development of a turbulence closure model for geophysical fluid problems, *Rev.Geophys.Space Phys.*, 20, pp.851‐875, 1982.
- 中村恭志, 小島崇, 石川忠晴：CIP-Soroban法による河道幅を考慮した汽水域二次元数値モデルの開発, 水工学論文集, 第50巻, CD‐ROM, 2006.
- 中村俊六, テリーワドゥル訳：IFIM入門, USGS原書, リバーフロント整備センター, 1999.
- 二瓶泰雄, 加藤祐一, 佐藤慶太：広域河川流計算のための新たな三次元流動モデルの開発と洪水流計算への応用, 土木学会論文集, No.803/Ⅱ‐73, pp.115‐131, 2005.
- 小田一紀, 栄元平, 芝村圭, 農本充：塩水中における微細土粒子の凝集・沈降過程に関する研究−ベントナイトをモデルとして−, 海岸工学論文集, 第46巻, pp.981‐985, 1999.
- 岡田知也, 中山敬介：荒川河口域における潮差変動に伴うChlorophyll *a* 分布および河川流入負荷量の変動, 土木学会論文集, No.754/Ⅱ‐66, pp.35‐50, 2004.
- 中野晋他：浮遊幼生期を持つ潮間帯動物「シオマネキ」と河口部の流れとの関係, 水工学論文集, 第41巻, pp.1153‐1158, 1998.
- 中野晋他：吉野川河口におけるシオマネキ幼生孵化と潮汐応答, 水工学論文集, 第45巻, pp.1273‐1278, 2001.
- 日本生態系協会：ヘップ(HEP)国際セミナー, 2001.
- 小野澤恵一, 鯉渕幸生, 古米弘明, 呉海鍾, 佐藤愼司：韓国始華湖における堆積問題の現状, 海岸工学論文集, 第53巻, pp.926‐930, 2006.
- 佐藤愼司, 田中正博, 樋川直樹, 渡辺晃, 磯部雅彦：混合砂の移動機構に基づくシートフロー漂砂量算定式の提案, 海岸工学論文集, 第47巻, pp.486‐490, 2000.
- 清野聡子, 宇多高明, 前田耕作, 山路和男：守江湾内八坂川河口干潟におけるカブトガニ孵化幼生の分散機構の解析, 水工学論文集, 第44巻, pp.1209‐1214, 2000.
- 清野聡子, 宇多高明, 芹沢真澄：カブトガニ産卵地となる河口砂州周辺の海浜流の特性と産卵行動の関係, 海岸工学論文集, 第19号, pp.1156‐1160, 2002.
- 関根正人, 西森研一郎, 藤尾健太, 片桐康博：粘着性土の浸食進行過程と浸食速度式に関する考察, 水工学論文集, 第47巻, pp.541‐546, 2003.
- Stalnaker, C., Lamb, BL, Henriken, J., Bovee, K. and Bartholow, J.: The Instream Incremental Methodology-A Primer for IFMI, National Ecology Research Center, National Biological Survey, 1994.
- 末次忠司, 藤田光一, 服部敦, 瀬崎智之, 伊藤政彦, 榎本真二：礫床河川に繁茂する植生の洪水撹乱に対する応答, 遷移および群落の拡大の特性, 国土技術政策総合研究所資料, No.161, 2004.
- 鈴木伴征, 石川忠晴, 銭新, 工藤健太郎, 大作和弘：利根川河口堰下流部における貧酸素水隗の発生と流動, 水環境学会誌, 23巻, 10号, pp.624‐637, 2000.
- 玉井信行, 奥田重俊, 中村俊六編：河川生態環境評価法, pp.168‐183, 東京大学出版会, 2000.
- 田中正博, 井上亮, 佐藤愼司, 磯部雅彦, 渡辺晃, 池野正明, 清水隆夫：2粒径混合砂を用いた大型海浜断面実験と粒径別漂砂量の算出, 海岸工学論文集, 第47巻, pp.551‐555, 2000.
- 田中仁, 鈴木正：海浜粒度組成変化の予測モデル, 海岸工学論文集, 第45巻, pp.511‐515, 1998.
- 宇多高明, 石川仁憲：実務者のための養浜マニュアル, 土木研究センター, 2005.
- Yabe, T., Xiao, F. and Utsumi, T.: The constrained interpolation profile method for multiphase analysys, *J.comput.Phys.*, Vol.169, pp.556‐593, 2001. .
- 山本晃一：4章 生態系基盤としての河川地形に及ぼす自然的撹乱・人為的インパクトとその応答, 自然

第8章 河川汽水域生態系変化の分析と予測

的攪乱・人為的インパクトと河川生態系(小倉紀雄,山本晃一編著),p.80,技報堂出版,2005.
・山本晃一,高橋晃:河川水理模型実験の手引き,土木研究所資料,第2803号,1989.
・山本晃一,白川直樹,大塚史郎,伊藤英恵,内田士郎:流量変動と流送土砂の変化が沖積河川生態系に及ぼす影響とその緩和技術,河川環境総合研究所資料,第16号,河川環境管理財団,pp.158‐171,2005.
・山西博幸,楠田哲也,平田将彦,呉一権,季昇潤:北川干潮部における水理・水質変動とカワスナガニの生息環境に関する研究,環境工学研究論文集,vol.37,pp.173‐180,2000.
・山西博幸,楠田哲也,季昇潤,原浅黄,村上啓介:カワスナガニ *Deiratonotus japonicus* の現地生息横断分布と生息選好性に関する研究,環境工学研究論文集,vol.38,pp.1‐11,2001.
・安岡澄人,畑恭子,芳川忍,中野拓治,白谷栄作,中田喜三郎:有明海の泥質干潟・浅海での窒素循環の定量化―泥質干潟域の浮遊系―底生系結合生態系モデルの開発―,海洋理工学会誌,Vol.11,No.1,pp.21‐33,2005.
・横山勝英,金子祐,高島創太郎:温度計測に基づく感潮河道の底泥浸食過程に関する研究,水工学論文集,第51巻,pp.877‐882,2007.

第9章　河川汽水域生態系の保全・再生・管理

9.1　河川汽水域生態系の保全・再生の意義と課題

　1993年,『環境基本法』が制定され,翌年,これを受け建設省は『環境政策大綱』を制定し,そこでは「健全で恵み豊かな環境を保全しながら,人と自然との触れ合いが保たれた,ゆとりとうるおいのある美しい環境を創造するとともに,地球環境問題の解決に貢献することが建設行政の本来的使命であるとの認識をすること,すなわち「環境」を建設行政において内部目的化するものとする」と宣言した.

　1997年には33年ぶりの抜本的改正となる河川法改定案が国会で可決,公布された.『河川法』の目的に「河川環境の整備・保全」が位置付けられた.また同年『環境影響評価法』の制定,『海岸法』の改定,2000年『港湾法』の改定,2001年『水産基本法』の制定,2001年『漁港漁場整備法』の旧『漁港法』から発展的制定,2002年『自然再生推進法』の制定があった.同年,政府は『新・生物多様性国家戦略』を決定している.河川汽水域・沿岸域の管理に自然生態の保全・再生が法的に位置付けられ,ようやく再生のための制度的枠組みも整備されつつある.

　河川管理においては治水,利水,環境が3本の柱となり,河川環境は技術行為の配慮点ではなく目的となったのである.しかしながら,治水,利水に比べ,技術的蓄積が少ないこともあり,「河川環境の整備と保全」をどのような観点から,どのようなシステムでそれを担うかについて,十分な制度的仕組みや計画・管理論がまだ確立していない.技術的視点から早急な検討と体系化が必要となっている.

　河川汽水域の生態系の保全・再生の目標とその水準は,河川が置かれた自然的・社会的条件により大きく異なるものであり,普遍的目標水準があるわけでない.河川と流域の相互連関の歴史という与件の相違を認識しつつ,個々の河川ごとに設定せざるを得ないものである.問題は誰がものをいい,目標を現実化するのに誰が費

用負担し，誰が意思決定するのかということになろう．河川汽水域生態系に関する科学技術的知見はこれをサポートするが，最終的意思決定の根拠性となるものでない．

ところで，河川汽水域は河川流域と海を結ぶ遷移空間であり，河川汽水域の生態系は，河川上流からの水，土砂，栄養塩，河口付近の沿岸環境，さらには沖海の物理・化学条件に大きな影響を受けている．河川においては水質の改善と流水・土砂の移流により環境の回復速度は速いが，一方，汚れてしまった内湾（貧酸素層の発生，底泥からのリンの溶出）では環境回復速度が遅く，河川汽水域もそれに引っ張られてしまう．河川汽水域および河口周辺域の自然生態系の保全再生は，『河川法』の規定する河川空間内で閉じないのであり，海岸，港湾，都市，漁業，農業部門と協働した計画・管理・事業実施が不可欠である．個別法では解決のつかない広域的空間管理のあり方を問わざるを得ず，関係機関およびステークホルダーによる協議会の創設と協働的計画・行動が必要となる．

河川汽水域の水環境と生物環境に関する知見の増大は河川汽水域の自然環境の持つ価値的意味の増大となると思われるが，どのような水準で自然の変動と変化を受け入れ，かつ制御という技術的対応（人為的インパクト）をとるかは，主に河川流域の自然的・社会的条件，従に流域そのものを取り巻くよりスケールの大きな環境条件（地域，国），さらには地球規模の環境条件とリンクせざるを得ないものである．

具体的には河川汽水域と河口沿岸域の河川汽水域環境の保全・再生をどのように実体化していくかが技術的課題であるが，河川汽水域生態系に及ぼす流入水質や地形改変等の影響程度や系の応答時間速度等，計画に必要なサポート情報の生産・理論化が十分でなく，技術的実践の隘路となっている．

近代の技術は，規格化，分業化という工場の技術に特徴がある．河川についても同様な技術思想にとらわれてきた．河川の機能ごとに分断化された技術体系，定常化，定規断面，公平・平等の安全度等である．同様に学問の世界も分化され，分化されたディシプリン集団ごとに学的先端性を求め，集団間の会話が難しくなった．近代における河川汽水域の変化は，この科学技術思想の具体的現れといってもよいものである．今は，これを河川汽水域とは流水・土砂・水質の変動・変化の場であり，それが河川汽水域生態系という環境傾度の高い特異な空間を形成し，それ故，人為作用に対する応答性の速い場である，ということを自覚・認知し，さらに分断された知見を統合化し，かつてあった河川汽水域，河口沿岸域をできるだけ取り戻そうという理念が生まれつつあるのである．

河川・河口域の風景は，周辺社会の現れである．それは，社会の規範・価値観に左右される．人間は洪水という脅威を防ぎ，交通路とし，また河川水を消費財・生産財として引水し，周辺の土地生産性を高めてきた．河川・河口域と人間の関わりの歴史的蓄積物が現河川・河口の風景なのである．これを土台としてしか河川汽水域環境の再生はありえない．再生の方向とその程度は，周辺社会の価値観，規範意識に従わざるを得ず，また原自然には戻れないものである．河川汽水域生態系は周辺環境の変化に応じて応答するのみである．それを意味付け，ある望ましい環境に再生しようとするのは人間である．すなわち，時代の思想である．河川汽水域生態系の再生に向けて資金と労働力を投入することが，人間が将来にわたって豊かで健全な生活を営むために必要であるとされ始めたのである．

河川汽水域生態系にとって本質的な現象を受け入れ，それを技術の中に内部化するには，解決しなければならない多くの課題がある．

緊急の課題としては，①現存する河川汽水域環境水準の評価法，②それを土台にとりえる手段を考慮に入れながら河川汽水域生態系の保全・再生に係る計画目標水準の設定法，③取り入れる手段の効果の測定手法（経済的，審美的，倫理的価値），④河川に関わる他の機能との折合いのつけ方，⑤河川汽水域生態系の再生に関わる行動計画策定プロセスのあり方（法，規制，誘導，啓蒙，協働），⑥維持管理水準の確定と管理行為，を明確にすることが必要不可欠である．

9.2 技術行為としての制御対象

「河川汽水域生態系の保全・再生」という技術目標を掲げた場合，目標指標を設定し，それに向かって操作対象に働きかけなければならない．直接的操作要素（河川および河口沿岸域で直接実行しえる操作要素）として重要なものを本書から引き出すと，以下のようになろう．

a. 水質　河川上流および海から流入する栄養塩類，汚染物質の量と質は，汽水域および河口周辺沿岸域の生物現存量，生物生産量を規定する主要な要素である．河川汽水域での栄養塩類，汚染物質の制御は，河川および河川近傍海域に直接排水する支川，排水路の水質改善施設の設置，排水水質規制，放流口位置の変更という手段による．

基本は流域での下水処理場・畜産排水浄化施設の建設と運営，工場排水規制，農業用肥料の適切な施肥管理，合流式下水道の雨天時排水の制御（貯留施設の設置）で

あるが，排水路，小支川の汚れた河水を浄化施設（礫間接触法，酸素補給，植生浄化等）により直接浄化する，浄化用水を導入する，なども制御手段となりうる．

b. **河道形状，海岸形状**　河川管理者は，従来，治水・利水の目的のため，河道形状を河道計画に則り河道の縦横断形状を整正し，さらに河川管理構造物を建設・維持してきた．これらは河川生態系に対する人為的インパクト要因であり，河川汽水域生態系に大きな影響を与えたが，河川汽水域生態系の再生手段ともなりうる．

河道計画において，河川生態系の保全と再生を治水機能と調整をとりながら適切なものとしていくことが肝要である．幸い『河川法』の改定により河川整備計画の検討がなされているから，この機会に十分な検討を行うべきである．なるべく汽水域の掘削を避けた計画としたい．

また，海岸は工業用地や都市用地として埋め立てられ，また波浪や高潮災害に対処するために海岸堤防や侵食防止工を設置してきた．これらは河川同様，汽水域生態系にダメージを与えたが，海岸地形を生態系にとって好ましい形状に変えることは，汽水域生態系の再生手段となり得る．

局所的に悪化した河川汽水域空間を再生するために，河道内干潟の造成（淀川，木曽川，揖斐川，鵡川）やヨシ生育基盤の造成（荒川，豊川）等がなされている．河口近傍海岸においては埋立てにより失った干潟域の復元のため河口周辺で人工海浜・干潟の造成が実施されている（三河湾，江戸川，八幡川）．また漁港等にたまった漂砂を河口付近に戻すサンドバイパスが実施され（鵡川），また痩せてしまった浜辺に土砂を人為で供給する養浜がなされている（安倍川）．貝類の生息場の造成やカブトガニの産卵場確保のため産卵場の造成がなされている．

干潟域の造成は底生動物や付着藻類の増加による水質浄化能力を高める機能もある．

c. **土砂供給量**　河川汽水域環境を保全・再生するために，前記した河道内干潟の造成や河口付近での養浜のように直接土砂を対象地域に持ち込む方法と河川汽水域および河口域に適切な流入土砂量を確保する方法がある．

後者は，山間部における砂防ダムのスリットダム化やダム貯水池の土砂排砂施設の設置，堆積土砂のダム下流への移動，海浜部での漂砂移動の確保のためのサンドバイパス等が土砂の制御技術となる．河川汽水域上流河道での頭首工の可動堰化，取水堰上流にたまった土砂を下流に移動させる（多摩川）なども土砂移動の制御手段となりうる．流域の開発行為に伴う土砂生産量の急増に対しては，洪水調節池の土砂溜め化や土砂を流出させない土工法と規制が有効である．

また，河道計画において，海への土砂供給が適切であるように，川幅，河床高を設定することは，汽水域の再生の有効な手段である．

d. 洪水流量　洪水流量は河川汽水域生態系の動態と変動を規定する最も主要な要素である．洪水流量を直接的に制御する構造物はダム貯水池である．ダムの運用は利水（各種用水および電力），治水を目的とするもので，下流河川汽水域生態系の保全と再生を目的とした洪水時の運用はなされていない．

河川汽水域では，掘削等の人為的改変の影響が大きいので，洪水流量の減少が河川汽水域の河道地形を変化させたことを証明にするのは難しい．しかし，洪水流量の減少が，河川汽水域部河床材料のA集団の海への流出量を多少減少させ，B集団，シルト・粘土の流出を山地面積におけるダム集水面積の割合程度逓減させているのは明確である．

洪水時の放流方式を河川汽水域の生態系のみならず，「河川生態系の保全と再生」の観点から治水，利水と調和をとりながら，洪水攪乱規模をどの程度にし，どう制御すべきか検討する時期にきている（山本，2005；渡邊他，2006）．小流量を長時間流すより高水敷に乗るような洪水が攪乱として重要である．ダム放流における無害流量を大きくし，中小洪水を流下させることである．通常，無害流量はダム地点から沖積平野に出るまでの山間部における洪水被害発生流量で規定されてしまうことが多く，山間部の治水安全度を上げるという対応措置が必要となる．無害流量を大きくできれば，ダムの既存治水容量をより有効に利用し得るし，また下流の安全度も増加する．なお放流流量の増加と制御能力の向上のためには，通常，放流設備の改造が必要となる．

e. 平常時の流量　平常時の流量は，流水の正常な機能を維持するために必要な流量（正常流量）を確保するため，ダム貯水池放流量を制御することにより確保される．正常流量は，舟運，漁業，景観，塩害の防止，河口閉塞の防止，河川管理施設の保護，地下水位の維持，動植物の保護，流水の清潔の保持等を総合に考慮し，渇水時において維持すべき流量（維持流量）およびそれが定められた地点より下流における流水の占用のために必要な流量（水利流量）の双方を満足する流量である．

「河川汽水域生態系の保全と再生」の観点からは，維持流量の増加が望まれるが，河川汽水域生態系の観点からどの程度の流量が必要であるが明確にされていない．もともと理学的に定まるものでなく社会学的用語なのである．たとえ明確化されてもない水は生まれない．環境用水ダムの築造，流域変更，水利用の合理化，流域の保水性の確保なしには生み出せないものである．

河川汽水域においては河口閉塞の防止の観点からの維持流量，塩害の防止の観点からは塩水くさび進入長制御のための維持流量，河川汽水域生物の保全の観点からは適切な塩分濃度の確保のための維持流量が技術的課題となる．

なお，可動堰の操作ルールを生態環境の改善に向けての変更は，平常時の流量を制御する1手段となり得る可能性があり検討の余地がある．

f. 地下水位　河床掘削等による水位低下，高水敷への土砂堆積により高水敷の乾燥化が進み，高水敷植生の遷移が生じている河川では，高水敷の掘削による相対的地下水位の上昇による河川汽水域植生の再生等が技術的手段になりうる．

g. 護岸・水制・堰　護岸・水制は河岸の侵食防止のために設置されるが，貴重な水際生息域を分断する．治水上必要でない護岸の撤去，河岸線防御水制の設置［**写真-9.1** のように水制の高さを高くして流水の障害物とすることによって流水を河岸から遠ざけ，河岸の破壊を防ぐ．水制間の河岸に護岸を伴わない水制(山本，2003)］，多自然型

写真-9.1　航路用水制が河床低下により河岸線防御水制化した利根川 119〜120 km 左岸の河岸線(1980)

護岸・水制の設置(江戸川放水路：トビハゼ対応)等が技術手段となりうる．

利水のための可動堰や取水堰の改良・撤去，魚道の設置・改良は技術的手段となりうる．

h. 植生　河川植生は，河川生態系の重要な構成要素，景観要素として保全育成されるまでになった．河川植生は，攪乱という現象を必須の考慮事項とした治水，河川利用(高水敷利用)，生態系との調整を図る価値的および技術的(制御)対象となったのである．

河川汽水域ではヨシ原の計画的刈取り，野焼きによるヨシの活性化と遷移の防止がなされている．岩木川ではヨシの生育条件の改善にための野焼きをヨシを生息場とするオオセッカの保全との調和のために計画的に実施する試み(竹内健吾，2005)が，豊川，長良川等ではヨシの植栽が，多摩川ではヨシ原の保全対策の検討(小林他，2006)がなされている．ヤナギ類については，保全・再生に関する試みや研究がなされている(北村，1999)．また海域ではアマモ場の再生が試みられている．ノ

リの養殖が河川汽水域および河口域で実施されている.

外来種の除去,除草,植樹,耕作,牧畜による食草等は人為による植生の制御の一種であり,汽水域環境の保全・再生の手段ともなりうる.

i. 動物 　従来から内水面漁業における収穫量の増大という観点から稚魚・稚貝の放流,カキの養殖等がなされている.収穫量増大のため施肥しなければ,収穫物を汽水域から持ち出すことは,海への栄養塩の供給量を減少させる.

絶滅危惧種を保全するために上位消費者を捕獲することは,保全・再生の技術手段となりうるが,緊急避難策として実施すべきである.要は絶滅危惧種が生育し得る環境場を再生することである.

j. 行動規制,誘導 　生態的に貴重な空間に対して自然保全ゾーンを設定し,人の行動を規制すること,舟の運行速度を規制すること,車が進入できないバリヤーを設置すること,遊歩道を設置すること,などの人間の行動を規制,誘導することも河川汽水域の保全・再生の手段となりうる.

「河川汽水域生態系の保全・再生」という技術目標を達成するために,河川外で行う操作要素としては河川に影響を与えるすべて(河川に流入する物質の量と質の変化に影響するすべての人為的作用)が操作対象となるが,流域を単位とした物質の収支,物質の量・質が河川環境に及ぼす影響が十分に解明されていないこともあり,何を,どこで,いつ,誰が,いかに,だれの費用で制御すればよいかについて,流域管理という視点から十分に整理されているとはいえない.

現在,洪水防御の観点から土地利用規制,貯留・浸透施設が,水質保全の観点から排水水質規制,下水道,水質浄化施設の設置等がなされている.河川外での操作要素を意図的に制御するには,『河川法』を超える流域管理という視点と統合組織,そしてそれを支える科学技術情報が必須であり,さらに公的セクターのみならず,民間セクター,流域住民との協働がなければ実行できないものなのである.

9.3　河川汽水域生態系の再生の方向

9.3.1　流域の土地利用と河川生態系の保全・再生

河川汽水域生態系は,流水が流れる河道とその付近で閉じるものではない.河川汽水域生態系の保全・再生は水循環および物質循環の単位である流域との関係を無視しては成り立たない.

河川汽水域環境の保全・再生を局所的対応で考えるのではなく，少ないエネルギー投入量で環境の質を良くする流域管理的視点を導入することが必要であり，地球環境に対する対応でもある．

生物多様性保持の観点からは人間系における土地利用適正化を図ることが肝要である．まずは，河川流域の空間の分節化と生態学観点からの分節化された空間の最適ネットワーク化，物質循環の遅延化（再利用，廃棄物の資源化），生産システムとそれを囲む生態系との関係の適切化を図る流域管理的空間計画とそれを担う規範，法，組織等を研究・検討・実体化していくべき時期に来ている．

9.3.2 河川汽水域の環境目標

日本の河川の環境政策は，もっぱら水質の改善に向けられていた．60年代後半から70年代にかけて河川水質が悪化し，どぶ川化した河川が現れ，人の健康および生活環境の劣化，水産業の衰退等をもたらし，水質改善が大きな目標となった．1970年には『水質汚濁防止法』が制定され，翌年から特定施設を有する工場・事業場排水に対して排水基準が定められた．1971年，『公害対策基本法』が制定され，環境基準が告示された．河川水質については生物化学的酸素要求量（BOD）等が，海域について化学的酸素要求量（COD）等が告示された．その基準は表-9.1, 9.2のようであり，告示された環境基準に向けて種々の水質改善対策が実施された．近年ではBOD基準値で達成率が8割以上となり，有機汚染は大幅に改善された．

河川における有機汚濁は改善されたが，湖沼や内湾域の閉鎖性水域では改善の兆しが見えず，1979年，『水質汚濁防止法』に基づき東京湾，伊勢湾，瀬戸内海ではCODの総量規制が実施されたが，閉鎖性水域では富栄養化により有機物を削減するだけでは水質の改善が難しく，法律により，1982年，湖沼の窒素，リンに対する環境基準が，1993年，海域に対しても同様，環境基準が設定され，富栄養化防止に対する種々の施策がなされた（大垣，2005）．

河川に対しては窒素，リンに対する環境基準は設けられていない．これは，閉鎖系水域では主な一次生産者が浮遊性藻類でありCODの上昇を招くが，河川では一方向に流れる開放系であり，また日本の河川流水の河川内に流下している時間が長くても2週間程度であるので浮遊性藻類の発生があまり見られず，栄養塩を利用する主な一次生産者が付着性藻類であり，栄養塩を取り込み，自浄作用の機能を持つと考えられたからである．

しかしながら勾配が緩く長い汽水域を持つ河川では，浮遊性藻類が汽水域で発生

9.3 河川汽水域生態系の再生の方向

表-9.1 河川環境基準(湖沼を除く)

項目 類型	利用目的の適応性	基準値* 生物化学的酸素要求量(BOD) [mg/L]
AA	・水道1級 ・自然環境保全およびA以下の欄に掲げるもの	1以下
A	・水道2級 ・水産1級 ・水浴およびB以下の欄に掲げるもの	2以下
B	・水道3級 ・水産2級およびC以下の欄に掲げるもの	3以下
C	・水産3級 ・工業用水1級およびD以下の欄に掲げるもの	5以下
D	・工業用水2級 ・農業用水およびE以下の欄に掲げるもの	8以下
E	・工業用水3級 ・環境保全	10以下

* 基準値は, 日間平均値とする(湖沼, 海域もこれに準ずる).
注) 1. 自然環境保全:自然探勝等灯の環境保全.
2. 水道1級:濾過等による簡易な浄水操作を行うもの.
   2級:沈殿濾過等による通常の浄水操作を行うもの.
   3級:前処理等を伴う高度の浄水操作を行うもの.
3. 水産1級:ヤマメ, イワナ等貧腐水性水域の水産生物用および水産2級および水産3級の水産生物用.
   2級:サケ科魚類およびアユ等貧腐水性水域の水産生物用および水産3級の水産生物用.
   3級:コイ, フナ等, β-中腐水性水域の水産生物用.
4. 工業用水1級:沈殿等による通常の浄水操作を行うもの.
   2級:薬品注入等による通常の浄水操作を行うもの.
   3級:特殊の浄水操作を行うもの.
5. 環境保全:国民の日常生活(沿岸の遊歩等を含む)において不快感を生じない限度.

表-9.2 海域環境基準

項目 類型	利用目的の適応性	基準値 化学的酸素要求量(COD) [mg/L]
A	・水産1級 ・水浴 ・自然環境保全およびB以下の欄に掲げるもの	2以下
B	・水産2級 ・工業用水およびCの欄に掲げるもの	3以下
C	・環境保全	8以下

注) 1. 自然環境保全:自然探勝等灯の環境保全.
2. 水産1級:マダイ, ブリ, ワカメ等の水産生物用および水産2級の水産生物用.
   2級:ボラ, ノリ等の水産生物用.
3. 環境保全:国民の日常生活(沿岸の遊歩等を含む)において不快感を生じない限度.

する場合があること，上流から剥離した付着藻類の堆積場所となり，その分解過程で酸素を消費し貧酸素化が生じ，リン等の栄養塩が増加し，河口付近での海洋性浮遊藻類の増殖に寄与し，それが上げ潮に乗り河川汽水域に入り込むことがある．

現在，河川汽水域の環境基準は水質(河川域BOD，沿岸域COD)を指標とするものであるが，今後，河川汽水域を生態系として捉える観点からの環境基準が必要とされよう．河川汽水域を対象としたものではないが，国土交通省河川局では「人と河川の豊かなふれあいに確保」，「豊かな生態系の確保」，「利用しやすい水質の確保」，「下流域や停滞水質に影響の少ない水質の確保」の観点から河川水質の新しい指標を提示し試行している(宮藤, 2004)．ちなみに欧州委員会第11回総合理事会の最終報告書『欧州連合内における水域の生態学的質に関する統一的モニタリングと分類』(1996)の「付録B 水域類型についての質の要素と運用指標の選定」の河口域の部分を参考資料1に記載する．

さて欧州委員会では，河口域の生態学的環境の質については，「溶存酸素」，「大型底生動物群集」，「水生植物群集」，「魚類個体群の多様性」に基づいて4段階に評価することを推奨している．「堆積物の構造と質」については運用指標として推奨しておらず，また「河岸地帯」については考慮にいれられるべきであるとしているが，具体的運用指標を提示していない．日本の劣化してしまった河川汽水域の底質は人為的影響により変化(細粒化)してしまったものがあり，以前あった底質を環境基準の目標にして施策を実施していくという方向もありえる．しかし，その目標を実施するには莫大なコストと長時間を要し，技術的目標として現実的でないと考える．「河岸地帯」については，河岸の自然度(人工河岸，生態系に配慮した護岸，自然河岸等)を指標として河岸の改善目標を設定することは必要なことである．

9.3.3 河川汽水域生態系の保全・再生技術

河川汽水域生態系をある目標を定めて計画的(適応的)対応するという技術行為を行うには，何を制御対象とし，その制御という技術的行為により河川汽水域環境がどのように応答・変化するか予測し，その効果について評価する必要がある．そのためには，3.3で述べたように河川汽水域の境界面でのエネルギーと物質と技術行為を入力条件とし，汽水域での生物を通じた捕食・腐食関係による物質とエネルギーの変換過程を通して内部要素の時・空間分布，境界面の変化，境界面でのエネルギーと物質を出力として表出し，技術行為の効果を判定しなければならない．しかしながら，河川汽水域生態系を構成する要素間の相互連関性の実態把握も理論化も

十分とはいえず，現実には入力と出力に関する過去の記録の分析を積み上げ，両者の蓋然的必然性を抽出し，それを頼りに技術行為を実施せざるを得ない．

河川汽水域生態系の保全・再生技術の適用にあたっては，まずは当該汽水域の物理・化学・生物環境の時空間特性を調査し，各要素間の関係性を把握することである．これによって汽水域の変化の要因が把握でき，対応方法の洗い出しができよう．さらに似たような汽水域特性を持つ河川での実践事例のうち成功したものを参考にし，対応手法を考えるべきである．ただし事例が少なく，また技術行為による河川汽水域環境の変化の予測精度が高くないことより，これを実行化するにあたっては，従来の物財管理と異なった河川管理システムが必要である．すなわち，ある目的行為による変化を監視し，変化を未来に向けて読み解き，目的が持続可能なように少ないエネルギー投入量で管理していくという，実践・モニタリング・分析・補修あるいは修正というサイクルを保証し得る河川管理システムを構築することである．また専門家の意見を聴取するシステムも構築しておくべきであろう．

(1) 河川計画から見た河川汽水域生態系の保全と再生

河川の計画の根拠となる基本法は，『河川法』第16条による「河川整備基本方針」と「河川整備計画」である．汽水域の保全および再生を具体的に整備をする計画は「河川整備計画」である．この河川整備計画は，計画を定める区間の全体についての段階的，計画的な整備を定めるものであり，個別工事の詳細な計画を定めるものではない．この河川整備計画の目標達成年は概ね20～30年とされている．

河川整備計画の具体的内容を**表-9.3**に示す多摩川水系河川整備計画(直轄管理区間編)の目次に見てみよう．ここで網掛け部分が特に河川汽水域生態系の保全・再生に関わる項目である．多くの事項に関わっており，河川汽水域生態系の保全・再生は治水・利水と同時に考えなければならない課題であることが理解できる．

河川汽水域の問題・課題を調査し，河川汽水域の生態系の保全・再生に関わる項目を河川整備計画策定時に汽水域の環境を意識化して書き込むことである．また，より詳細な河川環境の管理方針を規定した河川環境管理基本計画(空間管理計画と水環境管理計画の2本の柱からなる)は河川整備計画と齟齬がないように改定されるべきである．

以下に河川汽水域の整備(再生)計画にあたっての留意点を記す．

河川汽水域の保全・再生にあたっては，河川が自然に向かおうとする方向に技術行為を合わせていくことが肝要であろう．河川の向かう方向は，河川汽水域の歴史的変遷(地形，動植物，河川利用，周辺土地利用)を河川に働いた自然的および働き

第9章 河川汽水域生態系の保全・再生・管理

表-9.3 多摩川水系河川整備計画（直轄管理区間編）
（網掛け部分が汽水域に関する事項）

第1章　河川整備計画の目標に関する事項
　第1節　流域及び河川の概要
　第2節　河川整備の現状と課題
　第3節　河川整備計画の目標
　　第1項　計画対象区間及び計画対象期間
　　　(1)　計画対象区間
　　　(2)　計画対象期間
　　第2項　洪水，高潮等による災害の発生の防止又は軽減に関する事項
　　第3項　河川の適正な利用及び流水の正常な機能の維持に関する事項
　　第4項　河川環境の整備と保全に関する事項
第2章　河川の整備の実施に関する事項
　第1節　河川整備の前提
　　第1項　河岸維持管理法線等の設定
　　　(1)　河岸維持管理法線の設定
　　　(2)　維持管理河床高の設定
　　　(3)　特殊防護区間の設定
　　第2項　河川敷の区分の設定
　　　(1)　ゾーンの設定
　　　(2)　機能空間区分の設定
　　第3項　水面の区分の設定
　　　(1)　水面の空間設定
　　　(2)　水際の空間設定
　第2節　河川工事の目的，種類及び施工の場所並びに当該河川工事の施工により設置される河川管理施設等の機能の概要
　　第1項　洪水，高潮等による災害の発生の防止又は軽減に関する事項
　　　(1)　多摩川本川
　　　(2)　浅川
　　第2項　河川の適正な利用及び流水の正常な機能の確保に関する事項
　　第3項　河川環境の整備に関する事項
　　　(1)　生態系保全回復関連対策
　　　(2)　水環境関連対策
　　　(3)　人と川のふれあい関連対策
　　　(4)　福祉関連対策
　　　(5)　歴史文化関連対策
　第3節　河川の維持の目的，種類及び施工の場所
　　第1項　洪水，高潮等による災害の発生の防止又は軽減に関する事項
　　　(1)　国土保全管理情報の収集・提供システム
　　　(2)　河川の形状機能
　　　(3)　河川管理施設の機能
　　　(4)　洪水・高潮対策の体制
　　　(5)　広域防災機能
　　　(6)　情報システム
　　第2項　河川の適正な利用及び流水の正常な機能の維持，並びに河川環境の保全に関する事項
　　　(1)　流水機能
　　　(2)　渇水調整体制
　　　(3)　秩序ある利用形態
　　　(4)　河川美化体制
　　　(5)　人と川とのふれあい機能
　　　(6)　福祉関連施設の機能
　　　(7)　河川環境モニター機能
　　　(8)　河川環境
　　　(9)　河川景観
　　　(10)　多摩川の文化育成機能
　　　(11)　住民等との協働システム
・計画緒言表
・附図

かけた人為的インパクトとの関係の中で記載・分析する行為を通じて明らかにできよう．また河川汽水域の課題と整備の方向性も見えてくる．

　まずは，河川の変動性を認知・許容すること，汽水域のみならず河口周辺域の環境の質を改善するように計画することである．そのためには『河川法』法定上の河川域を拡大（堤防間幅の拡大）し，河床掘削を避けることが好ましい（回避行為）が，現実には種々の制約があり不可能であることが多い．その場合にはミチゲーション的対応措置（代償行為）をとらざるを得ない．なお，汽水域の治水にための河積が過剰なものとなっていないか確認する．すなわち，洪水時の河床変動や粗度係数の変化を考慮する．また，汽水域河道は土砂の堆積空間であるので河床上昇速度の評価を行う（維持管理への反映）．

　水質の改善は汽水域での河川整備で解決ができることは少ない．汽水域における汚染物質等の分解，同化，希釈拡散能力を評価し，汽水域上流での排水水質規制や下水処理施設の建設と適切な排水域の設定等で対応せざるを得ない．汚染された底質に対しては，浚渫，

被覆，固化等の技術手段がとりえるので検討し，対応方針を決定する．

河口付近の埋立てや港湾の建設，海浜構造物の建設に対しては，汽水域環境の保全・再生の観点から協議対応していく．

河川汽水域の環境の保全・再生の全体計画の作成にあたっては，関係者(ステークホルダー)からなる協議会および専門家からなる技術部会を組織化し，意思決定していくこととなろう．

(2) 河口干潟および河道内干潟の減少に対する対応技術

a. 外海に流出する河川　一級河川のほとんどは，治水のため河床掘削し50年前の河床より2m程度低くなっている．このため河川汽水域に上流から供給される従来の河川汽水域のA集団の土砂は河川汽水域に堆積し，河口からのA集団の流出土砂は減少し，河口砂州の内陸への移動と河口周辺域の海岸侵食が生じている．また河川汽水域区間の延長は従前より長くなっている．

海への流出土砂量を増加させるには，河川汽水域の河床を復元しなければならない．そのためには計画高水位の引上げ，堤防間幅の増加が必要であるが，既存の橋梁の付替え等が必要とされる場合が多く，コストがかかり現実的でない場合がほとんどである．もう一つの方法は，汽水域の低水路幅を狭くすることであるが，洪水時の水位が上がり，通常，堤防の嵩上げが必要になる．

現実的な対応は養浜である．養浜材料は，元の海浜材料と同程度の粒径程度の材料であることが好ましい．上流にダム貯水地があり河川汽水域河道のB集団の供給土砂量が減少し，その粒径集団が海浜材料になっている場合は，海岸侵食の要因になるので，ダムからの供給を増やすか(排砂設備の設置等)，養浜する．外海に流出する河川では漂砂により養浜された土砂は移動してしまうため，突堤や離岸堤等の漂砂移動軽減設備や継続的な養浜が必要となる．

安倍川では海岸侵食軽減のため，河道内堆積土砂を掘削し養浜材料として使用している．

b. 内海に流出する河川　河床掘削の影響により河川汽水域に上流から供給されるA集団土砂は河川汽水域に堆積する量が増加し，河口からのA集団の流出土砂は減少し干潟前進速度の停滞が生じている．また河口干潟が埋め立てられ干潟域が減少している河川が多い．

波が小さいので，人工干潟を造成すれば長い期間地形を保持できる．干潟材料は過去の干潟材料と同程度とすることが好ましい．なお河道内干潟の造成にあたっては，造成場所が洪水時侵食空間とならず堆積空間となる場所に造成する．堆積空間

は澪筋・砂州の調査により推定可能である．

　河道内干潟の造成については揖斐川・長良川の砂干潟の造成(鈴木他，2003)，淀川(河川環境管理財団，2005)等の事例があるが，事例が少なく，かつ小規模である．

　沿岸域での砂干潟の造成や養浜については既に多くの実績があり，マニュアル等もある[宇多他，2005；エコポート(海域)技術WG，1998]．事例をあげれば八幡川(日経コンストラクション，2005)，三河湾一色海岸(航路浚渫土砂を養浜材料に使用)，尾道市百島・海老・灘地区(底質浄化協会広報委員会，2005)等である．

(3)　河岸の再自然化技術

　河道計画においては堤防防護ラインと低水路河岸管理ラインという概念が導入された(国土技術研究センター編，2002)．堤防防護ラインとは，侵食・洗掘に対する堤防の安全性確保のため，河岸侵食が直接堤防侵食に繋がらないのに必要な高水敷幅を確保するものである(堤防漏水対策として高水敷をブランケットと位置付けている場合，また地震による堤防の損傷対策として位置付けている場合は，これに必要な幅も確保する)．この幅の確保が治水面からの必要河積の確保，河川環境(生態，景観等)の面から不可能な場合は，護岸・水制等による侵食対策を確実なものとし，さらに堤防の補強により対処する．このようにして求められた高水敷幅を確保したラインを堤防の防護の観点から見た堤防防護ラインという．

　この堤防防護ラインは，従来の計画低水路法線のように「計画」として，そのラインに低水路を固定するという積極的な意味を持つものでなく，低水路の移動により，このラインが侵食により犯された場合，あるいは犯される恐れが生じた場合に，防護のための措置が必要となるという消極的な意味を持つものである．いわば「計画」ではなく「管理」の目安となるものである．

　低水路河岸管理ラインとは，河道内において治水，利水，環境の面から期待される機能を確保するために措置(河岸侵食防止工)を講ずる必要がある区間を示すものであり，高水敷利用や河岸侵食に対する堤防防護の観点から，低水路を安定化させることを目的に設定するものである．低水路形状を制限する必要がないと判断される箇所・区間では低水路河岸管理ラインは不要である．

　低水路河岸管理ラインは，現況河道の低水路平面形状の変動要因あるいは安定要因を分析し，河川整備によって河道の平面形状がどのように変化するかを予測・推定し，これに基づいて設定する．

　なるべく低水路河岸管理ラインを少なくすることが河岸の再自然化の前提である．河川汽水域においては河道幅を河川のなりたがる幅に設定し，河道掘削を避け，

9.3 河川汽水域生態系の再生の方向

高水敷幅(堤防間幅の拡大)を広くすることが肝要であるが，土地利用からの制約もあり，実際には実行不可能である河川が多い．

セグメント3では河岸侵食速度が小さく，侵食が生じない区間が多いので，侵食区間以外は自然河岸とする．セグメント2-1および2-2では護岸がないと水衝部の河岸侵食が生じる．既往の定期横断測量結果や空中写真から，低水路法線の経年変化を把握し，低水路の近未来形を外挿し，堤防位置，蛇行振幅，低水路幅，川幅，堤外地の土地利用を勘案して平面形状を安定化(水衝部の固定化)を図るべきか判断する．平面形の安定化の方針をとる場合は，河道が自らつくり出す低水路幅を評価し，蛇行波長と低水路幅とが調和するように平面形状を設定する．セグメント1の河道では砂州の移動に伴って河岸が侵食するので，両岸とも低水路河岸管理ラインを設定しなければならない場合がほとんどである．

河岸侵食防止工はセグメント分類に応じて工法を設定する．この場合，生物の生息条件になるべく悪影響を与えない護岸・水制工を選択する．高水敷幅に余裕があるセグメント2-1および2-2では護岸を併置しない河岸線防御水制を設置するとよい(山本, 2003)．余裕がなければ護岸，根固め工を設置する．工法はセグメントに応じてなるべく生態系に配慮した工法をとる(セグメント2-2では捨石工，柳枝工等)．

(4) 河口砂州の存置保全

外海に面した河川の河口砂州はなるべく存置させる．河口砂州は侵入する波浪の防御機能，塩水進入防止機能を持ち(山本, 1978)，河川汽水域の環境を規定する大きな要素である．なお洪水時の水位低下のため砂州の一部を掘削する場合，掘削した土砂を周辺の海浜に置き，外に持ち出さないようにする．河口テラスの掘削や河口周辺の海砂・砂利の採取は規制することが望ましい．

(5) 河川汽水域植生の保全・再生技術

河川生態系の保全・再生の観点からは，河川の自然的攪乱および変動を極力妨げないようにすること，自然の変動とその変化の必然性に逆らわないことである．そのためには，

・河川域の拡大；川らしさ確保のため河川区域の拡大，

・河川空間管理計画に河川汽水域植生保全空間の設定，

・河川汽水域河岸の自然化；河道内干潟の復元(長良川，淀川，鵡川)，直線河道の再蛇行化と最少の河岸線防御工となるような平面計画，河岸の自然化(自然河岸を保全する河岸防御工の開発：河岸線防御水制の採用)，

- 護岸の近自然化，
- 高水敷の整形あるいは掘削による汽水域植生の保全，干潟造成，
- 風浪および船の走行波による河岸の侵食を防ぐ防止工の設置；河川汽水域における船舶による走航波による河岸侵食・植生の破壊に対しては，侵食されたら対応をとるという後追い的対応でよいと考え

写真-9.2 航走波対策の例(荒川，2006)

る．河川環境の観点から法覆工でない工法を試みるべきである．対処工法の設計条件としては，感潮区間での平均朔望満潮位を設計対象水位とし，設計対象波高および波形は現地の観測データより設計波浪とする．また対処工法は洪水時の流速に耐えられるように設計する．

　関東の荒川下流部では，航走波によりヨシ原の後退が生じ，河岸侵食防止が課題となっている(大手他，2001)．感潮区間のヨシ原の後退を防ぐため，現地での波高測定等の調査を通じて航走波の減衰対策を種々試み，**写真-9.2**のような構造の離岸・水制を設置している．捨石工法，水制工法等も対象工法となりうる．要するにヨシの成育し得る浅い河床を保つような構造として設計する．

- ヨシ原の保全・再生；多摩川(劣化したヨシ原環境の改善方策の検討)，加古川，丸山川，豊川，木曽川，荒川，長良川，岩木川(ヨシキリの生息場の保全とヨシ採集，ヨシ焼きとの調和)等でなされている．
- ヤナギの保全・再生の試み；長良川．

(6) 動物の産卵・生育基盤造成技術

　保全したい種の生活史と産卵場所の物理・化学環境の調査結果を用いて場の再生を行う．動物は基本的に気象(水温，地温)，地形(粒径)，水質，植物に規定される．技術としては地形(粒径)と植生の制御であり，時間の経過の中で地形(粒径)と植生がどのように変化するかの見通すことが重要である．以下のような事例がある．

- アユ(汽水域直上流における産卵場の造成．物部川，相模川)，
- タナゴ類(タナゴ類が産卵する二枚貝の生息環境の保全．淀川)(小川他，2005)，
- カブトガニ(カブトガニの産卵床の造成，硬質化した底質の転耕)(清野他，

2002；椹野川河口域・干潟自然再生協議会, 2005)，
・アカウミガメ(砂海浜の保全と海岸構造物の撤去)，
・ヒヌマイトトンボ(汽水環境とヨシ原の保全. 利根川, 江戸川)，
・リュウキュウアユ(自然状態で唯一の生息地である奄美大島では河床の整備等の保全対策がとられている．一方，自然状態では絶滅したと思われる沖縄では奄美大島由来の稚魚を移植して増殖事業を展開している).

(7) 水質改善技術

下水処理の高度化(三次処理技術の導入)，合流式下水道の分流式化，洪水滞留地の設置，排水水質(工場，農地，畜産)の規制，誘導等が汽水域環境の改善技術となる．

ダイオキシン，水銀等の河床材料の汚染に対しては汚染底泥の浚渫処理(ダイオキシン．神崎川)，底泥固化処理，覆砂等がなされている．

浄化用水の導入，酸素注入(マイクロバブル．遠賀川)等も水質改善手段となりうる．

蒲生干潟では河川水と干潟水の水交換条件の改善により干潟環境の保全を図っている．

(8) 環境学習や情報流通の改善

社会的規範(ゴミを捨てない．河川にある施設を壊さない．他人に迷惑をかけない)と河川汽水域の環境・景観の向上は密接に関係する．規範意識は社会経済状況と密接に関係し，河川という空間で閉じるものではないが，環境学習の場としての河川の利用，河川と地域との関係に関する学習機会等の情報流通の改善や環境団体への支援は，河川と地域との健全な関係性の向上に繋がる．

9.4 河川汽水域環境再生事業の評価手法

河川流域のあり方や河川生態系の保全・再生という技術行為を行うには，その価値の位置付けが必要となる．

現在，標準的目標水準は設定されておらず，現状では行為決定のためのプロセスの中で河川汽水域ごとに位置付けを行わざるを得ないものである．ただし，意思決定や合意形成プロセスにおいては，生態系の質の指標が必ず必要となる．目的，事業の対象領域の大きさに応じた生態系の質の指標を何にするか検討する必要がある．

目標を定めれば，その目標に向けての行為を評価（量と質）しなければならない．評価項目としては，以下の5項目があげられる．

a. 水質改善効果　汽水域全体を計画空間とする場合は，流入水質を汽水域の境界条件とし，汽水域内事業実施と実施無しの場合における汽水域空間の河川水質を物理・化学モデル（生物と水質の関する経験的に求めた物理・化学パラメータを取り入れる）を用いて評価する．内湾域の水質改善をも評価対象とする場合は，評価対象空間を拡大する．

事業空間が小さい場合は，事業空間スケールで簡易な評価を行う．例えば，干潟の造成であれば，造成面積当りの水質改善効果を評価する．

b. 生物生息環境改善効果　a.の評価に連動して生物生息環境の変化量が評価される．生物種ごとにその生育・生息環境の物理・化学環境に対する依存性に関する知見（小林，2000；リバーフロント整備センター，1996）と対象汽水域の詳細な生物および物理・化学環境の調査があれば，生物相の変化は物理・化学環境場の変化の量・質の変化を媒介にすることにより概略推定可能である．なお微生物による分解および藻類による一次生産と食物網による物質収支を通して水質が変化し，それがまた生物の生息条件を変化させるが，それを組み込まなくても汽水域への流入栄養塩濃度，汽水域の生物，水質の相互関係に関する経験的知見があれば中型・大型の生物相の変化は概略推定可能であろう．

c. アメニティ改善効果　汽水域の保全・再生による汽水域景観の改善や親水空間の増加，さらにはヨシのさわさわした音等の音空間の改善効果を抽出する．

d. 河川と地域の関係改善効果　風景の再生による地域景観としての誇りや安らぎ，心象の再現による癒し効果，環境教育空間としての利用効果等を抽出する．

e. 経済評価　事業便益としては，**a.**～**d.**の事業効果を代替法，ヘドニック法，仮想市場法，旅行費用法等を用いて評価することになる（河川に係る環境整備の経済評価研究会，2000）が，環境を物財（金銭）として扱う方法が社会的に認知されているとはいえない．

投資コストとしては，保全・再生事業に対する直接投資量と保全・再生事業の治水・利水機能損失に対しての対応措置の費用を評価することになろう．

なお再生技術の中には維持修繕行為，災害復旧工事の中で実行できるものもある．例えば，護岸の破損に伴う復旧にあたって近自然工法を採用するなどである．これらは維持管理費用，災害復旧費用としてカウントするべきものであろう．

河川汽水域の保全・再生事業に関する経済評価法は信頼されているとはいえず，

事業プロセスのあり方，意思決定のあり方を含め，今後経験を積み重ね改良していくしかあるまい．

9.5　今後の課題

　河川汽水域生態系に関する調査の困難性により，日本では既往の調査研究が十分でなく，本書の目的に満足に応えたとはいえない．今後，以下のような視点で調査・研究に取り組む必要があろう．

a. 情報の生産と観測体制　　河川汽水域の河川管理区間については『河川水辺の国勢調査』を通じて生態系の空間分布特性がようやく把握できるようになり，河川汽水域生態系を構成する各要素間の関連性の分析が始まっているが，『河川水辺の国勢調査』によって表出される情報は，5年に1回のある時点のものであり，また水質に関係する種々の微生物やプランクトン等の生物情報が欠けている．また昼夜という日変動，季節変動，洪水等の攪乱に関わる情報も欠けている．時間変動特性の把握，分析，一般化は，これからの調査研究に待たなければならないことが多い．

　河川汽水域生態系の構造特性とその変動形態の理解のため，そして河川汽水域生態系の保全・再生のためには，河川生態系の各構成要素に関わる多量の実証的資料を必要とする．この資料の収集は手間と資金のかかるものであり，少ない研究者でこれを行うのは不可能である．現在，データの収集は，河川に関わる各行政組織がその行政目的遂行のために実施するもの，河川に関わる研究者がその研究目的のために実施するもの，市民あるいは団体が河川環境の関する学習や理解を深めるために行うもの，など多岐に行われている．しかし，これらの情報が有機的に繋がれておらず，また構造要素の重要な項目が欠落し，河川汽水域生態系の総合的理解の隘路となっている．今後，汽水域生態系の構造把握のためには，生態学，土木工学，生物学，地理学等の関係する学問分の協働的研究センター，あるいはグループの組織化が必要である．

　調査課題として次のようなものがある．

① 流水特性：密度の影響を含めて流水の運動を水理シミュレーションによって，概略記述できるようになった．今後これを技術行為のための道具的手段とするための操作性の向上と計算プログラムの有効性の検証が必要である．

② 水質：水質については，細菌，アメーバ，付着藻類，底生生物等の生物による物質の変換と収支が水質の及ぼす効果，また底質環境，塩分，pH等の流水

中物質との化学反応等に関する実態調査が不足し，水質予測シミュレーションに使用される物理・化学定数の同定が困難である．調査研究課題として残されている．

③　生物：調査が困難なこともあり，汽水域の生息する生物の食物網とエネルギー・物質収支に関する研究が不足している．また生物の行動と生活史に関する情報，生物間相互作用に関する情報も不足している．個体および個体群の生息する物理化学環境と生活史に関する情報も不足している．汽水域に生育するある種（例えば，貴重種）を保全するために必ず必要となる情報である．

④　汽水域環境の変遷調査法：技術行為対象河川の空間および時間軸から見た環境特性の表出・整理法とその意味解釈法を研究する必要がある．

b. 河川汽水域生態系のシステム構造の把握法　　湖沼等に比べて河川汽水域生態系は，流れ（移流）系であり，また海からの影響を受ける場であり，その構造システムについても，またその記述法についても十分な研究がなされていない．本書においては，河川汽水域生態系を物理環境，化学環境，生物の生息環境という3つの方向から捉えようとしたが，その相互関係のついては記述が不足している．十分な概念化，理論化が進んでおらず，また実証的資料の不足を露呈している．

技術行為を支えるため，確度の乏しい情報から河川汽水域生態系の変化を推定する方法を見つけ出す研究が必要である．

c. 河川汽水域生態系の持つ価値の位置付けと環境の質の指標化　　河川汽水域生態系の各構成要素の関係性が理解し得，また近未来における河川汽水域の姿が予測できるようになったとしても，それはそのまま価値概念となるものではない．河川流域のあり方や河川汽水域生態系の保全・再生という技術行為を行うには，その価値の位置付けが必要となる．現在，標準的目標水準は設定されておらず行為決定のためのプロセスの中で流域としての位置付けをせざるを得ないものであるが，意思決定や合意形成プロセスにおいては，生態系の質の指標が必ず必要となる．目的，検討の対象領域の大きさに応じた生態系の質の指標を何にするかの研究が必要であろう．

d. 河川汽水域生態系の保全・再生手法とその実施による影響把握手法　　本書では，河川汽水域生態系の保全・再生手法について詳しく論じなかった．まだ試行錯誤の状態であり今後の研究課題であるが，河川汽水域生態系の保全・再生を局在的な処理に終わらせず，海を含めた河川流域という系の中で保全・再生を考えていくことが肝要であり，そのような視点からの検討が必要である．

e. 河川汽水域管理の方向　　今後，河川・海岸管理は，投資された財をある国民的(流域的)水準で維持管理するという仕事，さらに流域の環境の質を河川・海岸を通して監視し，流域に対して行為のあり方(流域内における行動計画)について発信するということになろう．すなわち河川，海岸管理者は，河川・海岸を通して流域の治水・利水安全度の水準および環境の質をモニタリングし，データの蓄積を行い，それらをもとに求められている流域の安全度と環境の質(管理目標水準)と比較考量することを日常的仕事とせざるをえなくなるであろう．

　管理行為に最も必要なものは，河川・海岸管理に関わる情報を，いかに，適確に，すばやく収集し，それを意味あるものへ編集し，比較考量(判断行為)し得るシステムとなろう．しかしながら現状の河川・海岸管理のための情報は，行政の縦割り組織ごとの論理，すなわち編集方針に則り分断，整理され，統合化・総合化されておらず，また時間軸での整理もなされていない．河川・海岸管理における治水，利水，環境は，本来別個に存在するものでなく，水系という統合体の部分の切り口でしかない．基礎情報は同じものであり，共通に使えるものなのである．河川・海岸の情報は，統合体としての河川の姿が浮かび上がるように編集しなければならない．

　河川汽水域生態系に関する研究においても，従来，その生態系構成要素ごとの学的領域での編集方針よりデータは整理され，また分断化されストックされてきた．河川汽水域生態系という総合体の理解のためには，行政が生産する情報と各学問領域で生産する情報，さらに市民活動で生産する情報の統合化とその科学技術的意味解釈という編集を行う組織が必要である．官，学，民による協働活動とその活動センターが求められているといえるが，その中核となる情報は行政活動で生産される情報とならざるを得ない．行政(河川事務所)で生産される情報の編集方式の様式化と情報ネットワークの構築が始まっている．学的集団はこれとネットワークを組み河川生態系の構造把握に貢献するべき立場にたたされよう．

f. 河川汽水域に期待される各種機能の折合いと管理組織　　治水，利水，環境という河川の持つ多面的な機能の折合い法，意思決定プロセスのあり方に関する研究が必要である．河川汽水域の環境改善は，河川汽水域で閉じず流域管理・経営という観点が必要であり，それを担保する法と組織に関する議論がなされよう．法学，社会学，経済学からのアプローチも必要なのである．

第9章　河川汽水域生態系の保全・再生・管理

参考文献

・エコポート（海域）技術WG：港湾における干潟との共生マニュアル，港湾空間高度化センター　港湾・海域環境研究所，1998.
・European Commission Directorate General XI：The harmonized monitoring and classification of ecological quality of surface waters in the European union Final Report, 1996[河川環境管理財団訳，2001].
・伊藤博隆：失われた干潟を再生し，渡り鳥のオアシス復元，森，里，川，海をつなぐ自然再生，中央法規，pp.179‐192, 2005.
・椹野川河口域・干潟自然再生協議会：椹野川河口域・干潟自然再生全体構想，2005.
・河川環境管理財団：人工干潟造成実験について，河川環境管理財団平成16年度研究概要，pp.25‐26, 2005. .
・河川に係る環境整備の経済評価研究会：河川に係る環境整備の経済評価の手引き（試案），リバーフロント整備センター，2000.
・北村泰一：耐塩水樹種オオタチヤナギの植栽による感潮河川の水辺環境復元に関する研究，河川美化・緑化調査研究論文集，第8集，河川環境管理財団，pp.131‐170, 1999.
・栗原康：河口・沿岸域の生態学とエコテクノロジー，東海大学出版会，1988.
・河合典彦，紀平肇，綾史郎，小川力也：流水・土砂の管理と河川環境の保全・再生に関する研究（改訂版），河川環境管理財団，pp.184‐218, 2005.
・国土技術研究センター：河道計画検討の手引き，山海堂，2002.
・小林哲：河川環境におけるカニ類の分布様式と生態，応用生態工学，3(1), pp.113‐130, 2000.
・小林豊，裏義光，大手俊治，並木嘉男：多摩川における生態系保持空間の管理保全対策について，河川環境総合研究所報告，第12号，河川環境管理財団，2006.
・宮藤秀行：河川水質の新しい指標について，河川，No.700, pp.27‐29, 2004.
・日本生態系協会：ヘップ（HEP）国際セミナー，日本生態系協会，2001.
・日経コンストラクション：水際線を延ばして野鳥のエサ場を回復，日経コンストラクション，pp.51‐53, 2005.4.8.
・小川力也，長田邦和：イタセンパラの生息環境から見た淀川水系の変遷とその保全・再生に向けて，淡水生物の保全生態学（森誠一編著），pp.223‐239, 信山社サイテック，1998.
・大垣眞一郎監修，河川環境管理財団編：河川と栄養塩類，管理に向けての提言，技報堂出版，pp.36‐41, 2005.
・大手俊治，京才俊則，江上和也：荒川下流域における河岸植生（ヨシ原）保全の課題と対策，リバーフロント研究所報告，第12号，pp.218‐225, 2001.
・リバーフロント整備センター編：川の生物，山海堂，1996.
・清野聡子，宇多高明：希少生物カブトガニの生息地としての大分県守江湾干潟における環境変遷とその修復，沿岸海洋研究，Vol.39‐2, pp.117‐124, 2002.
・鈴木信広，宇多高明，島谷幸宏，宮本高行，大塚康司，小林一士，日下部千津子，加藤憲一，平山禎之，風間崇宏，山本一生：揖斐川における「なぎさプラン」の計画，応用生態工学，5(2), pp.241‐255, 2003.
・竹内健吾：鳥類を指標種とした河川下流域草地の生態環境と管理手法，第12回河川整備基金助成事業成果発表会報告書，河川環境管理財団，pp.32‐39, 2005.
・底質浄化協会広報委員会：尾道糸崎港の浚渫土活用人工干潟造成，ヘドロ，No.94, pp.33‐37, 2005.
・宇多高明，石川仁憲：実務者のための養浜マニュアル，土木研究センター，2005.
・山本晃一：河川の流量改定に伴う河口処理の問題点，土木技術資料，Vol.20‐2, 1978.
・山本晃一，白川直樹，大塚史郎，伊藤英恵，内田士郎：流量変動と流送土砂の変化が沖積河川生態系に及ぼす影響とその緩和技術，河川環境総合研究所資料，第16号，河川環境管理財団，pp.173‐182, 2005.
・山本晃一編：護岸・水制の計画・設計，pp.205‐238, 山海堂，2003.
・渡邊浩，虫明功臣：効率的な利水操作と下流河道の生態系保全のためのダム貯水池の低水管理，水文・水資源学会誌，Vol.19, No.2, pp.108‐118, 2006.

参考資料1　欧州連合内における水域の生態学的質に関する統一的モニタリングと分類(付録B 水域類型についての運用指標の選定)

(河川環境管理財団訳,2001)

B.4　汽水域

B.4.1　序論と定義

汽水域は陸地と海の端に形成される湿地である(Davidson, et al.).それらは淡水と海水をつなぐという点で他のタイプの湿地と全く異なる.汽水域の定義は多く,異なるタイプを分類する多くの方法がある.多くの指標が汽水域や沿岸水域の水質評価に用いられているが,湖や河川と異なり,国家の類型評価に用いられているようなものはない.しかしながら,OPPARCOMのような代表会議では富栄養化や汚染物質に対し個別の評価手法が使われている.

例えば,Day(1981)は汽水域を「永久にあるいは周期的に海に開かれ,そして海水と陸からの淡水の混合のために測定可能な塩分の変化がある部分的に囲まれた沿岸水域」と定義した.汽水域の上限は塩分や塩化物の基準により決められることがよくある.例えば,イングランドやウェールズでは淡水の流れが少ない時期の大潮の高水位時における塩化物濃度200 mg/L(訳注:塩分濃度で0.4 pptに相当)を汽水域の淡水側の限界として定義している.海側の限界には塩度の基準や地理や政治に基づいてより実用的に定められる.淡水と塩水の混合が起こる沿岸州や沿岸の入り江や湾や海峡や湾入もまた汽水域とみなす人もいる.

汽水域は地形学や自然地理学や水界地理学や潮流のパターンや塩分の特徴や堆積作用や生態系的エネルギー特性に従って分類されることもある.英国では,フィヨルド,フィエルド,リアス式海岸,海岸平野,砂州が形成された地形,複合体を河川の汽水域の6つの地形学タイプとしてきた(Davidson, et al., 1991).さらに,沿岸州や直線の岸や湾入もまた汽水域のタイプとして含まれる.

直接的にあるいは間接的に生物学的構成,特に底生生物群に影響を及ぼす汽水域や沿岸域の水の環境に関連する多くの環境要因が存在する.これらは以下のものを含む.

・塩分
・堆積物の特徴や性質
・支配的な流れ
・潮位変動量(潮流とそれ以外の流れの速度や堆積物の動きを決定するため汽水域の発達を制御する最も重要なもの)
・生物に関する要因
・地理的な位置
・滞留時間(汽水域,囲まれた入り江,潟湖)
・地質学
・(汽水域あるいは囲まれた入り江の)方向
・水深

第 9 章　河川汽水域生態系の保全・再生・管理

・形や大きさ
・（卓越風や波に）さらされること
・河川や淡水の流れ
・堆積物の巻上げを含めた水質

多くの要因が互いに関係しており，汽水域の生物群集よりも沿岸水域により関係があるものもある．汽水域の生物群集の分布状態や現存量についての多くの研究により淡水あるいは外海より汽水域の方が生息する生物種が少ないことが示されている．汽水域に生存している種の主要グループの中には淡水からも汽水域の海に面した端からも多様性が一般的に低下しているものがある．汽水域の中で種の多様性が減少するにもかかわらず，多くは個々の現存量が著しく増える．

汽水域にのみ生息する生物は塩分濃度が 5 ～ 18 ppt 範囲の汽水域の真ん中の部分で最もよく見られる．汽水域にいる種の総数は塩分濃度のより低い，あるいはより高い水域に生息する生物種数と比べると比較的少ない．また物理化学的条件によっては典型的な淡水無脊椎動物群や淡水植物群がいることもある．

また，沿岸の潟湖は「汽水域」の水型に含まれる．基本的には生物群集に影響を及ぼすであろう潮の流れが小さいというような重要な違いはあるけれど，多くの場合，塩分濃度の可変のような，汽水域と共通の特徴がいくつかあるからである．沿岸の潟湖は塩分濃度が 1 ppt 未満のものから海水と同じ濃度のものまで様々なものがある．時には過度に塩分濃度が高いものもある．沿岸の潟湖には大きく分けて，礫や砂のバリアの後方に自然につくられたものと，人工的につくられた沿岸の塩水池の 2 つがある．自然の塩潟湖は一般的に，水が完全にあるいは大部分がバリアの後方に囲われて低潮時に潟湖を形成する浅く開かれた水域である．海水は直接自然のあるいは人が改修した水路により，または浸透を通して，堆積物のバリアからの越水により交換される．人工潟湖は防潮壁の建設，土取場の掘削や低地や汽水域境界付近の排水設備の建設を含めた広範囲に及ぶ人間の活動の結果として形成される．一般的にそれらはゆっくりとした速度で流れる比較的少量の水を含み，淡水の流入と有機物汚染による影響を受けやすい．たいていの潟湖の主な環境上の特徴として，波や強い潮の流れ，そして，塩分濃度の変動を逸している場所である (Wood, 1988)．また浅いため，水温の変化はより極端で速い．潟湖は泥に覆われていることもあり，多様性は低いが，生産性は高い．

B.4.2　分類手法

生態ネットワークグループにより，4 分類に基づいた分類案が委員会に提案されている (表 B.33)．その案は酸素とアンモニアの濃度による分類と大型無脊椎動物，魚類，大型植物，小型藻類の質による分類を含んでいる．

B.4.3　汽水域の質の要素の選択

汽水域や塩潟湖に対して推奨する質の要素を 表 B.34 に示す．

B.4.3.1　溶存酸素

溶存酸素は汽水域の生態系の中で重要な成分である．不十分な溶存酸素レベルは魚類の移動を妨げたり養殖漁業に影響を与える．水底の DO が高ければ河口域の生態系の重要な部分を形成する

表 B.33　生態ネットワークグループの分類：河口域と他の汽水域

等級	1	2	3	4
生態学的質	優秀[a]	普通	貧弱	非常に貧弱
必須パラメータ[b]				
溶存酸素　mg/L[c]	> 7.6	> 5.0	> 2.0	< 2.0
飽和度%	> 60	> 40	> 20	< 20
非イオン性アンモニア [mg/L]	< 0.025			
大型無脊椎動物	多くの重要な指標種が存在[d]	重要な指標種がいくらか存在	ほとんどの重要な指標種が存在しない	すべての重要な指標種が存在しない
魚類	多くの重要な指標種が存在	重要な指標種がいくらか存在	ほとんどの重要な指標種が存在しない	すべての重要な指標種が存在しない

[a] 優秀な生態学的性質は自然の地形学的，地理学的，そして気候学的な状態に関して特定される．このような質の水は，淡水の質が魚類の生存を支えるために保護または改善の必要性がある場合には指令79/659/ECC の必要条件に，危険物質の排出の場合は76/464/ECC の必要条件に従うべきである．
[b] 加盟国は次のパラメータもまた考慮に入れることを推奨する．微小藻類と大型植物，高等脊椎動物，永続的な毒性物質の生物濃縮．各国ごとの事情により，これら及びその他のパラメータを生態学的質の分類に含めてもよい．
[c] 加盟国は DO を，g/L または%飽和度のどちらかで表現する．
[d] 重要な指標種とは河口域の優秀な生態学的質を表す生物である．

表 B.34　汽水域や塩潟湖に対して現在最善の選択肢として選択される質の要素

要素	汽水域	潟湖	要素	汽水域	潟湖
溶存酸素	レ	レ	水生植物群集		
有毒・有害物質			・植物プランクトン	レ	レ
・水	(レ)	(レ)	・底生藻類	レ	レ
・堆積物	(レ)	(レ)	・沈水性大型水生植物	レ	レ
・生物相	(レ)	(レ)	魚類の個体数	レ	レ
動植物の疾病	×	×	高等動物の個体数	×	×
無脊椎動物群集			堆積物の構造と質	×	×
・プランクトン	×	(レ)	河岸地帯−生息地の損失	(レ)	×
・底生生物	レ	レ	淡水の水流と流量	レ	レ

注釈
　レ 　：推奨する．
　(レ)：(生物学的な測定により示されたものとして) 適切な場合に推奨する．
　レ*：運用指標を開発するためのさらなる研究が必要である．
　? 　：不確定な状態．
　× 　：推奨しない．

底生生物群に負の影響を与えるだろう．
　DO レベルに直接影響を与え，有機物汚染の指標として多くの国が DO とともにモニターしている物質は，上記の要素と関係しているだろう．これらは生物化学的酸素要求量 [硝化作用を 5 日間

参考資料 1

表 B.35　溶存酸素や有機物汚染指標をもとにした汽水域と潟湖の生態学的質の分類

指　標	優　秀	良　好	普　通	貧　弱	悪　い
溶存酸素(mg/L - O_2)(10％値)	> 8	< 8 ~ 6	< 6 ~ 4	< 4 ~ 2	< 2
生物化学的酸素要求量(mg/L - O_2, 5日間, ATU)(90％値)	< 1.0	> 1.0 ~ 2.5	> 2.5 ~ 8	> 8 ~ 15	> 15
全アンモニア(mg - N/L)(90％値)	< 0.25	> 0.25 ~ 0.9	> 0.9 ~ 4.5	> 4.5 ~ 9	> 9

抑圧した BOD(ATU)], アンモニア, そして化学的酸素要求量である. 特に非イオン性アンモニアは, 水生生物に有毒でもある.

　溶存酸素は潟湖でも測定されるべきである. 潟湖では水の交換が制限され, 多くの場合, 大量の酸素を長期間必要とする有機物質を比較的多く含むからである.

　汽水域や潟湖の DO, BOD や全アンモニアに対する等級値は表 B.35 で示される. 加盟国は独自の状況を考慮した基準レベルを設定し, それに応じて等級値を設ける必要がある. 温度や塩分濃度と共に DO の溶解度は減少するため,（人間の影響がない）「優秀な」性質に対応するレベルはかなり変動するだろう. 例えば, 平均塩分濃度 38.8‰, 25℃の地中海の 100％飽和水は 6.5 mg/L の溶存酸素を含み, 35‰, 15℃である北海では 8.1 mg/L, 7‰, 5℃であるバルト海(バルト海全体)では 12.2 mg/L である. さらに自然に「優秀な」質の水はある程度の有機物(例えば, 植物体由来のもの)を含み, より多くの酸素を必要とするかもしれない. いくつかの基準水域は「自然のままの」BOD を含むかもしれないので BOD に対する等級値を提案するのは難しいが, いくつか値が提案されている. その上限は下水の 2 次処理水から予測されるレベルであり, このレベルでは高い酸素要求が予測される. この制限値はいくつかの国で河川を分類するときに貧弱な水質の境界値として使われてきた(例えば, 英国やベルギー). 全アンモニアの場合, 提案された上限は下水の 2 次処理水から予測される範囲にあり, それ故に人間の活動の(BOD のような)指標となるだろう.

B.4.3.2　有毒物質と有害物質

　水や生物相の中の有毒物質はその地点固有の問題として捉えるべきである. 有毒な汚染物質の生態系への影響は特定の生物指標によって検出されるであろう.

　しかしながら, 栄養塩のような有害物質はそれらが水界生態系に間接的に影響を及ぼす(例えば, 過度な藻類の成長). 汽水域に関して最も関連のある栄養分はリンや窒素であり, リンは汽水域の淡水部分で制限因子となり, また窒素はより塩分を含んだ水中で制限因子となる. それらに関する指標としては次のようなものがあげられる. 全リン, 溶解性反応リン, 全窒素, 有機態窒素, 全無機態窒素(アンモニア, 亜硝酸や硝酸). 潟湖は一般的に水で流されることはあまりなく, 比較的浅く, 滞留時間が比較的長い. それ故, 栄養分の増加に対する生物学的な感受性は高い. 制限栄養分は塩分濃度と発生源によって左右さえるため, 窒素もリンもそれらによって決定される. 世界共通の分類のために特定の値は提案されておらず, 値は加盟国それぞれで良質な水, あるいはバックグラウンドレベルで期待される濃度を基準にして設定されるべきである. 例えば, 北海ではバックグラウンドレベルは約 0.056 ~ 0.14 mg/L の全溶存窒素と 0.013 ~ 0.022 mg/L の P - ortho - PO_4 のリンであると考えられる (Oslo and Paris Commissions 1992).

B.4.3.3 動植物の疾病

動植物の疾病は，運用指標として推奨しない（付録 A，A.4 参照）．

B.4.3.4 無脊椎動物群集

汽水域は沿岸水域と比べると限られた大型底生動物相からなり，大型底生生物群集の分布状態や構成に相互に影響し合う多くの付加的な環境要因がある．その中で最も重要なものはおそらく塩分の状態である．けれども，汽水域は，潮流による侵食の影響により物理的に不安定な堆積物となり，大型無脊椎動物に適さない生息地となってしまう物理的に厳しい環境である．これらの要因が結びつくと，特徴的な限られた動物種となったり，種の多様性や現存量が比較的短時間で変化する貧弱な動物相が存在するという結果になってしまう．汽水域の大型底生生物相のこれらの特徴により，沿岸水域における環境の変動を予期して，それに応じるものとして知られるいくつかの測定項目くを混乱させてしまうこともある．

大型底生生物群集の評価は汽水域や潟湖での運用指標として考慮するべきである．生態学的質を分類するために推奨される主な特性は**表 B.36** で示される．これらは個々の指標種が用いられ，あるいは様々な方法で組み合わされて用いられ，あるいは多数の統計的分析アプローチを用いてより効果的に使われるだろう．これらは付録 A で詳しく述べる（A.5）．重要なのは他の生態学的質の状態と比べられる適切な基準を作成することと，これらの状態に対する最も適切な指標を選ぶことである．

中型底生動物は大型底生動物と小型底生動物の間の中間の大きさである底生埋在動物相のことで，普通 45～500 μm の間の大きさのものとして定義される．中型の底生埋在動物相の主な構成要素は線虫類と橈脚類である．汚染のモニタリングのためのこれらの底生動物の割合の調査は動物を性格に判別できるようになるに従い，次第によく使われるようになっている．大型底生動物の代わりに中型底生動物を用いて評価を行うメリットは，堆積物の物理的な擾乱に対する中型動物群の強さにある．汚染から起こった擾乱だけではなく，波の動きや流れの速度による擾乱は大型底生生物群集の多様性を減らすことになる．汽水域での生態学的質の評価に中型底生動物を使うことは，国際的経験がなかったり動物の同定が難しいために今のところ推奨できない．使用できるようにな

表 B.36 大型底生生物群集に基づく汽水域と塩潟湖の生態学的質の分類

指　標	優　秀	良　好	普　通	貧　弱	悪　い
分類群の数	多い	多い	適度	少ない	無
全現存量	少ない	少ない	適度	多い	無
全生物量	適度	多い	適度	適度	無
指標／典型種（有機物が豊富な所で）	Crustacea（甲殻綱） *Pontopreia affinis*, Ostracoda（貝虫亜綱） *Echinocardium*, *Amphiura* spp., *Nucula* spp. Terebellides（フサゴカイ） *Rhodine* spp., *Nephrops* spp.	Crustacea（甲殻綱） *Corophium volutator*, *Gammaru* spp. Mollusca（軟体動物門） *Hydrobia* spp., *Cerastoderma* spp.	Polychaeta（多毛綱） *Hediste diversicolor*, *Manayunkia aestuarina* Mollusca（軟体動物門） *Macoma balthica*, *Thyasira* spp.	Oligochaeta（貧毛綱） *Limnodrilus hoffmeisteri*, *Tubificoides benedeni* Mollusca（軟体動物門） *Polydora ciliate*, *Capitella capitata*	大型底生生物がいない表面が繊維で覆われている

B.4.3.5 水生植物群集

汽水域や塩潟湖の中の水生植物に対してすすめられる運用指標は植物プランクトンを基本とし，クロロフイル a，大型藻類，被子植物のようなその代わりとなるものを使っている（表B.37）．クロロフイル a に対して提案される等級値はないが，これは生態学的質が優秀な状態で見られるレベルに基づくべきである．等級の境界として（おそらく普通の質と貧弱な質の間の）適切であると思われるレベルとして，英国の環境省は $10\mu g/L$ という値を引用してきた．これは藻類増殖期に見られるレベルである［この値は都市排水処理指令の下で「影響を受けやすい水」の一つの可能な指標として示された（英国 DoE, 1992）］．

B.4.3.6 魚類個体群の多様性

魚類個体群の多様性を汽水域や塩潟湖の中に生態学的質の運用指標として含むことが推奨される（表B.38）．汽水域は魚にとって育つ場所であり，棲家であり，移動するための重要な場所である．国による分類は魚類に対して提供されてこなかったので，運用指標が予備段階と考えられ，特有な指標やさらには等級値が加盟国によりつくられることが提案される．回遊性の魚にとって淡水へも

表 B.37 水生植物群集に基づく河口域と塩潟湖における生態学的性質の分類

指 標	優 秀	良 好	普 通	貧 弱	悪 い
大型藻類指標種の現存量	ヒバマタ類，コンブ類，アオノリ類，アオサ類のような大型藻類の生物量（被覆度）が比較的普通	ND	ND	アオノリ類，アオサ類のような短命な緑藻類によって夏季に優占される（マットが広がった状態）	大型藻類は存在しない
被子植物指標種の現存量	アマモ類，カワツルモ類のような被子植物の生物量と現存量（被覆度）が比較的普通	減少しているが，まだ比較的高く，比較的高い現存量と生物量	低い現存量と生物量	非常に低い現存量と生物量	被子植物はいない

注釈：特に説明はない

表 B.38 魚群に基づく汽水域と塩潟湖の生態学的質の分類

指 標	優 秀	良 好	普 通	貧 弱	悪 い
定住性の魚類群集	水文学的な条件下で典型的な多様性，現存量，生物量である	多様性，現存量，生物量はわずかに減少しているが，定住性の魚類群集を維持している	定住性の魚類群集を維持できなくなり，多様性，現存量，生物量が非常に減少する	場合によっては魚が見られる．多様性，現存量，生物量は非常に低い	定住性の魚類は存在しない
回遊生の魚類	魚類の回遊の妨害物質はない	魚類の回遊を妨げる物がいくらかあるが，持続的な漁業が上流に存在する	魚類の回遊の妨げとなる物がかなりあり，上流の漁業が維持できなくなる	魚類のいくらかは回遊に成功し，上流での漁業は非常に減少する	魚類の回遊はない
養殖漁業	周囲の生物学的，水文学的な条件で通常の魚の補充ができる	養殖漁業が維持できるが，最適な補充よりも少ない	いくつかの魚は繁殖に成功する	場合によっては産卵し，補充が可能である	魚が存在しない

周囲の海へも移動するにあたって妨害となるものがないようにするべきである．妨害とは（例えば，低い DO のような）貧弱な水質や，潮の堰のような物理的な妨害を含む．上流の条件もまた魚類の移動がうまくいくために（化学的に，物理的にそして生息地が）適している必要がある．

B.4.3.7 高等脊椎動物群
高等脊椎動物群の評価は運用指標として推奨しない（付録 A，A.8 参照）．

B.4.3.8 堆積物の構造と質
浚渫等の人間の影響は基本的に汽水域の生態学的質に影響を及ぼすが，堆積物の構造と質もまた運用指標として推奨しない．

B.4.3.9
河岸地帯は河川や湖だけではなく汽水域でも重要であるが，回復するかどうかわからない重大なあるいは「大幅な改変」に対して，回復のオプションをとるかとらないかに関して河川と同様の議論がある．現在ヨーロッパのいくつかの国々では洪水や海の防御の「ハード」な工事から例えば塩水性湿地の新たな導入のようなものを通してソフトな選択肢へ移る動きがある．そのような選択肢に「変更可能」であれば，河口域の生態学的質を改善することになるだろう．さらに，水辺の生息地，特に塩水性湿地と潮間帯の干潟の損失のために重大な生態学的影響が多くの汽水域で見られる．こういった側面は確かに「優秀」および「良好」質が維持されなければならない場合は，考慮に入れられるべきである．今のところこの要素に対して提案される運用指標はないが，技術的に改良の可能性があるような場所では考慮されるべきだ．

見た目の美しさの質もまた，いくつかの汽水域では重要である．最も関係のある指標の1つは特に下水の落ち口のような点源汚染源から排出されたゴミである．特にロープやネットやビニール袋や包装の輪や革ひものような合成物質でできたゴミはますます海洋環境に入り込んできている．そのようなゴミはしばしば海に浮かび，魚や鳥や海洋哺乳類にからまってそれらを殺してしまうことがある．河口域はまたヨーロッパ海岸監視の調査で明らかになったように多くの国で伝統的にゴミ捨て場として使われてきた（Coastwatch, 1993）．環境上の「性質」の社会的認識において，見た目の美しさの質は重要な構成要素である．一般的に生態学的質に関係はないが，場合によっては見た目の美しさの質を含むか考えるべきである．

参考資料2　汽水域保全対策実施例

分　　類	保全対象	場　　所	実　施　年	保全理由
事業のミチゲーション	埋立て	干潟	八幡川 (広島五日市)	1987～ 1990	八幡川河口には従来より河口干潟が発達し, 水鳥類の生息場となっていたが, この河口部から沖合いにかけて都市開発用地等のために埋立てが計画されたため, 埋立てによる消失干潟とほぼ同じ面積(24 ha)の干潟を埋立地護岸(延長約1km)の外側に造成した.
事業のミチゲーション	河口導流堤	干潟	蒲生干潟 (七北田川河口左岸, 潟湖干潟)	1989	1960年代後半から仙台港の掘込みや工業用地の造成のための埋立てや河口導流堤の建設により, 現在の潟湖干潟タイプになった. それ以前は, 河口干潟の特徴が多かった. 現在の蒲生干潟は, 奥部の有機物汚染, 軟泥の堆積・浅化, ヨシ原の張出, 水交換の悪化等の問題がある. その対策として, 水交換の促進が有効であるため, 干潟を保全できるよう導流堤の改良を行った.
事業のミチゲーション	河川改修	カブトガニ	江頭川河口左岸	1998 1999	八坂川の河口から2～4km区間に残されていた感潮域蛇行部の捷水路事業が行われ, 河川改修による下流への影響として洪水時の流速の増大が見込まれ, それに起因して河口部のカブトガニ産卵地砂州の流出可能性が指摘されたため, 産卵地の代替適地を選定し, 養浜を行った[2].

保全措置・工法	実施後の効果	参考資料
埋立て造成工事に伴う周辺在来地盤からの発生粘性土(粘土分50～70％含有)を干潟深部に使用．土砂の投入は1回に50cm程度とし，数回にわけ積み重ねた．表面覆砂層は3回に分けて投入．潮間帯の勾配は1.6/600．	完成翌年の夏には，礫分が減り砂分が増え，周辺干潟の粒度組成と似てきた．追跡調査によると，造成直後から平均満潮面以下の深さでモロテゴカイ，イトゴカイが多く確認された．鳥類の飛来状況は，造成直後では種類数は工事以前に劣るものの，個体数では類似のものであった．1年後の冬季にはヒドリガモの飛来が確認され，種類数・個体数ともに在来の干潟の代替機能を十分に果たしていることが確認された．また，地形の安定とともにアサリ等の底生生物の生息量が増加した．	細川恭史：干潟の創造や修復の技術と課題，平成8年度日本水産工学会秋季シンポジウム，1996．
浦井の導流堤には2本のヒューム管が埋設されていたが，1基当りほぼヒューム管3本にあたる通水断面積を持つ新設管(1.8m×1.4m)を設計した．これに通水断面積と水位を自由に変更できる3基を施工した．	改良前後で，最高水位はほぼ同じであるが，最低水位は低下し，干潟の水の流出が良好となった．これにより，干潟の面積が増加した．改良後，流速は増加した．塩分は，特に大きな変化はない．改良後，コメツキガニが増加した．最低水位の低下に伴い，付着生物の付着位置も低下した．	水産庁漁港部建設課：ミチゲーションの事例集，漁港建設技術資料，No.15，1993．
江頭川河口左岸で産卵地であった砂洲が1997年の台風による洪水で流出したため，この場所に産卵地を造成[1,2]．導流堤(長さ20m，幅2m，天端高T.P.1.7m)を建設し，その東側に約120m³を養浜(T.P.1.2m)．養浜材は江頭川の砂洲の土砂，湾内の浚渫土砂を用いた．導流堤の両側には自然石を積むことによって環境に配慮した[1]．造成1年後(1999年)夏季のカブトガニ産卵調査では，海浜材料に多く含まれた粘性土が産卵の障害になった可能性が大きいと判断されたため，江頭川の砂州に堆積した土砂を新たに投入．この際，従来の海浜の上層約20cmを削った後，新しい土砂を投入した．また，造成した海浜の沖合いに洪水時に運び出されたと考えられる雑石が多数散乱して，カブトガニの繁殖を阻害したと考えられたため，これらの雑石を人力で取り除いた[1]．	産卵地は波浪の作用に対してほぼ安定であり，導流堤による漂砂の阻止効果が現れている[1]．カブトガニの産卵モニタリングでは，1999年8月には近傍では産卵が確認されたが，人工産卵地での産卵は見られなかった[1]．	1) 清野聡子・宇多高明・釘宮浩三・綿末しのぶ・石本利行・大久保章子・河野律子・土谷博信・森繁文・工藤秀明：大分県江頭川河口におけるカブトガニ産卵地造成と市民参加型モニタリング調査，河川技術に関する論文集，第6巻，p.203-208，2000． 2) 清野聡子・宇多高明：希少生物カブトガニの生息地としての大分県守江湾干潟における環境変遷とその修復，沿岸海洋研究，第39巻，第2号，p.117-124，2002．

参考資料 2

分　類		保全対象	場　　所	実施年	保全理由
事業のミチゲーション	橋梁	ヒヌマイトトンボ	利根かもめ大橋	1998	茨城県波崎町と千葉県銚子市に架かる「利根かもめ大橋」の建設に伴い，波崎町側の橋台予定地で絶滅危惧種のヒヌマイトトンボが確認されたため，生息地の移植を実施した．
事業のミチゲーション	橋梁	底生動物	勝浦川		勝浦浜橋建設地に隣接した干潟にはシオマネキやハクセンシオマネキ等の希少種が生息していたため，工事の影響ができるだけ小さくなるよう工事方法を工夫した．
事業のミチゲーション	護岸改修	トビハゼ	江戸川放水路	1992	護岸改修工事の第1期分(1991年2月)により，トビハゼ等の生物が消失したため，第2期工事分では，トビハゼの生息可能な工法が検討され，実施した．
事業のミチゲーション	堰	タイワンヒライソモドキ	紀ノ川	1998	和歌山県紀ノ川において，紀ノ川大堰建設に伴い，生息地の多くが消失するタイワンヒライソモドキの保全対策として，代替生息地へ移植が行われた．
事業のミチゲーション	ダム	生物の生息環境	漢那ダム		ダム事業に関わる環境整備の一環として生物の生息環境のを保全・創出し，自然環境との共生を図る． ダム建設による動植物の生息環境の影響を軽減する．

保全措置・工法	実施後の効果	参考資料
橋台の位置をヨシ原の背後に後退させ，代わりに元の橋台を規模の小さな橋脚に換え，ヨシ原をできるだけ保全するなどの対策をとった．新しい生息地を波崎町側の橋の下流に造成した．	移植地および自然湿地のどちらでも，成虫と幼虫の生息を確認．	常陽新聞HP (http://www.joyonet.com/honbunkako/honbun020217.htm)
工事用道路を盛土により確保することにしていたが，干潟への影響を考慮し，地形の改変量を少なくする桟橋形式に変更した．		徳島県土木部道路建設課・徳島県土木部徳島土木事務所：勝浦浜橋パンフレット～徳島市南部の通勤渋滞緩和をめざして～
トビハゼ保護と治水の両面から，第1期工事で土盛りした部分を25mから10mに縮小し，護岸部分は土盛りのままでヨシを植栽し，水際から15mの沖側に小石を詰めた蛇かごを設置し，泥の流出防止と消波効果を強めた．護岸と蛇かごの間の部分は，工事前にとっておいたトビハゼが生息していた泥を敷き直した．生息しているトビハゼは全個体捕獲し，工事完成まで保護飼育し，完成後干潟に放流した．	1992年6月に放流した個体は11月の調査で約20個体が確認され，さらに夏に誕生した当歳魚が接岸定着し，1900個体が確認された．完成して1年経過した干潟では，改修前と比較するとトビハゼ成魚の生息数は2倍以上に増加し，増殖活動も確認されている．	磯部雅彦編著：海岸の環境創造 ウォーターフロント学入門，朝倉書店，1994．
紀ノ川で確認されタイワンヒライソモドキの生息地は，人工的に設置された根固めブロックの破片等をもとに形成された転石帯であることから，生息地に類似した環境に人工的に大型の礫を設置するという方法をとった．1998年度に試験移植を行うため，代替生息地を2箇所造成した．1998年11月に事業に伴い消失する生息地からタイワンヒライソモドキ約2400個体を2箇所の代替生息地に，採集場所で見られた平均的な密度に近い密度になるように放流面積を設定し，放流した．	試験放流後の1998年12月から2000年5月に実施された追跡調査によると，放流直後から放流後約1年半にかけて，生息数は放流個体数の約40%を維持しており，2箇所の代替生息地において生息数は安定しているものと考えられた．また，代替生息地において，雌の抱卵，新規加入個体の定着も確認されている．	尾澤卓思，仲村学，野元彰人，淀貫理：紀の川大堰建設事業に伴うタイワンヒライソモドキ（イワガニ科）の保全対策手法と試験移植結果について，応用生態工学研究会第4回研究発表会講演要旨，p69‐72，2000．
ダム下流の汽水域にマングローブを植栽．オヒルギ，メヒルギ，ヤエヤマヒルギの3種類，約6200本を植林．河道には自然石を採用し，護岸には生物がすみやすいように穴の多い石積護岸を設けた．	マングローブの落ち葉や種子をえさとするエビ・カニ・貝が集まり，小魚の隠れ家となっている．	中曽根重信，楠田鉄一郎：自然にやさしいダムを目指して～漢那ダムの周辺環境について～，しまたてぃ，No.20，p.22‐25，2003．

参考資料 2

分　類		保全対象	場　所	実施年	保全理由
事業のミチゲーション	堤防	ヨシ原を中心とした生物の生息・生育空間	加古川	1995〜1998年度[2]	阪神・淡路大震災を契機として実施された河川堤防の耐震点検で，加古川左岸2.2〜3.4 kmの区間に軟弱地盤が存在することがわかったことから，耐震対策を実施するとともに治水機能の改善が図られることになった．しかし，当該計画範囲を含む加古川河口部付近の干潟には広大なヨシ原が広がっており，ヨシ原を中心とした生物の生息・生育空間を保全・復元することが目標とされた[1]．
		カワスナガニ	北川（五ヶ瀬川水系）		災害（洪水）防止のため大規模な河川改修計画を立案．その際，北川の良好な自然環境がなるべく保全されるような改修方法について検討．
自然再生			古川沼（川原川）		川原川下流部にある広さ約9 haの古川沼は，1963年に海水流入を遮断する旧防潮水門ができ閉鎖水域となってから，生活雑排水の流入で汚濁が進んだ．新水門は1996年度に完成．
自然再生	干潟造成		揖斐川（城南：右岸1.3〜1.5 km, 白鶏：左岸2.0〜2.4 km）	1993〜1995	高潮堤防の補強工事，河道浚渫等によって失われた干潟を治水上支障のない範囲で復元し，多用な水辺空間を再生するため，「なぎさ造り」を計画・実施した．
自然再生	干潟造成	干潟	淀川	2005年度	かつて淀川の汽水域には180 haの干潟が存在していたが，地盤沈下や河川改修の影響でその面積は大きく減少している．そのため，干潟造成を実施した．

保全措置・工法	実施後の効果	参考資料
工事区域内に生えているヨシを工事に先立って，仮移植し，工事完了時に戻して植生の再生を図ることで，生物の生息・生育環境の復元に努める．低水護岸を覆土するとともに，T字型水制を並べることによってワンドの形成を促す[1]．	施工後（1999年8月），ヨシ原は工事前の状況まで回復はしていないが，順調に復元しつつあり，着手前に確認されていた魚類，底生生物についても全種類が確認されている[2]．	1) 石橋良啓：多自然型川づくり－事例紹介－，RIVER FRONT, Vol.40, p.10-13, 2001. 2) リバーフロント整備センターHP，自然豊かな川づくり（http://www.rfc.or.jp/kawa/kawa_f.html）
指標として付着藻類，アユ，アカメ，カワスナガニを取り上げている．		島谷幸宏：河川生態系の評価と復元，応用生態工学研究会ニュースレター，No.12, 2000.
ヘドロの浚渫，川原川河口部の防潮水門の常時開放．	1998年末から水門が常時開放され，海水と淡水の混じり合う汽水湖に戻った．	岩手日報ニュース2001年1月4日（http://www.iwatenp.co.jp/news/y2001/m200101/n20010104.html）
1993, 1994年に城南地区（右岸1.4km付近）で試験養浜を実施． 1994, 1995年に水制と養浜工の本施工を実施． 水制は約30～40m，天端高は朔望平均満潮位＋波の遡上高とし，水制間隔は約200mとした．水制は波浪に対する安定性を考慮し，1tブロックを層状に積み上げ，表面には景観と親水性を考慮し鉄平石を貼った． 養浜土砂投入は2～4回にわけて2年間実施した． 城南地区では1994年に河口部での浚渫土砂約10 000 m³を1.3～1.5 km区間に投入した．白鶏地区では1994年に2.03～2.13 km, 2.25～2.35 km区間にそれぞれ2 500 m³の土砂を護岸線と平行に養浜し，1995年に2.15～2.25 km, 2.35～2.50 kmに3 500 m³を養浜した．	土砂投入直後は河川の横断方向を主体にやや大きく変動したが，その後水制の設置により土砂流出が収束し，安定した物理環境が再生された． 干潟が地形的に安定してきた施工3年後頃から底生動物，魚類の種類・個体数が増加した．	鈴木他：揖斐川における干潟再生「なぎさプラン」の評価，応用生態工学，5(2), p.241-255, 2003.
海老江地区において低水路部に盛土を行い，干潟造成の試験施工を行った．		淀川河川事務所HP（http://www.yodogawa.kkr.mlit.go.jp/）

編集後記

　河川整備基金事業において，「河川汽水域に関する研究」を始めたのは平成16年6月からでした．研究期間は2年です．2年という期間で領域の異なる水理，地形，水環境，生態の専門家が相互の情報を理解し，相互関連性まで含めた報告書を書き上げるのは無理があると思っていました．どうしても各領域の得意分野をファイルするという結果になりがちなのです．そうならないように研究会の運営を図ったのですが，研究成果について厳しい批判もありました．

　本書はその批判に応えるために，研究会での研究成果を土台として，相互の情報がつながるように再編集・修正し，また新たに稿を起こしたものです．坂巻隆史，山田一裕，長濱裕美，小林哲さんには新たに執筆陣に参画していただきました．研究会の報告書よりはだいぶわかりやすくなったと自負していますが，まだ専門領域の相互の繋がりを十分に記述したとはいえず，また物理・化学・生物の相互作用に関する定量的記述も不足しています．そもそも時空の尺度や概念の共通化がなされていないのです．言い訳になりますが，汽水域に関わる科学・技術界の現状を反映しているといえましょう．

　挑戦に値する調査研究課題，科学・技術的知見の編成論，が待っているのです．

　　　　　　　　　　　　　　　　財団法人 河川環境管理財団 河川環境総合研究所
　　　　　　　　　　　　　　　　　　　　山　本　晃　一

項目索引

【あ】
亜鉛　　*133*
青潮　　*36, 176, 250*
赤潮　　*176*
亜硝酸　　*324*
アッパーレジム　　*88*
アデノシン三リン酸　　*165*
アメニティ　　*316*
有明海固有種　　*20*
安定植生域　　*287, 288, 290*
安定同位体比　　*220, 221*
アンモニア　　*44, 322, 324*

【い】
硫黄　　*222, 268*
硫黄コロイド　　*36*
イオン　　*164, 165*
異化　　*221*
位況　　*237*
維持流量　　*303*
一次栄養段階　　*53*
一次消費者　　*36*
一級河川　　*59, 94*
移動限界掃流力　　*68*
移動限界無次元掃流力　　*68*
移動床水路　　*70*
移流拡散モデル　　*278*
移流相の計算　　*273*
隠花植物　　*257*
インパクト・レスポンス関連図　　*262, 296*

【う】
ウェーヴセットアップ　　*80*
ウォッシュロード　　*287*
渦粘性モデル　　*274*
埋立て　　*6, 9, 237, 250, 328*
うろこ状砂州　　*239*

【え】
栄養塩(類)　　*34, 133, 134, 150, 151, 161, 176,*
　　214, 281, 301, 324
栄養塩循環　　*144*
栄養塩濃度　　*183*
栄養塩フラックス　　*136*
エコトーン　　*182*
エスチャリー　　*2, 117*

鰓　　*165*
塩潟湖　　*322*
塩化物濃度　　*146*
沿岸砂州　　*64*
沿岸水域　　*237*
塩水くさび　　*33, 196, 254*
塩水混合　　*31, 271*
塩水遡上　　*10, 266, 271*
塩(水)性湿地　　*166, 327*
塩性(湿地)植物　　*159, 175, 184, 188, 190*
塩淡境界面　　*275*
塩淡密度流　　*115*
鉛直循環流　　*131*
塩分　　*2, 182, 201, 237, 246, 276, 325*
塩分接触履歴　　*115*
塩分耐性　　*165*
塩分濃度　　*31, 49, 146, 148, 159, 172, 179, 183,*
　　184, 186, 256, 262, 266, 322

【お】
欧州委員会　　*308*
横断形状　　*108, 266*
横断構造物建設　　*10*
応答予測モデル　　*283, 284, 285, 291, 296*
大型藻類　　*326*
大型底生動物群集　　*308, 325*
大型底生動物相　　*325*
沖浜勾配　　*101*
汚染物質　　*301*
オルガネラ　　*165*
温度　　*159, 161*

【か】
海域環境基準　　*307*
海岸形状　　*302*
海岸構造物　　*237, 253, 256, 315*
海岸法　　*299*
海砂　　*249, 313*
海産性顕花植物　　*212*
海床材料　　*264, 266*
海象特性量　　*264*
海水　　*162, 180*
海水種　　*165*
海水面変動　　*65*
海草藻場　　*214*
海浜　　*40, 48, 95, 96, 98, 99, 102, 264, 266, 311*

337

項目索引

海浜特性量　　264
海浜変形モデル　　278
開放群集　　182
外洋　　121
海洋性浮遊藻類　　308
海洋性浮遊プランクトン　　36, 281
外来種　　167
カバー　　284
化学的酸素要求量　　306, 322
化学的ストレス　　239
化学物質　　237
河岸 (地帯)　　40, 308, 312, 313, 327
河岸植生　　43
河岸侵食　　239, 312
河岸侵食防止工　　237, 312
河岸線防御水制　　304, 313
河岸高　　238
河岸干潟　　43
河岸満杯流量　　238
攪乱　　184, 235, 239
攪乱限界外力　　235
隠れ場所　　284
崖地　　183
河口 (域)　　2, 36, 48, 61, 79, 94, 137, 179, 237, 249, 250, 264, 266, 273
河口位置　　6, 55, 80
河口海域の地形　　266
河口開口部　　38
河口砂州　　37, 45, 48, 80, 87, 101, 239, 240, 244, 311, 313
河口砂州高　　50
河口周辺沿岸域　　61, 94, 117, 175, 237, 264, 277
河口堰　　6, 237
河口テラス　　38, 48, 50, 94, 247, 249, 313
河口デルタ　　45
河口導流堤　　6, 80, 237, 253, 254, 328
河口干潟　　36, 45, 48, 104, 142, 183, 249, 311, 328
河床　　40, 104, 236, 238, 243
河床勾配　　47, 54, 67, 72, 80, 103, 179, 244
河床材料　　40, 54, 67, 68, 103, 247, 248, 264, 266, 271
河床高　　11, 16
河床波　　70
風　　67, 115
河積　　80, 84, 252
河川　　14, 57, 185
河川改修　　8, 328
河川環境管理基本計画　　309
河川環境基準　　307

河川環境情報図　　286
河川環境の整備と保全　　299
河川感潮域　　10
河川管理者　　302
河川汽水域　　1, 26, 31, 47, 165, 181, 243, 300, 321
河川汽水域植生保全空間　　313
河川汽水域生態系　　182, 204, 236, 261, 265, 287, 299, 300, 303, 305, 315, 317
河川空間管理計画　　313
河川計画　　309
河川構造物の建設　　253
河川水質の変化　　239
河川整備基本方針　　309
河川整備計画　　308, 309
河川地形　　237, 243, 265
河川法　　299
河川水辺の国勢調査　　317
河川流量　　236, 266, 271, 303
潟湖　　64, 88, 94, 322
渇水　　62, 237
荷電中和　　131
河道　　11, 47, 61, 67, 73, 103, 108, 184, 237, 239, 243, 251, 257, 264, 266, 271, 289, 302, 313
可動堰　　304
河道特性量　　264
河道内干潟　　302, 311, 313
カドミウム　　242
河畔堆積物　　241
川幅　　47, 54, 67
環境因子　　286
環境影響評価法　　299
環境学習　　315
環境基準　　306
環境再生事業　　315
環境政策大綱　　299
環境目標　　306
間隙水　　186
還元層　　43, 134
緩混合型，塩水の　　33, 271, 281
岩礁　　183
含水比　　115
間接的インパクト，人為的作用の　　237
感潮河川　　103
感潮面積　　89
緩流河川　　102, 103

【き】

気温　　63, 159
基質　　160, 201, 203

338

汽水域　　321
汽水種　　165
寄生関係　　170
寄生虫　　170
基質　　177
基本高水　　62
狭塩性　　163
狭塩性種　　165
橋脚　　257
強混合型, 塩水の　　33, 271, 281
共生　　168, 170, 180
共生藻類　　177
橋梁　　237, 257, 330
玉石　　183
漁港漁場整備法　　299
魚類生息場評価法　　284
漁撈活動　　237

【く】

空間解像度　　181
空間構造　　182
空間スケール　　178, 181
掘削　　236, 237, 243, 249, 250, 313
掘削浚渫　　8
区分粒径　　40
クラスター分析　　188
クロロフィル a　　282, 326
群集　　182
群集連続体説　　188
群落[集]構造　　286

【け】

経済評価　　316
ケイ酸　　242
計算格子　　272
ケイ素　　133, 268
k-ε 二方程式モデル　　274
決定木解析　　188
限界水深　　96
顕花植物　　175, 212
懸濁態有機物　　34, 139, 142, 145, 239, 281
懸濁物質移流拡散モデル　　278
懸濁物食者　　226, 280
懸濁物食二枚貝　　146, 201, 226

【こ】

広塩性種　　165
公害対策基本法　　306
降河回遊　　173, 177

光合成　　136
硬骨魚類　　162
高次消費者　　36
恒常性維持　　162
高浸透調節型　　163, 182
洪水　　107, 160, 235, 237, 271, 287, 290
洪水攪乱　　179, 183, 190
高水敷　　237, 238, 244, 252, 257, 312, 314
洪水流出特性　　63
洪水流量　　10, 303
構造格子　　272
構造特性　　317
航走波　　258, 314
高濁度水塊　　107, 109, 110, 112, 115, 131, 271, 274
高張液　　162
高-低浸透調節型　　163, 182
高等脊椎動物群　　327
光量　　281
港湾法　　299
護岸・水制　　6, 8, 237, 251, 252, 255, 304, 314, 330
呼吸器官　　165
呼吸上皮　　165
固着性生物　　201
固定砂州　　240
混合曲線　　132
混合粒径底質　　277

【さ】

採取　　237, 249, 313
最深河床高　　12
最大洪水流量　　238
細胞外液　　162
細胞内液　　162
細胞膜　　162
細粒化　　137, 247, 308
細礫　　189
砂丘　　48, 67, 98
索餌場　　214
砂径スケール　　51
砂質干潟　　139, 168
砂州　　50, 67, 87, 179, 183, 188, 190, 239
砂州開口部　　80, 84
砂州高　　48, 50
砂州頂　　86
砂堆　　50, 240
サプライサイド　　199
砂礫粒径　　123

339

項目索引

酸化還元　44
酸化層　43, 134
三次栄養段階　53
三次元海浜変形モデル　278
三次元河川流モデル　276
三次元高濁度水塊モデル　275
三次元湾水流動モデル　278
酸素　268
酸素呼吸　134
酸素消費量　161
酸素注入　315
酸素濃度　161, 183
サンドバリア　64
産卵床(場)　214, 314
産卵・生育基盤造成　314
残留性有機物質　242

【し】

塩止め堰　6
σ座標系　272
死水域　51
自然攪乱　235
自然再生　7
自然再生推進法　299
自然植生　235
自然的攪乱　235, 237, 313
湿地　46, 321
実用塩分　2
地盤沈下　10, 65, 257
弱混合型, 塩水の　32, 271, 281
砂利海浜　97
砂利採取　8, 313
重金属類　242
縦断形状　266
種間競争　166, 180, 190
宿主　171
樹形図　188
取水障害　10
種の分布様式　179
樹木の侵入　252
浚渫処理　315
硝化　44, 134
小規模地形スケール　50
硝酸　326
硝酸還元　134
小セグメント　15
小ハビタット　43, 184
植食者　53
植生　204, 235, 251, 257, 264, 304, 313, 333

植生消長モデル　287
植生タイプ　287
植物群落　183, 189
植物プランクトン量　281
食物源の寄与率　225
食物網　53, 220
食物連鎖　53
シルト　34, 40, 172, 189
シルト・粘土含有率　171
シルト・粘土スケール　51
人為的インパクト　236, 243, 261, 300
人為的作用　235, 237, 305
人工海浜造成　302
人工潟湖　322
人工地　183
人工干潟　302, 311, 322
新・生物多様性国家戦略　299
浸透圧　162, 164
浸透順応型　163, 182
浸透調節能　182
森林伐採　236

【す】

巣穴, 底生動物の　51, 170
水位　31, 257
水域　330
水温　49, 148, 159, 237, 239, 256, 268, 281
水銀　242, 315
水衡部　313
水産基本法　299
水質　34, 49, 183, 237, 239, 242, 262, 301, 315
水質汚濁防止法　306
水質階級　59
水質浄化能力　149, 151, 214
水深　47, 50, 67, 72, 80, 284
水制　6, 8, 237, 251, 255, 304, 314
水制域　245
水生植物群集　308, 326
水面幅　54
水流　274
水利流量　303
スターンウェーブ　258
捨石工　313, 314
砂　183, 189
砂海浜　98, 315
砂干潟　101, 176, 312
スーパー・マイクロハビタット　51
住み込み　168, 180
棲み場　47

340

【せ】

瀬　　50, 252
生活史　　215, 192, 200
生活場所　　47
正常流量　　303
生食食物連鎖　　53, 221
生息基盤材料　　183
生息・生育環境　　188
生息制限因子　　161
生息地　　47
生息密度　　167
生態系　　177, 286, 315, 318
生態ネットワーク　　324
生物　　165, 180, 181, 183, 268, 283, 318
生物化学的酸素要求量　　306, 322
生物攪乱作用　　168
生物間相互作用　　180
生物群集　　49, 177, 183, 188, 322
生物生息環境　　316
生物相, 河川汽水域の　　19, 45, 248, 316
生物多様性　　170, 306
生物分布制限要因, 河川汽水域の　　181
堰　　256, 304, 330
セグメント　　14, 51, 65
セグメント1　　15, 69, 79, 103, 239, 290, 313
セグメントM　　15
セグメント3　　15, 71, 79, 103, 241, 252, 290t, 313
セグメント2　　15
セグメント2-1　　15, 69, 103, 240, 252, 290, 313
セグメント2-2　　15, 69, 79, 103, 241, 252, 290, 313
セシウム-137　　120
赤血球　　162
瀬・淵スケール　　51
選好性　　201
選好度指数　　188, 189, 201
潜在自然植生　　235
潜在的自然河道　　68
選択的分布　　190
全窒素　　326
全無機態窒素　　324
全リン　　324

【そ】

走光性　　201
走地性　　201
相利共生　　168
掃流力　　105, 238
ゾエア　　192, 194, 198, 291

ゾエア幼生　　192, 291
速度論的同位体効果　　221
側方移動　　238
遡河回遊　　173, 177
遡河性魚類　　173
外浜　　183
粗粒化　　137, 247
粗粒物質　　66, 142, 172
粗礫　　189

【た】

体液浸透圧　　162
体液浸透調節　　162, 182
耐塩性　　165
ダイオキシン　　242, 315
大規模攪乱　　236
大洪水　　39, 237
代償植生　　235
堆積・侵食モデル　　278
堆積地形　　101
堆積物　　48, 73, 327
堆積物食者　　280
大セグメント　　15
大セグメントスケール　　50, 80, 88
タイダルインレット　　80, 88
タイダルフラット　　79, 99
退避空間　　50, 51
代表粒径　　42, 47, 54, 68, 72
多鹹水域　　182, 223
濁度　　31, 161, 239, 268
蛇行波長　　50
多自然型護岸・水制の設置　　304
脱酸素係数　　282
脱窒　　44, 135, 136
たまり　　183
ダム　　10, 330
多様性　　308, 326
淡水域　　45
淡水環境　　239
淡水産無脊椎動物　　164
淡水種　　165
淡水(河川)流量　　115
単層扁平上皮　　165
炭素　　221, 268

【ち】

地殻変動　　65
地下水位　　304
稚ガニ(モクズガニ)　　198, 212

341

項目索引

地球温暖化　　29, 53
窒素　　221, 242, 268, 281, 306, 324
窒素フラックス　　136
チャネルラグデポジット　　41
中型底生動物　　327
中鹹水域　　182, 223
中規模攪乱　　236
抽水植物帯　　248
中礫　　189
潮位　　266
潮位差　　115
潮位変動　　31, 55, 66, 99, 110, 183
潮位変動量　　88
潮下帯　　168, 183, 286
潮間帯　　168, 183, 266, 286, 327
潮間帯幅　　50
潮上帯　　183, 286
潮汐　　65, 99, 103, 271
潮汐河川　　47
潮汐波　　31
潮汐流　　66, 67, 73, 99, 160
潮流　　66
直接的インパクト, 人為的作用の　　237
直達発生　　200
直達発生型のベントス　　202
直交格子　　272
沈降　　112
沈降速度　　114, 115, 274
沈降フラックス　　278

【て】

底質　　43, 105, 111, 115, 134, 139, 140, 160, 172,
　　　 180, 185, 268, 271, 275, 284, 314
泥質干潟　　139
定常攪乱　　236
低水　　62
低水路河岸管理ライン　　312
低水路掘削　　8
低水路表層塩分濃度　　286
低水路平均水深　　73
低水路満杯流量　　71
底生魚類　　199, 268
底生珪藻　　53, 161, 204, 223
底生小型甲殻類　　202
底生微小藻類　　166, 175
底生埋在動物相　　325
汀線　　247, 254
汀線変化モデル　　278
低張液　　162

底泥固化処理　　315
堤防　　332
堤防防護ライン　　312
低木群落　　189
底面剪断力　　111, 115
適性指数　　284
鉄　　133, 242, 268
鉄還元　　134
デトリタス　　53
デトリタス食者　　36, 53
デルタフロント　　39, 94, 101
デンドログラム　　188

【と】

銅　　133
同化　　221
投資コスト　　316
等張尿　　162
動的同位体効果　　220
動的平衡河道　　68
動的平衡系　　235
動物　　191, 314
動物プランクトン　　36, 53, 175, 280
倒木　　50
導流水制　　8
通し回遊種　　196
土砂　　10, 63, 64, 68, 96, 115, 179, 184, 237, 253,
　　　 266, 278, 302
土砂堆積速度　　238
土砂動態モデル　　271, 274, 277
突堤　　256
泥干潟　　66, 99, 100, 184

【な】

内海　　179, 249
内湾　　2, 118, 176, 237, 249, 278, 281
鉛　　242
鉛　　210, 127

【に】

二級河川　　59
肉食者　　53, 201
二次栄養段階　　53
二次生産量　　204

【ね】

粘土　　34, 40, 172

342

【は】

パイオニア的植物　287
バイオフィルム　51
排水基準　306
パイロット植生　240
発酵　134
ハビタット　43, 45, 47, 51, 178, 183, 184, 188, 190, 198, 201, 216, 252, 268, 271, 283, 286
ハビタット適性指数　284
ハビタット類型　177
波浪　55, 65, 95, 96, 99, 115, 160, 179, 248, 266, 277
波浪推算モデル　278
反砂堆　50, 88
繁殖様式　199
半透膜　162
氾濫源　183, 238

【ひ】

非イオン性アンモニア　324
ビオトープ　51
ビオトープシステム　51
ビオトープネットワーク　51
干潟　46, 48, 79, 118, 160, 170, 179, 185, 190, 248, 250, 302, 314, 327, 328, 332
干潟材料　251, 311
非構造格子　272
微細物質　34, 66, 73, 99, 100, 142, 176, 246
微細粒径成分　278
被子植物　328
比堆砂量　8
避難場所　179, 214
100年確率洪水　236, 238
標高　286
漂砂　311
漂砂量公式　278
標準誤差　205
表層　135
表層細粒土層　287, 290
表層堆積物食者　204, 226
表層底質　39
貧鹹水域　164, 182, 223
貧酸素化　44, 176, 246
貧酸素水塊　35, 143, 247, 249, 266, 269, 281
浜堤　50, 67, 98

【ふ】

フィヨルド　2
風向　266

風速　266
風浪　160
富栄養化　176
深掘れ高　73
復元　313
腐食物連鎖　53, 221, 225
腐植物質　34
淵　50, 183, 252
付着(性)藻類　214, 268, 280, 306, 333
物質循環　204
物質循環モデル　282
物質収支の算定　152
物理的ストレス　239
舟運　237, 258
腐肉食者　201
フミン質　34
フミン鉄　133
浮遊砂　241, 287
浮遊性植物プランクトン　36, 256
浮遊(性)藻類　53, 306
浮遊発生　200
浮遊発生型のベントス　201
浮遊幼生　198
フラッシュ　36, 107
プランクトン　268
プランクトン栄養型発生　200
不連続層　134
不連続風化　42
フロック　112, 114, 115, 274
フロック化　112, 131
フロントウェーブ　258
分類　54, 55, 58, 183, 289

【へ】

平均掃流力　68
平均年最大流量　47, 67, 72
閉鎖群集　182
閉鎖性水域　306
平水　62, 271
平面形状　11
変態に適した場所　201
ベントス　164, 173, 199, 200

【ほ】

ポイントバー　240
豊水　62
放流流量　303
捕食-被食関係　166, 180
保全・再生　7, 204, 237, 299, 313, 317

343

項目索引

哺乳類　46, 286
ホメオスタシス　162
ポンピング移動　111

【ま】

マイクロハビタット　51
マイクロハビタットモデル　284
マイクロバブル　315
前浜　183
前浜干潟　183
巻上げ限界剪断力　111
巻上げフラックス　278
マクロファウナ　44
マクロベントス　136, 186
マンガン　133

【み】

澪　12, 183
澪筋　12
密度境界面　115
密度差，海水と河水の　67
密度流　84, 103, 115, 160
ミトコンドリア　165

【む】

無害流量　303
無機性微細物質　176
無酸素状態　161
無脊椎動物　162
無脊椎動物群集　325

【め】

メイオベントス　166, 180, 268, 280
メガロパ　192, 194, 198
メタ個体群構造　199
メタン生成　134

【も】

モードスプリット法　276
藻場　45, 214

【ゆ】

有害物質　324
有機態窒素　324
有機炭素量　171
有機物　34, 151, 204, 224, 237, 242
有機物堆積プロセス　137, 139
有機物濾過能力　250
有限差分法　273

有限体積法　273
有限要素法　273
有効沖波波高　96
有毒物質　324

【よ】

溶解性反応リン　324
溶血　162
葉上動物　214
幼生浮遊層　201
溶存酸素　161, 268, 281, 308, 322
溶存態栄養塩　135
溶存態物質濃度　239
養浜　302, 311
ヨシ生育基盤の造成　302
四次栄養段階　53

【ら】

ラグーン　200, 203
ラドン222　127
卵栄養型発生　200
卵胎生　200
乱流　274
乱流強度　115
乱流モデル　274

【り】

離岸堤　256
離岸流　98
陸上植物　24
覆砂　315
リーチスケール　50, 183
流域スケール　179
硫化水素　135, 149, 161, 249
流下土砂　42
流況　10, 252
粒径集団　40
粒径集団区分粒径　40
粒径制御　314
硫酸還元　134
硫酸還元菌　161, 225
柳枝工　313
流出特性　62
流出土砂量の増加　311
粒状有機物　39, 51, 246
流水特性　317
流水モデル　271, 274
流速　31, 67, 80, 284
流速分布　160

項目索引

流入水質　　237, 242
流量　　266, 303
流量増分式生息域評価法　　284
流量変化　　236
両側回遊　　173, 177
利用可能マイクロ生息場算出モデル　　284
緑色植物　　53
リン　　242, 268, 281, 306, 324
リン酸塩　　44
リン酸態リン　　136, 281

【れ】

レイノルズ応力方程式モデル　　274
礫径スケール　　50
礫床河川　　287
礫床河道　　287
礫床表面状態　　289

礫床裸地　　287
レスポンス　　262
レフュージュ　　179, 190, 203

【ろ】

濾過植物食者　　36, 53
濾過摂食　　145

【わ】

渡り　　159
渡り鳥　　25
ワッシュロード　　40, 68, 241, 253
湾　　179
湾曲部滑走斜面　　183
湾水流動モデル　　278
ワンド　　50, 179, 183

生物名および生物関連用語索引

【あ】

アイアシ　46, 175
アオガニ　166
アオギス　20
アオノリ　22, 175
アカウミガメ　315
アカエイ　168
アカメ　214, 333
アゲマキ　23
アサクサノリ　21
アサリ　22, 36, 161, 176, 223, 226, 250, 285, 329
アシナガゴカイ　184
アシハラガニ　209, 212
アナアオサ　175
アナジャコ　170
アナジャコウロコムシ　170
アマモ(科)　45, 175, 213, 215, 285
アマモ場　40, 46, 304
アミ類　175, 214
アメリカフジツボ　24
アヤギヌ　175
アユ　21, 146, 173, 256, 314, 333
アユカケ　173
アリアケヒメシラウオ　20, 174
アリアケモドキ　163, 22

【い】

硫黄酸化細菌　225
イガイ(科)　145, 168, 175
イシガレイ　165, 172
イシマキガイ　173, 256
イソシジミ　145, 223, 226
イソマイマイ　170
イソヤマテンツキ群落　180, 189
イッカククモガメ　24
イトゴカイ　331
イトミミズハゼ　21
イトメ　222
イヌコリヤナギ群落　288
イバラモ目　213
イボキサゴ　168
イワガニ科　164, 212
イワホリムシ　165

【う】

ウエノドロクダムシ　202

ウキゴリ　173
渦鞭毛藻　147
ウナギ　21, 173, 256
ウネナシトマヤガイ　24
ウミウ　175
海ガメ　45
ウミジクサ　213
ウミショウブ　213
ウミニナ　23
ウミヒルモ　213
ウラギク　160, 184, 190
ウラギク群落　180, 189
ウロコムシ類　170

【え】

エツ　20, 174
エビ(類)　23, 165, 280, 331
エビアマモ　213
エビヤドリムシ類　170
エボシガイ類　170

【お】

オオアマモ　213
オオクグ　24
オオセッカ　175, 304
オオブタクサ　288
オオヨコナガピンノ　170
オオヨシキリ　175
オカミミガイ　23, 172
オギ　288
オギ群落　189
オキナワアナジャコ　180
オニヒトデ　177
オヒルギ　331
オヨギピンノ　170

【か】

貝(類)　36, 151, 171, 180, 268, 280, 291, 331
カイアシ類　175, 214
カイメン(類)　169
カガミガイ　218
カキ　40, 145, 172, 175, 176, 201
カジカ　173
カニ(類)　23, 36, 46, 160, 166, 169, 175, 180, 192, 198, 209, 212, 268, 280, 291, 331
カブトガニ　23, 184, 291, 314, 328

カモ（類） 25, 175
カモメ 175
カレイ（類） 23, 176
カワザンショウ（類） 172, 204, 212, 224
カワスナガニ 163, 177, 191, 200, 256, 291, 332
カワラノギク 287
カワラヨモギ群落 189

【き】
ギシギシ 288
キヌチ 214
吸虫（類） 170
ぎょう脚類 325
共生藻類 177
魚類 20, 53, 165, 166, 170, 172, 177, 180, 280, 326
キンクロハジロ 25

【く】
クシケマスホ 170
クシテガニ 212
クボミテッポウエビ 170
クリイロカワザンショウ 208
クルマエビ 165
クロサギ 214
クロダイ 172, 214
クロヘナタリ 23

【け】
珪藻 36, 133, 147, 161, 175, 204
ケフサイソガニ 264
ゲルミナヒルギダマシ 169

【こ】
コアジサシ 45, 175
コアマモ 160, 175, 212, 214
コアマモ群落 217
コアマモ場 214, 217
甲殻類 164, 167, 170, 172, 220
硬骨魚類 162
紅藻 21
コウロエンカワヒバリガイ 24
ゴカイ（類） 36, 135, 161, 165, 184
コセンダングサ 287
コメツキガニ 164, 170, 225, 329
コヨシキリ 175

【さ】
サキグロタマツメタ 24

サケ（類） 21, 146, 173
サビシラトリガイ 226
サプライサイド 199
サルボウ 23
サワガニ 164
サンゴ 177
サンゴ礁 177

【し】
シオクグ 46
シオグサ 46, 175
シオマネキ（類） 160, 168, 169, 209, 212, 291, 330
シギ（類） 25, 45, 171, 175, 180
シジミ（類） 36, 45, 146, 148, 172
シチメンソウ 24, 184
シナハマグリ 24
シバナ 24
シマイサキ 214
シマノハテマゴコロガイ 170
シャコ（類） 23, 176
ジュズカケ 173
十脚甲殻類 168, 224
硝化細菌 134
植物プランクトン
  19, 36, 134, 137, 144, 175, 280, 326
シロウオ 21, 173

【す】
スガモ 213
スゲアマモ 213
スジアオノリ 22
スジユムシ 170
スズガモ 25
ススキ 288
スズキ 214
スナガニ科（類） 163, 172, 190, 209, 225, 293
スナモグリ類 168

【せ】
セイタカアワダチソウ群落 189
セタシジミ 172
線虫類 325

【そ】
草本類 265
藻類 136, 201, 326

347

生物名および生物関連用語索引

【た】
タイラギ　23
タイワンヒライソモドキ　256, 330
タケノコカワニナ　256
タコ類　23
タチアマモ　213
タップミノー科　171
タナゴ類　314
タビラクチ　20
タマキビ類　166
タマシキゴカイ　163
多毛類　136, 145, 170, 214, 291
端脚類　165, 168, 202

【ち】
チガヤ群落　180, 189
チゴガニ　164, 165, 209, 212, 224, 285
チチュウカイミドリガイ　24
チドリ(類)　25, 45, 171, 175, 180
鳥類　25, 46, 53, 159, 175, 199, 268, 286, 329
チンチロフサゴカイ　170

【つ】
ツクシガモ　25
ツグミ　175
ツバサゴカイ　170
ツバメ　175
ツルシギ　25
ツルヨシ　198, 288

【て】
底生生物　21, 44, 142, 151, 172, 182, 250, 281
底生藻類　36, 53, 137
底生動物　51, 53, 135, 145, 160, 162, 166, 170, 182, 204, 217, 250, 268, 325, 330
底生微小藻類　166, 175
底生埋在動物相　325
テナガエビ　173

【と】
等脚甲殻類　170
等脚類　165
動物プランクトン　36, 53, 175, 280
トチカガミ(科, 目)　213
トビハゼ　20, 304, 330
トリウミアイソモドキ　170
ドロアワモチ　172

【な】
ナガミノオニシバ　180, 189

【に】
二生類　170
ニホンドロソコエビ　202
二枚貝　145, 150, 161, 168, 170, 199, 214, 218, 226, 314

【の】
ノリ　21, 176, 304

【は】
ハクセンシオマネキ　160, 330
ハサミカクレガニ　170
ハゼクチ　20
ハマガニ　209
ハマグリ　22
ハマサジ　160, 190
ハマサジ群落　180, 189
ハマゼリ群落　180, 189
ハママツナ　46, 159, 160, 184, 190
ハママツナ群落　180, 189
腹足類　170, 204
ハリエンジュ　288
ハルマンスナモグリ　168
バン　175

【ひ】
微小藻類　166
微生物　40, 268
微生物群集　134
ヒドリガモ　329
ヒナクイ　175
ヒヌマイトトンボ　46, 49, 184, 248, 315, 330
ヒメウミヒルモ　213
ヒモハゼ　170
ヒラムシ類　170
ビリンゴ　170
ヒルムシロ科　213
ヒロクチカノコ　23
ヒロハマツナ　24, 184

【ふ】
フクロエビ上目　202
フジツボ　161, 175, 201
付着(性)藻類　214, 268, 280, 306, 333
フトヘナタリ　23, 212
フトヘナタリガイ　209

生物名および生物関連用語索引

浮遊性植物プランクトン　　36, 256
浮遊(性)藻類　　53, 306
プランクトン　　268

【へ】
ベニアマモ　　213
ベンケイガニ科　　169

【ほ】
ボウアマモ　　213
ホウキギク群落　　180, 189
ホオジロ　　175
ホシハジロ　　25
ホソウミニナ　　167, 170
ホトトギスガイ　　184
哺乳類　　46, 286
ボラ　　172

【ま】
巻貝(類)　　23, 46, 166, 172, 204, 214, 224
マクロファウナ　　44
マゴコロガイ　　170
マコモ　　241
マシジミ　　172
マス(類)　　173
マツバウミジクサ　　213
マハゼ　　172, 214
マヤブシキ　　25
マングローブ　　333
マングローブ湿地　　169, 180
マングローブ植物　　169
マングローブ林　　25, 169
マングローブリッター　　169

【み】
ミズツボ科　　167
水鳥　　171, 175
ミナミアジャコ　　170
ミナミメナガオサガニ　　170

【む】
ムクドリ　　175
ムシロガイ科　　168
ムツゴロウ　　20
ムツハアリアケガニ科　　191
ムラサキイガイ　　163

【め】
メガロパ　　192, 194, .198

メヒルギ　　331

【も】
猛禽類　　175
モクズガニ　　164, 173, 196, 200, 256, 285
モロテゴカイ　　329

【や】
ヤエヤマヒルギ　　333
ヤドカリ　　220
ヤナギ(類)　　304, 314
ヤマトオサガニ　　164
ヤマトシジミ　　23, 45, 146, 149, 161, 164, 165, 172, 223
ヤマトスピオ　　184, 223
ヤマトヌマエビ　　173
ヤマノカミ　　173

【ゆ】
ユムシ類　　170

【よ】
ヨコエビ(類)　　164, 214, 220
ヨシ(類)　　45, 46, 151, 160, 175, 184, 198, 204, 209, 212, 224, 225, 241, 252, 262, 304, 316, 333
ヨシキリ　　248, 314
ヨシ群落　　149, 151, 180, 189
ヨシノボリ類　　173
ヨシ原　　24, 151, 172, 175, 184, 204, 209, 212, 251, 262, 304, 314, 331, 332
ヨモギ　　288
ヨモギ群落　　189
ヨーロッパフジツボ　　24

【ら】
藍藻　　36, 147, 175

【り】
リュウキュウアマモ　　213
リュウキュウアユ　　21, 173, 315
リュウキュウスガモ　　213
硫酸還元菌　　161, 225
緑藻　　22, 147

【わ】
ワムシ　　147
ワラスボ　　20
ワレカラ類　　214

349

河川名等索引

【あ】
阿賀野川　247
旭川　137
芦田川　147
阿武隈川　80, 90, 113, 247
安倍川　302, 311
奄美大島　170, 173, 315
綾瀬川　242
荒川　137, 282, 302, 314
有明海　57, 66, 67, 73, 100, 111, 168, 174, 179, 269

【い】
伊勢湾　57, 100, 103, 306
揖斐川　302, 312, 332
岩木川　304, 314

【う】
宇治川　257
牛津川　73, 76
浦戸湾　89

【え】
江頭川　330
江戸川　250, 257, 302, 304, 315, 330
エルムエスチャリー, オランダ　269

【お】
大北川　81, 83
太田川放水路　116, 275
大淀川　247
沖縄　315
追波川　147
尾道市百島・海老・灘地区　312
オホーツク海　56
遠賀川　315

【か】
加古川　314, 332
鹿島灘海岸　125
霞ヶ浦　111
勝浦川　209, 257, 330
桂島　218
蒲生(干)潟　202, 208, 226, 315, 328
川原川　332
神崎川　315

【か】
漢那ダム　330
神戸川　84

【き】
木曽川　245, 255, 302, 314
木曽三川　103
北上川　147, 148, 204, 222, 274
北川　192, 332
紀ノ川　245, 330
肝属川　80, 90
行徳堰　257

【く】
九十九里浜　57
黒部川　239, 244

【こ】
小貝川　257
五ヶ瀬川　192, 332

【さ】
相模川　90, 98, 122, 247, 274, 314
相模ダム　247
酒匂川　124
サロマ湖　89
三番瀬　118

【し】
始華湖, 韓国　278
四万十川　176, 214
常願寺川　240
庄内川　184
湘南海岸　124
白川　48, 103, 110, 111, 113, 116
城山ダム　247
新川　184
宍道湖　147, 149, 161
新町川　138

【す】
隅田川　137, 242
諏訪湖　111

【せ】
関川　247
瀬戸内海　56, 57, 103, 306

350

河川名等索引

【た】
太平洋　56, 81, 87, 103, 147
多摩川　7, 103, 108, 110, 116, 133, 242, 252, 271, 285, 287, 302, 304, 308, 314

【ち】
チェサピーク湾　137, 144, 146, 269
筑後川　48, 103, 106, 107, 110, 114, 174, 245, 276
地中海　326

【つ】
鶴見川　114, 242

【て】
手取川　98, 244
天神川　81, 85

【と】
東京湾　57, 100, 103, 118, 137, 250, 282, 285, 306
土佐湾　176
利根川　73, 90, 108, 110, 111, 121, 143, 147, 149, 184, 256, 257, 273, 274, 281, 315, 330
豊川　302, 304, 314

【な】
那珂川　147
那賀川　179, 188
長良川　147, 256, 304, 312, 313, 314
七北田川　139, 144, 151, 202, 226, 328
鳴瀬川　247

【に】
日本海　55, 66, 83, 84, 87, 103, 147
仁淀川　249

【ね】
猫実川　118

【は】
早川　124
バルト海　324

【ひ】
姫川　239

【ふ】
藤前干潟　184
古川沼　332

【ほ】
北海　324

【ま】
松島湾　218
丸山川　314

【み】
三河湾　250, 302, 312
ミシシッピ川　242

【む】
鵡川　302, 313

【も】
最上川　80
物部川　314
守江湾　184

【や】
八坂川　330
八代海　100
大和川　242
八幡川　302, 312, 328

【よ】
吉野川　185, 245
淀川　255, 257, 302, 312, 313, 332

【り】
琉球列島　173, 177

【ろ】
六角川　48, 73, 110, 114, 133, 184

【わ】
渡良瀬遊水池　111

欧文索引

[A]
AFDW　　*205*
Angustassiminea castanea　　*209*
ash free dry weight　　*205*
Assiminea japonica　　*204, 209*
Assimineidae spp.　　*212*
ATP　　*165*
ATU　　*322*

[B]
Batillaria　　*168*
Biodeposition　　*145*
bioturbation　　*167*
BOD　　*306, 322*

[C]
Callinectes sapidus　　*166*
Cerithidea californica　　*167*
Cerithidea rhizophorarum　　*212*
channel lag deposit　　*41*
Chesapeake Bay, USA　　*137, 144, 146, 269*
Chinook salmon　　*173*
CIP　　*274*
CIP-Soroban　　*276*
closed community　　*182*
COD　　*306*
Coho salmon　　*173*
consumer　　*226*
Corbicula japonica　　*146, 165*
Corophium arenarium　　*168*
COSINUS　　*275*
Crassostrea virginica　　*145*
Cs-137　　*120*
Cymodocea rotundata　　*213*
Cymodocea serrulata　　*213*

[D]
Deiratonotus cristatus　　*163*
Deiratonotus japonicus　　*163, 191*
DD　　*213*
direct numerical simulation　　*274*
distance-velocity asymmetry　　*100*
diural range of tide　　*89*
DNS　　*274*
Dollard estuary　　*113*
COSINUS　　*275*

[E]
Eastern Oyster　　*145*
ECOMSED　　*275*
ecotone　　*182*
Enhalus acoroides　　*213*

[F]
front wave　　*258*

[G]
Geukensia demissa　　*168*
Grapsoidea spp.　　*212*
Gynaecotyla squatarolae　　*170*

[H]
habitat　　*47*
habitat evaluation procedures　　*270*
habitat suitability index　　*284*
Halodule piniforlia　　*213*
Halodule uninerivis　　*213*
Halophila decipitens　　*213*
Halophila ovalis　　*213*
Helice tridens　　*212*
HEP　　*271, 284*
Hewletts Creek　　*145*
HSI　　*284*
Hydrobia ulvae　　*167*
Hydrobia ventrosa　　*167*
Hydrobiidae　　*167*
Hydrocharitace　　*213*
Hydrocharitaceae　　*213*
hyper-hyporegulator　　*163*
hyperregulator　　*163*

[I]
IFIM　　*284*
Ilyanassa obsoleta　　*168*

[J]
JRC　　*322*

[L]
large eddy simulation　　*274*
LES　　*274*
Limfjorden Sound　　*145*
Littorina irrorata　　*166*

[M]

marine phanerogam 212
MAST program 275
Miccrodeutopus gryllotaipa 168
mixing diagram 132
Mytilus edulis 145

[N]

Najadales 213
Neanthes japonica 165
Nereis diversicolor 136, 145
NT 213
Nuttallia olivacea 145

[O]

Octolamis unguisiformis 170
open community 182
OPPARCOM 321
organelle 165
osmoconformer 163

[P]

Parasesarma plicatum 212
part per thousand 2
Patuxent River, USA 144
Pb210 127
PCB 242
Penaeus setifer 165
PHABSIM 284
Phacosoma japonicum 218
Phyllodurus sp. 170
POM 39, 246, 275
Potamogetonaceae 213
PPHY 281
ppt 2
practical salinity scale 2
practical salinity unit 2
Princeton Ocean Model 275
producer 226
PSU 2
Phyllospadix iwatensis 213
Phyllospadix japonica 213

[R]

RANS 274
Reynolds averaged Navier-Stokes simulation 274
Rn222 127
rotating tides 100
RPD 44

[S]

scour lag 100
SE 205
seagrass 212
seaweed 212
setting lag 100
SI 284
SIMPLE 274
SOM 204
Soroban 276
South San Francisco Bay 146
Spartina alterniflora 166, 168
spring tide 89
stern wave 258
substrate 201
substratum 201
suitability index 284
Syringodium isoetifolium 213

[T]

Thalassia hemprichii 213
tidal area 89
tidal inlet 80
tidal flat 79
time-velocity asymmetry 100
turbidity maximum 110, 271

[U]

Uca arcuata 209
Uca pugnax 168

[V]

VU 213

[Z]

Zostera asiatia 213
Zostera caespitosa 213
Zostera caulescens 213
Zostera japonica 213
Zostera marina 213
Zostera noltii 216
Zosteraceae 213

河川汽水域――その環境特性と生態系の保全・再生　定価はカバーに表示してあります

2008年6月2日　1版1刷　発行　　　　　　　　ISBN978-4-7655-3429-1 C3051

監修者	楠　田　哲　也
	山　本　晃　一
編　者	㈶河川環境管理財団
発行者	長　　　滋　彦
発行所	技報堂出版株式会社

〒101-0051　東京都千代田区神田神保町1-2-5
（和栗ハトヤビル）

日本書籍出版協会会員
自然科学書協会会員
工　学　書　協　会　会　員
土木・建築書協会会員

電　話　営業　(03)（5217）0885
　　　　編集　(03)（5217）0881
Ｆ Ａ Ｘ　　　 (03)（5217）0886
振 替 口 座　　　00140-4-10
http://www.gihodoshuppan.co.jp

Printed in Japan

Ⓒ Foundation of River & Watershed Environment Management, 2008

装幀　セイビ
印刷・製本　シナノ

落丁・乱丁はお取り替えいたします。
本書の無断複写は，著作権法上での例外を除き，禁じられています。

刊行図書のご案内

2008年5月現在の定価（消費税込み）です．ご注文の際はご確認をお願いいたします．

自然的攪乱・人為的インパクトと河川生態系

小倉紀雄・山本晃一編著／A5・374頁／定価 5,670円／ISBN4-7655-3408-1

河川とその周辺の攪乱の形態・規模・頻度が植物・動物等の生態系の構造と変動を規制し，その特異性と生物多様性を形成する．自然的攪乱と人間活動に伴う人為的インパクトが河川生態系の構造と変動形態に及ぼす影響に関する知見を集約し，要因間の関連性を含めて詳述．

流域マネジメント－新しい戦略のために

大垣眞一郎・吉川秀夫監修／河川環境管理財団編／A5・282頁／定価 4,620円／ISBN4-7655-3183-x

河川の水質環境の保全・向上には，流域全体を視野に入れた総合的対策が必要である．複雑化・多様化している河川の水質汚染に対し機構・要因・対策手法・管理手法を体系的に論じ，理想的な水質環境の創出への課題にも言及．

河川と栄養塩類－管理に向けての提言

大垣眞一郎監修／河川環境管理財団編／A5・192頁／定価 3,990円／ISBN4-7655-3403-0

河川における栄養塩類は，湖沼・内湾等の閉鎖水域の富栄養化原因になり，水質および生態環境に様々な影響を及ぼす．取り組むべき具体的政策と研究調査の方向性について提言．

河川の水質と生態系－新しい河川環境創出に向けて

大垣眞一郎監修／河川環境管理財団編／A5・262頁／定価 3,780円／ISBN4-7655-3418-5

河川生態系から見た有機物・栄養塩の動態把握に関する提言，毒性物質の影響評価に関する提言，河川環境モニタリングと生物指標の必要性に関する提言，生態系機能を利用した水質浄化に関する提言をとりまとめている．

川の技術のフロント

辻本哲郎監修／河川環境管理財団編／A4・174頁／定価 3,625円／ISBN978-4-7655-1718-8

河川工学に技術は，ニーズに応じた新たな技術開発が求められる．最新の河川技術を紹介し，実務関係者や学生に河川に関する研究・仕事の魅力を再認識してもらうための書．

図説　河川堤防

中島秀雄著／A5・242頁／定価 4,935円／ISBN978-4-7655-1654-7

半自然物であり，不均一材料で構築す河川堤防は，現場を見，現場で考えることことが重要である．多数の実堤防の断面図等を提示し，その由来，建設の歴史，設計，維持管理までを総合的かつ具体的に詳述．

技報堂出版｜編集 03(5217)0881　営業 03(5217)0885　ファックス 03(5217)0886